准噶尔盆地
火山岩气田高效开发技术与实践
——以克拉美丽气田为例

陈晓明 陈如鹤 邱恩波 王传平 编著

石油工业出版社

内 容 提 要

本书从典型实例入手，以针对性的技术、翔实的生产数据为切入点，以现场实际应用效果为落脚点，系统介绍火山岩气藏的开发前期评价、开发动态描述、开发调整、钻（完）井及储层压裂、排水采气、集输处理工艺，在此基础上，较为详细地介绍了克拉美丽气田以通信网络技术及工业控制计算机为核心构建起的"一个中心、两大体系、七大系统"地面建设工程数字化管理平台，是一本实用性强、具有一定理论深度的气田开发技术专著。

本书可供相关专业管理和技术人员阅读使用，同时也为石油院校师生提供学习和借鉴的样本。

图书在版编目（CIP）数据

准噶尔盆地火山岩气田高效开发技术与实践：以克拉美丽气田为例 / 陈晓明等编著 . —北京：石油工业出版社，2022.6

ISBN 978-7-5183-5435-1

Ⅰ.①准… Ⅱ.①陈… Ⅲ.①准噶尔盆地—火山岩—岩性油气藏—气田开发 Ⅳ.①TE37

中国版本图书馆CIP数据核字（2022）第098545号

出版发行：石油工业出版社

（北京安定门外安华里2区1号　100011）

网　　址：www.petropub.com

编 辑 部：（010）64523548　图书营销中心：（010）64523620

经　　销：全国新华书店

印　　刷：北京晨旭印刷厂

2022年6月第1版　2022年6月第1次印刷

787×1092毫米　开本：1/16　印张：19.75

字数：431千字

定价：190.00元

（如出现印装质量问题，我社发行部负责调换）

版权所有，翻印必究

《准噶尔盆地火山岩气田高效开发技术与实践——以克拉美丽气田为例》编写组

组　　长：陈晓明　陈如鹤　邱恩波　王传平
副 组 长：石新朴　冯学章　王晓磊　史全党
成　　员：张有兴　胡清雄　张洪杰　杜　果　贺陆军　覃建强
　　　　　李　虎　董江洁　孟　亮
编写人员：（按姓氏笔画排名）
　　　　　丁艳雪　王　玉　王佳佳　王俊丽　公　雨　冯　鑫
　　　　　吕小明　刘进博　刘俊麟　刘洪雷　李　波　杨　丹
　　　　　杨晓丽　杨应强　张　南　陈云涛　邵　丽　谢　斌
　　　　　解远刚

前　言

随着碎屑岩和碳酸盐岩常规油气资源勘探难度不断加大，火山岩（含火山碎屑岩）油气藏正在成为全球油气资源勘探开发的重要新领域。目前，已在二十多个国家336个盆地中发现火山岩油气藏或油气显示。据统计，国外已发现火山岩油气藏169个，探明石油储量超过$3.4×10^8$t、天然气储量近$7000×10^8m^3$，展现出良好的勘探开发前景。

近二十年来，我国在松辽盆地深层、二连盆地、渤海湾盆地、准噶尔盆地、三塘湖盆地及四川盆地等多地陆续发现多个火山岩油气藏，如2002年，我国首次在松辽盆地火山岩发现东部最大的气田——庆深气田，展示出超万亿立方米的资源潜力；2008年，中国石油天然气集团公司在准东发现以石炭系火山岩为储层的克拉美丽大气田，探明天然气超千亿立方米，此后又在红—车断裂带、车排子凸起、中拐凸起和准东地区石炭系火山岩中发现多个油气藏。新一轮油气资源评价显示，准噶尔盆地石炭系火山岩层系天然气资源量超过万亿立方米。2018年中国石油化工集团有限公司部署在四川盆地川西坳陷洛带构造的永胜1井在二叠系火山碎屑岩中获良好天然气显示，初步落实天然气预测储量$1046×10^8m^3$。我国火山岩油气藏勘探开发进入了全新的发展阶段。

克拉美丽气田位于准噶尔盆地陆梁隆起东南部滴南凸起西端，目前已在石炭系火山岩中探明天然气储量逾千亿立方米，是准噶尔盆地最大主力气田，也是新疆油田发现的首个千亿立方米储量规模的火山岩气田，于2008年底投产。截至2021年12月，克拉美丽气田年产气规模达十亿立方米，累计产气量超百亿立方米，为高效奉献清洁低碳能源、促进地方经济社会发展、保障国家能源安全做出了重要贡献。

与国内其他已开发火山岩气田相比，克拉美丽气田是典型的岛弧环境下的深层改造型火山岩气藏，气田开发面临地质条件复杂，储层精细刻画、开发动态描述、水侵综合治理难度大，产量递减快等重大技术难题，且没有成熟的开发经验可借鉴。为克服上述难题，新疆油田气田开发工作者们理论联系实际，围绕火山岩气田高效开发，十余年来聚焦技术研发，攻关形成了高效开发的技术系列，解决了制约气藏上产的开发技术瓶颈。气藏老区针对性开展了"中高产井稳产、低产井稳压、产水井排液采气、间开井控制间开时率、停关井措施挖潜"的气井分类管理、气井优化配产、排液采气等一系列综合治理工作，实现了老区平稳开发。新区滚动评价陆续发现了滴西185井、滴西178井、滴405井、滴西323井等气藏，且均已实现效益建产动用，为气田上产奠定了坚实的基础。通过加快新区勘探开发、加强老区综合治理，克拉美丽气田产能综合递减率由初期的32%降低到7%，实现了年产气量十亿立方米持续稳产6年，取得了显著的成效，积累了丰富的开发管理经验。

总结克拉美丽火山岩气田高效开发成功的经验和适用技术，为火山岩气田开发提供借鉴和参考，是一件非常有意义的工作。新疆油田采气一厂组织多学科、多专业、多领域长期从事现场生产和科学研究且有丰富经验的专家组成编写组，以克拉美丽气田为例，编写了《准噶尔盆地火山岩气田高效开发技术与实践——以克拉美丽气田为例》这本专著。全书共分十章，从典型实例入手，以针对性的技术、翔实的生产数据为切入点，以现场实际应用效果为落脚点，系统介绍气藏的开发前期评价、开发动态描述、开发调整、钻（完）井及储层压裂、排水采气、集输处理工艺，在此基础上，较为详细介绍了克拉美丽气田以通信网络技术及工业控制计算机为核心构建起的"一个中心、两大体系、七大系统"的地面建设工程数字化管理平台，是国内第一部从地质、钻井、压裂、采集、集输、处理工艺及数字化管理一体化角度全面介绍火山岩气田高效开发的专著，是一本火山岩特色浓郁、实用性强、有一定理论深度的气田开发技术专著。

《准噶尔盆地火山岩气田高效开发技术与实践——以克拉美丽气田为例》的出版，系统反映了十余年来克拉美丽火山岩气田高效开发的卓有成效的实践探索，对进一步推动我国火山岩气田开发事业、提高气田开发效果提供了可借鉴的经验，同时也为石油院校师生提供学习和借鉴的样本。

为符合工程使用习惯，本书部分地方保留了非法定计量单位，请读者在阅读时注意。

克拉美丽火山岩气田开发难度大，涉及学科多，由于作者水平有限，相关章节的创新性成果未能完全反映出来，书中难免有疏漏和不足之处，敬请专家和读者不吝赐教，批评指正。

2022年3月

Catalogue

目 录

第1章 绪论 ······ 1
1.1 火山岩气田勘探开发现状 ······ 2
1.2 准噶尔盆地火山岩气田资源概况 ······ 10
1.3 克拉美丽气田勘探开发历程 ······ 12

第2章 气田地质特征 ······ 15
2.1 构造与地层 ······ 16
2.2 岩体特征 ······ 22
2.3 岩相岩性特征 ······ 32
2.4 储层特征 ······ 40
2.5 气藏类型 ······ 55

第3章 开发前期评价技术 ······ 65
3.1 成藏评价技术 ······ 66
3.2 圈闭评价技术 ······ 72
3.3 储层评价技术 ······ 76
3.4 储量评价技术 ······ 87
3.5 产能评价技术 ······ 90
3.6 主体开发工艺技术 ······ 92

第4章 开发动态描述技术 ······ 95
4.1 生产特征 ······ 96
4.2 产能动态描述 ······ 102
4.3 压力动态描述 ······ 106

4.4	渗流动态描述	108
4.5	储量动态描述	114
4.6	水侵动态描述	115
4.7	开发动态预测	124

第 5 章　开发调整技术 ……………………………… 129

5.1	调整背景	130
5.2	开发调整设计	131
5.3	开发技术界限优化	134
5.4	剩余气储量动用	138
5.5	综合治水技术	147

第 6 章　钻（完）井及储层压裂技术 ………………… 151

6.1	钻井工程	152
6.2	完井工程	161
6.3	储层压裂技术	163

第 7 章　排水采气技术 ……………………………… 169

7.1	气井积液	170
7.2	气井积液诊断技术	174
7.3	排采工艺技术界限	180
7.4	优选管柱排水采气技术	184
7.5	柱塞气举排水采气技术	189
7.6	连续气举排水采气技术	194

第 8 章　地面集输技术 ……………………………… 201

8.1	地面工程设计基础	202
8.2	集输工艺	205
8.3	防冻工艺	209

8.4　计量工艺 ·· 215

第 9 章　处理工艺技术 ·· 221

9.1　天然气浅冷处理工艺 ·· 222
9.2　天然气深冷处理工艺 ·· 223
9.3　凝析油稳定工艺 ·· 226
9.4　富气回收工艺 ·· 227
9.5　采出水处理技术 ·· 228
9.6　天然气湿气脱汞工艺 ·· 232
9.7　节能提效 ·· 252

第 10 章　信息自动化技术 ·· 265

10.1　数据采集系统 ·· 266
10.2　数据传输系统 ·· 270
10.3　控制系统 ·· 274
10.4　信息化应用系统 ·· 286

参考文献 ·· 305

第1章

绪论

火山岩气藏是以火山岩为储层的特殊类型气藏，广泛分布于全球多个国家的沉积盆地中，蕴藏着丰富的天然气资源。近二十年来，我国松辽盆地、准噶尔盆地陆续发现数千亿立方米级规模储量，火山岩气藏开发引起了业界的广泛关注。火山岩气藏高效开发对满足日益增长的能源需求、改善能源结构和生活环境具有重要意义。与常规气藏相比，火山岩气藏具有储层成因特殊、内幕结构复杂、各级单元界面模糊、非均质性更强、分布规律性更差、有效储层识别及分类预测难度更大等特点，导致开发难度大，亟需形成一套专门针对火山岩气藏高效开发的技术体系。

1.1 火山岩气田勘探开发现状

1.1.1 世界火山岩气藏分布及开发现状

1.1.1.1 世界火山岩油气藏分布

同沉积岩油气藏一样,火山岩油气藏广泛分布于地球上五大洲、二十多个国家、三百余个盆地或区块内,正在成为全球油气资源勘探开发的重要新领域(Petford,2003,图1.1、表1.1)。

从目前全球已发现的火山岩油气藏的特征来看,分布地层的时代性和地域性均很强,主要为太古界、石炭系、二叠系、白垩系和古近系5套地层,地域上主要分布在环太平洋、地中海和中亚地区(Zorin,1999)。环太平洋地区是火山岩油气藏分布的主要地区,从北美洲的美国、墨西哥、古巴到南美洲的委内瑞拉、巴西、阿根廷,再到亚洲的中国、日本、印度尼西亚,总体呈环带状展布;其次是地中海和中亚地区,目前在格鲁吉亚、阿塞拜疆、乌克兰、俄罗斯、东欧的罗马尼亚和中欧的匈牙利等国家发现了火山岩油气藏;在非洲大陆周缘也发现了一些火山岩油气藏,如北非的埃及、利比亚、摩洛哥及南非的安哥拉(邹才能等,2008)。

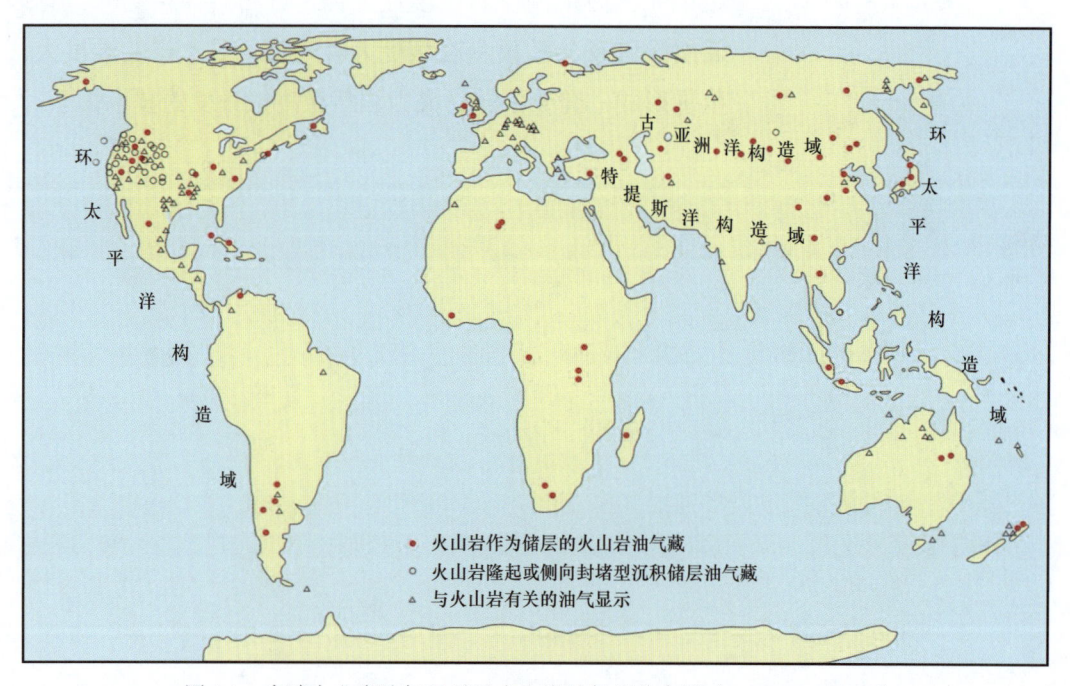

图1.1 全球火山岩油气显示及火山岩油气田分布图(Schutter,2003)

表 1.1 国外火山岩油气藏分布（据 Schutter，2003，修改）

国家	油气藏名称		发现年份	层位	岩类	油、气层				单井日产	油气藏面积，km²
						深度，m	厚度，m	孔隙度，%	渗透率，mD		
美国	得克萨斯	立顿泉	1925	白垩系	蛇纹岩	330~420	平均 4.5			1~685t	5.6
		雅斯特	1928	白垩系	蛇纹岩	400~500	平均 4.6			1~274t	0.35
		沿岸平原	1915—1974	白垩系	橄榄玄武岩						
	亚利桑那	丹比凯亚	1969	古近系、新近系	安山集块岩	850~1350	18~49	5.17	0.01~25	103t	6
	内华达	特拉普泉	1976	古近系、新近系	正长岩	2000					8
				古近系、新近系	粗面岩						
格鲁吉亚	萨姆戈里—帕塔尔租科		1974—1982	古近系	凝灰岩	2500~2750		0.1~14	断裂控制	1~85t	30
阿塞拜疆	穆腊德汉雷		1971	古近系、新近系	凝灰角砾岩、安山岩	2950~4900	100	平均 20.2	1~2.3	12~64t	
乌克兰	外喀尔巴阡		1982	新近系	流纹—英安、凝灰岩	1580	300 500	6~13	0.01~3	13.75×10⁴m³	
加纳	博森莱气田		1982	第四系	熔块角砾岩	500	125	15~21			15
日本	见附		1958	新近系	斜长流纹角砾岩、英安熔岩	1515~1695	100	20~25	10~42	10t（油）	2
	富士川		1964	新近系	安山集块岩	2180~2370	75	15~18		8.9×10⁴m³	2
	吉井—东柏崎		1968	新近系	斜长流纹角砾岩、凝灰角砾岩	2310~2720	111	9~32	150	50×10⁴m³	28
	片贝		1960	新近系	安山集块岩	750~1200	139	17~25		50×10⁴m³	2
	南长冈		1978	新近系	流纹角砾岩		几百	10~25	1~20	20×10⁴m³	

续表

国家	油气藏名称	发现年份	油、气层						单井日产	油气藏面积, km²
			层位	岩类	深度, m	厚度, m	孔隙度, %	渗透率, mD		
印度尼西亚	贾蒂巴郎	1969	古近系	安山岩、凝灰角砾岩	2000	15～60	6～10	断裂控制	85t	30
古巴	哈其包尼科	1954	白垩系	凝灰岩	330～390				100～120t	0.25
	南科里斯塔列斯	1966	白垩系	凝灰岩	800～1100	100			最高80t	
	古那包	1968	白垩系	火山角砾岩	800～950	150			150～700t	0.4
墨西哥	富贝罗	1907	古近系	辉长岩					9t	
阿根廷	赛罗—阿斯特兰	1928	白垩系、新近系	安山岩、安山角砾岩	120～600	75	20		10t	
	图平加托		白垩系、新近系	凝灰岩	2100				89t	
	帕姆帕—帕拉乌卡		三叠系	流纹岩、安山岩	1450		3～11	<1	100t	
委内瑞拉	Lapaz油田	1953							1828t	

国外火山岩油气勘探研究和认识大致可概括为 3 个阶段（于宝利，2008）。

第一阶段（20 世纪 50 年代前）：大多数火山岩油气藏都是在勘探浅层其他油气藏时偶然发现的，认为其不会有任何经济价值，因此未进行评价研究和关注。

第二阶段（20 世纪 50 年代初至 60 年代末）：认识到火山岩中聚集油气并非偶然现象，开始给予一定重视，并在局部地区有目的地进行了针对性勘探。1953 年，委内瑞拉发现了拉帕斯油田，其单井最高产量达到 1828m^3/d，这是世界上第一个有目的勘探并获得成功的火山岩油田，这一发现标志着对火山岩油藏的认识上升到一个新的水平。

第三阶段（20 世纪 70 年代以来）：世界范围内广泛开展了火山岩油气藏勘探。在美国、墨西哥、古巴、委内瑞拉、阿根廷、俄罗斯、日本、印度尼西亚、越南等国家发现了多个火山岩油气藏（田），其中较为著名的是美国亚利桑那州的比聂郝—比肯亚火山岩气藏、格鲁吉亚的萨姆戈里—帕塔尔祖里凝灰岩油藏、阿塞拜疆的穆拉德哈雷安山岩及玄武岩油藏、印度尼西亚的贾蒂巴朗玄武岩油藏、日本的吉井—东柏崎流纹岩油气藏、越南南部浅海区的花岗岩白虎油气藏等。

国外火山岩油气藏储集层地层新，从已发现的火山岩储集层时代统计，在新近系、古近系、白垩系发现的火山岩油气藏数量多，在侏罗系及以前地层中发现的火山岩油气藏较少，勘探深度一般从几百米到约 2000m，深度超过 3000m 的较少。火山岩油气藏形成的构造背景以大陆边缘盆地为主，也有陆内裂谷盆地。如北美、南美、非洲发现的火山岩油气藏，主要分布在大陆边缘盆地环境。火山岩油气藏储集层岩石类型以中—基性玄武岩、安山岩为主，其中玄武岩储集层占所有火山岩储集层的 32%，安山岩占 17%；储集层空间以原生或次生型孔隙为主，普遍发育的各种成因裂缝对改善储集层起到了决定性的作用。

虽然发现了包括上述在内的众多火山岩油气藏，但多为偶然发现或局部勘探，尚未作为主要领域进行全面勘探和深入研究，总体来说，国外火山岩油气藏勘探、研究程度较低，目前，全球火山岩油气藏探明油气储量仅占总探明油气储量的 1% 左右（Sherwood，002；Petford and Mccaffrey，2003）。

1.1.1.2 世界火山岩油气藏开发现状

自 1887 年在美国加利福尼亚州的圣华金盆地首次发现火山岩油气藏以来，火山岩油气藏的勘探开发已有百余年历史，先后在全球发现了大量的火山岩油气藏。世界火山岩油气藏广泛分布于日本、美国、委内瑞拉、古巴、俄罗斯、中国等国家的多个含油气盆地中（Homve，2001）。截至 2003 年底，全球共发现火山岩油气藏 169 个，见油气显示 65 处、油苗 102 个，探明油气储量 15×10^{8}t 当量以上（Petford and Mcaffrey，2003；冉启全等，2010）。

火山岩气藏的开发以日本最早。目前来看，国外火山岩气藏总体上发现的较多，真正投入开发的较少。生产时间长、开发效果较好的火山岩气田仅有日本的吉井—东柏崎气田（1968 年）和南长冈气田（1978 年）。以吉井—东柏崎气田为例，该气田于 1968 年发现，是一个狭长形背斜圈闭、强水驱的绿色凝灰岩气藏，埋深 2310~2720m，储集空间类型以次生溶蚀孔型和裂缝型为主，孔隙度 7%~32%，渗透率 5~150mD，气藏有效厚度 54~57m，叠合含气面积 27.8km^2，原始可采储量 118×10^{8}m^3；气藏开发过程中共钻井 46 口，其中 15 口井投入生产，单井日产量最高 50×10^{4}m^3，总体来看，储量规模小，气藏开发以简单满足生产为目的，未开展相关的开发理论和技术研究（邹才能等，2008；冉启全等，2016）。其后，虽然在加纳、巴西、澳大利亚、美国等地不断发现火山岩气藏，但开发效果不理想（冉启全等，2016）。

1.1.2 国内火山岩气藏分布及开发现状

1.1.2.1 国内火山岩油气藏分布

国内各沉积盆地内部及周边地区火山岩分布广泛，东部燕山期发育的火山岩岩体分布规模大，东南沿海火山岩分布面积超过 50×10^{4}km^2，大兴安岭火山岩带面积超过 100×10^{4}km^2，有较好的火山岩勘探基础（于宝利，2008）。目前，火山岩已作为重要的油气勘探领域进行全面勘探，中国已经在多个沉积盆地中发现了火山岩油气藏（表 1.2）。中国沉积盆地主要发育三套火山岩地层：石炭系—二叠系，侏罗系—白垩系和古近系—新近系。古生界火山岩油气藏主要分布在中国西部上石炭统—下二叠统地层中，如四川盆地上二叠统气藏，准噶尔盆地上石炭统—下二叠统油气藏等。中生界火山岩油气藏主要分布于中国东部，以松辽盆地为例，火山岩气藏主要发育在下白垩统营城组和上侏罗统火石岭组。新生界火山岩油气藏则主要分布在中国东部古近系—新近系地层中，如渤海湾盆地、苏北盆地、江汉盆地、三水盆地等。

从空间位置上，中国火山岩油气藏可分为东部和西部两个部分。中国东部地区（如渤海湾盆地）火山岩主要发育于裂陷盆地，受控于中、新生代以来太平洋板块向中国大陆俯冲消减构成的陆内裂谷环境。以准噶尔盆地为代表的西部地区盆地内火山岩的发育与古亚洲洋、古特提斯洋的形成、闭合及其引发的造山作用密切相关（龙晓平等，2006；邹才能等，2008；汤艳杰等，2010）。我国东部、北疆两大火山岩油气区已初具规模。

1.1.2.2 国内火山岩油气藏开发现状

1. 火山岩气藏开发阶段划分

目前，我国拥有世界上最大规模的火山岩气藏。实现该类气藏的有效开发，可以缓解国际能源供需矛盾，推动我国天然气工业快速发展；同时，火山岩气藏的高效开发对推动天然气开发技术进步、指导类似气藏的开发具有重要意义。

我国第一个火山岩油气藏于 1957 年首次在准噶尔盆地西北缘发现，该区火山岩油气藏勘探已历经五十余年。我国火山岩油气勘探开发历程大致经历了四个发展阶段：

表 1.2 国内火山岩油气藏分布（据新疆油田等，2015，修改）

地区		油气藏名称	发现年份	层位	油、气层 岩类	深度, m	厚度, m	孔隙度, %	渗透率, mD	油气藏面积, km²	油气藏类型
渤海湾盆地	济阳坳陷 东营凹陷	滨南油田	1982	古近系	玄武岩，安山质玄武岩	1698	25	19.3	2.6	20	不整合背斜
		高青油田		古近系	玄武岩，安山质玄武岩	1000	10~25	4.3~23.9	0.14~13		
		阳信洼陷商店油田阳4井—沙4井油藏		古近系	玄武岩，安山质玄武岩	1334~1995	36~40	1.6~25.3	0.08~80		断层—岩性圈闭
	惠民凹陷	临盘临 9 井断块	1985	古近系、新近系	玄武岩	1860~1910	30	8.2	1.85		
		商河 3 区		古近系、新近系	凝灰岩	1925~1943	103				
		皇庙夏 13-14 井		古近系、新近系	玄武岩，辉绿岩	1400~2100	800				
	沾化凹陷	罗家		古近系	角岩，辉绿岩	3000~3300	<190	0.8~34	0.018~280		岩性圈闭
	冀中坳陷 廊固凹陷	曹家务气藏	1985	古近系	辉绿岩	3624~3760	18.2	14.88	8.32	30	断鼻
	渤中坳陷 石臼坨凸起	428（西）油田	1979	侏罗系	玄武岩	2844~3210	32~57	10.2~22.8	2.1~17	11.2	弯状背斜
		风化店	1986	上侏罗统	安山岩	2756~3168	57	7.3	3.9~60	20	14 口井获流
	冀华坳陷 歧口凹陷西南	港西、南大港、羊三木		上侏罗统	安山岩		216	15.5			
		王官屯		古近系、新近系	玄武岩		30~40			12	
		义东		古近系、新近系	玄武岩		70			50	

续表

地区		油气藏名称	发现年份	油、气层					油气藏面积，km²	油气藏类型
				层位	岩类	深度，m	厚度，m	孔隙度，%	渗透率，mD		
渤海湾盆地	辽东坳陷海域	锦州20-2井构造		侏罗系		2440~2800					
	辽河坳陷 东部凹陷	热河台—欧科托子		古近系	粗面岩	2176~3374	100~400	1.33~15.36	0.008~15.36		
		黄沙坨		古近系	粗面岩	2960~3650	150~370	2.8~17.5	1~4.7		
		青龙台		古近系	辉绿岩	2850~3700	8~181	8.36	11.93		
		牛心坨		中生界	流纹岩、安山岩、粗面安山岩、角砾岩、凝灰岩	1000~2700	200~800	0.7~11.8	0.08~52.2		构造—底层
	西部凹陷	大洼		古近系	玄武岩		0~230	3.1~12.7	0.021~10.5		
				白垩系	安山岩、角砾岩、凝灰岩	1700~3400	10~260	3.5~23.6	0.012~81.6		

（1）第一阶段（1957年以前）：基于传统石油地质理论，认为火山岩与油气是水火不相容的，因此，火山岩被作为油气勘探开发的禁区（冉启全等，2016）。

（2）第二阶段（1957年—1990年）：偶然发现阶段，主要集中在准噶尔盆地西北缘和渤海湾盆地的辽河坳陷、济阳坳陷等。

（3）第三阶段（1990年—2002年）：局部勘探阶段，随着地质认识的不断提高和勘探技术的不断进步，开始有针对性地在渤海湾盆地和准噶尔盆地的个别地区开展勘探。

（4）第四阶段（2002年以后）：全面勘探阶段，在渤海湾盆地、松辽盆地、准噶尔盆地等全面开展火山岩油气藏的勘探开发部署，取得了重大进展和突破，火山岩气藏已成为国内天然气勘探开发的重要领域。国内针对火山岩气藏开展了较为系统的研究工作，通过近二十年"实践—认识—实践"的反复探索、逐步积累，针对不同火山岩类型，形成了一套相对成熟可行的火山岩气藏有效开发理论与技术，并在不同盆地火山岩气藏开发中得到了工业化应用，实现了该类气藏的规模化开发。

2. 火山岩气藏开发难点

火山岩气藏地质条件复杂，国内外研究程度较低，可供借鉴的经验较少，气藏有效开发难度大，面临诸多问题（冉启全等，2016），主要包括：

（1）储层成因及分布规律复杂，认识难度大。传统的油气开发地质理论多是基于沉积成因、层状储层展开的，难以适应火山岩喷发成因、非层状储层的特点。火山岩储层的分布受火山岩多中心、多期次喷发、快速堆积特点的影响，表现为复杂的多级次非层状叠置型的建筑结构，导致气藏复杂建筑结构特别是低级次结构的认识难度较大。同时，火山岩气孔型、粒间孔型、溶孔型、裂缝型等不同类型储集空间的成因不同、演化过程复杂，缺乏有关火山岩不同类型储层和储集空间分布模式的指导。因此，要发展火山岩气藏开发地质的模式和理论，解决对储层成因和分布规律等的认识问题。

（2）储层描述和预测困难，井位优选难度大。火山岩骨架参数变化大、孔隙类型多、孔隙中流体分布及赋存状态复杂，岩石导电方式及组合类型多，测井响应机理复杂。同时，火山岩储层岩石类型多、变化快，储集空间及流体性质较为复杂，储层信息难以被地震资料检测和分辨，导致有效储层的预测面临巨大挑战。火山岩气藏具有多级次复杂建筑结构，储层非均质性强，流体分布规律复杂，构造控制及属性建模难度大。储层描述和预测难题加大了火山岩气藏储渗单元评价及预测难度和布井风险，从而给井位优选带来困难。因此，要发展火山岩气藏储层描述和预测技术，解决储层认识难题，为井位优选和井网部署等提供支撑。

（3）渗流机理复杂，开发特征和开发规律认识面临挑战。火山岩储层中洞、孔、缝均有发育，且配置类型多、结构复杂，为多重介质储层，渗流机理复杂，常规渗流理论难以适应。由于缺乏适合火山岩气藏地质特点的非线性渗流理论和模型，导致不同类型介质不同开发阶段的流体渗流特征认识、火山岩气藏产能预测、动态储量评价、储层参数动态解释，以及开发指标等预测难度大。因此，要发展适合火山岩气藏地质特点的渗流理论和开发模型，解决开发特征和开发规律认识难题。

（4）缺乏有效开发模式和相应配套技术，火山岩气藏规模效益开发难度大。火山岩气藏分布零散、储量规模及品质差异大，储层连续性差、非均质性强，建立适合火山岩气藏复杂地质条件的井位井网模式、建产模式及开发模式难度大。同时，由于缺乏适合该类气藏的动态描述、产能评价、开发优化等配套技术，导致火山岩气藏开发效果差、方案指标符合率低、气藏开发效益差。因此，要创新火山岩气藏开发模式，发展相应配套技术，解决火山岩气藏规模效益开发难题。

1.2 准噶尔盆地火山岩气田资源概况

1.2.1 准噶尔盆地火山岩气田分布

准噶尔盆地位于我国西北部，行政隶属于新疆维吾尔自治区，盆地四周被褶皱山系所环绕，西北为准噶尔山，东北为阿尔泰山，南面为北天山山脉，呈现出一个三角形封闭式的内陆盆地，是西部大型复合叠加含油气盆地之一，总面积约为 13.487km^2，油气资源丰富，其中天然气资源主要分布在盆地的腹部，其次为东部、西北缘和南缘。

1.2.2 火山岩勘探开发理论、技术与应用现状

1.2.2.1 火山岩气藏勘探理论、技术及应用现状

新生代含油气盆地中火山岩油气藏的不断发现，各油区勘探程度的进一步提高，以及构造油气藏、碎屑岩油气藏勘探开发难度的日益增大，使得石油界学者普遍关注和高度重视火山岩油气藏勘探理论与技术（罗静兰等，2003）。近十几年来，国内外针对火山岩油气藏勘探理论、技术及应用研究开展了大量的工作，提出了火山岩气藏成藏理论、天然气分布与富集规律理论与配套气藏描述等勘探技术。

1. 火山岩气藏成藏理论

火山岩气藏成藏理论认为，火山岩储层油气既有有机成因，也有无机成因，绝大部分属于有机成因。油气运聚模式主要分为原生火山岩岩性型油气运聚模式和残留盆地火山岩风化壳型油气运聚模式两类，松辽盆地徐深火山岩气田为岩性型油气运聚模式，而准噶尔盆地克拉美丽火山岩气田则为风化壳型油气运聚模式，均是国内典型的火山岩气藏。其中，岩性型油气运聚模式包括：陡坡带运聚模式、断槽带运聚模式、缓坡带运聚模式，以及中央构造带运聚模式。而风化壳型的油气运聚模式有：源内火山岩层序型运聚模式、源上火山锥准层状型运聚模式，以及侧源火山岩不整合梳状型运聚模式。

2. 火山岩气藏内天然气分布与富集规律理论

（1）岩性型气田的天然气分布与富集规律主要有四点（邹才能等，2014）：

① 持续沉降型断陷控制天然气区域分布。

② 生烃断槽控制断陷内天然气分布。

③ 近邻生烃断槽的断裂构造带是断陷内天然气富集区带。

④ 优质火山岩储层控制了天然气富集带。

（2）风化壳型油气分布与富集规律主要有：

① 残留生烃凹陷控制油气平面分布。

② 风化壳规模控制油气富集程度。

③ 风化壳地层型有效圈闭控制油气聚集。

④ 正向构造背景控制油气聚集方向。

⑤ 断裂及裂缝控制油气富集高产。

3. 配套气藏描述

火山岩气藏往往非均质性非常强，气藏勘探及描述难度大。目前，在火山岩气藏成藏理论及火山岩气藏内天然气分布与富集规律理论的指导下，主要形成以下三方面火山岩气藏勘探技术：火山岩及岩相带宏观分布预测技术、火山岩岩体预测技术，以及以"三相孔隙弹性理论"研究、成像测井与ECS（元素测井）相结合为基础的火山岩储层测井评价技术。

当前，在相关理论指导下，运用上述配套勘探技术体系，在新疆北部石炭系与松辽盆地白垩系火山岩油气勘探中，相继取得了一批重要成果，有效地指导了我国火山岩油气藏的勘探开发部署。

1.2.2.2 火山岩气藏开发理论、技术及应用现状

近十几年来，国内外火山岩油气藏的开发技术发展较为迅速，在火山岩储层的精细描述等开发前期评价工作的基础上，进行了火山岩气藏开发理论、开发技术政策、产能评价等的气藏开发设计和裸眼井完井、大规模压裂完井、CO_2防腐等气藏压裂工艺方面的研究（冯程滨等，2006；张训华，2006；徐正顺等，2010；宋元林等，2011）。形成了当前针对火山岩气藏特征的相态与渗流机理理论、水平井开采渗流理论，以及水平井开采的物理模拟和数值模拟方法。同时在实际生产中也发展了相应配套的开发技术，主要有以下三个方面：

（1）针对不同的储层地质条件，对钻、完井方式进行优选。在储层厚度较大，距边底水较远，裂缝相对发育的区域优选直井压裂投产；在储层物性好、厚度大，距边水和底水较远的区域优选欠平衡直井投产；在厚层、距边水和底水较远，夹层发育的区域，优选水平井压裂投产；在距底水近、物性相对好的区域，选用欠平衡水平井裸眼完井投产。

（2）针对目前火山岩地层钻井存在的可钻性差、地层倾角大，井斜控制难度高、地层

裂缝发育，漏失严重和井壁稳定性差等技术难点，进行钻井技术的优化。主要包括：以优选钻头为重点的综合提速技术；应用新材料和新工艺的防漏、堵漏技术；多种形式的欠平衡水平井钻井技术。

（3）为了对气井进行增产改造，发展了采气配套工艺技术。主要有：深层火山岩储层压裂技术、井下作业储层保护技术、直井和水平井的现场压裂技术（刘合等，2004；王彦祺，2009；杨明合等，2009；孙晓岗等，2010；杨虎等，2010；李君，2012）。

目前，上述技术已较好地应用于准噶尔盆地克拉美丽气田、松辽盆地徐深气田等火山岩气藏的开发中，并取得了较好的应用效果；同时，对其他油田火山岩油气藏开发工作也有一定的借鉴意义。

1.3 克拉美丽气田勘探开发历程

1.3.1 克拉美丽气田勘探简况

克拉美丽气田位于滴南凸起上，滴南凸起东抵卡拉麦里山前，西连石西凸起，南临东道海子凹陷，北接滴水泉凹陷，区域构造位置十分有利。

滴南凸起自20世纪80年代开始进行地震勘探，二维测网2km×2km～2km×4km。以石炭系为目的层的钻探始于20世纪90年代初期，1993年在滴西地区施工了滴西1井区三维地震勘探，1993年上钻滴西1井，1999年9月滴西5井在石炭系3650～3665m井段试油，7.5mm油嘴获得气 $1.07×10^4m^3/d$，水 $32.03m^3/d$，首次在石炭系获得了天然气发现。

滴南凸起共有三维地震工区14块，2006年对构造主体部位的8块三维进行了连片处理，面元25m×50m。2004年3月滴西10井射开石炭系3070～3084m，针阀控制试产，获油压21.9MPa，套压22.9MPa，气 $12.08×10^4m^3/d$，油5.26t/d；2004年4月14日射开石炭系3024～3048m，酸化压裂后，针阀控制试产，获油压16.8MPa，套压17.7MPa，气 $20.24×10^4m^3/d$，油 $6.78m^3/d$。从而发现滴西10井区块石炭系凝析气藏。

2006年新疆油田分公司对滴南凸起石炭系天然气进行了勘探攻关，相继发现了滴西14井区、滴西17井区、滴西18井区等的石炭系凝析气藏。

1.3.2 克拉美丽气田开发简况

为加快克拉美丽气田天然气开发，新疆油田通过勘探开发一体化研究，2008年3月在控制储量的基础上，完成了"克拉美丽气田滴西14井区、滴西17井区、滴西18井区气藏开发概念设计"，当年完钻开发井10口，12月中旬滴西14井区、滴西18井区投入试采，建成天然气产能近 $170×10^4m^3/d$。

2010年按"整体部署、井间接替"的开发原则，编制完成克拉美丽气田开发方案，方案设计气藏采用直井加水平井开发组合方式，设计总井数54口，其中建产井36口（直井25口，水平井11口），备用井6口，井间接替井12口（直井6口，水平井6口），实施规模开发，气田处于持续的上产阶段。在石炭系探明区整体开发动用的同时，2011年以来，开展气藏评价开发一体化，相继发现了滴西176井、滴405井、滴西323井、滴西185井等区块石炭系火山岩气藏。2013年针对气藏开发中暴露出的储层非均质性强、储量动用程度低、部分区域产水严重等问题，在火山岩气藏内幕精细描述及储层分类表征、气水识别及治水对策、剩余气描述及有效动用、火山岩气藏滚动评价等技术攻关和现场试验的基础上，形成了有水改造型复杂火山岩气藏综合开发调整关键技术系列，指导编制了克拉美丽气田开发调整方案，通过加密调整、侧钻补层及排液采气等措施，日产气量稳定在 $180\times10^4\text{m}^3$，气田最高日产气达到 $300\times10^4\text{m}^3$ 以上，2016年底形成 $10\times10^8\text{m}^3$ 生产能力，当年产气 $10.35\times10^8\text{m}^3$。截至2021年12月，克拉美丽气田共投产天然气井142口，累计产气量达 $108\times10^8\text{m}^3$。

第 2 章

气田地质特征

克拉美丽气田位于滴南凸起上，滴南凸起东抵克拉美丽山前，西连石西凸起，南临东道海子凹陷，北接滴水泉凹陷，整体呈近东西向展布，区域构造位置十分有利。目的层石炭系由上部火山岩段（巴塔玛依内山组），中间沉积岩段（松喀尔苏组上亚段）及下部火山岩段（松喀尔苏组下亚段）组成。石炭系火山作用方式主要以宁静溢流、强烈爆发为主，形成多期次、垂向多套叠置的复合岩体；火山机构表现为沿深大断裂带发育的裂隙式火山喷发、侵入，火山通道均发育在断层附近；主要发育溢流相、爆发相、火山通道相和火山沉积相。克拉美丽气田主要储集层为石炭系火山岩，包括次火山岩、熔岩和火山碎屑岩，熔岩包括玄武岩、安山岩和流纹岩，火山碎屑岩包括凝灰岩和角砾岩；三维地震资料揭示石炭系顶面整体表现为一南北两侧为边界断裂所切割、向西倾伏的大型鼻状构造，相继发现了滴西14井、滴西17井、滴西18井、滴西10井、滴西176井、滴405井、滴西323井、滴西185井等区块石炭系火山岩气藏。

2.1 构造与地层

2.1.1 区域构造与演化

准噶尔盆地地处中亚造山带，是长期发展形成的大型叠合盆地。盆地形成至今，经历了海西、印支、燕山、喜马拉雅等四期构造运动的影响，造就其总体呈三角形，东北缘以青格里底山为界与西伯利亚板块相邻，西北缘以扎伊尔山为界与哈萨克斯坦板块相邻，南缘以依林黑比尔根山为界与塔里木板块相邻；大地构造位置上，准噶尔地块位于哈萨克斯坦古板块、西伯利亚古板块及塔里木古板块的交汇部位，是哈萨克斯坦古板块的一部分，盆地的形成受控于古亚洲洋的多旋回开合和周边造山带的演化，经历多期不同性质的构造变革。盆地内部石炭系可划分为"一冲断带两凹陷三隆起"［图2.1（a）］。

克拉美丽气田位于滴南凸起上，滴南凸起位于准噶尔盆地陆梁隆起东南部的一个二级构造单元，东抵克拉美丽山前，西连石西凸起，南临东道海子凹陷，北接滴水泉凹陷，整体呈近东西向展布［图2.1（b）］，长约150km，宽约40km，面积6000km^2，区域构造位置十分有利。

滴南凸起形成于石炭纪末期，至早中二叠世一直处于剥蚀夷平阶段，致使中下二叠统缺失。三叠纪滴南凸起的西部（简称滴西地区）因沉降和水体上升，接受了较广泛的沉积，晚三叠世，印支末期的构造运动使得全区都有所抬升而遭受暴露剥蚀，致使该区晚三叠世地层保存不完整，与上覆地层形成角度不整合。早侏罗世，因水体再次加深造成湖盆扩大，滴西地区沉积了陆相沉积组，发育了一套河流相、湖泊三角洲和湖相地层；晚侏罗世，因燕山运动中期的影响，致使该区再次隆升，造成滴西地区缺失整个上侏罗统，残存了部分中侏罗统，与上覆白垩系为较为明显的角度不整合接触。白垩纪构造运动趋于稳定，该区形成了一大套较厚的粉砂岩、粗砂岩及泥质粉砂岩沉积。喜马拉雅期，北天山向北逆冲活动逐渐增强，造成准噶尔盆地南缘发生急剧沉降，致使区域性南倾，并使得一些圈闭构造幅度减小，甚至有的圈闭条件被破坏直至消失。

根据上述构造活动和不整合面发育情况，将凸起上构造层划分为三套，即白垩系及其以上为上构造层，侏罗系—三叠系为中构造层，二叠系—石炭系为下构造层。构造层地质结构的差异，决定了滴南凸起具有多套含油气层系，为形成大油气田创造了有利条件。

2.1.2 断裂特征及作用

滴南凸起石炭系自西向东地层由新到老分布，顶部与二叠系呈角度不整合接触（图2.2）。基于最新三维地震资料解释编制的石炭系顶面构造图揭示，滴南凸起整体表现为一南北两侧为边界断裂所切割、向西倾伏的大型鼻状构造，在鼻状隆起上发育滴西10井、

(a) 区域构造位置

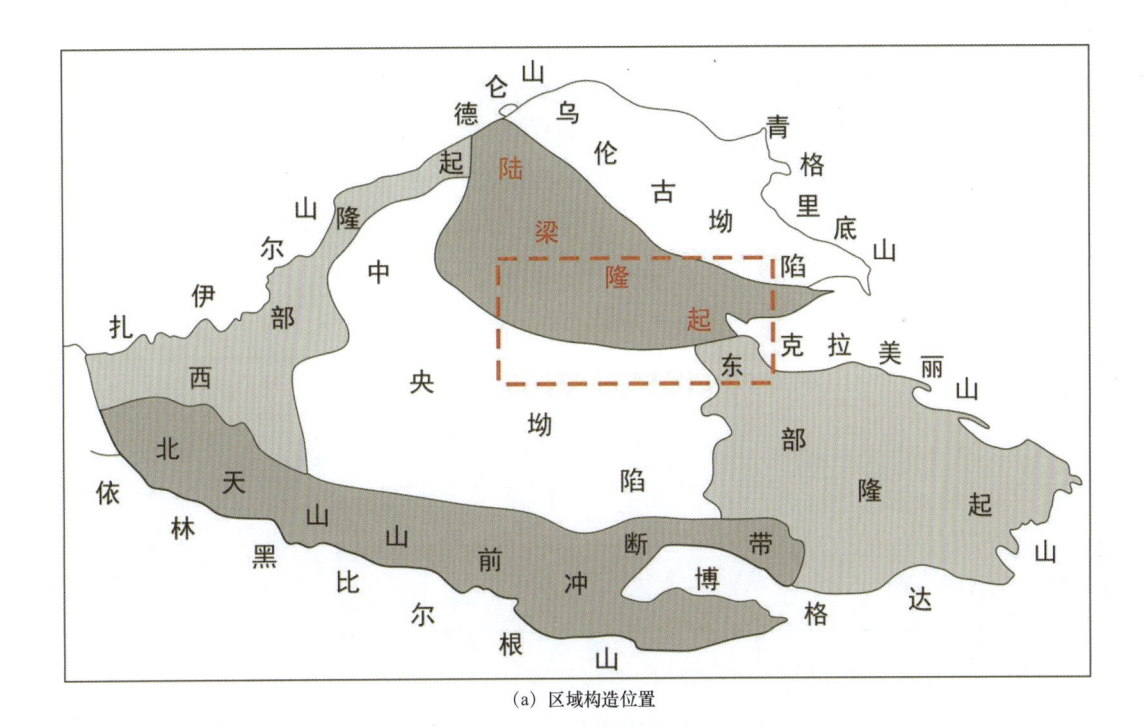

(b) 气田构造位置

图 2.1　克拉美丽气田构造位置图

滴西18井断鼻和滴西14井低幅度背斜等构造（图2.3）。滴南凸起发育一系列近东西向、北西向的断裂，勘探实践揭示，规模较大、对圈闭形成、成藏过程控制作用最明显的为北侧的滴水泉北断裂和南侧的滴水泉西断裂，凸起的构造变形也主要集中在这两条断裂的上盘。其中滴水泉北断裂为东南倾的逆断层，断开石炭系—下侏罗统八道湾组，对三叠系、侏罗系沉积有明显的控制作用，是滴南凸起与滴水泉凹陷的分界线；南侧滴水泉西断裂为北倾的逆断裂，断开石炭系—下侏罗统三工河组，形成于石炭纪末到二叠纪初，三工河组沉积末期停止活动，为三级构造单元的分界线，断裂要素见表2.1。

表2.1 滴南凸起石炭系边界断裂要素表

序号	断层名称	断面产状 走向	断面产状 倾向	断开层位	断面形状	断层性质	延伸长度 km	垂直断距 m	活动时期
1	滴水泉北断裂	NEE	SE	石炭系—八道湾组	铲型	逆	78	200～700	晚海西期—早燕山期
2	滴水泉西断裂	NW	N	石炭系—三工河组	铲型	逆	36	120～500	晚海西期—早燕山期

北断裂和西断裂夹持的大型鼻状构造内部断层较为发育，但规模不大，属于调整局部应力应变的中小断裂，以与主断裂近于平行的北东东—南西西向断裂为主，构成局部叠瓦状、背冲、对冲、y字形构造样式；次为近东西向断裂，少量近南北向、北西—南东向断层。

2.1.3 地层划分与组成

克拉美丽气田自上而下钻揭的地层有白垩系红砾山组（K_2h）、连木沁组（K_1l）、胜金口组（K_1s）、呼图壁河组（K_1h）、清水河组（K_1q）、侏罗系头屯河组（J_2t）、西山窑组（J_2x）、三工河组（J_1s）、八道湾组（J_1b）、三叠系白碱滩组（T_3b）、克拉玛依组（T_2k）、百口泉组（T_1b）、二叠系上梧桐沟组（P_3wt）和石炭系（C）。其中二叠系受区域构造运动影响，在研究区内仅发育梧桐沟组，缺失中、下统；侏罗系缺失上统及部分中统（图2.4）。

克拉美丽气田的石炭系自西向东地层由新到老，厚度可达2000～3000m，顶部与二叠系呈不整合接触（图2.2），是卡拉麦里山火山活动时间持续最长，强度最大，火山岩建造最为广泛的地层。根据古生物、同位素测年、岩性特征和地面-钻井-地震一体化分析对比，井下石炭系三分特征明显，上部火山岩段为石炭系巴塔玛依内山组（C_2b）（简称巴山组），下部火山岩为石炭系松喀尔苏组下亚段（C_1s^a）地层，中间沉积岩段为石炭系松喀尔苏组上亚段（C_1s^b）地层（图2.4）。

巴山组（C_2b）形成于晚石炭世火山喷发期，以溢流相中基性火山岩为主，主要发育在滴西17井区。松喀尔苏组（C_1s）分两个亚组，下亚组岩性为安山岩、流纹岩、二长玢岩及正长斑岩，玄武岩、安山岩、流纹岩、火山碎屑岩等火山岩石组合，含碎屑沉积夹

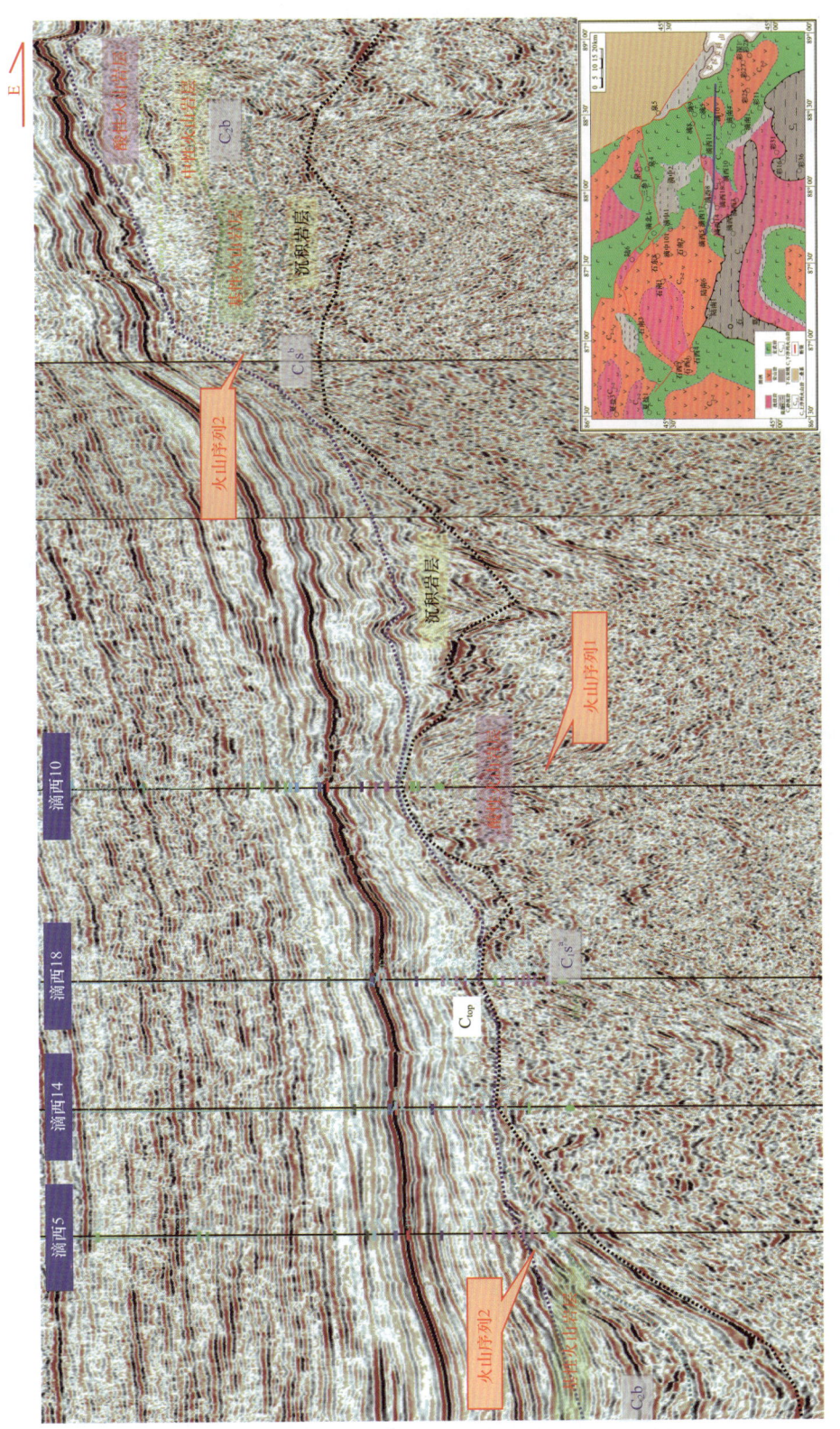

图 2.2 克拉美丽气田地层结构、石炭系划分方案

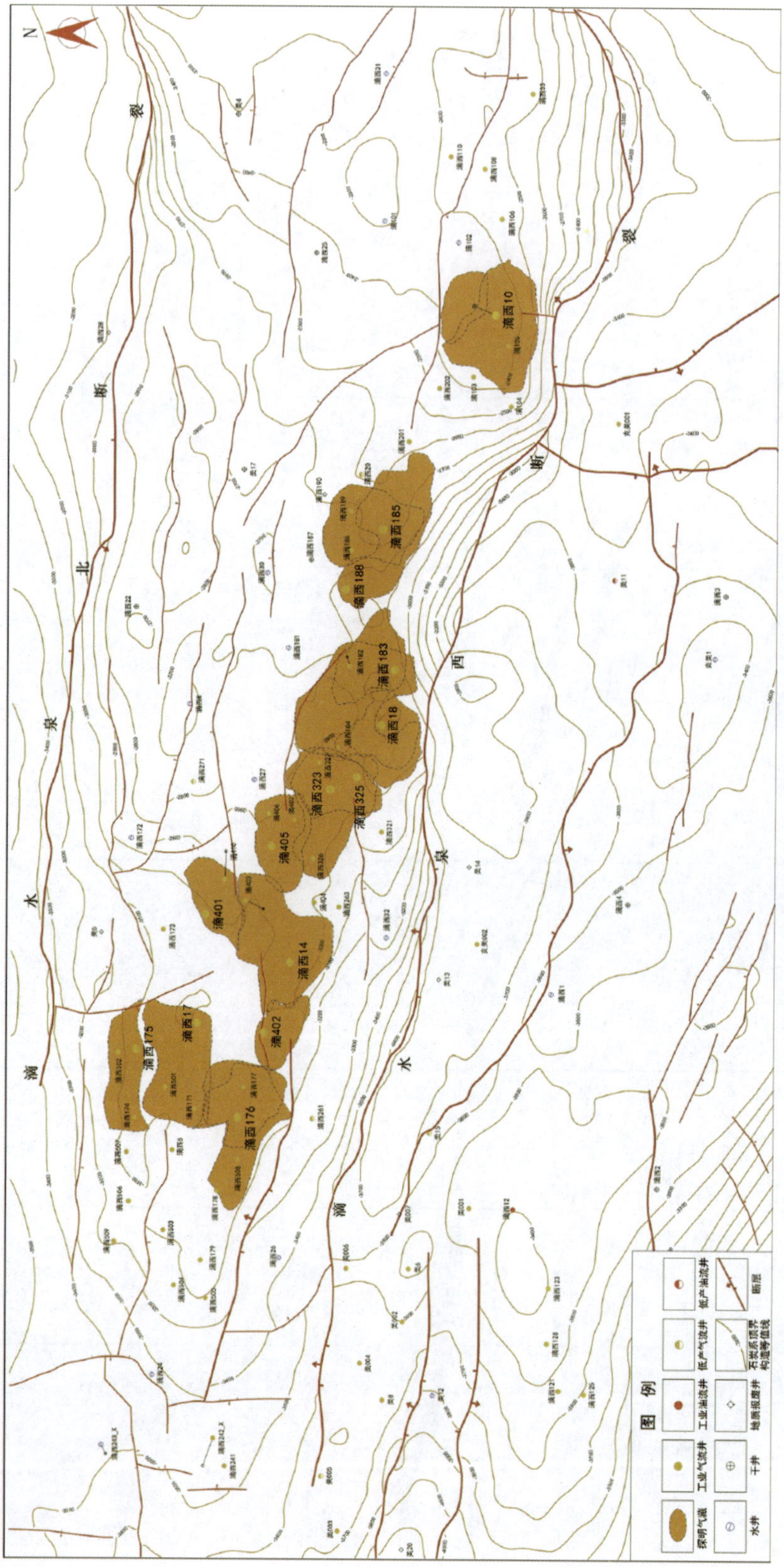

图 2.3 克拉美丽气田石炭系顶界构造图

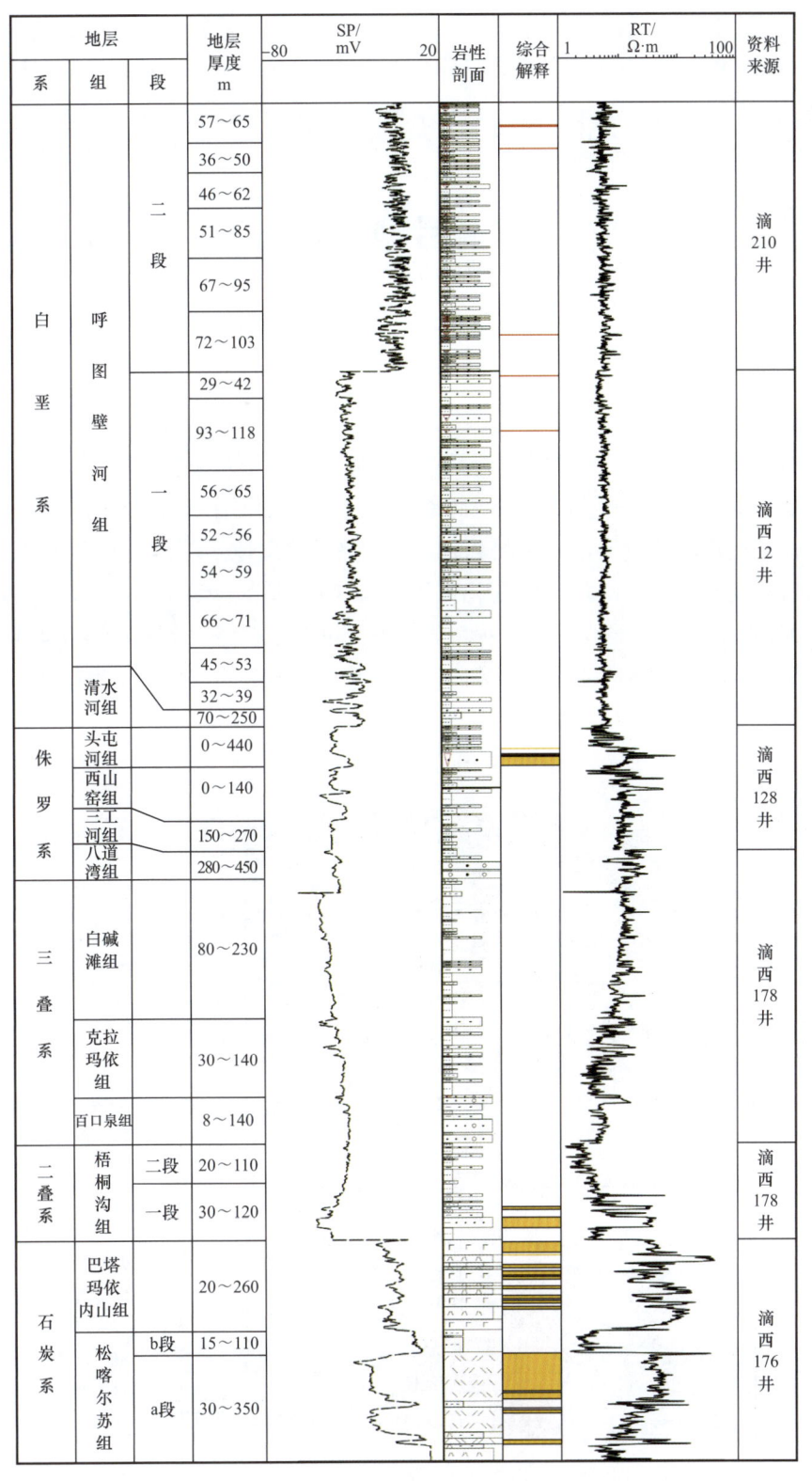

图 2.4 克拉美丽气田石炭系层序地层划分综合图

层，广泛发育在滴西 17 井区、滴西 14 井区、滴 405 井区、滴西 323 井区、滴西 18 井区、滴西 185 井区、滴西 10 井区。松喀尔苏组上亚组（C_1s^b）为黄色、黄绿色凝灰质砾岩、粗砂岩、砂岩、砾岩，发育在滴西 17 井区、滴西 14 井区。

2.2 岩体特征

2.2.1 火山喷发模式

资料显示，准噶尔盆地克拉麦里缝合带附近巴山组火山喷发具有阶段性和差异性的特点。依据滴西地区下石炭统粗面质岩石与玄武质岩石形成于后碰撞环境，且具有相同的岩浆来源，结合研究区岩性岩相特征，滴西地区石炭系火山作用方式主要以宁静溢流、强烈爆发为主，后期伴随超浅层侵入（图 2.5）。研究揭示喷出地表的火山岩表现出 3 个期次，且第一期喷发以宁静溢流和强烈爆发并存，第二期喷发以强烈爆发为主，第三期喷发以宁静溢流为主，并伴随有强烈爆发。次火山岩的形成可能是在每一次喷发的后期或第三期喷发结束的后期，因火山能量的快速递减或岩浆房总岩浆数量的减少而发生侵入。这种多期次火山作用机制决定了火山岩岩性复杂（从基性到中性直至酸性均有分布）、亚碱性及碱性系列共存，但平面上却又具规律性展布的特点。

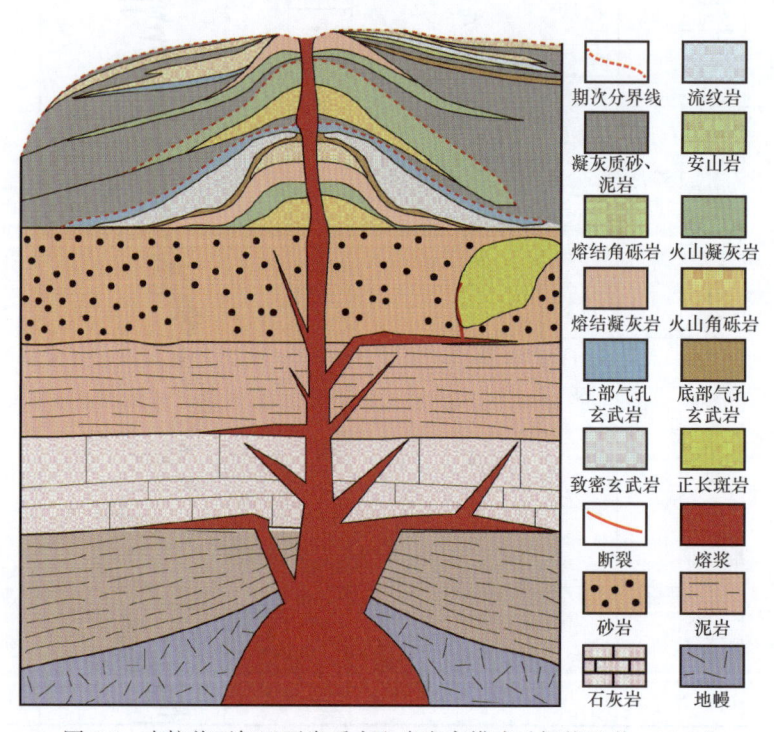

图 2.5 克拉美丽气田石炭系火山岩发育模式（据熊益学，2012）

2.2.2 火山机构识别

克拉美丽气田火山机构为古火山机构，表现为沿深大断裂带发育的裂隙式火山喷发、侵入，火山通道均发育在断层附近（图2.6）。火山口因风化、剥蚀及后期充填等，多残缺不全，在地震上响应特征不明显；火山通道的地震反射特征清晰，在同相轴产状上表现为柱状、近直立状；在内幕构型上呈杂乱、弱能量状反射；火山通道及火山口可以通过微构造形态识别，火山喷发时火山喷出物就近堆积，在火山口附近形成正向隆起地貌特征，经过风化剥蚀后，突起形态略有减弱，但仍保留局部突起的地貌形态。

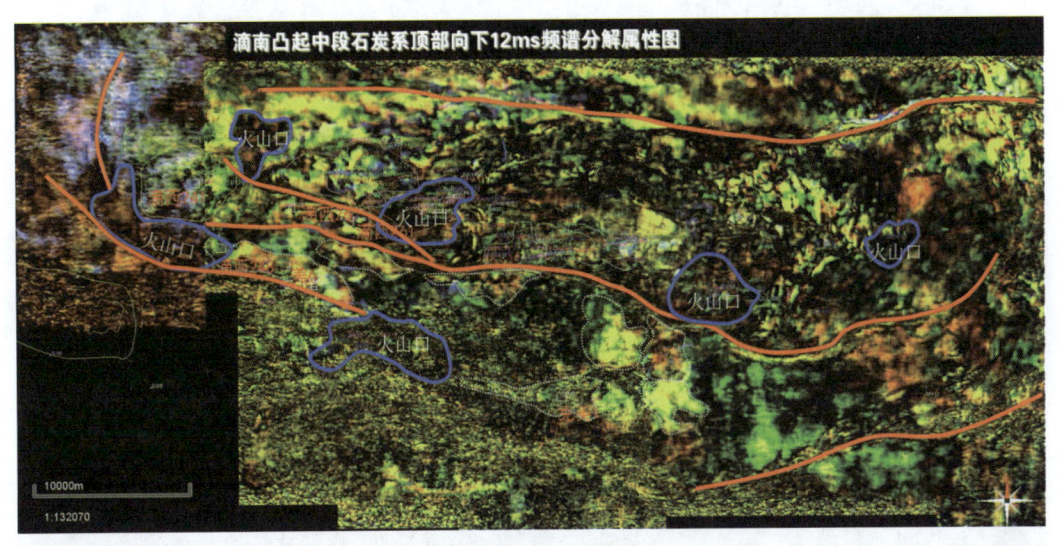

图2.6 地震分频分解火山机构特征属性图

克拉美丽气田北带发育滴西14井、滴西10井、滴西21井三个主火山口、滴西17井、滴西33井、美4井等三个喷溢区带、滴西18井—滴西185井侵入区带（图2.7）。

滴西17井、滴西14井、滴405井区平面上可以归属于一个较大的火山机构体系（图2.8），主火山喷发口位于滴西14井区，主喷发溢流区位于滴西17井区，而且整个体系垂向上呈现出多期次叠加。滴西14井区为火山口及火山通道发育区，其周边地层受其控制影响，地层主要为溢流相体及火山碎屑岩体。由于火山喷发的周期性，喷发早期溢流相体岩性主要以流纹岩、英安岩等酸性岩性为主，在经历一个大的间歇期后，至喷发末期，火山能量减弱，溢流相岩体主要以玄武岩、安山岩等中性和基性岩性为主，并与火山碎屑岩形成互层沉积。

滴西18井区、滴西185井区火山机构解剖模式揭示，侵入岩相是在火山沉积背景下由滴水泉西断裂分阶段侵入。第一阶段为侵入早期，大量侵入岩体发育；第二、三阶段为侵入中晚期，间歇式发育，规模较小，并伴随大量火山碎屑岩及溢流相岩体发育。目前滴西18井区、滴西185井区出气岩体主要是侵入末期发育的斑岩体与二长玢岩体。滴西18井区至滴西10井区之间发育多期次的侵入岩相主体，受古构造高部位与多期次侵入的挤压破碎，风化淋滤厚度大，裂缝发育，岩体物性得到极大改善（图2.9至图2.11）。

滴西10井区火山机构发育模式与滴西14井区类似，地层多以层状发育为主，在局部区域发育侵入岩体，但溢流体岩性多以酸性为主，如英安岩等（图2.7）。

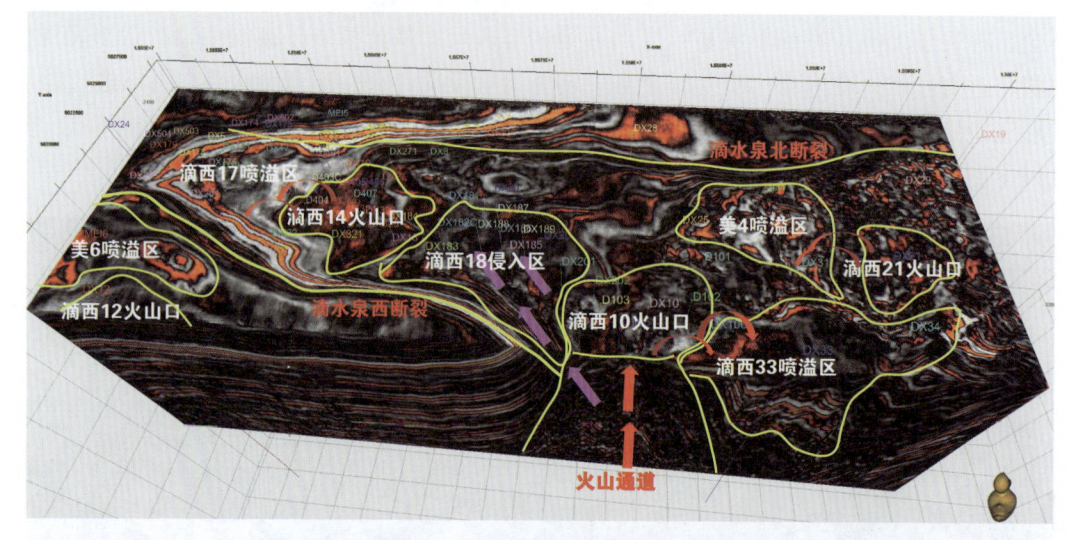

图2.7 克拉美丽气田北带中段石炭系火山机构模式图

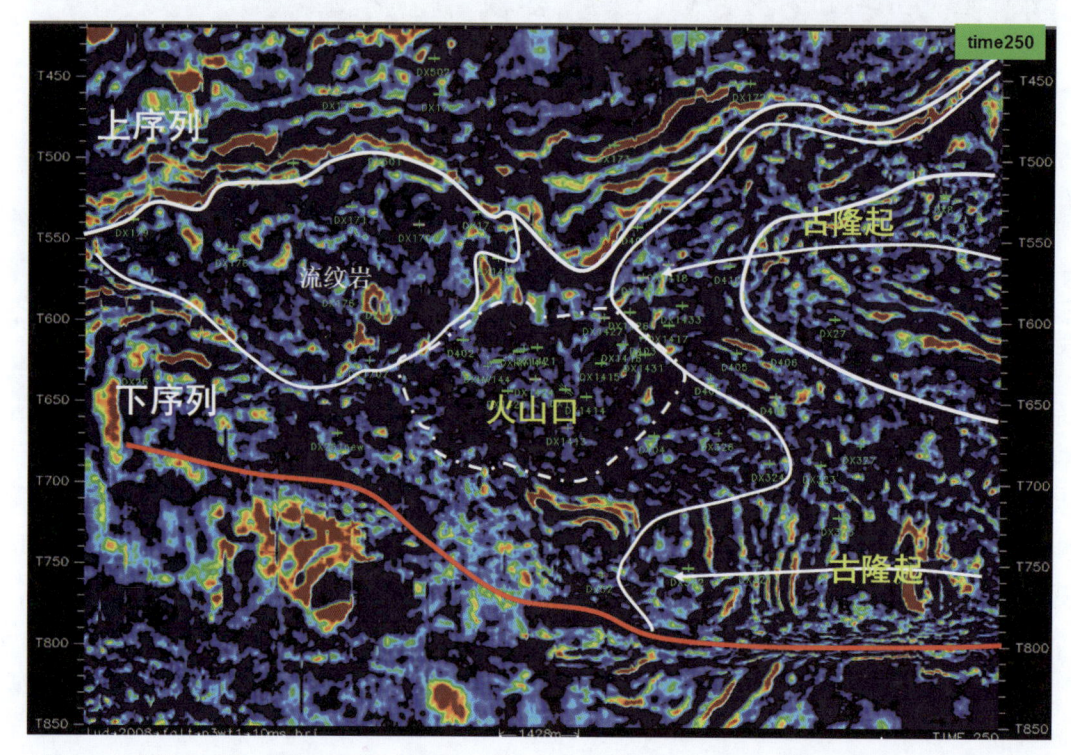

图2.8 过滴西17井—滴西14井—滴西323井区块石炭系不同时间切片地震属性图（时间250ms）

图 2.9 滴西 18 井—滴西 10 井区块石炭系不同时间切片地震平面图（侵入早期）

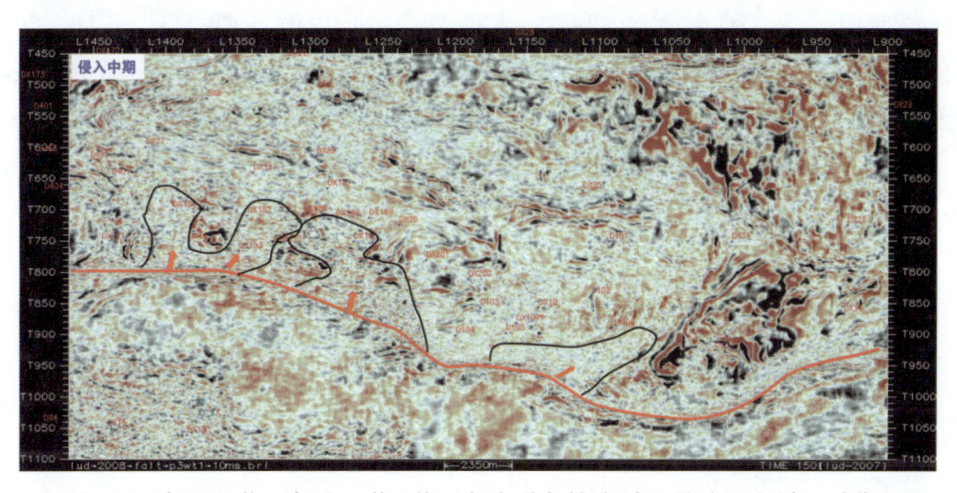

图 2.10 滴西 18 井—滴西 10 井区块石炭系不同时间切片地震平面图（侵入中期）

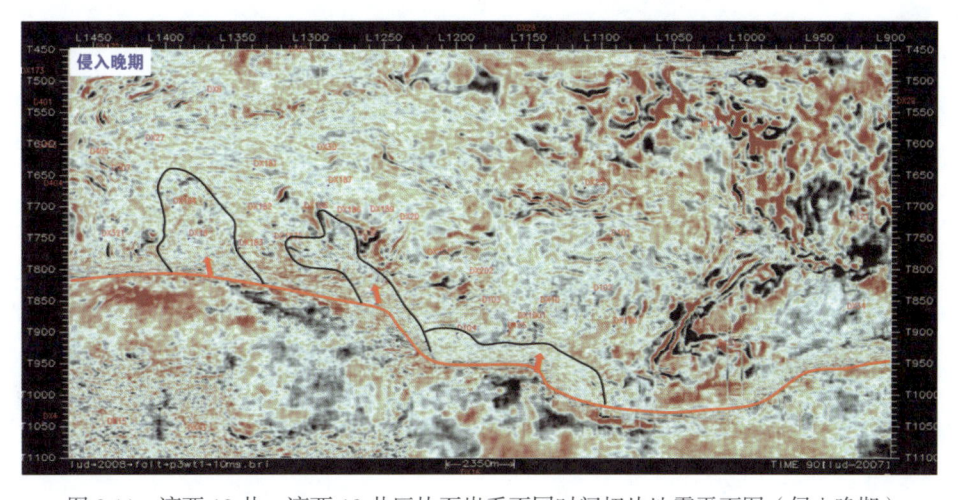

图 2.11 滴西 18 井—滴西 10 井区块石炭系不同时间切片地震平面图（侵入晚期）

2.2.3 岩体分布及其内部刻画

基于历次研究成果，根据三维地震资料解释成果，结合气藏生产动态特征，核实、修编研究区岩体分布图，精细刻画内部结构。

2.2.3.1 滴西17井区块

从地震剖面来看，巴山组南侧为断层封挡、东部上倾方向为尖灭线封挡，空间上相互叠置，局部构造剧烈变形形成3个似背斜构造的玄武岩体，从北向南分别为滴西175井玄武岩体、滴西17井玄武岩体、滴西176井玄武岩体，局部小断裂切割形成5个岩性—构造圈闭。其中，滴西175井玄武岩体顶面构造为以滴西175井、滴西174井附近为两个高点的似背斜构造，向南、向东区域岩性尖灭，构造北西向倾斜。滴西17井玄武岩体顶面构造为以滴西17井附近为构造高点、滴西501井附近为次高点的似背斜构造，向南、向东区域岩性尖灭，构造向北西方向倾斜；滴西176井玄武岩体顶面构造为以DX1703井一带及滴西5井附近为构造高点的似背斜构造，岩体西南、东南部受断裂控制，北部和东部受岩性尖灭与断裂控制，顶面构造向西北方向倾斜（图2.12、图2.13）。

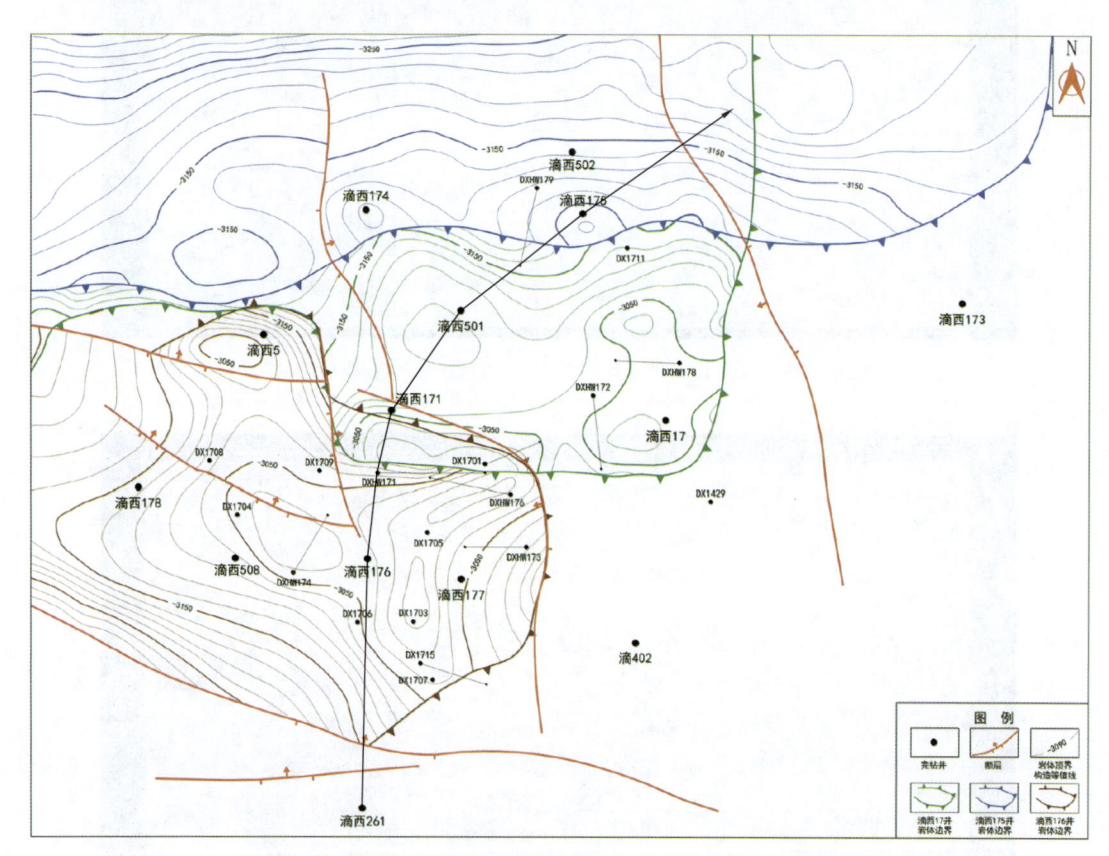

图2.12 滴西17井区块石炭系巴山组火山岩岩体顶面构造图

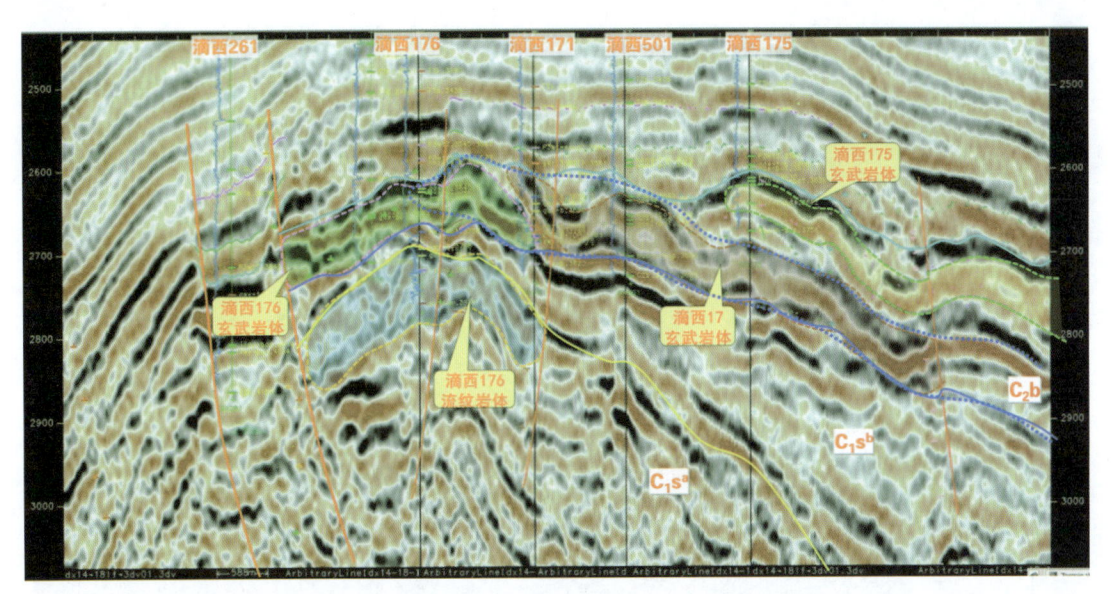

图 2.13　过滴西 261 井—滴西 175 井地震剖面图（测线位置如图 2.12 所示）

2.2.3.2　滴西 14 井区块

开发三维地震剖面资料显示，滴西 14 井区块不同岩体之间同向轴不连续，地震反射强弱存在明显的差异。结合大量已钻井资料进行标定，在岩体精细刻画的基础上，利用单井资料确定地质剖面，火山岩岩体进行了分析，进一步确定了岩体的空间展布。整体上位于火山口附近，地层以块状爆发相为主，滴 402 井北部、滴 401 井南部各发育一条逆断裂，整体上断裂相对不发育。在平面上识别出滴 401 井、滴西 14 井、滴 402 井等 3 个火山岩岩体圈闭，岩体圈闭边界主要受岩性尖灭线控制，局部如滴 402 井北、滴西 14 井西北面受断裂控制（图 2.14、图 2.15）。

滴西 14 井复合火山岩岩体地震上表现为丘状外形、内部反射为杂乱中—弱反射特征。顶面构造以滴 403 井、滴西 14 井附近为两个构造高点的似马鞍状背斜构造，向四周岩体倾伏尖灭、构造变低，该岩体井控程度较高，岩体顶底界面地震反射特征清晰，边界可靠。

滴 401 井火山岩岩体地震上表现为亚平行的层状反射形态，内部反射为连续性好的中—强反射特征，顶面为向北倾斜的单斜构造，东、西、南方向为岩性上倾尖灭，区域构造高点在 DX1430 井附近，岩体中发育一条南倾的小断裂——滴 401 井东断裂，延伸长度为 1.23km，断距约 20m；岩体顶底均为地震强、弱反射的界面，与围岩容易区分。岩体南部边缘与滴西 14 井主力岩体接触，地震反射强度、反射轴连续性的差异显著，边缘清晰。

滴 402 井火山岩岩体地震反射特征与滴 401 井火山岩岩体类似，顶面构造为北东部高而西南部低的单斜，北部受断裂控制，其他方向受岩性尖灭线控制，东部叠置在滴西 14 井复合岩体之下。

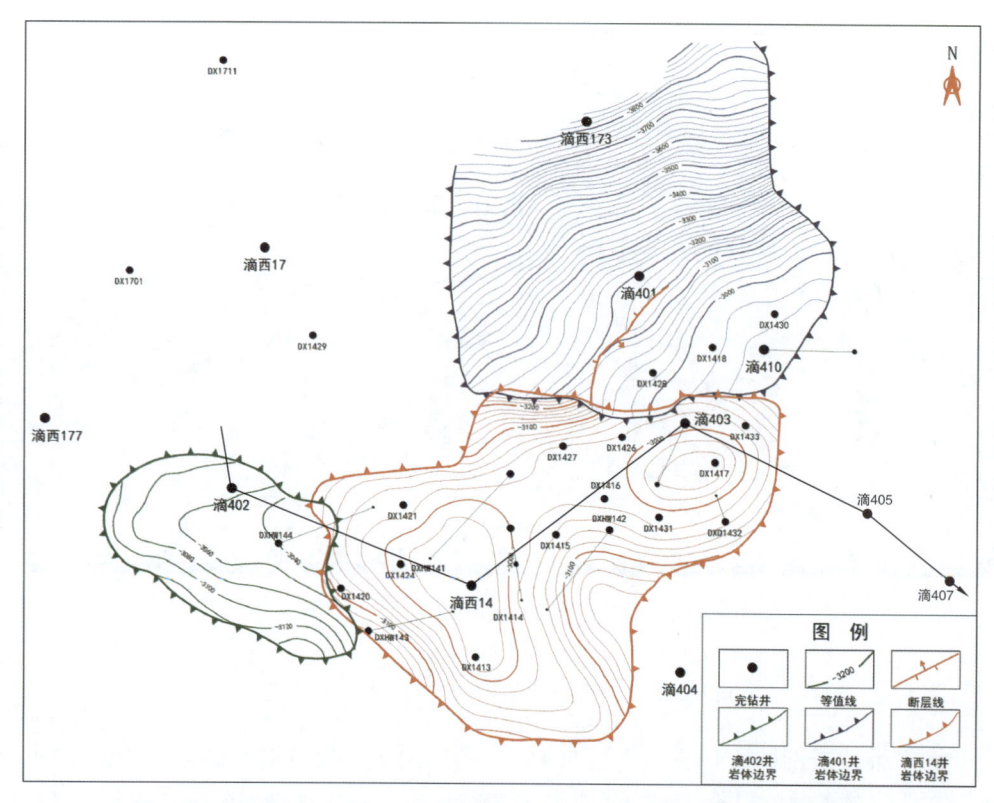

图 2.14　滴西 14 井区块石炭系松喀尔苏组下亚段火山岩岩体顶面构造图

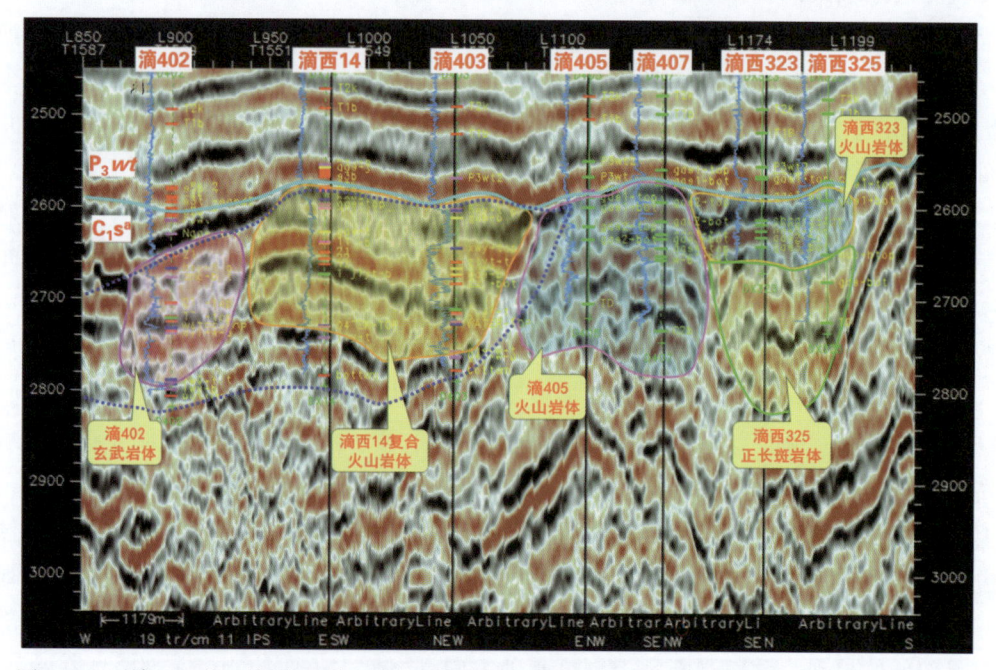

图 2.15　过滴 402 井—滴西 14 井—滴 403 井—滴 405 井—滴 407 井—滴西 323 井—滴西 325 井地震地质解释剖面（测线位置如图 2.14 所示）

2.2.3.3 滴西18井区块

将滴西18井区块精细刻画为滴西18井侵入岩体、滴西183井侵入岩体、滴西184井火山碎屑岩体3个岩体（图2.16、图2.17），不同岩体之间同向轴不连续，地震反射强弱存在明显的差异，对火山岩岩体的刻画清晰。

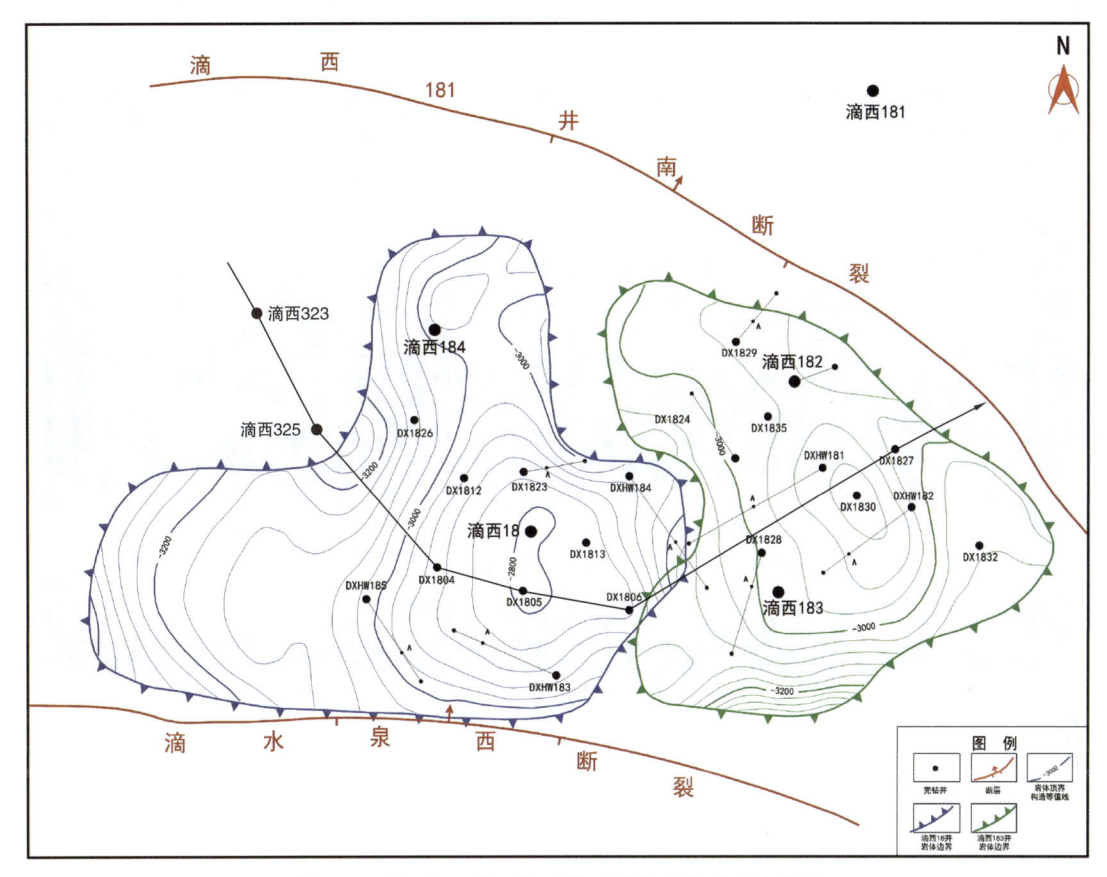

图2.16 滴西18井区块石炭系侵入岩体顶面构造图

滴西18井侵入岩体位于滴水泉西断裂上倾方向，物源方向来自滴水泉西断裂带，靠近断裂处厚度大，远离断裂逐渐减薄，由块状演变为与凝灰岩指状互层，岩体边界受岩性尖灭线控制。其在地震上表现为亚平行的层状反射形态，具有透镜状反射外形，内部反射弱、呈杂乱状，反射轴连续性差的反射特征。构造高点位于滴西18井、DX1805井附近区域，构造低点位于岩体西部边缘，整体表现为不规则穹窿状。岩体顶底均为地震弱、强反射的界面，与围岩容易区分，南部边缘紧邻滴水泉西断裂、北部边缘靠近滴西181井南断裂。

滴西183井侵入岩体岩性及地震反射特征均与滴西18井侵入岩体类似。岩体构造高点位于DX1830井附近区域，平面形态呈舌状，构造形态整体表现为穹窿状，构造低点位于岩体南部边缘。岩体顶底均为地震弱、强反射的界面，与围岩容易区分，南部边缘紧邻滴水泉西断裂、北部边缘靠近滴西181井南断裂，岩体边界受岩性尖灭线控制。

滴西184井火山碎屑岩体岩性为火山沉积相火山角砾岩、凝灰质砂岩等，地震上表现层状反射形态，内部反射为连续性好的中—强反射。岩体构造高点位于DX1830井西北部，整体表现为东南高、西北低的单斜形态，在DX1812井附近形成一个次级高点，构造低点位于西部和南部。岩体边界在北部和南部分别受滴西181井南断裂和滴水泉断裂控制，西部与东部受岩性尖灭线控制。

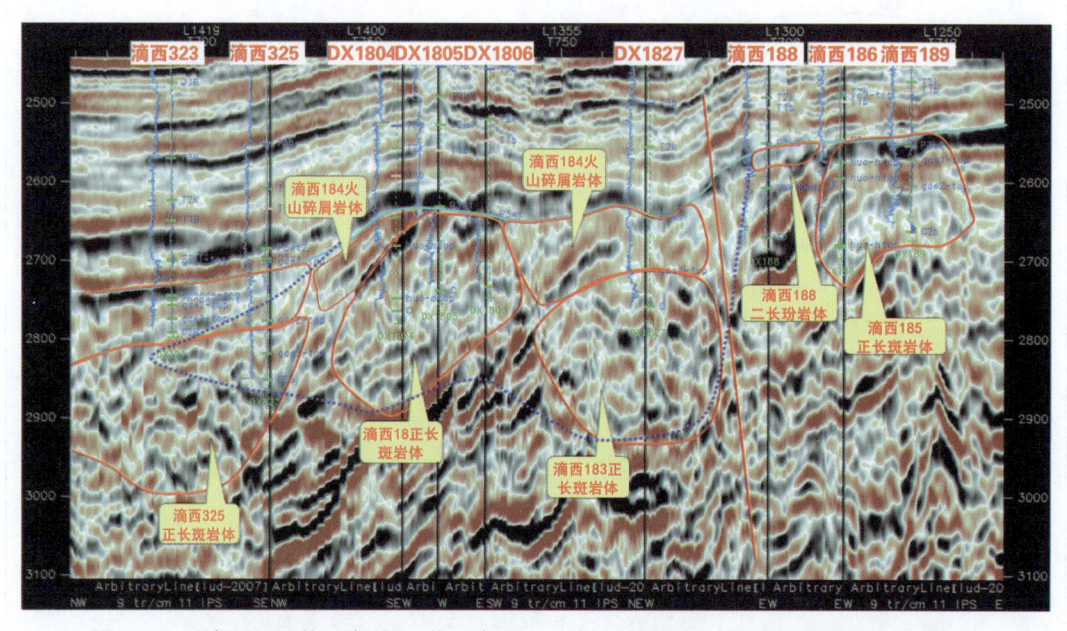

图2.17 过滴西325井—滴西18井—滴西185井地震剖面图（测线位置如图2.16所示）

2.2.3.4 滴西10井区块

滴西10井区主要包括滴西10井流纹岩体、DX1001井英安岩体2个岩体圈闭（图2.18、图2.19）。

滴西10井流纹岩体圈闭有1口井钻遇该岩体，岩性主要为溢流相流纹岩，夹杂少量的爆发熔结凝灰岩，地震上表现为亚平行的层状反射形态，内部反射为连续性好的中—强反射特征。岩体构造高点位于滴西10井附近及该井西北部，整体表现为中部高、四周低的背斜形态。岩体南部边缘与DX1001井英安岩体接触，地震反射轴连续性的差异显著，边缘清晰。

DX1001井英安岩体圈闭有2口井钻遇该岩体，岩性主要为溢流相英安岩，夹杂少量爆发相火山角砾岩，地震反射特征与滴西10井流纹岩类似。岩体构造高点位于DX1001井附近，构造低点位于岩体南部边缘，整体表现为中东部高、四周低的背斜形态。岩体对应波谷反射，波形饱满，强反射，与围岩容易区分，南部边缘紧邻滴水泉西断裂。

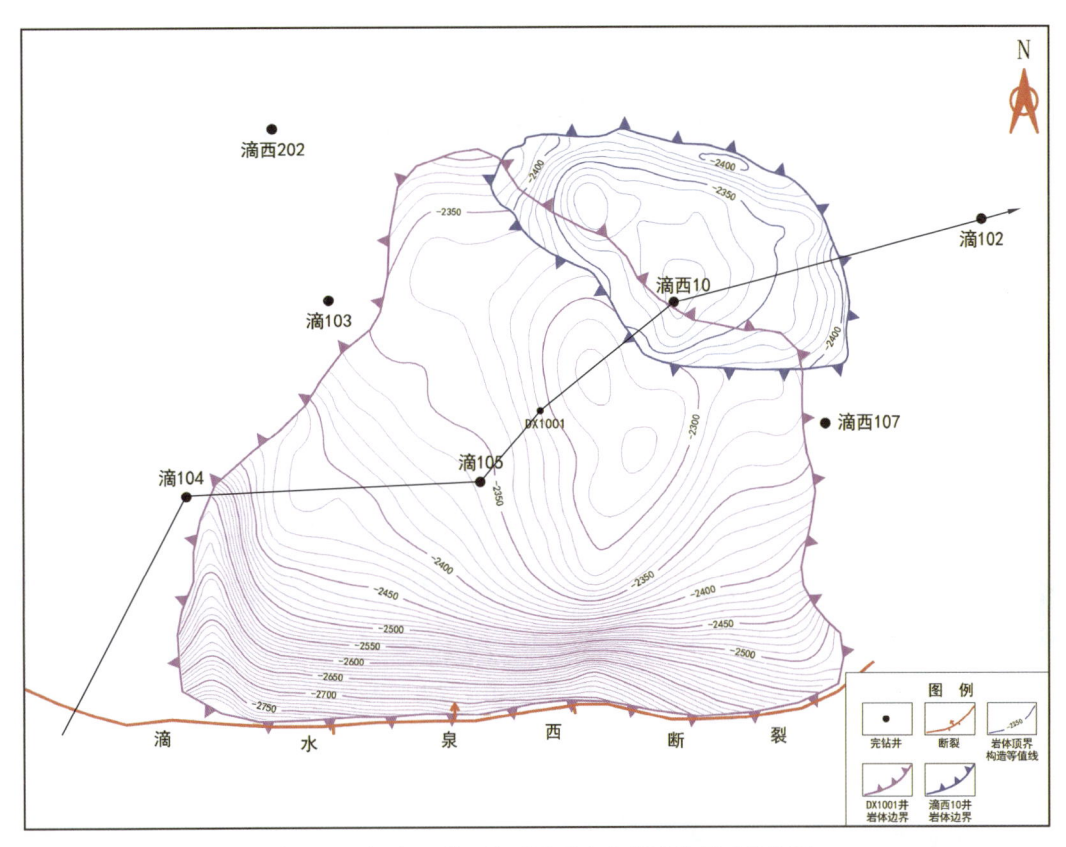

图 2.18　滴西 10 井区块石炭系火山岩岩体顶面构造图

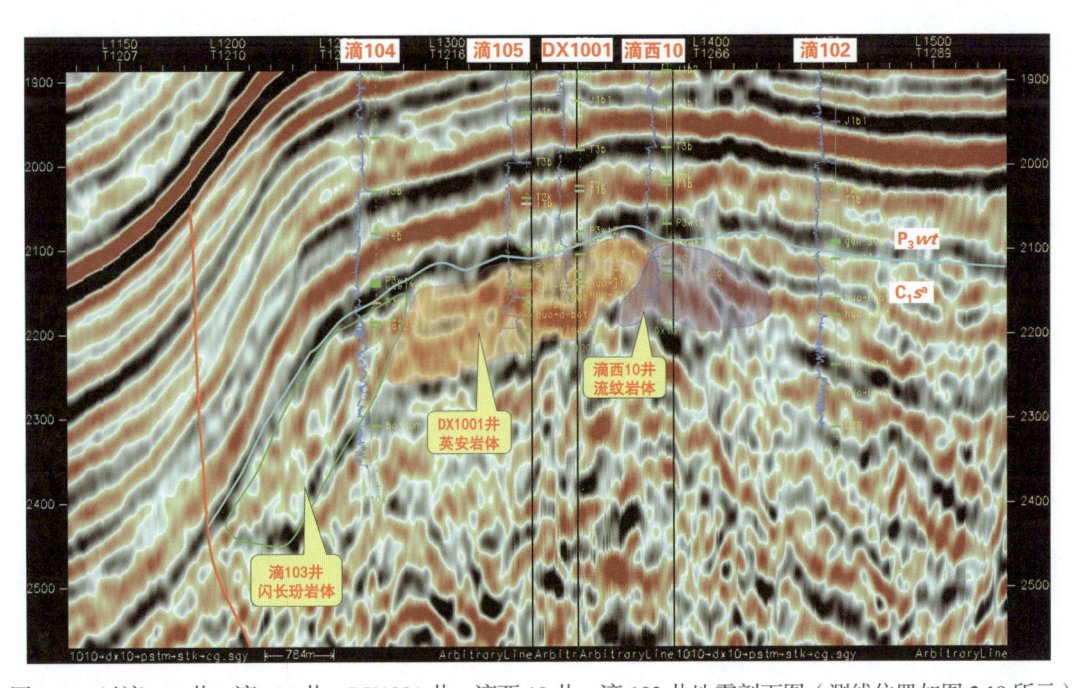

图 2.19　过滴 104 井—滴 105 井—DX1001 井—滴西 10 井—滴 102 井地震剖面图（测线位置如图 2.18 所示）

2.3 岩相岩性特征

2.3.1 岩相类型及相标志

2.3.1.1 岩相分类及其特征

根据克拉美丽气田钻井岩心现场及照片观察、岩石薄片鉴定、结合测井常规曲线以及 FMI 成像等资料，确定了该区石炭系岩性及岩相特征，参考卫管一等人在其《岩石学简明教程》中根据不同火山岩相的产出环境、产出形态、岩性特点和其所处火山部位的相互关系中提供的分类方案，结合本区火山岩发育特点及可操作性，综合制订了克拉美丽气田石炭系火山岩相划分方案（表 2.2），克拉美丽气田石炭系发育的主要火山岩相为溢流相、爆发相、火山通道相和火山沉积相。

表 2.2 石炭系岩相分类及其主要特征

相	亚相	形成深度	岩石	特征岩性	结构	构造	产出状态	备注
溢流相	上部	地表	熔岩	玄武安山岩、安山岩、流纹岩	交织、间粒、间隐结构	气孔、杏仁、石泡、流纹	岩流、岩被；绳状、渣状、柱状、枕状熔岩等	火山喷溢、泛流产物
	中部							
	下部							
爆发相	近火山口亚相	地表	火山碎屑岩	凝灰质角砾岩、角砾岩、集块岩	火山碎屑结构	块状	空中坠落堆积、火山碎屑流堆积、火山口附近溅落堆积	火山爆发产物
	远火山口亚相			凝灰岩	凝灰质结构	块状	空中飘浮，远离火山口堆积	
火山通道相	次火山岩亚相	地表以下	侵入岩	正长斑岩、二长玢岩	斑状结构	块状	近地表、超浅成、浅成产出	产于火山机构及其附近
火山沉积相	陆相	地表	沉积火山碎屑岩、火山碎屑沉积岩、沉凝灰岩等	湖相泥岩、海相泥岩、凝灰质砂岩、凝灰质砂砾岩、沉凝灰岩	砾石有磨圆，火山/陆源碎屑结构	层状	湖相、海相；层状、透镜状沉积等	火山喷发间隙期、低潮期沉积产物
	海相							

2.3.1.2 岩相标志

研究区石炭系自西向东地层由新到老分布，顶部与二叠系呈不整合接触。据钻井、测井、岩心和地震解释结果表明，石炭系为火山多期活动、垂向多套叠置的复合岩体。

以单井岩相分析为基础，以火山机构关键岩性为指标进行火山机构恢复，同时结合测井响应特征进行测井相与地震相的综合标定，建立典型的火山机构地质、测井、地震相模式（图2.20）。

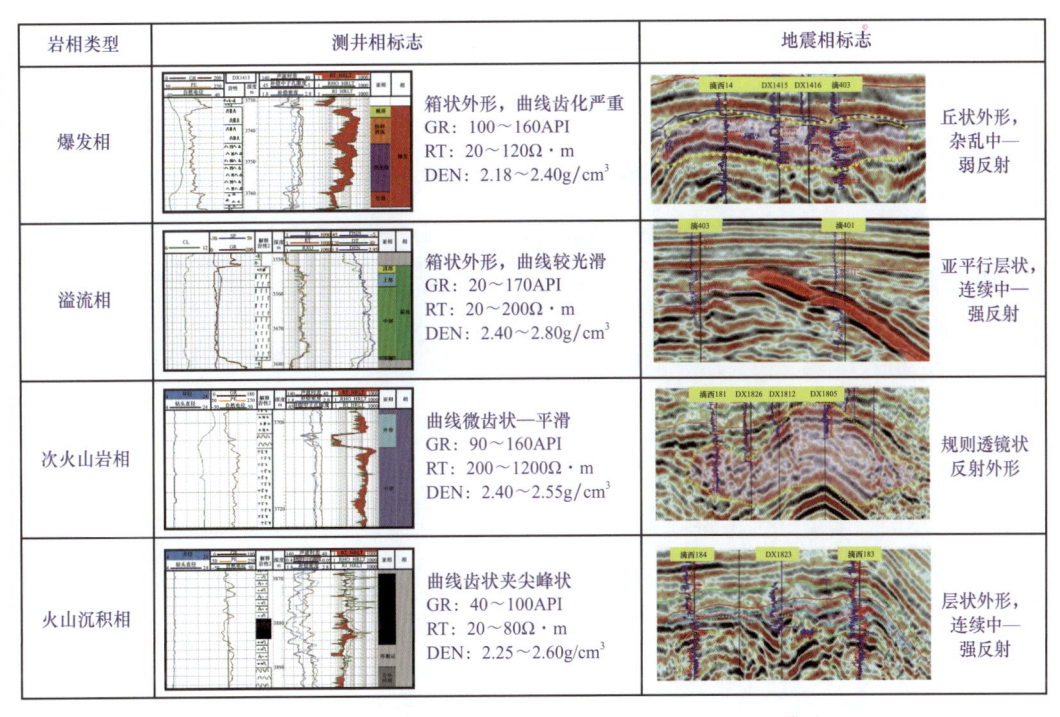

岩相类型	测井相标志	地震相标志
爆发相	箱状外形，曲线齿化严重 GR：100~160API RT：20~120Ω·m DEN：2.18~2.40g/cm³	丘状外形，杂乱中—弱反射
溢流相	箱状外形，曲线较光滑 GR：20~170API RT：20~200Ω·m DEN：2.40~2.80g/cm³	亚平行层状，连续中—强反射
次火山岩相	曲线微齿状—平滑 GR：90~160API RT：200~1200Ω·m DEN：2.40~2.55g/cm³	规则透镜状反射外形
火山沉积相	曲线齿状夹尖峰状 GR：40~100API RT：20~80Ω·m DEN：2.25~2.60g/cm³	层状外形，连续中—强反射

图 2.20　克拉美丽气田典型地质相、测井相、地震相模式

（1）溢流相测井相、地震相标志：形成于火山喷发旋回的中期，是熔浆在后续喷出物推动下和自身重力的共同作用下，在沿着地表流动过程中，逐渐冷凝固结而形成。岩性主要为玄武岩、安山岩、流纹岩及凝灰熔岩。溢流相岩体测井响应内部差异较大，总体测井响应特征为低 AC、高 RT，曲线平直的特点。溢流相在本区的地震响应特征主要表现为平行、亚平行结构、中强振幅、中高连续、低频。

（2）火山通道相测井相、地震相标志：位于火山机构下部，特征岩性是花岗岩、玢岩和斑岩；熔岩和角砾、凝灰熔岩及熔结角砾岩、凝灰岩。特征构造：筒状、层状、脉状、枝杈状、裂缝充填状、环状或放射状节理。火山通道相地震响应特征主要表现为顶部具丘形、内部为杂乱或无反射特征。石炭系火山通道在区内主要沿滴水泉西断裂分布，并在滴西2井南及滴南7井南也有分布，即：滴西14井区、滴西18井区、滴西10井区、滴西21井区、滴西8井区、滴西2井南及滴南7井南。

（3）火山沉积相测井相、地震相标志：是经常与火山岩共生的一种岩相，可出现在火山活动的各个时期，碎屑成分中含有大量火山岩岩屑，主要为火山岩穹隆之间的碎屑沉积体，具韵律层理、水平层理。岩性主要为玄武质、安山质和流纹质的沉凝灰岩和沉火山角砾岩。沉积相体测井上整体表现为低RT，GR随着火山碎屑物质化学成分的变化差异很大，当火山碎屑物质化学成分为玄武质时表现为低GR，当火山碎屑物质化学成分为流纹质时表现为高GR，整体具韵律特征。火山沉积相在本区的地震响应特征主要表现为中弱振幅、中低连续、高频、平行及亚平行反射结构。

通过建立分区分级参数交汇图谱，综合筛选规律性比较好的测井参数组合对，引入层速度，建立克拉美丽气田石炭系岩相测井识别定量标准（表2.3），以石炭系伽马与层速度交汇，综合分频体、振幅及能量类、统计类属性及多曲线融合技术处理后的波阻抗反演属性，建立了克拉美丽气田石炭系地震岩相识别表（表2.4）。

表2.3 克拉美丽气田石炭系岩相测井识别参数表

序号	岩相	层位	GR，API	层速度，m/s	投点区域
1	中基性溢流相	C	8～83	3100～5940	A区
2	泥、炭质泥岩及煤	C	25～80	2530～3450	B区
3	火山沉积相（如：凝灰质砂砾岩）	C	30～92	3040～4450	C区
4	爆发相（凝灰岩、火山角砾岩）	C	53～127	3100～4970	D区
5	侵入相	C	>83	4350～5600	E区
6	酸性溢流相	C	>120	3340～4680	F区

2.3.2 岩相展布特征

采用对火山岩较敏感的振幅统计类属性、瞬时类属性、相关统计类属性、频（能）谱类属性等地震属性，以突出火山岩为目标的地震属性处理结果，结合实钻井火山岩岩相划分标定地震属性，对火山机构岩性岩相分布进行预测。

火山作用在平面上的分布具明显的规律（图2.21），西部区块主要是以巴山组的中基性火山作用为特征：滴西17井区块以溢流相的安山玄武质—玄武质熔岩为主；而东部则是以松喀尔苏组下序列的中酸性火山作用为特征。滴西14井、滴405井区以中—酸性爆发相的火山碎屑岩类为主，夹有一些溢流相的熔岩类，呈厚层状向东尖灭。滴西18井、滴西185井区发育厚层的中—酸性的次火山岩，南边为断层所封挡、其他方向尖灭的半椭圆状，该套侵入岩体位于滴水泉西断裂上倾方向，靠近断裂处厚度大，远离断裂逐渐减薄，受断层控制作用明显，是沿断层侵入。滴西10井区块下部为爆发相的中酸性熔结凝灰岩类，上部为溢流相的英安岩和流纹岩类。滴西21井区顶部为溢流相的中性岩、酸性

表 2.4 克拉美丽气田石炭系岩相地震属性识别表

相带	亚相	微相	代表岩性	地震特征	均方根振幅范围	曲线融合后反演波阻抗 (kg/m³)·(m/s)	代表井点
火山机构	溢流相	基性、中基性	玄武岩、安山岩	中强振幅、中高连续、平行/亚平行结构	50~100	$1.1×10^7$~$1.2×10^7$	滴西17井、滴西171井
		酸性	流纹岩、英安岩	中弱振幅、中等连续、平行/亚平行结构	30~70		滴西176井、滴西177井
	爆发相	近火山口相	角砾岩	中强振幅、中等连续	40~80		DX1418井
		远火山口相	凝灰岩、沉凝灰岩	中弱振幅、中低连续、具丘形特征、平行/亚平行结构	0~50	$1×10^7$~$1.1×10^7$	滴西8井、滴西181井
		火山通道相		内部杂乱或无反射、状或倒锥形	0~50		区内没有井点钻遇
	侵入相	浅层侵入相	闪长玢岩、正常斑岩	中弱振幅、边界强反射、内部杂乱反射、外部具柱	30~60	$1.2×10^7$~$1.4×10^7$	滴西18井、滴西185井、滴西188井
火山沉积相	辫状河三角洲	辫状河道	砂砾岩、中细砂岩	中弱振幅、连续性中等、中高频、平行/亚平行反射	20~60	$0.8×10^7$~$1×10^7$	滴西33井
		沼泽	炭质泥岩、煤	中等振幅、中等连续、平行/亚平行结构	0~50		滴404井

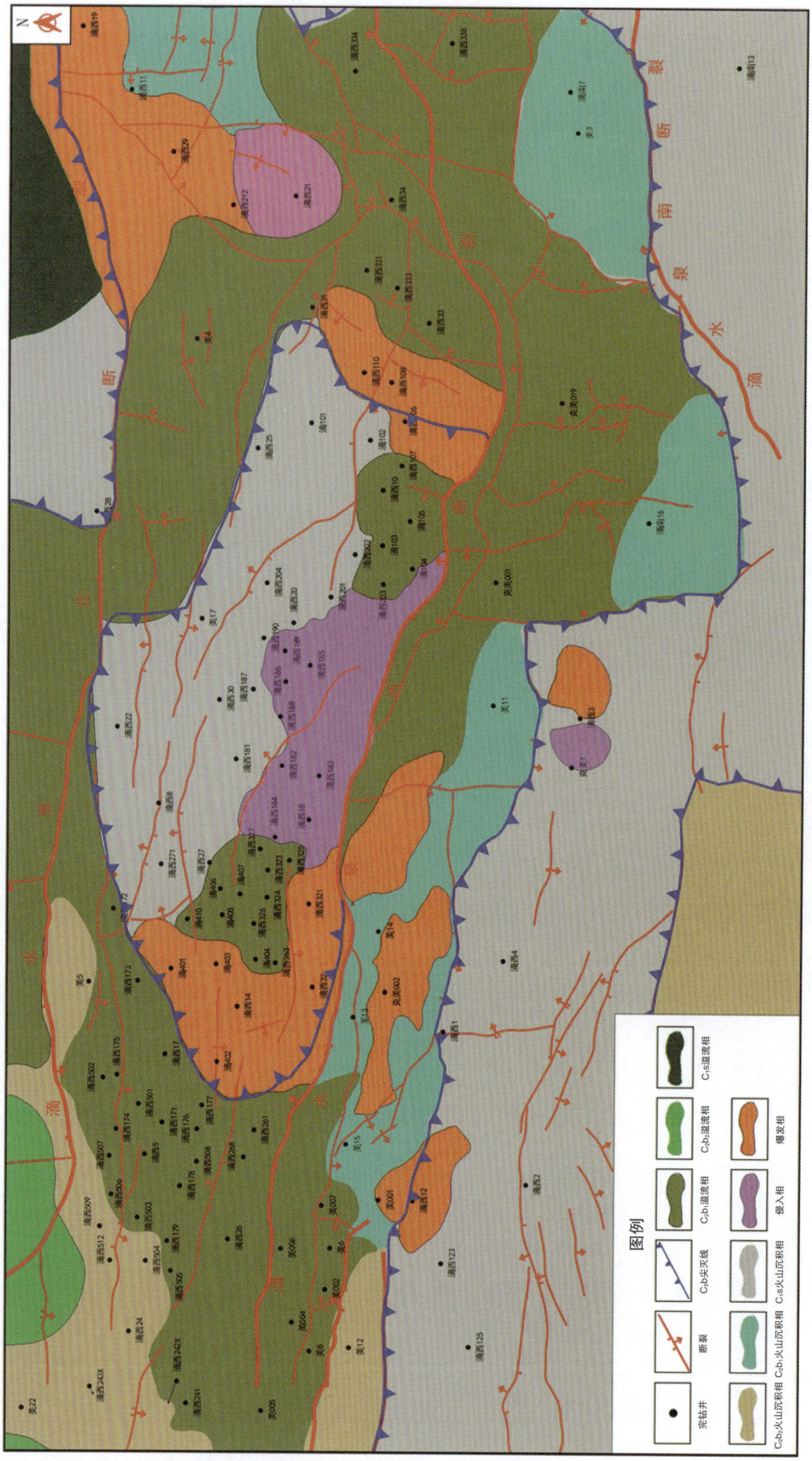

图 2.21 克拉美丽气田石炭系火山岩相平面展布图

岩，下部为厚层的酸性侵入岩。在几个火山机构之外，主要为火山沉积相的中酸性凝灰岩，夹有正常沉积岩。钻探资料证明，爆发相、溢流相和浅成侵入相都有储层发育，并均已经获得中高产气流。

2.3.3 岩性识别及分类

克拉美丽气田火山岩类型多样，既有火山熔岩，也有火山碎屑岩，其特征各异（表2.5）。主要包括次火山岩类、火山熔岩类、火山碎屑熔岩类、火山碎屑岩类、沉积火山碎屑岩类等5种类型。

表2.5 克拉美丽气田石炭系火山岩岩性分类特征（据熊益学，2012）

岩类	岩性	矿物成分	结构	构造	鉴别依据
次火山岩类	正长斑岩	正长石、石英、黑云母、角闪石	斑状结构、似斑状结构	块状构造	与火山岩同源且浅层侵入未暴露地表
火山熔岩类	玄武岩	斜长石、橄榄石、辉石、角闪石、磁铁矿	斑状结构、少斑结构、间粒结构	气孔构造、杏仁构造、块状构造	熔浆宁静溢流冷凝而成
火山熔岩类	安山岩	斜长石、辉石、角闪石	斑状结构、少斑结构、（玻基）交织结构	块状构造	熔浆宁静溢流冷凝而成
火山熔岩类	粗面岩	透长石、斜长石、钾长石、角闪石	斑状结构、多斑结构、粗面结构	块状构造	熔浆宁静溢流冷凝而成
火山碎屑熔岩类	角砾熔岩	视角砾、熔岩胶结物成分而定	角砾熔结结构	气孔构造、杏仁构造、流动构造	火山碎屑物间为熔岩胶结
火山碎屑岩类	火山角砾岩	/	角砾支撑结构	不等粒、斑杂构造	火山碎屑物质>90%，无塑变碎屑
火山碎屑岩类	火山凝灰岩	/	凝灰结构	块状构造	火山碎屑物质>90%，无塑变碎屑
火山碎屑岩类	熔结火山角砾岩	/	熔结角砾结构	假流动构造	火山碎屑物质>90%，大量塑变碎屑
火山碎屑岩类	熔结火山凝灰岩	/	熔结凝灰结构	假流动构造	火山碎屑物质>90%，大量塑变碎屑
火山—沉积碎屑岩类	沉凝灰岩	/	沉凝灰结构	层理构造	50%<火山碎屑物质<90%
火山—沉积碎屑岩类	沉火山角砾岩	/	沉凝灰角砾结构	层理构造	50%<火山碎屑物质<90%
火山—沉积碎屑岩类	凝灰质砾岩、砂岩及泥岩	/	凝灰沉积结构	层理构造	10%<火山碎屑物质<50%

2.3.3.1 次火山岩类

克拉美丽气田石炭系钻遇的次火山岩为正长斑岩，岩石呈紫灰色、锈灰色，斑状结构和似斑状结构。斑晶主要为卡式双晶、信封状双晶和条纹结构［图2.22（a）］的正长石（10%～15%）。基质主要为微晶—细晶结构的正长石（70%±）、石英（5%～8%）及少量的黑云母和角闪石（不足5%）。其中，斑晶和基质正长石表面污浊，普遍发生高岭石化蚀变；石英多呈他形细粒状位于基质正长石晶间或呈项链状环绕斑晶分布，暗色矿物多发生绿泥石化蚀变，发育块状构造。该区次火山岩类主要分布在滴西18井区和滴西10井区，受构造破坏可形成碎裂正长斑岩，构成较好的油气储集空间。

2.3.3.2　火山熔岩类

克拉美丽气田石炭系火山熔岩比较发育，主要类型有：

（1）玄武岩：主要分布在滴西17井区，岩心见于3500m以下的深度，岩石呈深灰色、黑绿—黑色，斑状结构或少斑结构。斑晶含量不足10%，主要为斜长石，部分橄榄石。基质由辉石、磁铁矿或隐晶质充填于基质斜长石格架内，构成间粒结构或间隐—间粒结构。次要矿物为角闪石和黑云母。发育气孔构造、杏仁构造和块状构造，杏仁体常呈椭圆状、透镜状或不规则形状被绿泥石、绿脱石和方解石等次生矿物充填［图2.22（b）］。

（2）安山岩：主要分布在滴西17井区，岩心见于3500m以上的深度，位于玄武岩之上。岩石呈灰绿色、紫灰色，斑状结构或少斑结构。斑晶含量不足10%，主要为斜长石，局部发育正边结构，少量辉石和角闪石斑晶。基质由板条状微晶斜长石半定向排列，构成交织结构或玻基交织结构［图2.22（c）］。主体为块状构造，局部见杏仁构造。

（3）粗面岩：主要分布在滴西18井区，岩心见于3500m以上的深度。岩石主要呈暗灰色，风化后呈褐灰色—褐红色，斑状结构，局部见多斑结构。斑晶含量约10%，主要为卡式双晶结构的透长石［图2.22（d）］，少量斜长石。基质为隐晶质结构或显微结晶结构，板条状微晶钾长石半定向排列构成典型粗面结构。次要矿物为角闪石、石英，角闪石多发生绿泥石化蚀变。主体为块状构造。

2.3.3.3　火山碎屑熔岩类

火山碎屑熔岩类是火山碎屑岩向熔岩过渡类型，火山碎屑物含量为30%～50%，碎屑间主要由熔岩胶结。其中，胶结熔岩成分大多与火山碎屑物相近或相同，熔岩可在碎屑间呈流动构造［图2.22（e）］。火山碎屑熔岩一般分布在近火山口附近，岩心见于滴西14井区3660～3850m的深度范围内，主要为粗安质角砾熔岩。

2.3.3.4　火山碎屑岩类

（1）火山角砾岩：多呈肉红色、灰绿色，火山角砾和火山凝灰等组分大于90%。角砾含量大于50%，成分主要为各种类型的熔岩，大小不等，一般呈棱角—尖棱状，分选性差［图2.22（f）］。火山凝灰部分主要由粒径小于2mm的岩屑、晶屑、玻屑和火山尘组成，起到胶结火山角砾的作用。岩心见于滴西17井区3500m以上和滴西18井区4060m的深度范围内。其中，滴西17井区主要为玄武质火山角砾岩，滴西18井区主要为粗面质火山角砾岩。

（a）正长斑岩：斑晶为正长石，发育典型的信封状双晶。DX1824井，3691.06m，正交偏光

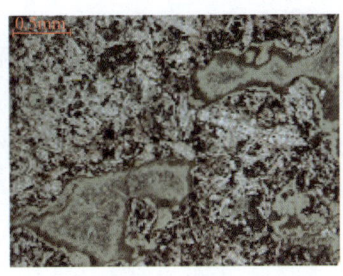

（b）杏仁状玄武岩：斑状结构，斑晶为基性斜长石。滴西17井，3633.31m，单偏光

（c）玄武安山岩：少斑结构，基质为交织结构，滴西172井，3482.20m，正交偏光

（d）粗面岩：斑晶为透长石，基质粗面结构，DX1824井，3549.68m，单偏光

（e）安山质角砾熔岩：角砾和熔岩胶结物均为中性的安山质熔岩，滴西182井，3560.99m，正交偏光

（f）玄武质火山角砾岩：角砾成分为玄武岩，胶结物为基性凝灰岩，滴西14井，3959.66m，单偏光

（g）安山质岩屑玻屑凝灰岩：岩屑为中性熔岩，玻屑呈棕褐色，滴西14井，3603.09m，单偏光

（h）熔结角砾岩：角砾为凝灰岩、安山岩，砾间由火山灰胶结，熔结假流动构造，滴西171井，3807m，单偏光

（i）沉凝灰岩：含少量石英晶屑、岩屑，主要为火山灰质组分，滴西172井，3608.99m，正交偏光

图2.22 准噶尔盆地滴西地区石炭系火山岩主要岩石类型（据熊益学，2012）

（2）火山凝灰岩：多呈灰绿色，粒度为0.05～2mm的火山碎屑物含量在90%以上。根据碎屑物类型和相对含量，将岩心观察到的火山凝灰岩分为晶屑凝灰岩、玻屑凝灰岩和复屑凝灰岩3种类型。其中，玻屑通常呈炸裂气泡状、弧面三角状、弯钩状等不规则形态［图2.22（g）］，在一定程度上暗示了该区火山凝灰岩具有水下快速冷凝的结晶特点，主要分布在滴西14井区3682～3701m和滴西10井区3036m附近深度范围内，其他地区也有少量分布。

（3）熔结火山角砾岩：呈灰褐色，具熔结角砾结构。火山碎屑（粒径大于2mm）含量大于90%，角砾成分复杂，可为凝灰岩岩屑、玄武岩和安山岩熔岩碎屑。角砾之间或者角砾与填隙物之间相互焊结，大的塑性角砾遇刚性角砾和岩屑有压弯或扭转等形变特征［图2.22（h）］。岩心见于滴西17井区3810m深度范围内，主要为玄武质熔结角砾岩。

（4）熔结火山凝灰岩：呈灰绿色，具熔结凝灰结构和假流动构造，内部粒径小于2mm的塑性玻屑、塑性岩屑呈拉长状定向排列，岩心肉眼观察易与流纹岩相混淆。岩心主要见于滴西14井区3820m的深度内，主要为晶屑岩屑熔结凝灰岩。

2.3.3.5 火山—沉积碎屑岩类

（1）沉凝灰岩：呈黑色、黑绿色、肉红色等杂色，具沉凝灰结构，层理构造。火山碎屑含量大于75%，主要由小于2mm的玻屑、岩屑及晶屑和火山凝灰质组成。正常陆源碎屑主要为粉砂质或泥质成分，可见少量次圆状石英碎屑［图2.22（i）］。见于滴西17井区3600m以上和滴西18井区3570m的深度内，一般炭质组分较高，下部通常为火山角砾岩，代表火山喷发的间歇期或低潮期。

（2）沉火山角砾岩：呈灰绿色，具沉凝灰角砾结构，层理构造。火山碎屑物含量大于75%，粒径为2~64mm的火山角砾含量大于30%，包括小于2mm的岩屑、晶屑、玻屑等凝灰级碎屑。正常陆源碎屑含量小于25%，主要为少量砾石、砂屑等陆源碎屑。岩心见于滴西18井区，其中，DX1824井3568.51~3577.24m、3598.26~3616.85m之间出现两段与沉凝灰岩呈互层状产出的沉火山角砾岩，角砾成分复杂，层理发育，因含陆源碎屑物与火山角砾岩相区别。

（3）凝灰质砾岩、砂岩及泥岩：呈杂色，具凝灰沉积结构，层理构造。火山碎屑物含量为10%~50%，火山碎屑物主要为火山灰。根据外来碎屑的粒径大小将其划分为砾岩、砂岩及泥岩。

2.4 储层特征

克拉美丽气田储层岩性十分复杂。根据薄片分析资料和全岩矿物分析，该区石炭系发育沉积岩和岩浆岩两大类岩石类型。岩浆岩是该区主要储层岩石构成，包括次火山岩、熔岩和火山碎屑岩，熔岩包括玄武岩、安山岩和流纹岩，火山碎屑岩包括凝灰岩和角砾岩。

2.4.1 储集空间类型

2.4.1.1 孔隙

克拉美丽气田石炭系的原生孔隙主要为气孔、粒内孔和粒间孔，形成于火山岩固化成岩阶段，次生孔隙主要指溶蚀孔，形成于火山岩成岩之后。

气孔主要在熔岩中发育（图2.23），可分为原生气孔、杏仁孔和石泡空腔孔。含有大量挥发组分的岩浆在喷出地表时，因挥发组分溢散而留下的原生孔洞，叫原生气孔，大小不一。一些气孔形成后，后期热液作用中形成的次生矿物会对其充填形成杏仁体，当充填不完全时，则形成杏仁体内的残余孔，叫杏仁孔。发育原生气孔、杏仁孔的熔岩主要为玄武岩、安山岩类中基性火山岩。杏仁孔是本区一种重要的孔隙类型，通过裂缝沟通可以形成很好的储层，在玄武岩和安山岩中均有发育，杏仁孔成分为方解石、沸石、绿泥石。此外，由于热液物质发生冷凝收缩作用而遗留下来的气孔为石泡空腔孔，以圆形和椭圆形为主，一般分布密度较大，在流纹岩中发育。粒内孔为火山碎屑岩的刚性岩屑内自身带有的孔隙，在火山角砾岩和角砾熔岩中常见。溶蚀孔是地下水对已结晶矿物或充填矿物产生溶蚀作用而形成的次生孔隙。研究区火山岩中溶蚀孔包括斑晶、基质和充填物溶蚀孔等。工区的次火山岩斑晶溶孔十分发育。

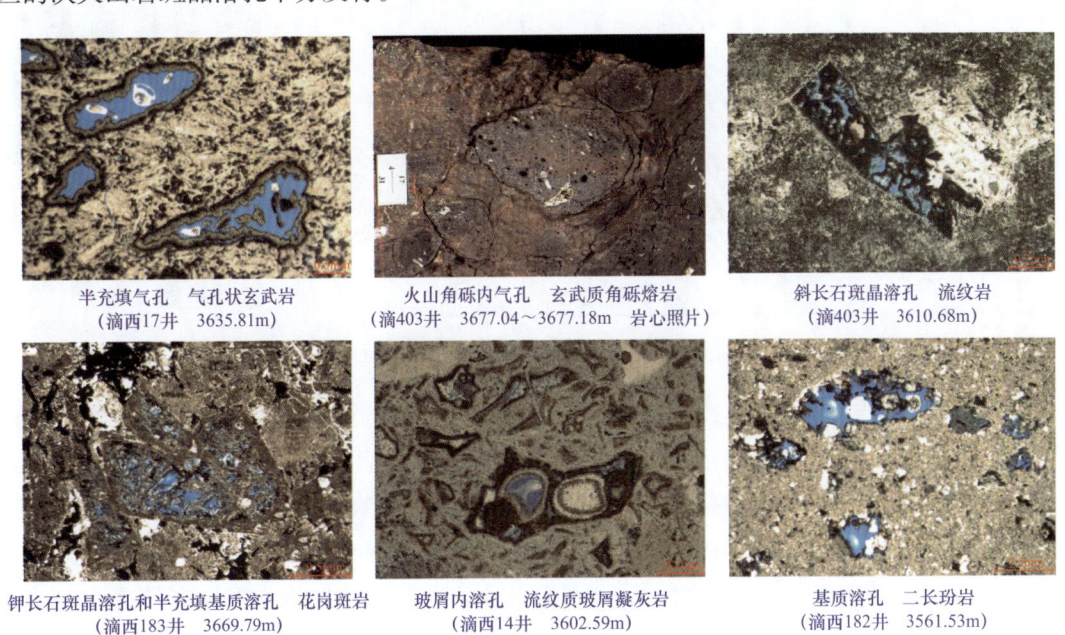

半充填气孔　气孔状玄武岩	火山角砾内气孔　玄武质角砾熔岩	斜长石斑晶溶孔　流纹岩
（滴西17井　3635.81m）	（滴403井　3677.04～3677.18m　岩心照片）	（滴403井　3610.68m）
钾长石斑晶溶孔和半充填基质溶孔　花岗斑岩	玻屑内溶孔　流纹质玻屑凝灰岩	基质溶孔　二长玢岩
（滴西183井　3669.79m）	（滴西14井　3602.59m）	（滴西182井　3561.53m）

图2.23　克拉美丽气田石炭系储层孔隙类型

2.4.1.2　裂缝

FMI测井资料证明（图2.24），克拉美丽气田石炭系构造缝普遍发育，溶蚀缝次之，冷凝收缩缝主要发育于火山熔岩中，砾间缝则普遍发育于火山角砾岩中，但裂缝孔隙度总体较低。

构造裂缝是岩石在构造应力的作用下破裂而形成的裂缝，常见以共轭剪切裂缝的形式出现，倾角30°～60°，以及以斜劈裂缝或直劈裂缝的形式出现，倾角70°～80°。它具有缝面平直、延伸较远的特点，裂缝密度最大为4条/10cm，缝宽小于1mm，部分被绿泥石、方解石充填。在原有裂缝基础上发生溶蚀作用可形成溶蚀缝。因此溶蚀缝与原生裂缝伴生，其规模受到原生裂缝的控制。砾间缝沿相邻火山碎屑外缘分布，多贴近火山角砾边缘，主要见于火山碎屑物质粒径较粗的火山碎屑岩中。冷凝收缩缝是岩浆喷溢至地表后，在冷凝固化过程中，体积收缩形成的一种成岩缝。

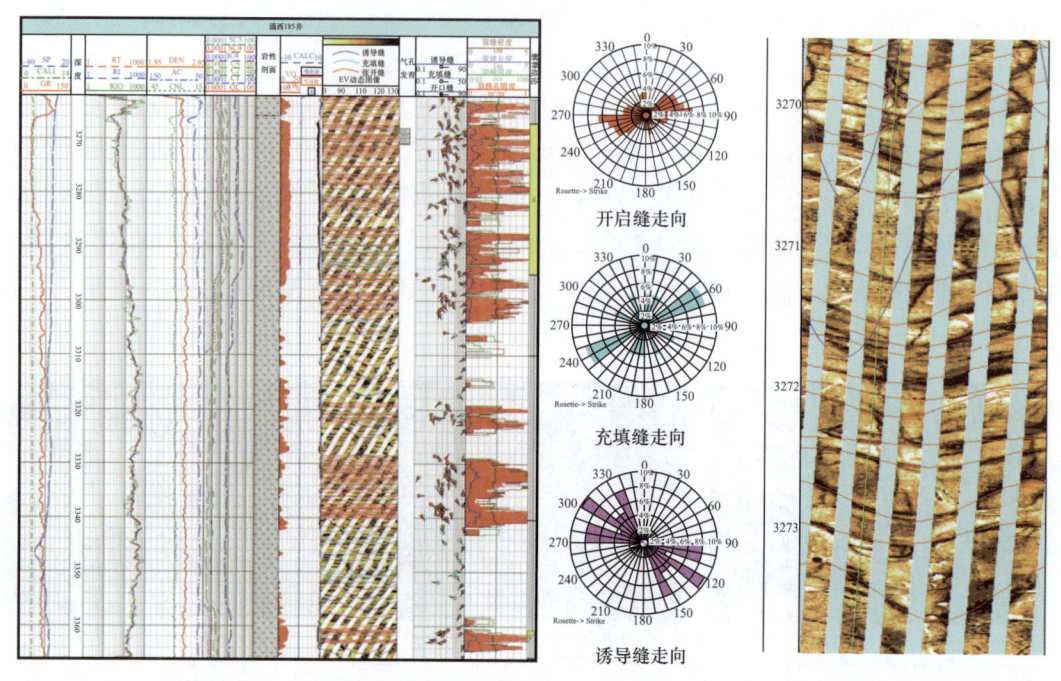

图 2.24 克拉美丽气田石炭系储层裂缝 FMI 识别（滴西 185 井区块）

岩心观察结果表明（图 2.25），原生微细裂缝及早期构造缝在后期成岩阶段常处于充填或半充填状态，而晚期构造缝和溶蚀缝则大多数处于开启状态，有效开启缝所占比例大于充填的无效缝。FMI 测井解释结果也表明，滴西地区石炭系火山岩裂缝的开启程度高，其中开启缝约占 91.5%，充填或半充填缝只占 8.5%；同时，测井解释的微细裂缝比例小（约占 0.8%），裂缝的张开度较大。因此，总体而言，滴西地区石炭系以有效缝为主，裂缝产状主要以斜交缝为主（50%），网状缝次之（28%）。

克拉美丽气田石炭系裂缝具有多方向性，不同井区裂缝方向不同，滴西 17 井—滴西 14 井—滴 405 井区以北西—南东向为主；滴西 18 井—滴西 185 井区则以近东西向为主，滴西 10 井区以北东—南西向为主，自西向东最大水平主应力方向具有左旋扭动的特点，与断裂走向的变化一致（图 2.26）。

克拉美丽气田石炭系侵入岩、熔岩和火山碎屑岩中均有裂缝发育，为裂缝—孔隙双重介质的储层，基质孔隙为主要的储集空间，裂缝改善了储层的渗透能力。以裂缝段占岩石总厚度的百分比定性评价裂缝发育程度，侵入岩最发育，正长斑岩裂缝发育程度为 94.8%、二长玢岩的裂缝发育程度 92.9%；熔岩中基性的玄武岩次之，裂缝发育程度为 53.5%；火山碎屑岩中角砾岩比凝灰岩发育。此外还受断裂系统控制，靠近滴水泉西断裂及其次级断裂处裂缝最发育。

构造溶缝 碎裂流纹岩
（滴西10井，3028.11m 构造溶缝较发育）

冷凝收缩缝及构造缝 碎裂流纹岩
（滴西10井，3026.33m）

构造缝，呈共轭式
（滴西10井，3026.87～3027.77m）

冷凝收缩缝 角砾凝灰岩
（滴西14井，3960.35～3960.54m）

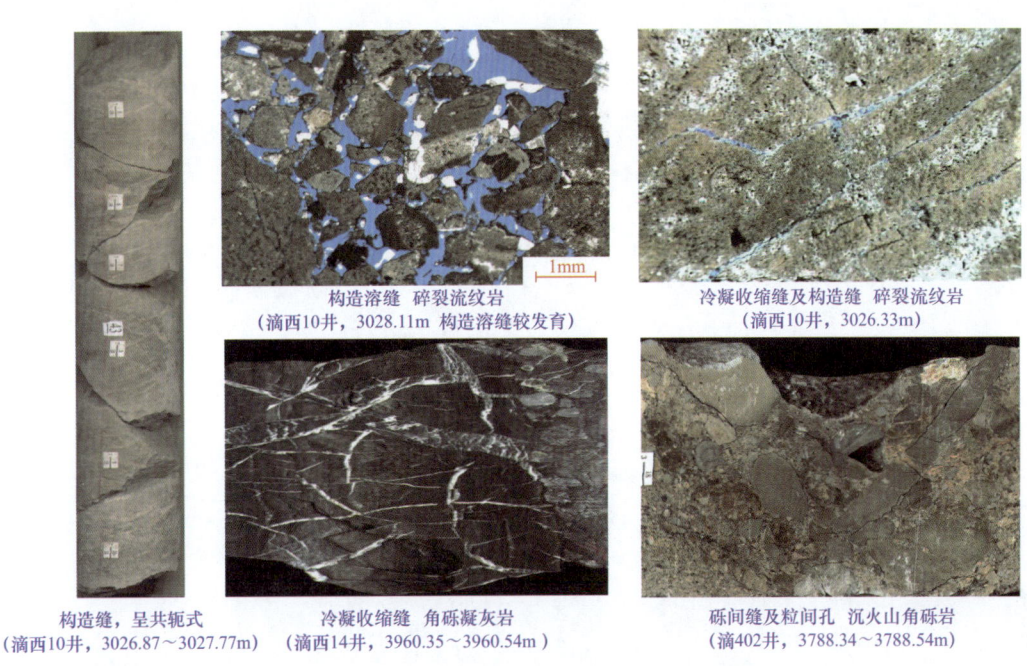

砾间缝及粒间孔 沉火山角砾岩
（滴402井，3788.34～3788.54m）

图2.25 克拉美丽气田石炭系储层裂缝类型

2.4.2 孔隙结构

按照压汞曲线特征，克拉美丽气田石炭系可以分为四类。Ⅰ类储层最大进汞饱和度大于60%，饱和度中值压力一般小于10MPa（侵入岩小于15MPa），中值半径大于0.05μm，最大连通孔喉半径大于0.5μm，排驱压力小于1MPa；Ⅱ类储层最大进汞饱和度40%～60%，饱和度中值压力一般为10～20MPa，中值半径为0.08～0.04μm，最大连通孔喉半径为0.05～1μm，排驱压力小于2MPa；Ⅲ类储层最大进汞饱和度20%～40%，饱和度中值压力一般大于20MPa，中值半径小于0.04μm，最大连通孔喉半径为0.5～1μm，排驱压力大于2MPa；Ⅳ类储层最大进汞饱和度小于20%。

根据试油结果证实，Ⅰ类和Ⅱ类储层均是有效储层，Ⅲ类储层部分为有效储层，Ⅳ类为无效储层。根据统计结果，熔岩中Ⅰ类和Ⅱ类储层占样品的71.8%，其平均孔隙度为12.8%，平均渗透率为0.986mD；火山碎屑岩中Ⅰ类和Ⅱ类储层占样品的69.2%，其平均孔隙度为14.8%，平均渗透率为0.190mD；侵入岩中Ⅰ类和Ⅱ类储层占样品的97.8%，其平均孔隙度为9.8%，平均渗透率为0.126mD；火山沉积岩中Ⅰ类和Ⅱ类储层占样品的51.4%，其平均孔隙度为11.0%，平均渗透率为0.063mD。

将Ⅰ类和Ⅱ类储层的毛管压力数据绘制成"J"函数图，根据统计结果，滴西17井区石炭系气藏Ⅰ类和Ⅱ类储层的平均毛管压力曲线为粗歪度，分选一般，孔喉较大（图2.27、图2.28）；滴西14井区石炭系气藏Ⅰ类和Ⅱ类储层的平均毛管压力曲线为偏粗歪度，分选一般，孔喉较大（图2.29）；滴西18井区石炭系气藏Ⅰ类和Ⅱ类储层的平均

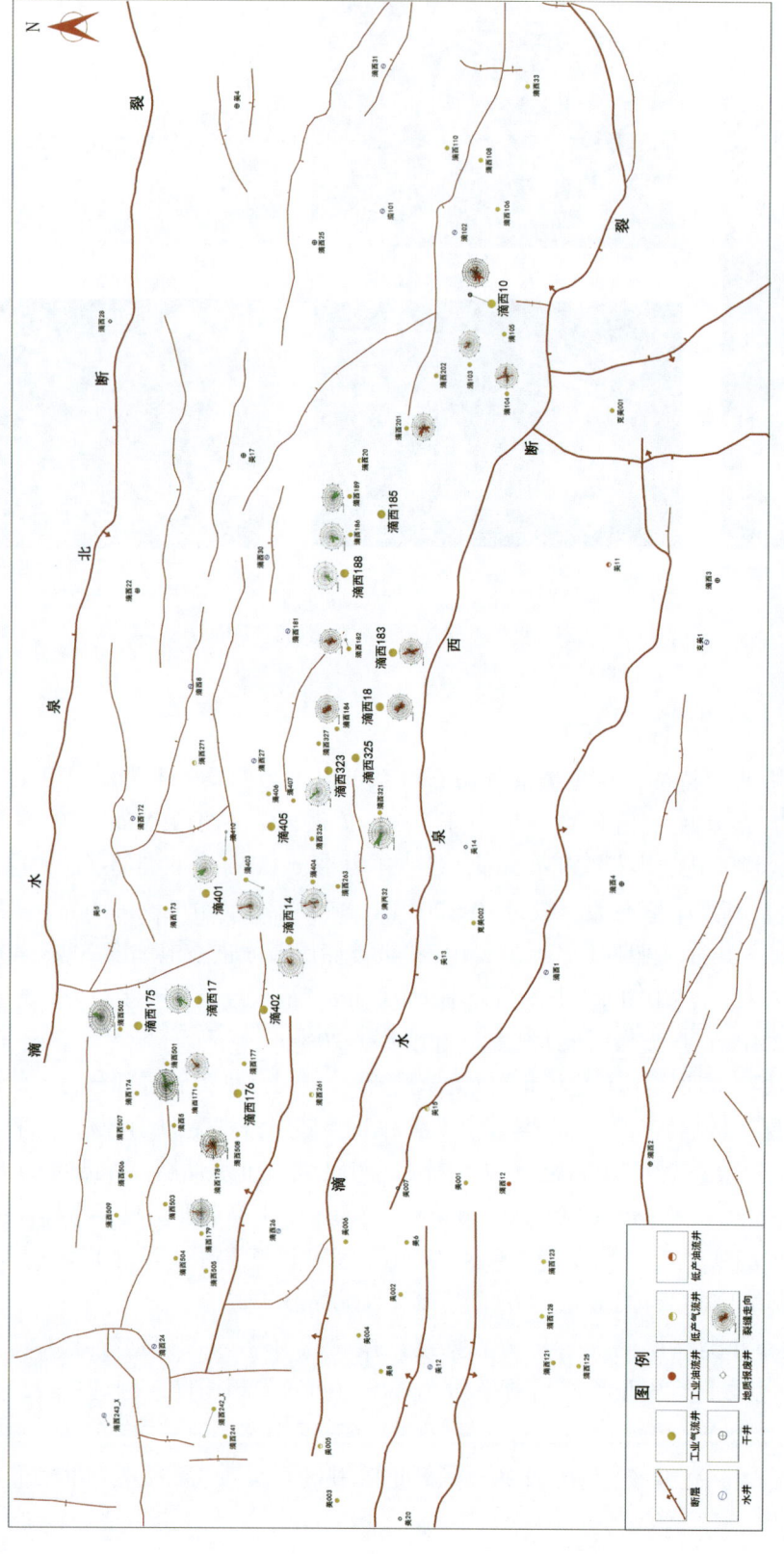

图 2.26 克拉美丽气田石炭系裂缝走向图

毛管压力曲线呈现偏细歪度，分选一般，小孔喉（图2.30）；滴西10井区石炭系气藏Ⅰ类和Ⅱ类储层的平均毛管压力曲线呈现粗歪度，分选一般，较大孔喉（图2.31）。

图2.27 滴西17井区块 C_2b 典型毛管压力曲线图

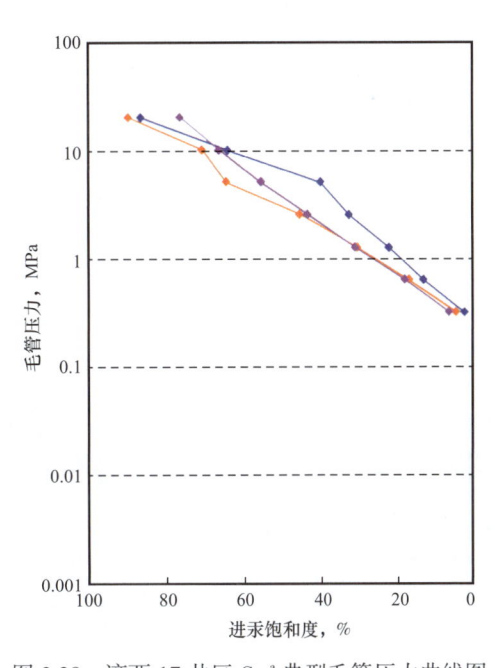

图2.28 滴西17井区 C_1s^a 典型毛管压力曲线图

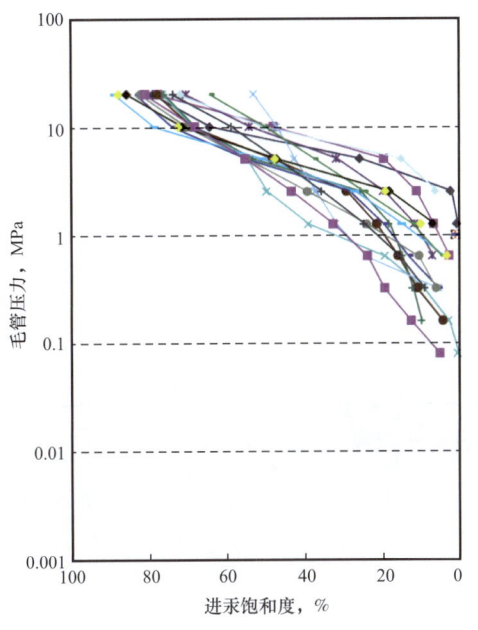

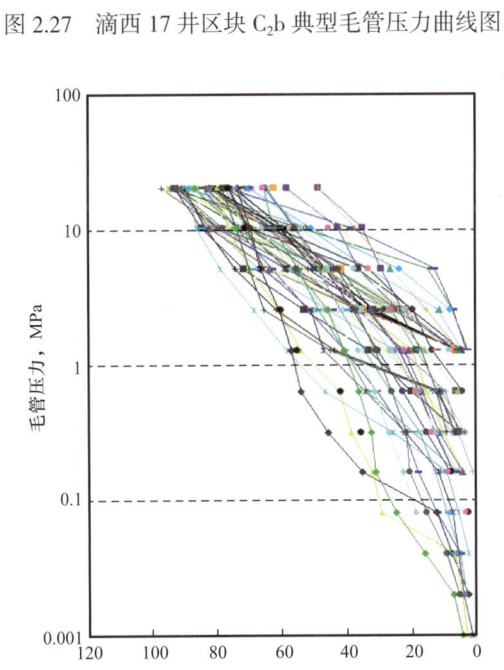

图2.29 滴西14井区块 C_1s^a 典型毛管压力图

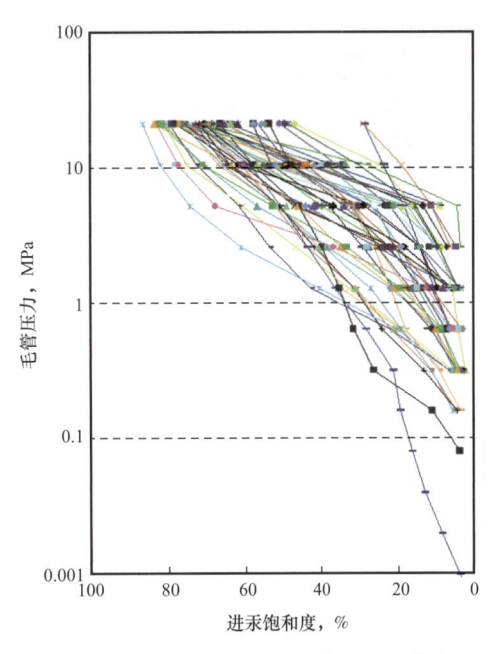

图2.30 滴西18井区块 C_1s^a 储层压汞曲线图

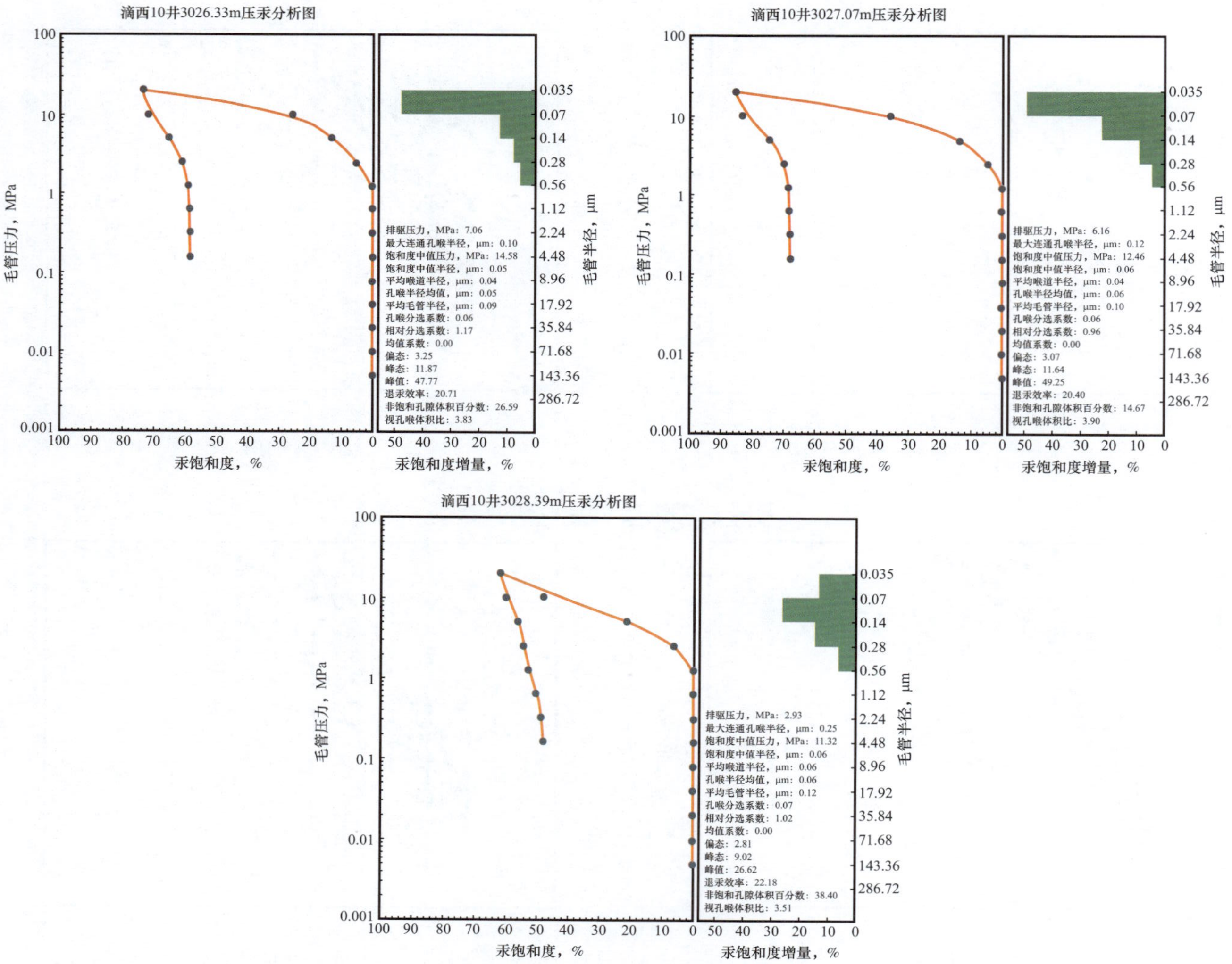

图 2.31 滴西 10 井区块石炭系 C_1s^a 典型毛管压力曲线图

2.4.3 孔渗特征

克拉美丽气田石炭系孔隙度分布区间0.1%～27.9%，平均孔隙度9.60%，中值孔隙度为8.2%，渗透率分布区间0.01～844.00mD，平均0.161mD，中值渗透率0.044mD。

分岩性的储层物性统计结果（表2.6）表明，各岩类均为中孔特低渗储层。分岩性的气层物性统计结果（表2.7）表明，火山碎屑岩的孔隙最发育，平均孔隙度为14.8%；其次为熔岩，平均孔隙度为12.8%，属于高孔型储层；次火山岩的孔隙度最低，平均孔隙度为9.8%。

表2.6 克拉美丽气田石炭系储层物性统计表

岩性	样品数块	孔隙度 分布区间，% / 平均值，%	累计频率	样品数块	渗透率 分布区间，mD / 平均值，mD	累计频率
次火山岩	198	0.4～19.2 / 9.0	8.0	180	0.010～844.000 / 0.117	0.049
熔岩	368	0.2～27.9 / 10.2	9.2	336	0.010～753.000 / 0.365	0.100
火山碎屑岩	374	0.1～27.0 / 10.5	8.9	347	0.010～836.000 / 0.104	0.027

表2.7 克拉美丽气田石炭系气层物性统计表

岩性	样品数块	孔隙度 分布区间，% / 平均值，%	累计频率	样品数块	渗透率 分布区间，mD / 平均值，mD	累计频率
次火山岩	161	5.5～19.2 / 9.8	8.5	150	0.010～211.000 / 0.126	0.056
熔岩	152	6.5～25.6 / 12.8	11.8	142	0.010～522.000 / 0.986	0.368
火山碎屑岩	152	8.1～22.2 / 14.8	13.9	147	0.010～836.000 / 0.190	0.043

岩心储层物性统计结果（表2.8）表明，滴西17井区块C_2b玄武岩气层孔隙度6.9%～25.6%，平均12.9%；渗透率0.010～10.900mD，平均0.206mD；C_1s^a流纹岩气层孔隙度分布区间5.5%～21.1%，平均10.6%；渗透率分布区间0.01～39.3mD，平均0.189mD。

表 2.8 克拉美丽气田石炭系储层物性特征

井区块	层位	储层孔隙度, % 分布区间/平均值	中值	气层孔隙度, % 分布区间/平均值	中值	储层渗透率, mD 分布区间/平均值	中值	气层渗透率, mD 分布区间/平均值	中值
滴西 17	C_2b	0.4~25.6 / 10.4	9.5	6.9~25.6 / 12.9	11.9	<0.010~10.900 / 0.101	0.063	<0.010~10.900 / 0.206	0.107
	C_1s^a	5.5~21.1 / 10.6	9.5	5.5~21.1 / 10.6	9.5	<0.010~39.3 / 0.189	0.100	<0.010~39.3 / 0.189	0.100
滴西 14	C_1s^a	0.2~27.0 / 9.9	8.3	7.1~22.2 / 14.4	14.1	<0.005~836.000 / 0.212	0.051	<0.010~836.000 / 0.844	0.205
滴西 18	C_1s^a	1.3~21.9 / 8.9	7.5	5.9~21.9 / 10.8	9.3	<0.011~211.000 / 0.085	0.031	<0.010~211.000 / 0.071	0.041
滴西 10	C_1s^a	2.2~14.6 / 9.7	9.1	7.9~14.6 / 10.0	9.2	<0.015~77.000 / 0.660	0.435	<0.076~77.000 / 0.930	0.495
滴 405	C_1s^a	5.8~22.0 / 13.2	10.9	5.8~22.0 / 13.2	10.9	0.020~196.0 / 0.62	0.170	0.020~196.0 / 0.62	0.170
滴西 323	C_1s^a	2.1~17.1 / 9.3	9.0	5.71~17.11 / 10.2	9.85	0.020~229.0 / 0.19	0.050	0.020~229.0 / 0.22	0.060
滴西 185	C_1s^a	10.3~14.5 / 12.3	11.9	10.3~14.5 / 12.3	11.9	0.020~1.5 / 0.11	0.050	0.020~2.12 / 0.08	0.050

滴西 14 井区块 C_1s^a 气层孔隙度分布区间 7.1%~22.2%，平均值 14.4%；渗透率分布区间 0.005~836.000mD，平均值 0.844mD；滴西 18 井区块 C_1s^a 气层孔隙度分布区间 5.9%~21.9%，平均值 10.8%；渗透率分布区间 0.010~211.000mD，平均值 0.071mD；滴西 10 井区块 C_1s^a 气层孔隙度分布区间 7.9%~14.6%，平均值 10.0%；渗透率分布区间 0.076~77.000mD，平均值 0.930mD；滴 405 井区块石炭系气层孔隙度 5.8%~22%，平均 13.2%；渗透率 0.02~196mD，平均 0.62mD；滴西 323 井区块石炭系气层孔隙度 5.71%~17.1%，平均 10.2%；渗透率 0.02~229mD，平均 0.22mD；滴西 185 井区块东部滴西 185 井气藏气层段岩性以正长斑岩为主，储层孔隙度 10.3%~14.5%，平均 12.3%；渗透率 0.02~2.12mD，平均 0.08mD；西部滴西 188 井气藏气层段岩性以二长玢岩为主，储层孔隙度 3.4%~16.3%，平均 10.1%，渗透率 0.02~1.8mD，平均值 0.11mD（表 2.8）。

2.4.4 储层分类评价

参照火山岩油藏的储层分类标准，综合利用岩心实验、测井解释和地质描述的成果，采用双变量交会图方法，建立了克拉美丽气田火山岩气藏分类的物性、电性、岩性、岩相、孔隙结构和产能的综合评价标准，主要分类参数包括：有效孔隙度、渗透率、密度、声波时差、有效渗透率等。根据气田特点，对克拉美丽气田火山岩储层进行了综合评价，进一步建立了工区储层综合评价标准（表2.9），将火山岩储层分为三类，其特征分别为：

表2.9 克拉美丽气田火山岩气层储层分类评价表

岩性	储层分类	地质指标			测井标准		
		孔隙度 %	渗透率 mD	平均孔喉半径 μm	声波时差 μs/ft	岩石密度 g/cm³	电阻率 Ω·m
次火山岩	Ⅰ类	≥12	≥1	≥1	≥71	<2.41	≥167.4
	Ⅱ类	9~12	0.2~1	0.25~1	65~71	2.41~2.46	≥167.4
	Ⅲ类	5.5~9	0.02~0.2	0.15~0.25	57~65	2.46~2.52	≥167.4
酸性火山岩	Ⅰ类	≥15	≥1	≥1	≥72	<2.35	≥18.0
	Ⅱ类	10~15	0.2~1	0.25~1	64~72	2.35~2.44	≥18.0
	Ⅲ类	6.5~10	0.02~0.2	0.15~0.25	59~64	2.44~2.50	≥18.0
中性火山岩	Ⅰ类	≥15	≥1	≥1	≥75	<2.37	≥34.1
	Ⅱ类	10~15	0.2~1	0.25~1	66~75	2.37~2.49	≥34.1
	Ⅲ类	6.5~10	0.02~0.2	0.15~0.25	60~66	2.49~2.57	≥34.1
基性火山岩	Ⅰ类	≥15	≥1	≥1	≥76	<2.45	≥26.5
	Ⅱ类	10~15	0.2~1	0.25~1	69~76	2.45~2.57	≥26.5
	Ⅲ类	6.5~10	0.02~0.2	0.15~0.25	64~69	2.57~2.65	≥26.5
火山沉积岩	Ⅰ类	≥18	≥1	≥1	≥90	<2.33	≥38
	Ⅱ类	13~18	0.2~1	0.25~1	80~90	2.33~2.43	≥38
	Ⅲ类	8~13	0.04~0.2	0.15~0.25	70~80	2.43~2.53	≥38

（1）Ⅰ类：岩性主要为正长斑岩、气孔流纹岩、气孔玄武岩、气孔粗面岩、角砾熔岩、凝灰质角砾岩及火山角砾岩；岩相主要为火山岩相外带亚相、溢流相顶部亚相和上部亚相、爆发相溅落亚相和空落亚相。次火山岩的孔隙度大于12%、渗透率大于1.0mD，喷出岩的孔隙度大于15%、渗透率大于1mD；火山沉积岩的孔隙度大于18%、渗透率大于1mD。孔隙类型以晶间溶孔、气孔、粒间孔及其他溶孔为主，构造缝和微裂缝发育，储渗组合类型多，物性好Ⅰ、Ⅱ类孔隙结构为主。测井上，次火山岩密度小于2.41g/cm³、声波时差大于71μs/ft；酸性喷出岩密度小于2.35g/cm³、声波时差大于72μs/ft；中性喷出岩密度小于2.37g/cm³、声波时差大于75μs/ft；基性喷出岩密度小于2.45g/cm³、声波时差大于76μs/ft；含气饱和度大于50%。该井区Ⅰ类有效储层主要分布于DX1415井、DX1813井、滴西171井附近。

（2）Ⅱ类：发育岩性主要为正长斑岩、气孔较发育的火山熔岩、凝灰质角砾岩、熔结凝灰岩、熔结角砾岩及火山角砾岩，发育岩相主要为火山岩相中带亚相、溢流相上部亚相和下部亚相、爆发相空落亚相和热碎屑流亚相。次火山岩的孔隙度9%~12%、渗透率0.2~1.0mD；喷出岩的孔隙度10%~15%、渗透率0.2~1mD；火山沉积岩的孔隙度13%~18%、渗透率0.2~1mD。孔隙类型以晶间溶孔、气孔、粒间孔及微孔为主，孔隙和裂缝较发育，孔缝组合类型较多，物性较好；Ⅱ类孔隙结构为主，Ⅰ类和Ⅲ类次之。测井上，次火山岩密度2.41~2.46g/cm³、声波时差65~71μs/ft；酸性喷出岩密度2.35~2.44g/cm³、声波时差64~72μs/ft；中性喷出岩密度2.37~2.49g/cm³、声波时差66~75μs/ft；基性喷出岩密度2.45~2.57g/cm³、声波时差69~76μs/ft；火山沉积岩密度2.33~2.43g/cm³、声波时差80~90μs/ft。主要分布于滴西14井、DX1413井、滴403井、滴西18井、DX1804井、DXHW181井、滴西182井、DX1001井附近。

（3）Ⅲ类：发育岩性主要为正长斑岩、二长斑岩、火山熔岩、熔结凝灰岩、晶屑凝灰岩及沉火山岩，岩相以次火山岩相中带亚相、溢流相下部亚相和中部亚相、爆发相热基浪亚相和火山沉积相再搬运亚相为主。次火山岩的孔隙度5.5%~9%、渗透率0.02~0.2mD；喷出岩的孔隙度6.5%~10%、渗透率0.02~0.2mD；火山沉积岩的孔隙度8%~13%、渗透率0.04~0.2mD。孔隙类型以晶间溶孔、零星气孔、粒间孔及微孔为主，裂缝发育程度一般，孔缝组合类型少，物性差；Ⅲ类孔隙结构为主，Ⅱ类和Ⅳ类次之。测井上，次火山岩密度2.46~2.52g/cm³、声波时差57~65μs/ft；酸性喷出岩密度2.44~2.52g/cm³、声波时差59~64μs/ft；中性喷出岩密度2.49~2.57g/cm³、声波时差60~66μs/ft；基性喷出岩密度2.57~2.65g/cm³、声波时差64~69μs/ft；火山沉积岩密度2.43~2.53g/cm³、声波时差70~80μs/ft。广泛分布于滴西17井、滴西14井、滴西18和滴西10井区。

用上述分类标准对克拉美丽气田火山岩储层进行了分类评价：该区石炭系火山岩以Ⅱ类和Ⅲ类储层为主，分别占总有效厚度的42.43%和48.07%，Ⅰ类储层约占9.5%（表2.10）。

表2.10 火山岩储层分类统计表

储层类型	有效厚度 m	百分比 %	有效孔隙 %	裂缝孔隙 %	总渗透率 mD	基岩渗透率 mD	裂缝渗透率 mD	基岩含气饱和度 %	裂缝宽度 μm
Ⅰ	380	9.50	16.83	0.298	4.039	2.281	1.759	66.89	21.26
Ⅱ	1697.3	42.43	11.88	0.258	1.541	0.249	1.292	52.24	19.9
Ⅲ	1923.2	48.07	8.43	0.254	0.912	0.067	0.845	44.28	15.78
储层	4000.5	100.00	10.69	0.26	1.476	0.354	1.122	49.81	18.05

2.4.5 储层展布

储层横向预测通过储层地质和测井特征分析，以地震资料为基础，综合运用多种技术手段预测火山岩储层的分布范围和储层物性参数空间展布，从而为开发井网部署提供依据（详见第 3 章 3.3 储层评价技术）。

2.4.6 隔夹层展布

隔、夹层的发育状况直接影响气井产能和边、底水上窜速度，研究隔夹层分布特征可以为优选气藏开发方式提供依据。

2.4.6.1 隔夹层电性特征

隔夹层可以分为岩性隔夹层和物性隔夹层两大类。

岩性隔夹层以沉火山岩、细粒沉积岩或黏土岩为主，含有较多束缚水，在常规测井曲线上具有"中高伽马、高声波、高中子、低密度、低电阻率、大井径"的特点（图 2.32、图 2.33）；FMI 成像图上颜色较深；在核磁测井 T_2 谱上，峰值的 T_2 时间小于 $T_{2\text{cutoff}}$，大于 $T_{2\text{cutoff}}$ 的包络面积小于下限。岩性隔层纵向厚度和平面分布范围都较大，在地震上具有"界面振幅强但内部较弱、中高频、层状、可连续追踪"的特点，易于识别。

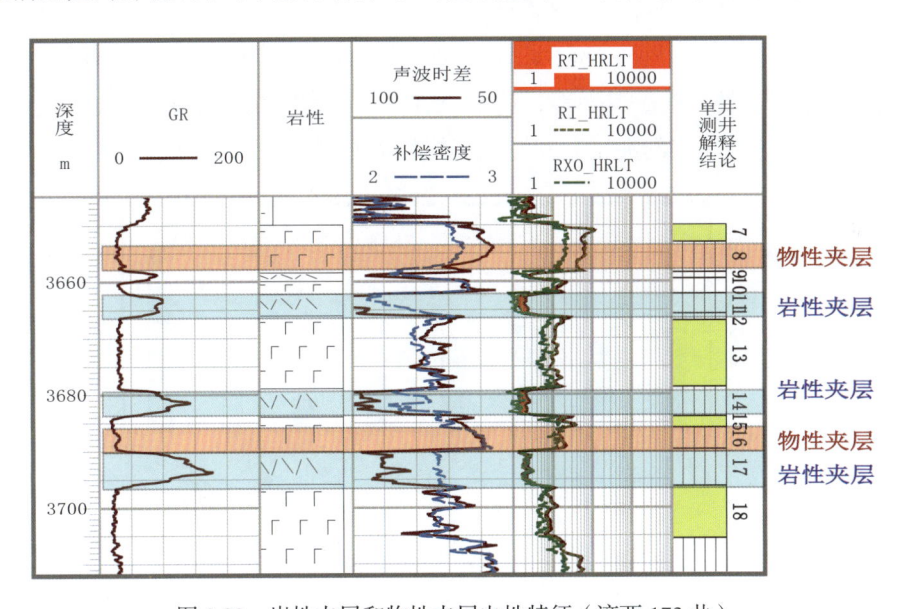

图 2.32 岩性夹层和物性夹层电性特征（滴西 173 井）

物性隔夹层以各种致密火山岩为主，在常规测井曲线上具有"高电阻率、高密度、低声波、低中子"的特点，伽马高低与岩性有关；在 FMI 成像图上表现为黄色—白色块状结构；在核磁测井 T_2 谱上，峰值低，大于 $T_{2\text{cutoff}}$ 的包络面积小于下限。物性隔层具有局部发育的特征。

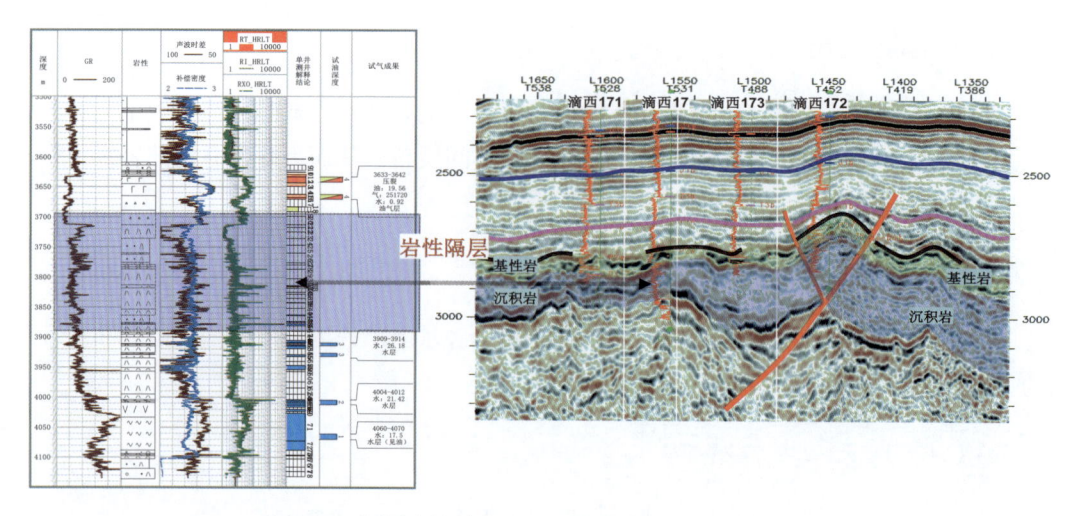

图 2.33 隔层电性特征及地震响应特征（滴西 17 井）

2.4.6.2 隔夹层类型及特征

克拉美丽气田石炭系火山岩气藏隔层以凝灰质沉积岩和沉凝灰岩为主，属于岩性隔层。隔层平均孔隙度 4.5%，物性差；裂缝以斜交缝为主（约占 76.6%），发育程度低，裂缝段约占隔层总厚度的 18.5%。夹层物性相对较好，平均孔隙度 5.0%；裂缝以斜交缝为主（约占 58%），较发育，裂缝段占夹层总厚度的 50.6%。火山岩夹层类型多（图 2.34），以沉凝灰岩夹层（岩性夹层）最发育，约占 29.1%；致密玄武岩和花岗斑岩次之，分别占 15.6% 和 15.9%。不同类型的夹层其物性和裂缝特征不同：

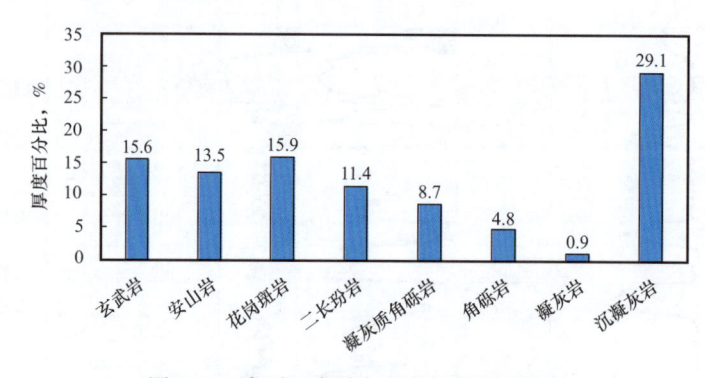

图 2.34 滴西石炭系火山岩气藏夹层类型

（1）沉凝灰岩夹层，为岩性夹层。其厚度变化大，单层厚度 1.2～30m，平均 11m；物性较好，孔隙度平均 5.3%；裂缝较发育，裂缝段占岩性总厚度的 48.3%。

（2）致密玄武岩、安山岩夹层，为物性夹层。其厚度变化大，单层厚度 1～15m，平均 8m；物性差，孔隙度平均 4.85%；裂缝较发育，裂缝段占岩性总厚度 38.2%。

（3）致密浅成次火山岩夹层，为物性夹层。厚度变化大，单层厚度 1.5～19m，平均

8m；物性差，孔隙度平均 4.3%；裂缝较发育，裂缝段占岩性总厚度的 55%。

（4）火山碎屑岩夹层，包括凝灰质角砾岩、角砾岩和凝灰岩。单层厚度 1～14m，平均 5m；孔隙度平均 6.0%；裂缝段占岩性总厚度的 37.7%。

2.4.6.3 不同井区隔夹层特征

滴西 17 井区隔层、夹层较发育，$C_2b_2^1$ 火山沉积岩地层为该区稳定隔层，将下部流纹岩气藏和上部玄武岩气藏分为两套独立气藏。滴西 17 井玄武岩岩体内部发育夹层，以凝灰质砂岩夹层为主；夹层密度为 0.27m/m，夹层频率约为 0.04 层 /m；上部夹层裂缝较发育，下部夹层相对发育较差。该岩体上部为凝灰质砂岩和凝灰岩隔层，将其与上部滴西 176 井流纹岩岩体分隔开来，在滴西 17 井处，隔层厚度大于 200m。在隔层中裂缝较发育（表 2.11）。

表 2.11　各井区隔夹层特征综合表

井区	隔层岩性	隔层厚度 m	夹层岩性	夹层频率 条 /m	夹层密度 m/m	夹层裂缝发育程度	孔隙度 %
滴西 17 井	碎屑岩、火山碎屑沉积岩	27～137.8	致密玄武岩、致密安山岩	0.06	0.46	裂缝较发育	<4.8
滴西 14 井	—		凝灰质角砾岩、流纹质安山岩	0.046	0.44	裂缝较发育	<7.4
滴西 18 井	—		正长斑岩、二长玢岩	0.01	0.03	裂缝发育	<4.3

滴西 176 井玄武岩岩体内部发育夹层，以致密英安岩和凝灰质砂岩夹层为主（厚度约占 86%）；夹层密度为 0.12m/m，夹层频率约为 0.03 层 /m；夹层裂缝较发育。该岩体上部为凝灰质砂岩和英安岩隔层，将其与上部岩体分隔开来，在滴西 177 井处，隔层厚度为 60m，在滴西 176 井处隔层变薄。在隔层中裂缝不发育。

滴西 176 井流纹岩岩体内部发育夹层，以致密玄武岩和致密安山岩夹层为主（厚度约占 77%）；夹层密度可达 0.25m/m，夹层频率约为 0.03 层 /m；夹层裂缝较发育，裂缝段约占夹层总厚度的 85.2%。该岩体下部为凝灰质砂岩和火山角砾岩隔层，将其与下部水层分隔开来。在滴西 17 井处，隔层厚度达到 220m，在隔层中下部裂缝比较发育。在低部位（如滴西 171 井处），在 $C_2b_3^2$ 层下部发育水层，气、水层之间为一薄层沉凝灰岩夹层（图 2.35）。

滴西 14 井区石炭系气藏以酸性凝灰质角砾岩、流纹岩和安山岩为主。滴西 14 井主力岩体的气层内部夹层不发育，夹层密度仅为 0.03m/m、夹层频率为 0.01 条 /m，单层气层厚度大；气层上部发育一个厚度约 13m 的凝灰质角砾岩隔层，气层下部发育一个约 170m 的隔层，隔层孔隙度平均 7.4%，裂缝较发育，裂缝段占隔层总厚度的 50.5%。位于滴西 14 井东北部的滴 403 井则相反，气层内部发育三层厚度大于 33m 的凝灰岩、火山角砾岩隔层，平均孔隙度 7.9%，裂缝段占隔层厚度的 23%；气、水层之间发育一厚度约 6m、物性较好、裂缝发育程度较低的火山角砾岩夹层（图 2.36）。

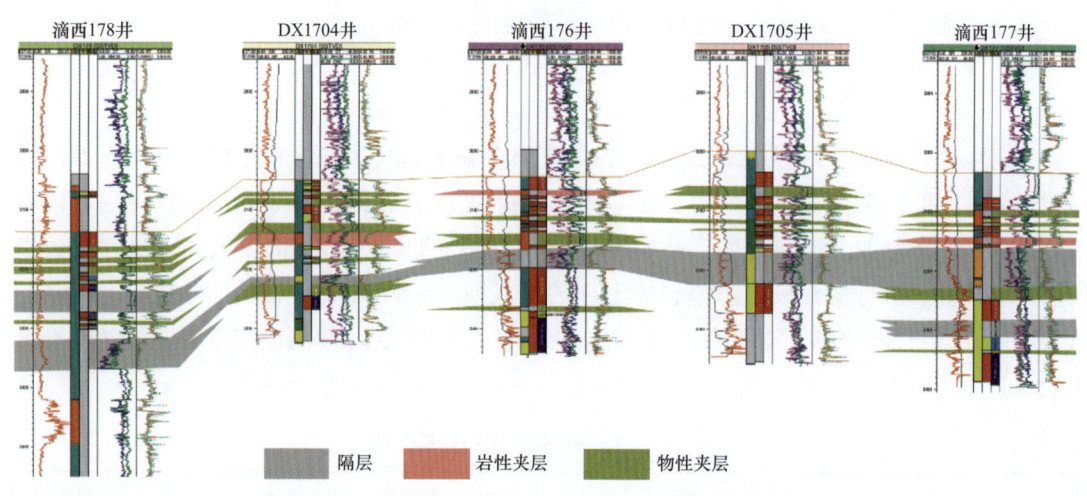

图 2.35 滴西 17 井区石炭系火山岩气藏隔夹层特征

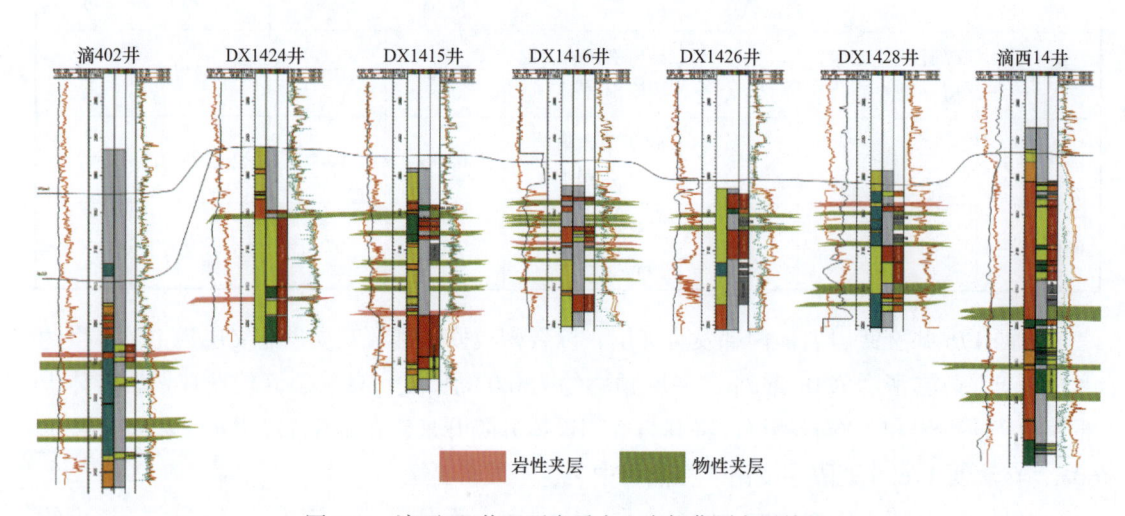

图 2.36 滴西 14 井区石炭系火山岩气藏隔夹层特征

由此可以看出：滴西 14 井主力岩体的隔夹层在平面上存在较大差异。滴 402 井玄武岩岩体气层内部夹层不太发育，夹层密度为 0.04m/m、夹层频率为 0.01 条 /m，单层气层厚度大；气层上部发育凝灰岩和凝灰质角砾岩水层，气层下部发育一个厚度约 80m 的沉凝灰岩隔层，隔层孔隙度平均 1.2%，裂缝不发育，裂缝段占隔层总厚度的 3%。

滴 401 井玄武岩岩体气层内部夹层不太发育，夹层密度为 0.07m/m、夹层频率为 0.01 条 /m，单层气层厚度较小；气层上部发育凝灰岩和火山沉积岩隔层，气层下部发育凝灰岩和流纹岩水层，气层和水层之间缺少明显的隔层。

滴西 18 井区石炭系气藏为一个典型的次火山岩气藏，以正长斑岩和二长玢岩为主。滴西 18 井岩体气层内夹层不发育；在气层下部发育一个厚度约 420m 的正长斑岩隔层。

在 DX1804 井处，岩体内部发育一个正长斑岩岩性隔层，隔层厚度约 28m，将气层分隔为上下两部分。岩体底部为一个厚度约 14m 的岩性隔层，将其与下部安山岩水层分隔开来，隔层裂缝较发育，平均孔隙度为 8%。滴西 183 井岩体内夹层不发育，位于滴西 18 井东北的滴西 182 井次火山岩体变薄，气层内夹层发育，夹层岩性以凝灰质砂砾岩为主，夹层密度 0.44m/m，夹层频率 0.046 条/m；夹层物性差（平均孔隙度 4.3%），裂缝发育，裂缝段占地层厚度的 70% 左右。由此可以看出：滴西 18 井区的次火山岩体非均质性强，井间差异大（图 2.37）。

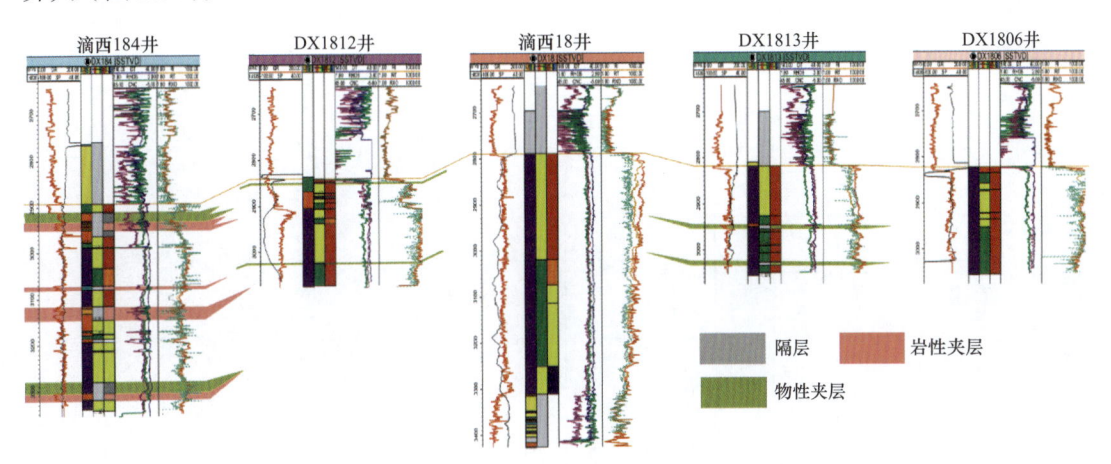

图 2.37 滴西 18 井区石炭系火山岩气藏隔夹层特征

2.5 气藏类型

2.5.1 气水关系及分布

最新勘探开发揭示，克拉美丽气田不同井区石炭系巴山组、松喀尔苏组气藏为典型的"一体一藏"特征，试油资料及测井资料表明，气水界面比较复杂，各气藏气水界面不同（表 2.12）。其中，滴西 17 井区块滴西 175 井巴山组玄武岩气藏气水界面参考探明储量取值 −3170.0m，滴西 17 井巴山组玄武岩气藏气水界面取值 −3136.0m，滴西 176 井巴山组玄武岩气藏气水界面取值 −3140.0m，而滴西 176 井松喀尔苏组流纹岩气藏由于试气未见水，该气藏以滴西 176 井测井解释气层底界为计算边界，为海拔 −3278m。滴西 14 井区块三个松喀尔苏组气藏中，滴 401 井、滴 402 井和滴 403 井三口试气的气水同层底界海拔非常接近，该区气水界面取值 −3250m。滴西 18 井区块松喀尔苏组气藏中，滴西 184 井碎屑岩气藏气水界面取值 −3030m，滴西 18 井正长斑岩气藏气水界面取值 −3090.0m，滴西 183 井正长斑岩气藏气水界面取值 −3175.0m。滴西 10 井区块 DX1001 井松喀尔苏组英安岩气藏

表 2.12 克拉美丽气田石炭系气藏气水界面取值表

区块名称	层位	气藏	井号	补心海拔 m	试油井段 m	试油结论	试油证实底界海拔 m	有效厚度底界 m	气藏底界取值 m
滴西17井	C_2b	滴西175井玄武岩	滴西502井	593.70	3747.5~3754.0	气层	-3160.30	-3169.90	-3170.0
			滴西174井	588.81	3660.0~672.0	气水同层	-3083.19	-3110.59	
			DX1711井	599.50	3736.0~3742.0	含气水层	-3136.50	-3142.30	-3136.0
	C_2b	滴西17井玄武岩	滴西171井	591.20	3670.0~3690.0	气层	-3098.80	-3136.80	
			滴西501井	593.70	3674.0~3679.0 3686.0~3693.0	气水同层	-3099.30	-3137.40	
	C_2b	滴西176井玄武岩	滴西178井	574.60	3716.0~3727.0	气水同层	-3141.40	-3158.70	-3140.0
			DX1706井	591.20	3687.0~3697.0	气水同层	-3138.80	-3166.80	
	C_1s^a	滴西176井流纹岩	滴西176井	591.74	3794.0~3812.0	气层	-3220.26	-3277.76	-3278
			滴西177井	580.46	—	—	—	-3290.84	
			DX1705井	581.69	3810.0~3820.0	气层	-3238.31	-3272.21	
滴西14井	C_1s^a	滴西401井火山岩	滴西401井	616.35	3859~3870	气水同层	-3253.65		-3250
	C_1s^a	滴西402井火山岩	滴西402井	584.90	3829~3840	气水同层	-3255.10	-3250.0	
	C_1s^a	滴西14井复合火山岩	滴西403井	605.35	3824~3840 3910~3922	气水同层	-3234.65 -3318.65		

第 2 章 气田地质特征

续表

区块名称	层位	气藏	井号	补心海拔 m	试油井段 m	试油结论	试油证实底界海拔 m	有效厚度底界 m	气藏底界取值 m
滴西 18 井	C_1s^a	滴西 184 井碎屑岩	DX1826 井	630.09	3636~3660	气水同层	-3029.91	-3029.91	-3030.0
	C_1s^a	滴西 18 井正长斑岩	滴西 18 井	652.00	3510~3530	气层	-2878.00	-3073.4	-3090.0
	C_1s^a		DX1826 井	625.30	—	—	—	-3090.8	
	C_1s^a	滴西 183 井正长斑岩	滴西 183 井	663.65	3830~3840	气水同层	-3176.35	-3165.35	-3175.0
滴西 10 井	C_1s^a	滴西 10 井流纹岩	滴西 10 井	669.16	3070.0~3084.0	气层	-2414.8	-2420.9	-2421
	C_1s^a	DX1001 井英安岩	滴西 105 井	669.30	3068.0~3079.0	气层	-2409.7	-2410.0	-2435
	C_1s^a		DX1001 井	681.13	3056.0~3079.0	气层	-2397.9	-2417.8	
滴 405 井	C_1s^a	滴 405 井中酸性复合岩体	滴 405 井	638.97	3692~3717	气层	-3078.03	—	-3100
	C_1s^a		滴 407 井	619.42	3597~3627	气层	—	-3097.88	
滴西 323 井	C_1s^a	滴西 323 井火山岩	滴西 326 井	620.16	3536~3554	气水同层	-3121.84	-3122.04	-3122
	C_1s^a	滴西 325 井斑岩	滴西 325 井	629.68	3705~3728.5	气层	-3098.82	-3191.02	-3191
滴西 185 井	C_1s^a	滴西 185 井斑岩	滴西 185 井	656.24	3427~3475	气层	-28.28.76	-2857.10	-2857
	C_1s^a	滴西 188 井玢岩	DX1854 井	659.83	3275~3358	气层	-2698.17	-2785.21	-2785

-57-

气水界面取值 –2435m，滴西 10 井松喀尔苏组流纹岩气藏气水界面取值 –2421m。滴 405 井区块石炭系松喀尔苏组中酸性复合岩体内所有井试气生产均不产水，气藏气水界面海拔为 –3100m。滴西 323 井区块滴西 323 井松喀尔苏组火山岩气藏以滴西 326 井试油底界为气水界面，海拔为 –3122m；滴西 325 井松喀尔苏组斑岩气藏以滴西 325 井录井解释气层底界为计算边界，海拔为 –3191m。滴西 185 井区块东部滴西 185 井斑岩气藏气水界海拔为 –2857m；西部滴西 188 井玢岩气藏气水界面海拔为 –2785m。

2.5.2 流体特征

2.5.2.1 凝析油性质

通过对克拉美丽气田不同井区石炭系不同层位凝析油样品开展测试分析，石炭系气藏地面凝析油密度 0.7575～0.7870t/m³，地层凝析油黏度 0.7255～2.20mPa·s，含蜡量 1.00%～2.475%，凝固点 –14.5～8.04℃（表 2.13）。

表 2.13 石炭系各火山岩气藏凝析油特征参数表

区块名称	层位	取样井数	样品个数	密度 g/cm³	黏度（50℃）mPa·s	含蜡量 %	凝固点 ℃	初馏点 ℃
滴西 17 井	C_2b	15	77	0.7791	1.180	1.92	3.18	88.8
	C_1s^a	3	10	0.7870	0.980	1.90	–5.5	83.9
滴西 14 井	C_1s^a	12	62	0.7743	2.200	2.21	1.44	85.2
滴西 18 井	C_1s^a	16	66	0.7649	0.840	1.45	8.04	78.7
滴西 10 井	C_1s^a	1	17	0.7707	1.340	1.00	–13.22	111.5
滴 405 井	C_1s^a	2	5	0.7730	0.8900	2.24	–4	35～100
滴西 323 井	C_1s^a	4	16	0.7765	0.8825	2.475	–5.79	62～100
滴西 185 井	C_1s^a	10	27	0.7575	0.7255	2.075	–14.5	46～110

2.5.2.2 天然气性质

通过对不同井区石炭系不同层位天然气样品开展测试分析，克拉美丽气田天然气相对密度 0.6260～0.6673。天然气组分中，甲烷含量 80.32%～91.04%，乙烷含量 2.08%～11.45%，二氧化碳含量 0.117%～2.74%，氮气含量 0.001%～6.41%，不含硫化氢，为特低—中凝析油含量的凝析气藏（表 2.14）。

2.5.2.3 地层水性质

根据王仲候 1987 年制作的准噶尔盆地地层水受污染程度辨别表（表 2.15），pH 值大于 8.5、镁离子等于零、碳酸根与重碳酸根含量相近或碳酸根含量大于重碳酸根含量均为受污染样品，其次钾钠离子与背景值不符的也是受污染样品。克拉美丽气田不同井区石炭系不同层位水样品测试结果见表 2.16，气田地层水型为 $CaCl_2$ 型水，总矿化度分布为 7995.49～23071.87mg/L，氯离子含量 4139.38～13941.66mg/L，pH 值 6.0～8.5。

表 2.14 天然气特征参数表

区块名称	层位	井数口	样品数个	相对密度	甲烷含量%	氧%	二氧化碳%	氮%
滴西 17 井	C_2b	19	45	0.6398	86.11	0.001	0.117	5.54
	C_1s^a	3	11	0.6575	84.51			0.352
滴西 14 井	C_1s^a	18	85	0.6483	85.23	0.005	0.138	5.78
滴西 18 井	C_1s^a	23	81	0.6635	82.64	0.003	0.118	5.91
滴西 10 井	C_1s^a	3	48	0.6388	86.55	0.079	0.280	6.41
滴 405 井	C_1s^a	3	6	0.6510	82.96	6.24	2.42	0.001
滴西 323 井	C_1s^a	4	17	0.6260	91.04	2.98	1.04	0.001
滴西 185 井	C_1s^a	10	28	0.6673	80.32	6.73	2.74	0.305

表 2.15 地层水受污染程度判别表（据王仲侯，1987）

分级	污染程度	水化学指标					
		OH^-	HCO_3^-	CO_3^{2-}	Mg^{2+}	pH 值	$(K^++Na^+)/Cl^-$
1	最严重	有	无	高	无	>10～12	远高于背景值
2	严重	无	$HCO_3^-<<CO_3^{2-}$		无	>9.0～9.5	高于背景值
3	较严重	无	$HCO_3^-<CO_3^{2-}$		无	>8.5～9.0	稍高于背景值
4	较轻	无	$HCO_3^->CO_3^{2-}$		无	8.5 左右	接近背景值

表 2.16 克拉美丽气田各井区合格地层水指标

井区块	层位	水化学指标					
		井数	合格样	OH^-	水型	总矿化度分布区间 mg/L	pH 值	$(K^++Na^+)/Cl^-$
滴西 17 井	C_2b	10	24	无	$CaCl_2$	8468.09～23071.87	6.0～7.0	0.14～0.48
	C_1s^a	3	11	无	$CaCl_2$	8087.41～13792.79	6.0～7.0	0.38～0.52
滴西 14 井	C_1s^a	3	15	无	$CaCl_2$	8776.15～13743.32	6.5～8.5	0.17～0.23
滴西 18 井	C_1s^a	6	13	无	$CaCl_2$	7995.49～13131.04	6.5～7.0	0.44～0.58

续表

井区块	层位	水化学指标					
^	^	井数	合格样	OH⁻	水型	总矿化度分布区间 mg/L	pH 值	(K⁺+Na⁺)/Cl⁻
滴西 10 井	C_1s^a	2	4	无	$CaCl_2$	14735.34~22606.56	6.0~6.5	0.20~0.33
滴西 323 井	C_1s^a	2	4	无	$CaCl_2$	9712.17~12095.08	7.0	0.43~0.45

2.5.3 地层温度、压力系统

克拉美丽气田石炭系气藏埋深 3033~3780m，气藏受岩性遮挡和构造控制影响。地层温度 98.74~118.11℃，地温梯度 2.77℃/100m，地层压力 33.70~48.86MPa，压力系数 1.08~1.33，为常温、常压及高压系统（表 2.17）。

表 2.17 克拉美丽气田气藏温压参数表

井区块	层位	计算单元	气藏类型	驱动类型	含气高度 m	中部海拔 m	中部深度 m	原始地层压力 MPa	压力系数	地层温度 ℃
滴西 17 井	C_1s^a	滴西 176 井	构造—岩性	次活跃水驱	190	−3180	3780	48.86	1.33	118.11
^	C_2b	滴西 17 井	构造—岩性	次活跃水驱	100	−3090	3690	48.75	1.32	115.60
^	^	滴西 176 井	构造—岩性	次活跃水驱	185	−3078	3678	48.72	1.32	115.30
^	^	滴西 175 井	构造—岩性	次活跃水驱	140	−3100	3700	48.61	1.31	115.90
滴西 14 井	C_1s^a	滴西 14 井	构造—岩性	次活跃水驱	430	−3075	3680	48.27	1.31	115.40
^	^	滴 401 井	构造—岩性	次活跃水驱	300	−3100	3700	48.34	1.31	115.90
^	^	滴 402 井	构造—岩性	次活跃水驱	220	−3140	3740	48.45	1.30	117.0
滴西 18 井	C_1s^a	滴西 18 井	构造—岩性	活跃水驱	310	−2935	3555	40.33	1.13	111.90
^	^	滴西 183 井	构造—岩性	活跃水驱	270	−3015	3635	39.41	1.08	114.10
^	^	滴西 184 井	构造—岩性	次活跃水驱	300	−2940	3560	40.34	1.13	112.00
滴西 10 井	C_1s^a	DX1001 井	构造—岩性	次活跃水驱	155	−2357.5	3033	33.70	1.11	98.74
^	^	滴西 10 井	构造—岩性	次活跃水驱	101	−2370.5	3044	33.70	1.11	98.94
滴西 323 井	C_1s^a	滴西 323 井	岩性	次活跃水驱	215	−2990	3609	41.71	1.14	113.39
^	^	滴西 325 井	岩性	次活跃水驱	100	−3115	3745	42.00	1.11	117.16
滴 405 井	C_1s^a	滴 405 井	岩性	次活跃水驱	188	−3042	3661	41.56	1.12	114.80
滴西 185 井	C_1s^a	滴西 185 井	岩性	次活跃水驱	177	−2785	3441	38.45	1.10	108.74
^	^	滴西 188 井	岩性	次活跃水驱	185	−2710	3351	38.27	1.13	111.78

2.5.4 驱动类型

由于克拉美丽气田井区块多，各气藏储层地质特征不一，气水界面差别较大，各个气藏低部位基本以气水界面为界，高部位以断裂、岩性边界、不整合面控制，气藏驱动类型为受边底水影响的弹性水驱（表2.17）。

2.5.5 气藏类型

如前所述，由于克拉美丽气田井区块多，各气藏储层地质特征不一，气水界面差别较大，气藏类型复杂。

2.5.5.1 滴西17井区块巴山组、松喀尔苏组气藏

滴西17井区块石炭系巴山组平面上由北向南分布了滴西175井、滴西17井、滴西176井3个玄武岩气藏（图2.12）。滴西175井玄武岩气藏南部构造高部位受岩性尖灭控制，东、西方向受断裂控制，岩体北部构造低部位生产的滴西502井水气比0.31m³/10⁴m³，说明气藏为带边水的构造—岩性气藏。滴西17井玄武岩气藏东部、南部及西部构造高部位受岩性遮挡，北部构造低部位的DX1711井在3736.0～3742.0m井段压裂试气获日产水58.67m³，为带边水的构造—岩性气藏。滴西176井玄武岩气藏东、西南部构造高部位受断裂控制，北部受岩性尖灭线控制；西部构造低部位的滴西178井在3716.0～3727.0m井段射孔后获日产气1.05×10^4m³，日产水39.27m³，表明气藏为带边、底水的构造—岩性气藏。

滴西17井区块石炭系松喀尔苏组C_1s^a溢流相流纹岩体分布范围较小（图2.12），除东部有断层遮挡，其余方向均为岩体尖灭，气藏受岩体控制。根据该区试油、试采资料，结合构造、储层研究认为，滴西17井区块C_1s^a气藏为主要受岩性控制带的凝析气藏。气藏相态分析资料表明（图2.38），在原始地层压力和温度条件下，石炭系气藏位于相图的凝析气藏区，其中滴西17井区块巴山组流体的反凝析液量在21.97MPa左右达到最大值3.30%，露点压力为44.44MPa；凝析油含量为72.2cm³/cm³，气藏为低凝析油含量的凝析气藏。

2.5.5.2 滴西14井区块松喀尔苏组气藏

滴西14井区块石炭系松喀尔苏组C_1s^a平面上由北向南分布了滴401井、滴西14井、滴402井三个火山岩气藏（图2.14）。滴401井气藏顶面构造高部位在东南部，西、南、东部边界受岩体控制，北部构造低部位的滴401井在3859.0～3870.0m井段试气，获日产气3.49×10^4m³，日产水102.69m³，说明气藏为带边水的构造—岩性气藏。滴西14井复合火山岩气藏顶面构造有两个高点，分别在DX1417井西部和滴西14井北部，气藏离火山口近，整体表现为块状特征，西部靠北方向受滴402井北断裂控制，其他方向受岩性尖灭

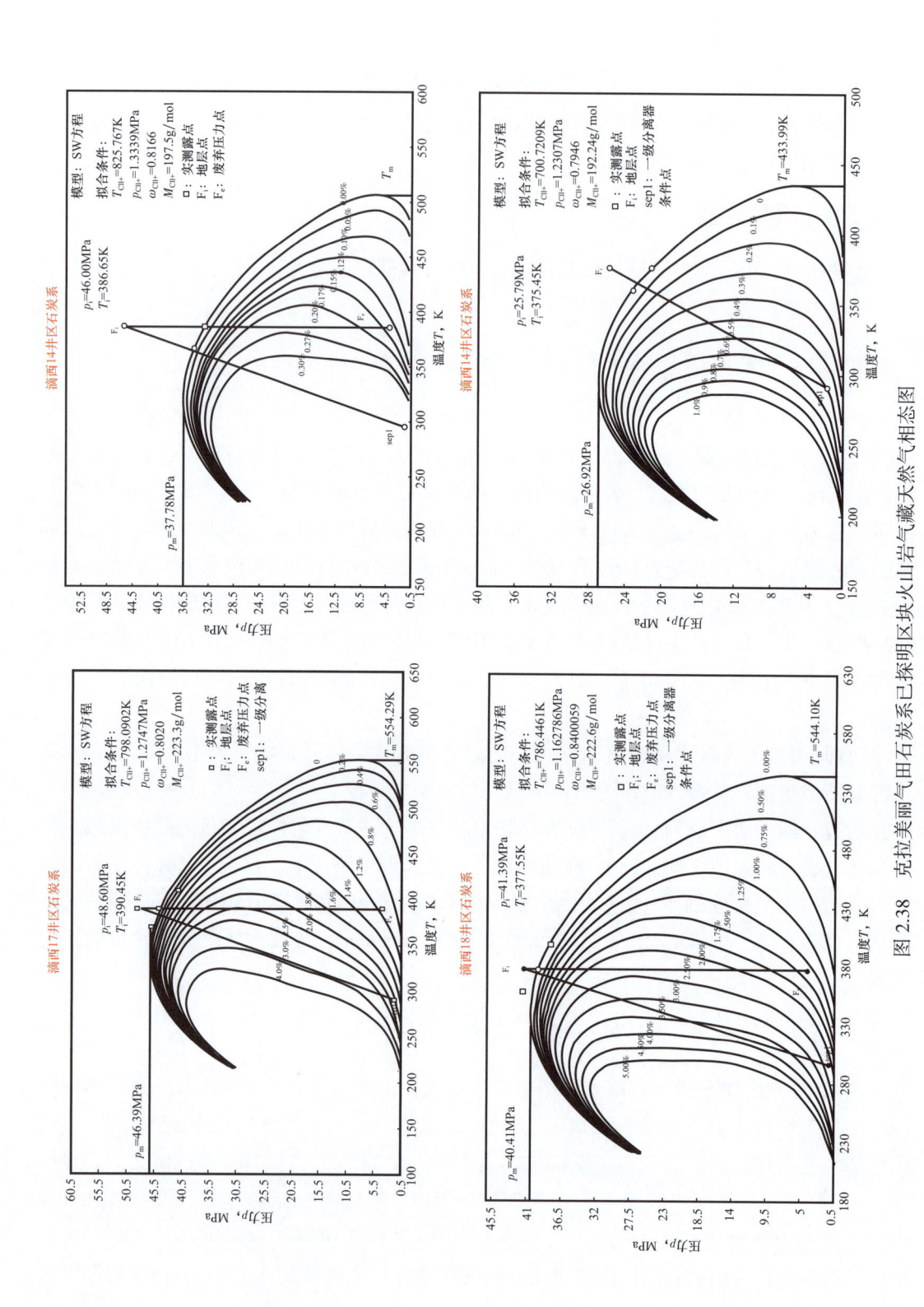

图 2.38 克拉美丽气田石炭系已探明区块火山岩气藏天然气相态图

线控制，为带底水的构造—岩性气藏。滴402井火山岩气藏位于井区西南部，顶面构造为东北高西南低的单斜构造，整体上以溢流相为主，北面受断裂控制，其余方向受岩性边界控制，该气藏为带底水的构造—岩性气藏。气藏相态分析资料表明（图2.38），在原始地层压力和温度条件下，石炭系气藏位于相图的凝析气藏区，滴西14井区块流体的反凝析液量在13.72MPa左右达到最大值0.43%左右，露点压力为33.15MPa；凝析油含量为90cm^3/cm^3，气藏为低凝析油含量的凝析气藏。

2.5.5.3 滴西18井区块松喀尔苏组气藏

滴西18井区块石炭系松喀尔苏组（C_1s^a）纵向上分布了2套气层，其中顶部一套气层岩性以火山碎屑岩为主，在平面上划分为一个气藏——滴西184井火山碎屑岩气藏（图2.16）；下部发育一套侵入岩储层，含气岩性主要为正长斑岩，平面上划分为2个互相叠置的次火山岩气藏——滴西18井正长斑岩气藏和滴西183井正长斑岩气藏。

滴西184井火山碎屑岩气藏东部高西南低，东、西部受岩性尖灭线控制，气藏中部的滴西18井—DX1824井一带因底部地层隆起而遭受剥蚀，北部以滴西181井南断裂封隔，南部受滴水泉西断裂控制，平面上外部形态似马鞍状体，该气藏叠覆于正长斑岩气藏之上，为带边水构造—岩性气藏。西部滴西18井正长斑岩气藏受侵入通道和规模的影响，整体表现为块状特征，南部受滴水泉西断裂控制，其他方向受岩性尖灭线控制，中东部高四周低，整体上为带底水的构造—岩性气藏。东部的滴西183井正长斑岩气藏叠置在滴西18井正长斑岩之上，整体亦表现为块状特征，四周受岩性尖灭线控制，中、东部高而西、南部低。整体上为带边底水的构造—岩性气藏。

气藏相态分析资料表明（图2.38），在原始地层压力和温度条件下，石炭系气藏位于相图的凝析气藏区，滴西18井区块流体的反凝析液量在21.00MPa左右达到最大值3.93%左右，露点压力为39.43MPa；凝析油含量为139cm^3/cm^3，气藏为中凝析油含量的凝析气藏。

2.5.5.4 滴西10井区松喀尔苏组气藏

滴西10井区块石炭系松喀尔苏组C_1s^a平面上由南向北分布了DX1001井、滴西10井两个火山岩气藏（图2.18）。DX1001井火山岩气藏构造高点位于DX1001井附近，构造低点位于岩体南部边缘，整体表现为中东部高、四周低的背斜形态。气藏南侧受滴水泉西断裂控制，其他方向受岩性尖灭线控制，该气藏为带底水的构造岩性气藏。滴西10井火山岩气藏构造高点位于滴西10井附近及该井西北部，整体表现为中部高、四周低的背斜形态。气藏四周受岩性边界控制，为岩性气藏。

气藏相态分析资料表明（图2.38），在原始地层压力和温度条件下，石炭系气藏位于相图的凝析气藏区，滴西10井区块露点压力为21.12MPa；凝析油含量为36cm^3/cm^3，气藏为特低凝析油含量的凝析气藏。

第 3 章

开发前期评价技术

新气田正式投入开发前都要经过一系列的开发前期评价，按照相应的行业标准，本章主要从气藏成藏评价、圈闭评价、储层评价、储量评价、产能评价和主体开发工艺等方面介绍克拉美丽气田石炭系火山岩气藏开发前期评价技术。

3.1 成藏评价技术

按照 SY/T 5601—2009《天然气藏地质评价方法》的规定，天然气成藏评价主要通过对已知气藏的分析，确定天然气聚集成藏时期、成藏主要控制因素，建立成藏模式。

3.1.1 成藏特征评价

通过对油气藏的解剖、构造精细解释、火山岩岩性岩相及气藏特征的分析评价，发现区内石炭系气藏具有如下特征：

（1）滴南凸起主体部位石炭系火山岩岩相复杂，火山岩岩体发育，且普遍成藏，平面上叠合连片，具有大型风化壳地层型油气藏特征，同时也存在石炭系内幕型气藏。

（2）已经发现的滴西 14 井、滴西 18 井、滴西 10 井气藏均与正向构造有关，但并不是所有的正向构造都能成藏，因此正向构造并不是气藏成藏的唯一控制条件，气藏的形成受多因素控制。

（3）自西向东石炭系顶界构造依次抬高，但已发现的气藏气水界面并不随着构造位置的升高而抬高，如滴西 14 井气藏的气水界面比滴西 17 井气藏要低，因此滴南凸起火山岩气藏不具备统一的气水界面。

（4）石炭系地层结构及火山岩序列对油气分布的控制作用至关重要。巴山组的上、下序列为主要含气地层，而某些区域地层局部剥蚀严重，现今构造高点地层可能为更早期发育的火山岩地层，如滴西 25 井区、滴西 8 井区。

（5）滴南凸起中段石炭系各种岩性均可作为储层而成藏，但是只有在特定的构造位置、特定的岩性才具备优势成藏条件，即石炭系火山岩岩相的空间配置与分布对油气能否成藏至关重要。

（6）已发现石炭系气藏及剩余出气井点均与滴水泉西断裂及其伴生断裂相关，远离断裂方向石炭系油气显示差。

3.1.2 主控因素评价

3.1.2.1 紧邻生烃中心的大型鼻状构造是气藏大规模成藏的基础

古隆起和古斜坡是天然气运移指向区和富集区，也是勘探寻找天然气藏的有利区。滴南凸起北构造带在近东西向展布的滴水泉北断裂和滴水泉西断裂夹持下，发育大型鼻状构造。该鼻状构造向西倾伏，向东抬升敞口。鼻状构造自石炭纪末以后一直缓慢抬升，白垩系沉积前，构造活动达到高峰，使已沉积的侏罗系头屯河组、西山窑组剥蚀夷尽，形成长期活动的古隆起。该古隆起紧邻生烃中心，是天然气运移的有利指向区。同时，其上发育的三级局部构造的形成时间均先于生烃和排烃期，圈闭在先，运移在后，完好的构造场所成为天然气积聚富集的有效"仓库"。加上紧邻生烃中心，有可能油气初次运移就进入到圈闭中，排烃量基本等同于聚集量，减少了损失量。由此可见，滴南凸起北构造带发育大型鼻状构造是形成天然气藏的主导条件，而大"容量"的鼻状构造又成为天然气富集的有效"仓库"，在保存条件好的基础上极利于形成大中型气田。

3.1.2.2 断裂与成藏期次的耦合是气藏形成最为关键因素

对于气藏而言，断裂具有双重作用，既起阻挡封隔又起运移通道作用。在为天然气提供运移通道的同时，也会破坏先期形成的气田（藏）使得天然气散失或再次成藏。因而，断裂活动的时间和强度对天然气成藏具有重要影响。研究区主要经历了三次大的构造运动，分别是海西期构造运动、印支期构造运动和燕山期构造运动，形成了两种断裂体系，即海西—印支期压扭性断裂体系、燕山期张扭性断裂体系。

压扭性断裂主要发育由控制本区构造格局的滴水泉北断裂、滴水泉西断裂、滴水泉南断裂3条主断裂，其断距较大，达200～400m。但滴水泉南、北断裂形成于石炭纪，在三叠纪晚期已经停止活动，对油气的运移具有一定的阻挡作用，使得滴水泉南北断裂附近油气显示较差。而滴水泉西断裂在侏罗纪中晚期仍在活动，使得滴水泉西断裂及其附属断裂具有沟通油源的作用，油气沿滴水泉西断裂富集。

深层断裂走滑和基底隆升产生的拉张应力，使得侏罗系及白垩系发育正断裂。张扭性断裂同压扭性断裂一样，在形成断鼻、断块圈闭构造的同时也为天然气向上运移提供了通道，使得本区侏罗系也形成了一些气藏。

3.1.2.3 良好的岩性及物性空间配置是油气成藏主控因素之一

滴南凸起岩性组合特征多样，各种岩相、岩性均可形成有利储层而成藏。从已探明的气藏来看，石炭系储层属于中—高孔低渗的非碎屑岩储集层。FMI资料显示储层段裂缝发育，为裂缝、孔隙双重介质储层。火山角砾岩孔隙最发育，侵入岩裂缝最发育，凝灰岩孔隙裂缝都较不发育。

克拉美丽气田石炭系储层岩性及物性与石西石炭系和一区石炭系的对比见表3.1，可以看出：克拉美丽气田石炭系储层物性整体比一区石炭系好，比石西石炭系略差。气层孔隙度平均在10.7%～14.4%，相对非碎屑岩储层来说，物性整体是比较好的。从本区石炭系实际试油的情况来看，在石炭系共试油71井105层，干层只有6井6层，无石炭系全井段试油均为干层井。因此，对滴南凸起石炭系来说，储层不是成藏的主要问题。

3.1.3 成藏模式建立

通过滴南凸起火山岩气藏成藏特征和成藏主控因素的研究，总结出准噶尔盆地滴南凸起火山岩气藏主控因素和气藏富集模式为"三控一体"模式，"三控"为源控（近源凹陷

表 3.1 准噶尔盆地石炭系典型油气藏岩性、物性统计

井区	岩石类型		孔隙度，%	渗透率，mD
滴西 10 井区	火山岩碎屑岩	凝灰岩	0.4～14.8	0.01～844
	火山熔岩类	流纹岩、安山岩		
滴西 14 井区	火山岩碎屑岩	火山角砾岩、凝灰岩	0.2～27.0	0.01～836
	沉积岩	砂砾岩、泥岩、粉砂岩		
滴西 17 井区	火山熔岩类	玄武安山岩	0.4～25.6	0.01～10.9
滴西 18 井区	浅成侵入岩	花岗斑岩、二长玢岩	6.9～25.6	0.01～10.9
	火山沉积岩	沉凝灰岩、沉火山角砾岩、凝灰质砂砾岩	1.3～21.9	0.01～211.0
石西石炭系	火山熔岩类	安山岩	0.9～28.8	0.01～4489.9
	火山碎屑岩类	安山质凝灰角砾岩		
一区石炭系	火山熔岩类	玄武岩	0.59～34.8	0.01～90.0
	火山碎屑岩类	火山角砾岩		

控制）、高控（古构造高点控制）、断控（气源断裂控制），"一体"为气藏富集呈现"岩相体"富集特征，"岩相体"为具有成因联系的多个岩性岩相单元组合体。滴南凸起火山岩气藏成藏模式如下：

（1）源控（近源凹陷控制）。克拉美丽山前早石炭世烃源岩分布如图 3.1 所示，可以看出，滴南凸起南面紧邻滴水泉生油气凹陷，东面为五彩湾凹陷，本身下面石炭系有自生自储石炭系烃源岩，油气藏规模受近源凹陷控制，油气成藏期越邻近生烃凹陷的圈闭，对成藏越有利。

（2）高控（古构造高点控制）。克拉美丽山前石炭系油气藏模式如图 3.2 所示，可以看出，古隆起和古斜坡是天然气运移指向区和富集区，也是勘探寻找天然气藏的有利区。滴南凸起北构造带在近东西向展布的滴水泉北断裂和滴水泉西断裂夹持下，发育大型鼻状构造。该鼻状构造向西倾伏，向东抬升敞口。鼻状构造自石炭纪末以后一直缓慢抬升，白垩系沉积前，构造活动达到高峰，使已沉积的侏罗系头屯河组、西山窑组剥蚀夷尽，形成长期活动的古隆起。该古隆起紧邻生烃中心，是天然气运移的有利指向区。同时，其上发育的三级局部构造的形成时间均先于生烃和排烃期，圈闭在先，运移在后，完好的构造场所成为天然气积聚富集的有效"仓库"。

（3）断控（气源断裂控制）。过滴西 125 井—美 8 井—滴西 241 井—美 22 井地震地质解释剖面如图 3.3 所示，可以看出，断裂活动的时间和强度对天然气成藏具有重要影响。研究区主要经历了 3 次大的构造运动，分别是海西期构造运动、印支期构造运动和燕山期构造运动，形成了两种断裂体系，即海西—印支期压扭性断裂体系与燕山期张扭性断裂体系。

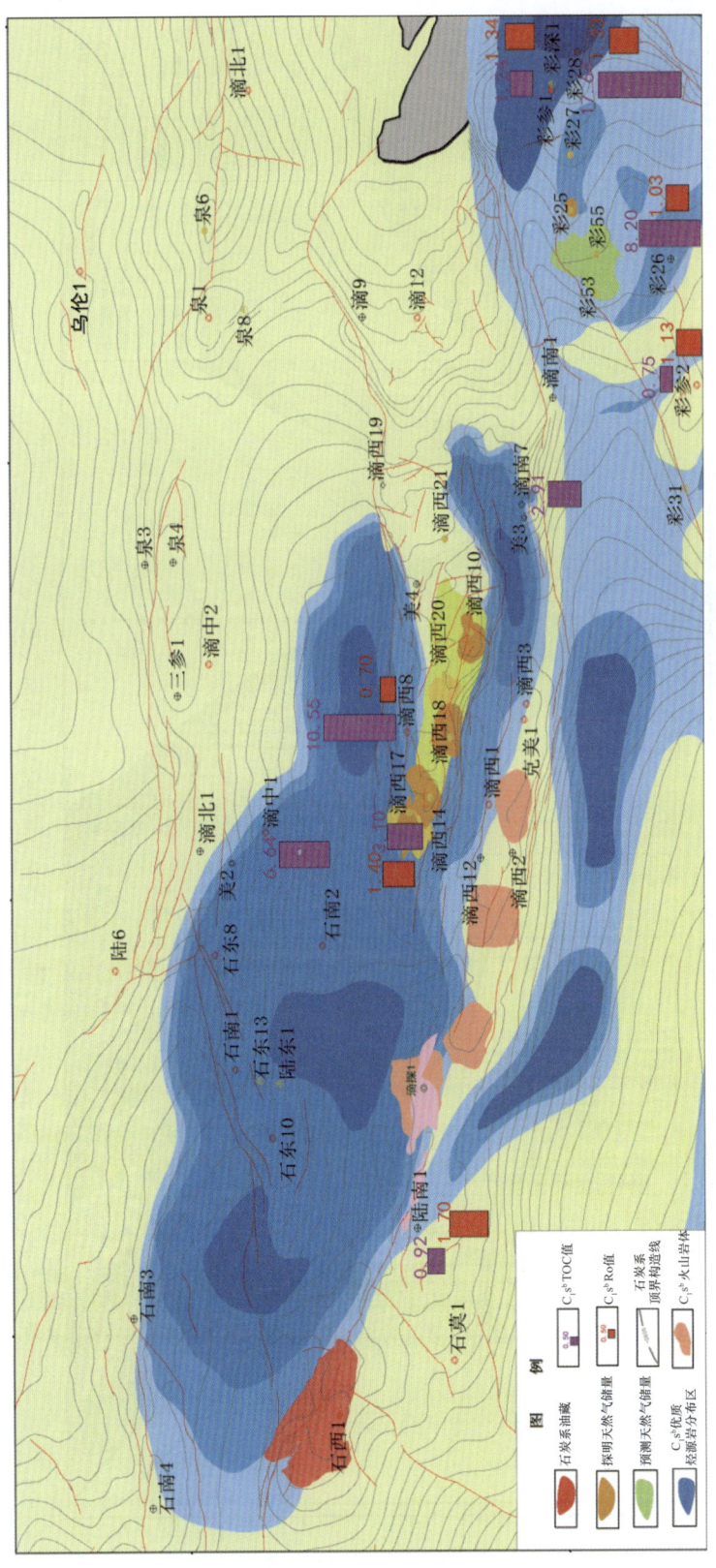

图 3.1 克拉美丽山前早石炭世烃源岩分布

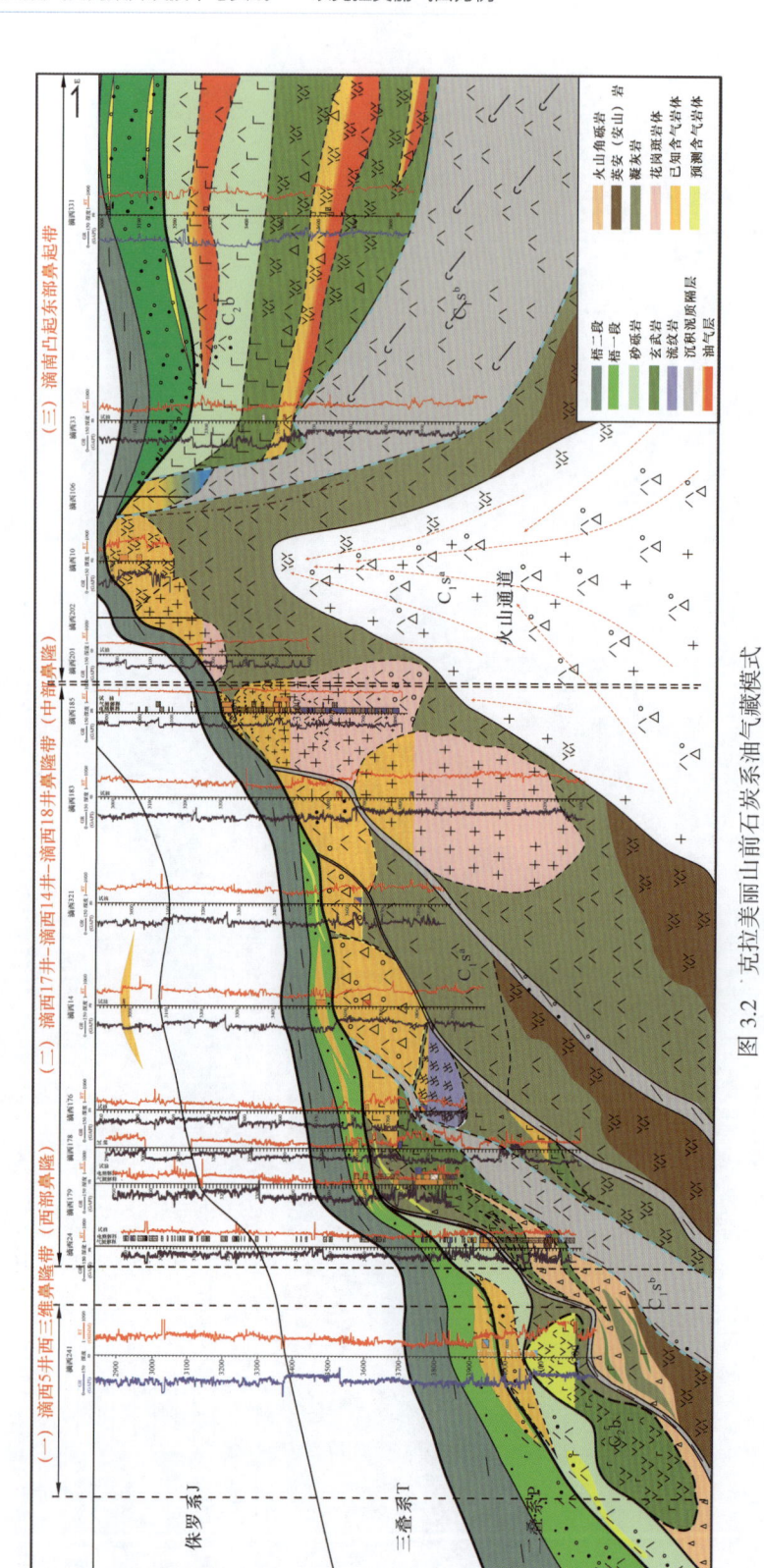

图 3.2 克拉美丽山前石炭系油气藏模式

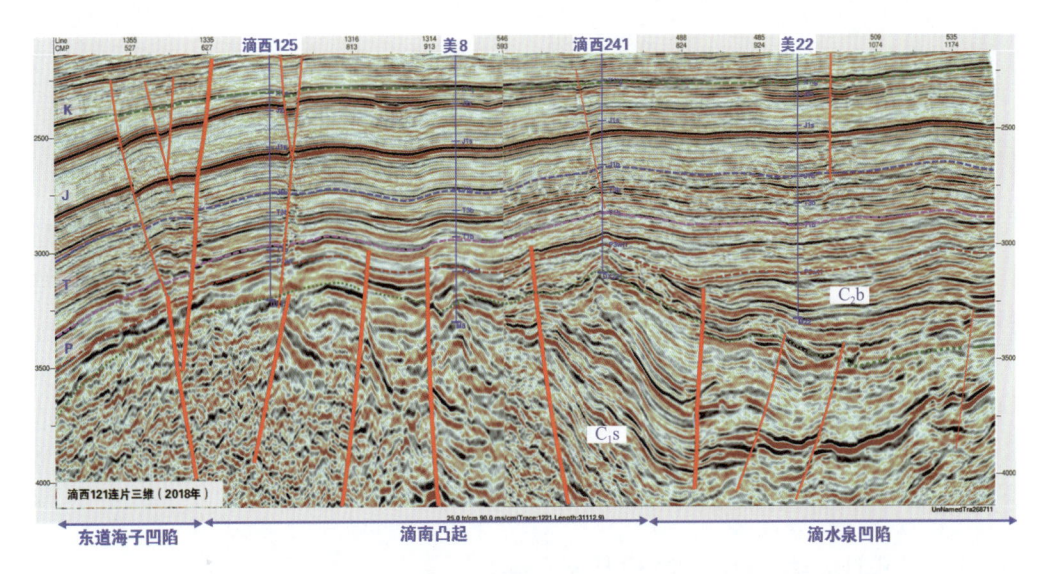

图 3.3　过滴西 125 井—美 8 井—滴西 241 井—美 22 井地震地质解释剖面

压扭性断裂主要发育由控制本区构造格局的滴水泉北断裂、滴水泉西断裂、滴水泉南断裂 3 条主断裂，其断距较大，达 200~400m。但滴水泉南、北断裂形成于石炭纪，在三叠纪晚期已经停止活动，对油气的运移具有一定的阻挡作用，使得滴水泉南北断裂附近油气显示较差。而滴水泉西断裂在侏罗纪中晚期仍在活动，使得滴水泉西断裂及其附属断裂具有沟通油源的作用，油气沿滴水泉西断裂富集。

（4）"一体"。克拉美丽气田石炭系地震剖面如图 3.4 所示，可以看出，气藏富集呈现"岩相体"富集特征，"一体"是气藏成藏模式的核心，此成藏的火山岩岩性体不仅处于构造高点，而且要邻近生烃凹陷，再加上油源断裂的沟通，此类火山岩体是最为有利的"岩相体"富集带。

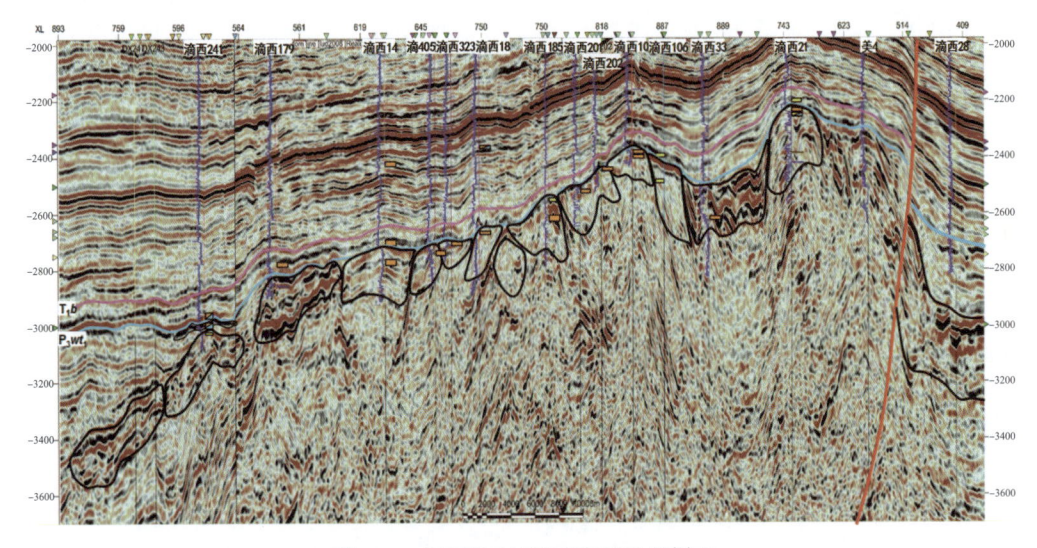

图 3.4　克拉美丽气田石炭系地震剖面

3.2 圈闭评价技术

有利的岩性体刻画是火山岩气藏开发前期评价的一项重要工作。在最有利的富集带，通过综合研究，以单井岩相分析为基础，以火山机构关键岩性为指标进行火山机构恢复，同时结合测井响应特征进行测井相与地震相的综合标定，建立典型的火山机构地质、测井、地震相模式，并采用对火山岩较敏感的振幅统计类属性、瞬时类属性、相关统计类属性、频（能）谱类属性等地震多属性，以突出火山岩为目标的地震属性处理结果，结合实钻井火山岩岩相划分标定地震属性，最终形成了火山岩岩性体"三相多属性"综合识别技术，对火山岩岩性体进行识别。

3.2.1 近火山口相复合岩性体目标识别

未经过后期改造，保存较好的近火山口相复合岩性体，地震特征较为明显，可通过正演模拟技术、层拉平数据体切片、地震属性识别此类油气藏。近火山口相复合岩性体外形整体呈伞状，呈杂乱反射或弱反射，通道相呈漏斗状，由上到下变细，通道两侧地层被明显错断，上部为火山蘑菇云结构，向两翼延伸为火山溢流相和火山沉积相的层状较连续强反射（图3.5）。通过层拉平技术沿不整合面生成拉平地震数据体，在新数据体上沿层由浅到深切得一系列切片，可以看出火山口为一个近圆形，与四周地层产状明显不同，由浅到深火山口面积逐渐变小（图3.6）。将层拉平地震数据体转化为层拉平振幅体，在振幅属性体切片上，近火山口相特征更好识别，由于近火山口相岩性复杂，呈块状分布，波阻抗差异较小，没有连续的强反射界面，一般呈杂乱弱反射或空白反射特征，切片上会形成圆形或椭圆形的弱能量反射区（图3.7）。

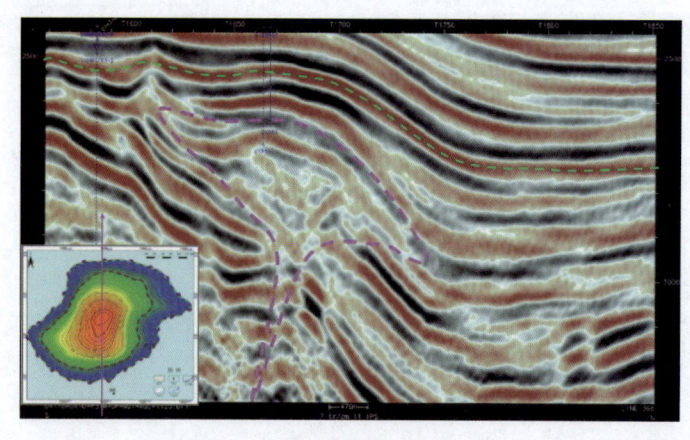

图3.5 滴西174井西火山口

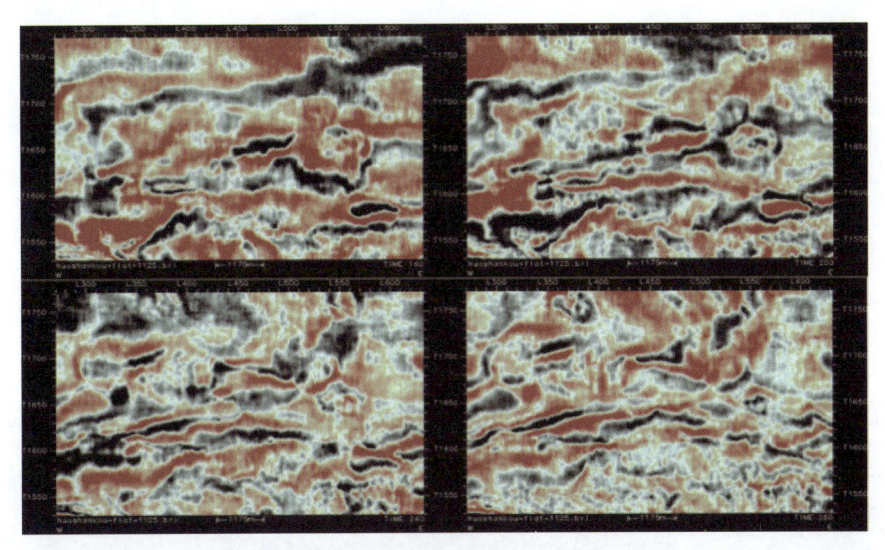

图 3.6 层拉平数据体识别火山口

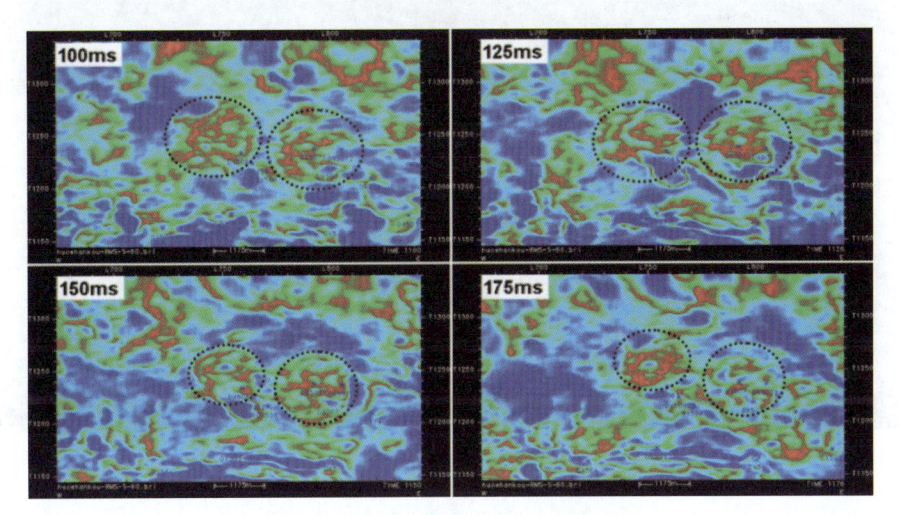

图 3.7 层拉平地震振幅体属性切片

近火山口相复合岩性体如果后期受到较强的改造作用，单利用地震特征较难识别，油气藏边界较难刻画，一般呈三角状，内幕为较杂乱弱反射，与周围地层呈角度不整合关系。通常需要与钻井资料、地质模式综合来刻画评价。

3.2.2 大型浅成侵入体目标识别

浅成侵入体岩性分为基型侵入岩和酸性侵入岩，测井上除伽马值差异较大外，其他特征相近，以斑岩为例，在测井曲线特征上表现为高伽马值（90~160API）、高电阻率（200~1200Ω·m）、低声波时差（57~76μs/ft）、中密度（2.40~2.55g/cm³）。

浅成侵入体岩性单一、呈块状、厚度大、速度、密度较高，与围岩波阻抗差异大，距离不整合面较近，地震呈空白或弱反射，侧向、顶底与周围的沉积岩形成较连续的强反射边界，因速度差异，在侵入体之间的沉积岩一般为下拉的较强的连续反射。

3.2.3 火山岩古潜山目标识别

风化差异作用，古潜山岩性以硬度较大抗风化剥蚀能力较强的岩性为主，在国内发现的潜山油气藏岩性主要为熔岩、次火山岩和角砾岩。在乍得发现了侵入岩（花岗斑岩）型潜山。

古潜山一般被沉积岩覆盖，在地震剖面上沉积地层的上超现象比较明显，古潜山发育部位沉积地层地震反射同向轴减少，具有明显变薄的趋势（图3.8）。

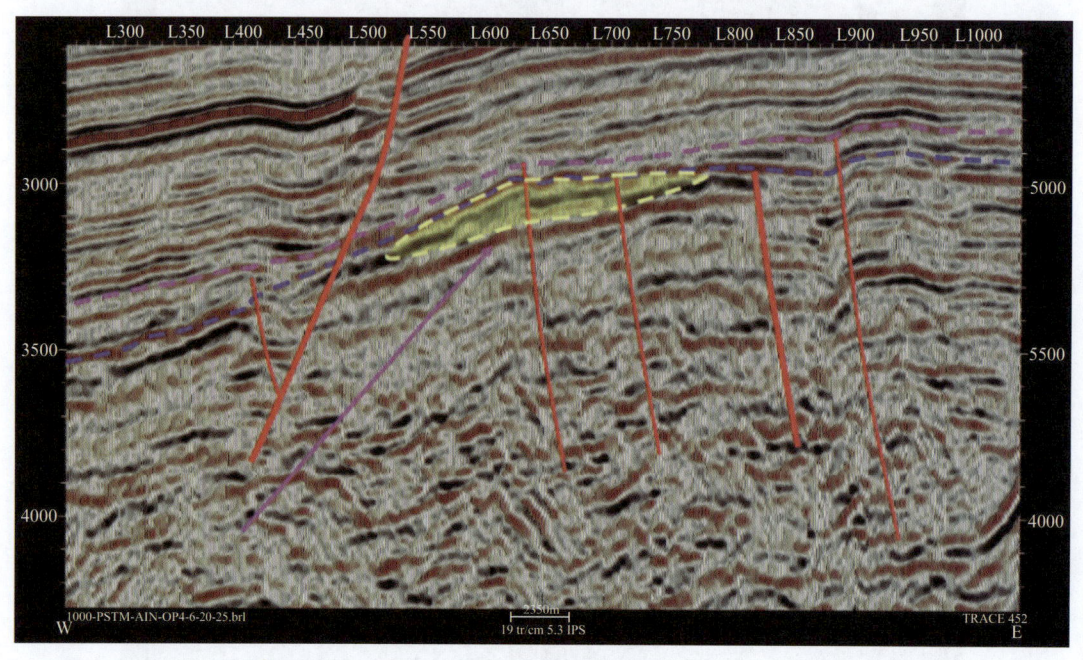

图 3.8 古潜山地震剖面

将地震数据体沿火山岩与沉积岩之间不整合面拉平制作一个拉平数据体，然后等时切时间切片，形成一系列的沿层切片。从沿层切片来看，古潜山特征比较明显，边界较清晰。前两个切片主要切到波谷位置，潜山位置类似两个岩体，边界比较清楚。后两个切片切到波峰位置，边界也比较清楚（图3.9）。

3.2.4 地层不整合圈闭目标识别

地层不整合圈闭目标岩性一般为玄武岩，玄武岩横向连续分布，速度、密度较大，地震剖面上会与围岩形成连续的强反射界面，与上下沉积岩形成平行、亚平行结构。接近不整合面或暴露于不整合面的部分因地层厚度变化或波阻抗差异，地震反射同向轴没有远离不整合面连续，但是总体上都是表现为强反射。平面上沿不整合面的振幅属性可较好反映其分布范围，玄武岩地层因逐层向高部位削蚀，在平面上一般呈多个带状分布，强反射

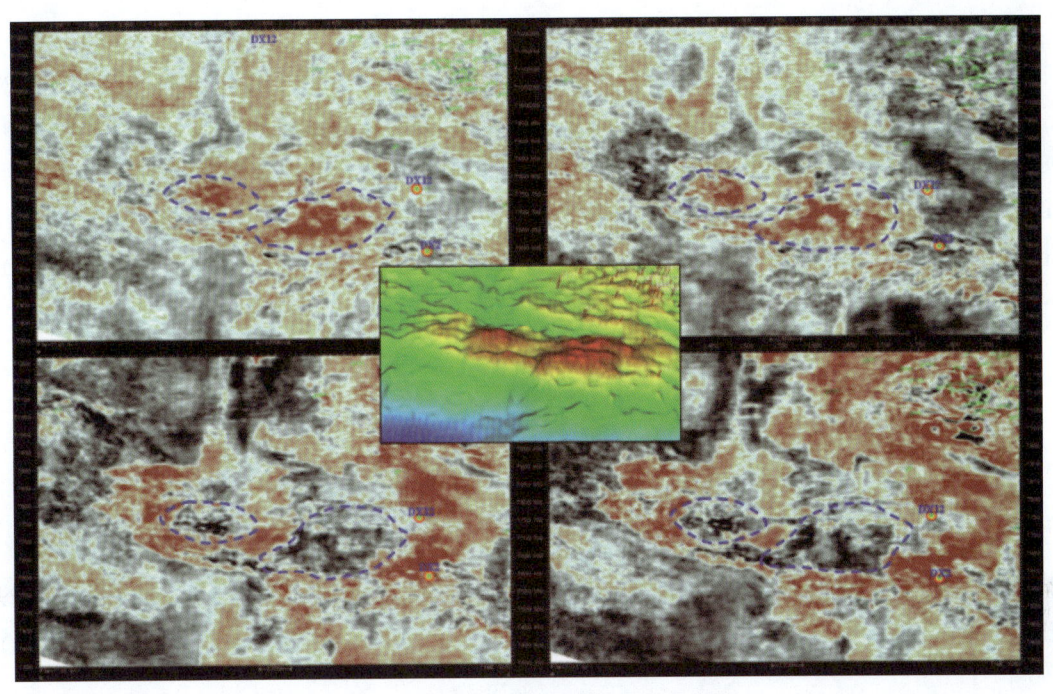

图 3.9　层拉平数据体古潜山沿层切片

区为玄武岩的出露不整合面范围（图 3.10）。风化淋滤一般会影响到不整合面 200m 储层，优质储层的分布一般要比出露不整合面的范围要大一些。玄武岩地层与上覆地层角度越大，形成的不整合风化淋滤带越小，反之越大。在气藏地震刻画中，一般根据实际地层倾角、地层速度、地层密度和地震主频，建立正演模型，预测尖灭点的外延距离，更准确刻画油气藏边界。

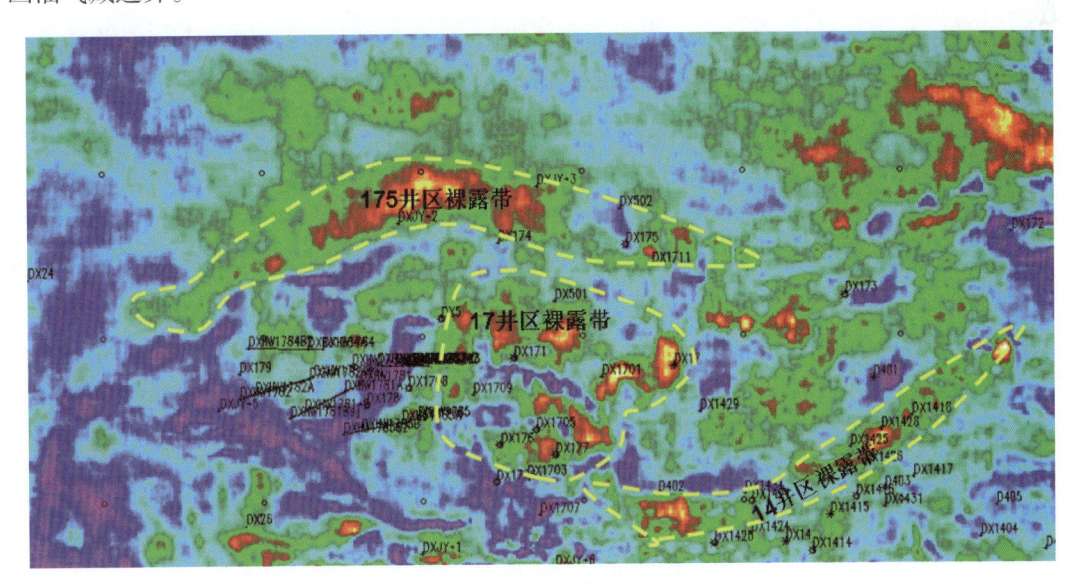

图 3.10　火山岩顶面均方根属性

通过"三相多属性"综合识别技术，在克拉美丽气田重新刻画岩性体11个，新刻画岩性体6个。其中滴西185井区块石炭系圈闭包括东西两个火山岩岩性圈闭，两个火山岩岩性圈闭均位于滴水泉西断裂上盘，东部滴西185井岩体石炭系构造岩性圈闭面积9.23km^2，闭合度710m，高点海拔-2680.0m。西部滴西188井岩体石炭系构造岩性圈闭面积6.84km^2，闭合度290m，高点海拔-2610.0m。圈闭边界为火山岩岩体的岩性尖灭线，上覆梧桐沟组二段稳定的泥岩为盖层，两个圈闭纵向上为叠置关系，相应两套火山岩岩体均向南倾，往北逐渐变薄直至尖灭，地震反射特征明显，岩体边界清楚。

3.3 储层评价技术

按照SY/T 6285—2011《油气储层评价方法》的规定，储层评价要在单井储层评价的基础上，开展储层横向预测及含油气性研究。准噶尔盆地石炭系储层裂缝发育，为典型的孔隙—裂缝型储层。在储层特征研究的基础上，要进一步划分为基质储层和裂缝两类进行预测。

3.3.1 储层特征评价

3.3.1.1 储层岩石学特征评价

滴南凸起的储层岩性十分复杂。根据薄片分析资料和全岩矿物分析，该区石炭系发育沉积岩和岩浆岩两大类岩石类型。岩浆岩是该区主要储层岩石构成，包括次火山岩、熔岩和火山碎屑岩，熔岩包括玄武岩、安山岩和流纹岩，火山碎屑岩包括凝灰岩和角砾岩。

根据试油资料，克拉美丽气田石炭系主要产层为次火山岩类的正长斑岩、二长玢岩，熔岩类的玄武岩、安山岩、流纹岩和火山碎屑岩类的熔结凝灰岩、火山角砾岩（详见第2章）。

3.3.1.2 储层物性特征评价

根据岩心化验分析资料，克拉美丽气田石炭系孔隙度分布区间0.1%~27.9%，平均孔隙度9.60%，中值孔隙度8.2%；渗透率分布区间在0.01~844.00mD，平均为0.161mD，中值渗透率0.044mD，为中孔特低渗储层。其中火山碎屑岩的孔隙最发育，平均孔隙度14.8%；其次为熔岩，平均孔隙度12.8%，属于高孔型储层；次火山岩的孔隙度最低，平均孔隙度9.8%（详见第2章）。

3.3.1.3 储集空间特征评价

1. 孔隙

克拉美丽气田石炭系的原生孔隙主要为气孔、粒内孔和粒间孔，形成于火山岩固化成岩阶段，次生孔隙主要指溶蚀孔，形成于火山岩成岩之后。气孔主要在熔岩中发育，可分为原生气孔、杏仁孔和石泡空腔孔，发育原生气孔、杏仁孔的熔岩主要为玄武岩、安山岩类中基性火山岩，发育石泡空腔孔为流纹岩。粒内孔为火山碎屑岩的刚性岩屑内自身带有的孔隙，火山角砾岩和角砾熔岩中常见。溶蚀孔是地下水对已结晶矿物或充填矿物产生溶蚀作用而形成的次生孔隙。克拉美丽气田石炭系火山岩中溶蚀孔包括斑晶、基质和充填物溶蚀孔等，次火山岩斑晶溶孔十分发育。

2. 裂缝

克拉美丽气田石炭系构造缝普遍发育，溶蚀缝次之，冷凝收缩缝主要发育于火山熔岩中，砾间缝则普遍发育于火山角砾岩中，但裂缝孔隙度总体较低。裂缝具有多方向性，不同井区裂缝方向不同，如滴西17井区—滴西14井—滴405井区以北西—南东向为主，滴西18井—滴西185井区则以近东西向为主，滴西10井区以北东—南西向为主，自西向东最大水平主应力方向具有左旋扭动的特点，与断裂走向的变化一致。

克拉美丽气田石炭系侵入岩、熔岩和火山碎屑岩中均有裂缝发育，为裂缝—孔隙双重介质的储层，基质孔隙为主要的储集空间，裂缝改善了储层的渗透能力。以裂缝段占岩石总厚度的百分比定性评价裂缝发育程度，侵入岩最发育，正长斑岩裂缝发育程度为94.8%，二长玢岩的裂缝发育程度为92.9%；熔岩中基性的玄武岩次之，裂缝发育程度为53.5%；火山碎屑岩中角砾岩比凝灰岩发育。此外还受断裂系统控制，靠近滴水泉西断裂及其次级断裂处裂缝最发育。

3. 储集空间组合类型

克拉美丽气田石炭系有效的储集岩类型主要熔岩类、火山碎屑岩类、次火山岩类。其中熔岩类储集空间以气孔为主，其次为溶孔，孔缝组合类型有气孔型、气孔—溶孔型、裂缝—气孔型和裂缝—溶孔型为主。火山碎屑岩储集空间类型包括粒内溶孔、基质溶孔、粒间溶孔、粒间缝和溶蚀缝，主要孔缝组合类型为裂缝—溶孔型和溶孔型。次火山岩储集空间类型包括斑晶溶孔、基质溶孔、晶间溶孔、微孔、构造缝及溶蚀缝。其孔缝组合类型主要为裂缝—溶孔型。

3.3.1.4 储层孔隙结构特征评价

按照压汞曲线特征，克拉美丽气田石炭系储层可以分为四类。Ⅰ类储层最大进汞饱和度大于60%，饱和度中值压力一般小于10MPa（侵入岩小于15MPa），中值半径大于0.05μm，最大连通孔喉半径大于0.5μm，排驱压力小于1MPa；Ⅱ类储层最大进汞饱和度为40%～60%，饱和度中值压力一般为10～20MPa，中值半径为0.04～0.08μm，最大连通孔喉半径为0.05～1μm，排驱压力小于2MPa；Ⅲ类储层最大进汞饱和度为20%～40%，饱和度中值压力一般大于20MPa，中值半径小于0.04μm，最大连通孔喉半径0.5～1μm，排驱压力大于2MPa；Ⅳ类储层最大进汞饱和度小于20%。

根据试油结果证实：Ⅰ类和Ⅱ类储层均是有效储层，Ⅲ类储层部分为有效储层，Ⅳ

类为无效储层。根据统计结果，熔岩中Ⅰ类和Ⅱ类储层占样品的71.8%，其平均孔隙度为12.8%，平均渗透率为0.986mD；火山碎屑岩中Ⅰ类和Ⅱ类储层占样品的69.2%，其平均孔隙度为14.8%，平均渗透率为0.190mD；侵入岩中Ⅰ类和Ⅱ类储层占样品的97.8%，其平均孔隙度为9.8%，平均渗透率为0.126mD；火山沉积岩中Ⅰ类和Ⅱ类储层占样品的51.4%，其平均孔隙度为11.0%，平均渗透率为0.063mD。

3.3.2 储层预测评价技术

3.3.2.1 基质储层预测

1. 基质岩性识别

克拉美丽气田石炭系气藏的岩性较为复杂，在环境校正和归一化处理基础上，将岩心标定测井、常规测井与成像测井、ECS测井相结合识别岩性，为岩性分类、储层评价、火山岩岩体刻画提供了坚实的基础。以滴西地区石炭系火山岩岩性划分方案为基础，通过测井响应特征分析，采用层次分解的二步三细分法开展火成岩岩性识别研究。第一步首先将火山岩和沉积岩分开，第二步将火山岩岩性分三步进行细分。明确了火山岩与沉积岩测井岩性识别界限、火山岩常规测井岩性识别界限和七种出气岩性的综合岩性识别界限。

1）火山岩与沉积岩测井岩性识别界限

用14口井374块岩石薄片分析资料，结合成像测井资料建立了火山岩与沉积岩测井岩性识别界限：沉积岩RT/AC一般低于0.19，自然伽马（GR）测井值介于42API与110API。在火山岩中基性火山熔岩自然伽马测井值小于42API，深电阻率（RT）测井值小于110Ω·m；中性火山熔岩自然伽马测井值介于42API与110API，深电阻率（RT）测井值小于110Ω·m；酸性火山熔岩自然伽马测井值大于110API，深电阻率（RT）测井值小于110Ω·m；次火山岩深电阻率（RT）测井值大于110Ω·m。

2）火山岩常规测井岩性识别界限

火山岩的自然伽马值能够有效地反映火山岩的成分，电阻率测井可以定性地反映岩石的导电性。应用克拉美丽气田石炭系20口井1194块岩石薄片分析资料标定测井相应特征值，确定不同岩性的电性特征，其中按自然伽马测井响应特征值可将基性岩区（GR＜42API）、中性岩区（GR：42～110API）、酸性岩区（GR＞110API）区分开来，按深电阻率测井值可将次火山岩区（RT＞110Ω·m，GR＜42API）与基性岩区、中性岩区、酸性岩区（RT＜110Ω·m）区分开来。

3）细分岩性识别界限的建立

细分岩性识别主要是综合了常规测井、成像测井、岩石薄片分析资料，以及钻井取心资料，建立了克拉美丽气田七种产气岩性的岩性识别界限。这七种岩性的测井响应特征各有不同。

声波－中子交会可细分基性火山岩。玄武岩中子值小于23%；杏仁状玄武岩中子值大于23%，声波时差值小于73μs/ft；玄武质火山角砾岩中子值大于23%，声波时差值大于73μs/ft。

伽马－密度交会可以细分中基性火山岩。安山岩自然伽马值小于55API，体积密度值大于2.47g/cm³；熔结凝灰岩体积密度值小于2.47g/cm³；安山质火山角砾岩自然伽马值大于55API，体积密度值大于2.47g/cm³。

密度－声波交会可以细分酸性岩。英安岩体积密度值大于2.45g/cm³，声波时差值介于60μs/ft与75μs/ft；流纹岩体积密度值小于2.45g/cm³，声波时差值小于75μs/ft；流纹质火山角砾岩体积密度值小于2.45g/cm³，声波时差值介于75μs/ft与80μs/ft；碎裂流纹岩体积密度值大于2.45g/cm³，声波时差值小于60μs/ft；酸性凝灰岩体积密度值大于2.45g/cm³、声波时差值大于75μs/ft，体积密度值小于2.45g/cm³、声波时差值大于80μs/ft。

2. 火山岩体控属性反演储层分类预测

在岩性识别的基础上，结合地震反演，利用孔隙度、密度及波阻抗体分析了火山岩储层平面物性特征，根据分类标准提取了分类有效厚度。

1) 火山岩储层的测井、地震响应敏感参数的确定

在精细标定的基础上，利用测井资料及井旁道地震资料分析了火山岩储层的测井、地震响应特征。从火山岩储层伽马与纵波阻抗的双变量交会图可以看出，波阻抗、伽马与储层孔隙度相关，是火山岩储层的敏感参数。综合利用波阻抗、声波、密度与储层孔隙度划分储层类型，开展火山岩储层分类预测研究。

2) 基于体控波阻抗的储层分类预测技术

利用地震反演体以协同克里金为基础的序贯高斯模拟方法可以较好发挥测井垂向分辨率高和地震横向连续性好的特点，以确定研究区火山岩储层的物性分布特征，进而进行储层类型的预测。

由于克拉美丽气田石炭系储层岩性的复杂性，单一火山岩体中岩性相对单一，分岩体利用井的波阻抗和孔隙度做交汇图，发现两者相关系数普遍大于0.85。经分析表明，地震波阻抗剖面同井上波阻抗值对应情况较好，可以利用波阻抗进行火山岩体孔隙度的反演。

由于地震反演垂向分辨率比较低，虽然反映趋势比较好，但较难实现孔隙度的准确预测（图3.11）。采用了测井约束序贯高斯模型配合协同克里金的方法，以地震反演储层参数数据体为第二变量，对模拟计算进行加权和条件约束，使测井数值的插值与地震数据体的数据分布特征相近似，以此来得到测井约束波阻抗模拟孔隙度三维数据体（图3.12）。

根据储层类型划分标准进行储层类型的划分，预测Ⅰ、Ⅱ、Ⅲ类储层类型的分布，分析发现地震约束下储层类型的预测结果与单井解释的储层类型具有比较高符合率，基本可以反映岩体内储层的分布特征，加密新钻井验证符合率达到80%以上（图3.13）。

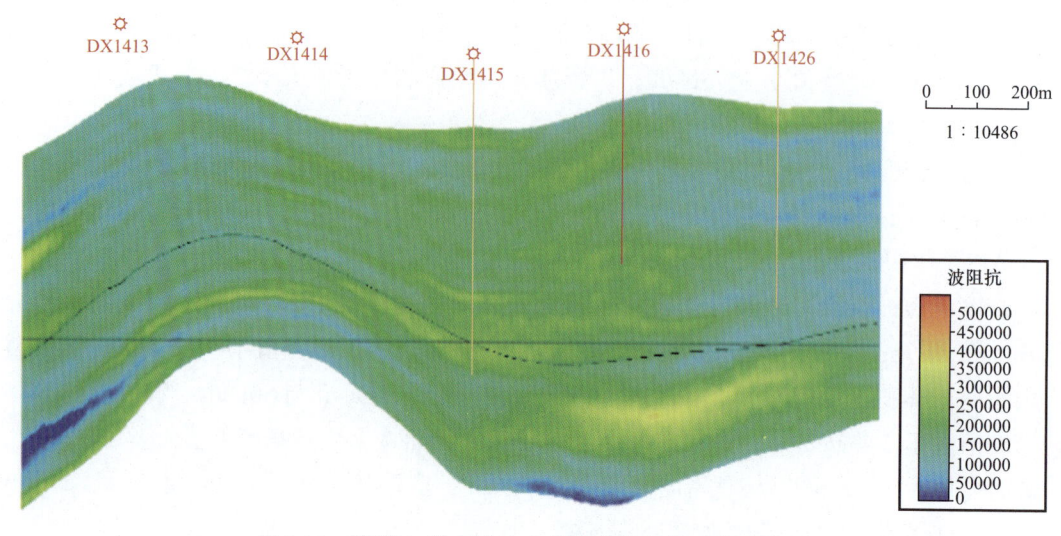

图 3.11　滴西 14 井复合火山岩岩体波阻抗反演孔隙度

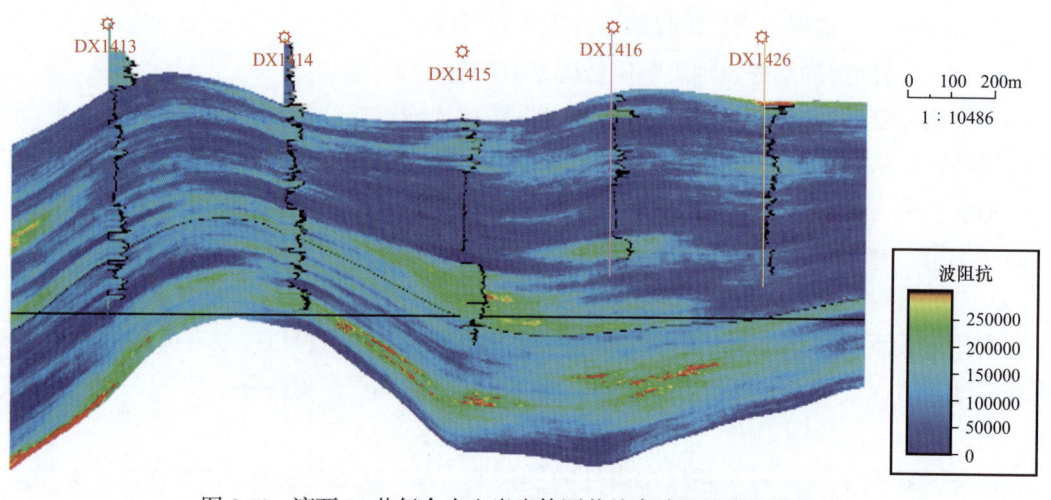

图 3.12　滴西 14 井复合火山岩岩体测井约束波阻抗模拟孔隙度

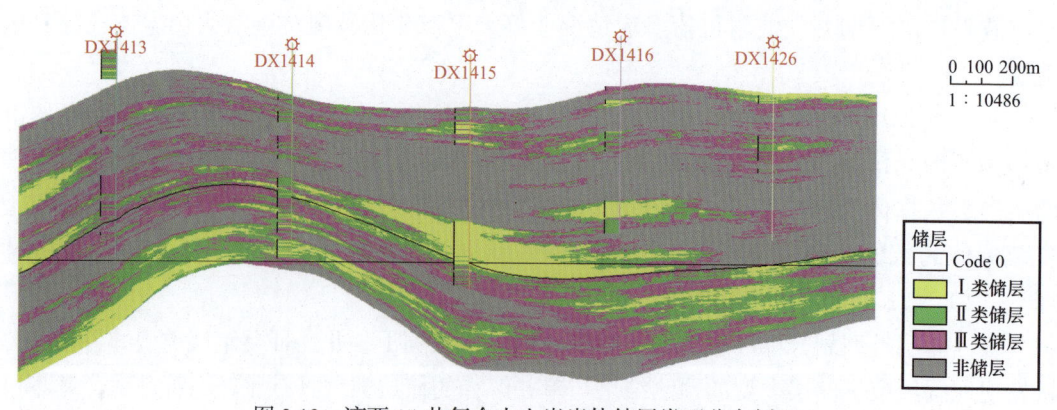

图 3.13　滴西 14 井复合火山岩岩体储层类型分布剖面

3. 火山岩储层分布表征技术

利用单井储层评价的数据平台、典型测井解释剖面与地震约束预测储层模型共同表征火山岩储层Ⅰ、Ⅱ、Ⅲ类储层分布特征。从图3.14典型储层类型分布剖面可知，滴西14井区总揭穿地层厚度为200～400m，其中储层的总有效厚度为0～170m，储层类型以Ⅱ类储层和Ⅲ类储层为主。Ⅰ类储层厚度最大73m，主要分布于滴西14井和DX1415井；Ⅱ类储层厚度最大160m，主要分布于DX1414井、DX1428井和滴401井；Ⅲ类储层单井厚度最大63m，于DX1413井和DX1426井厚度较大。

平面上储层类型预测三维数据体表征各类储层分布特征，可以提取气水界面之上的储层厚度进行平面成图，预测总有效厚度及Ⅰ、Ⅱ、Ⅲ类有效储层厚度。滴西14井复合火山岩岩体总有效厚度南部最厚，西北最薄，其中滴西14井和DX1414井附近厚度最大，总体以Ⅱ类和Ⅲ类储层为主，Ⅰ类储层厚度相对较小。其中Ⅰ类储层有效储层厚度于西北和东南部较厚，滴西14井和DX1415井附近厚度较大；Ⅱ类储层有效储层厚度岩体南部最大，北部厚度偏小，滴西14井、DX1414井和DX1424井附近厚度较大；Ⅲ类储层有效储层厚度在全区皆有分布，于DX1413井、DX1426井附近局部富集（图3.15）。

3.3.2.2 裂缝预测

1. 火山岩储层裂缝识别

以裂缝的测井响应机理为基础，通过岩心刻度和测井响应特征分析，采用多种测井资料相互结合的手段来提高测井裂缝识别的准确度，并评价裂缝参数。

1）FMI定量评价裂缝

在定性识别的基础上，根据裂缝的导电机理建立了火山岩裂缝的定量评价模型，主要裂缝参数包括：

（1）裂缝密度（条/m）。指线密度，定义为单位长度内的裂缝条数；在FMI成像测井裂缝识别的基础上，通过统计单位长度内的裂缝条数获得。

（2）裂缝长度（m/m²）。通过计算FMI成像图上单位面积内的裂缝总长度获得。

（3）裂缝宽度 ε（μm）。利用FMI成像测井资料计算，见式（3.1）：

$$\varepsilon = aAR_{xo}^{b}R_{m}^{1-b} \tag{3.1}$$

式中 a、b 为与仪器有关的常数，其中 b 接近零，A 则是由裂缝造成的电导率异常的面积（mm²）；R_{xo}、R_{m} 分别为侵入带及钻井液电阻率（Ω·m）。根据单条裂缝宽度统计单位井段（1m）中裂缝轨迹宽度的平均值，得到平均裂缝宽度。

（4）裂缝张开度定量计算公式由数值模拟得来，计算见式（3.2）：

$$W = c \cdot A \cdot R_{f}^{b} \cdot R_{xo}^{1-b} \tag{3.2}$$

式中 c、b 取决于FMI成像测井仪器的具体结构；W 是裂缝张开度（μm）；A 是由裂缝造成的电导异常面积（m²）；R_{xo} 是裂缝岩石骨架电阻率（Ω·m）；R_{f} 是裂缝中流体电阻

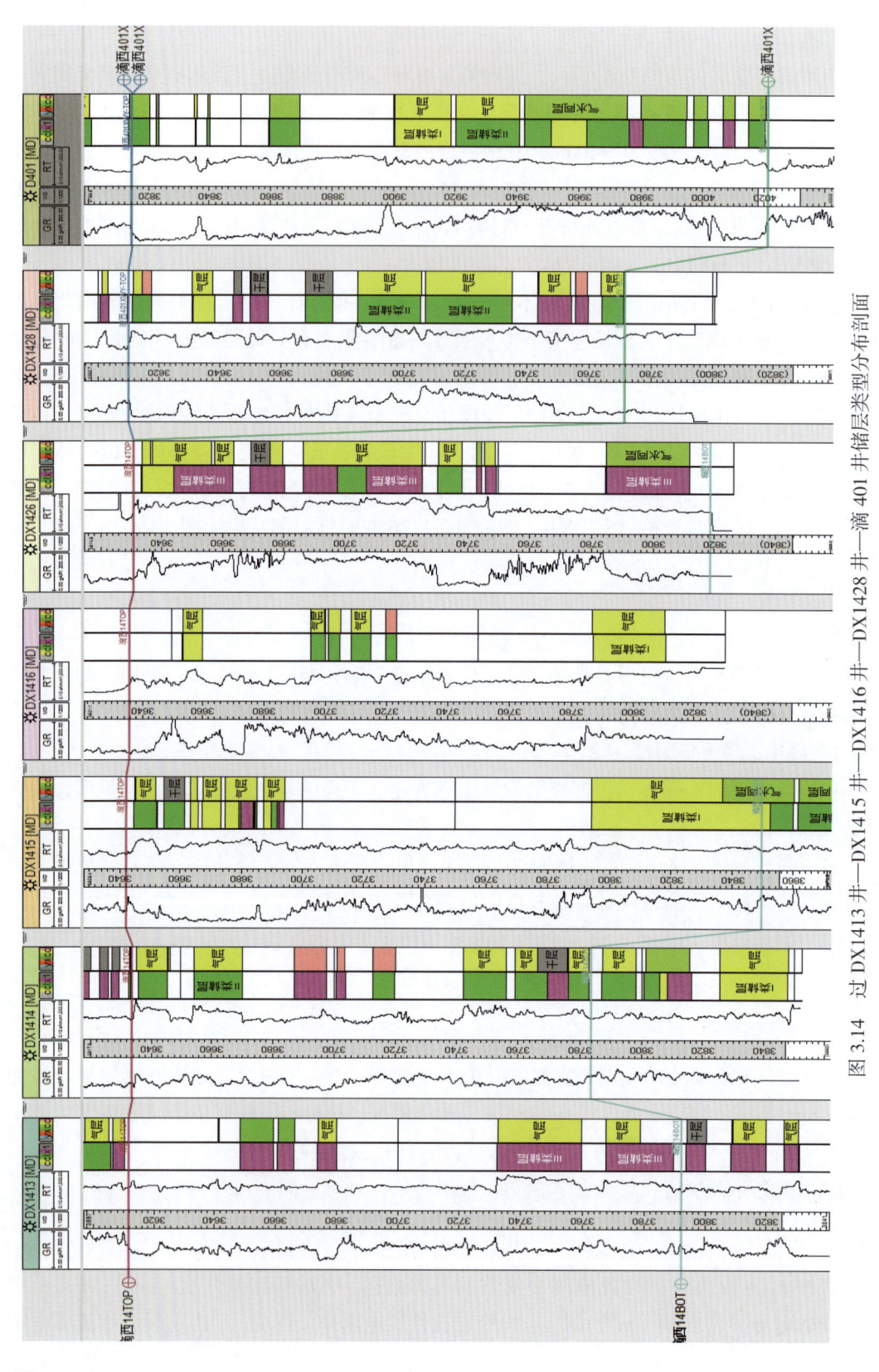

图 3.14 过 DX1413 井—DX1415 井—DX1416 井—DX1426 井—DX1428 井—滴 401 井储层类型分布剖面

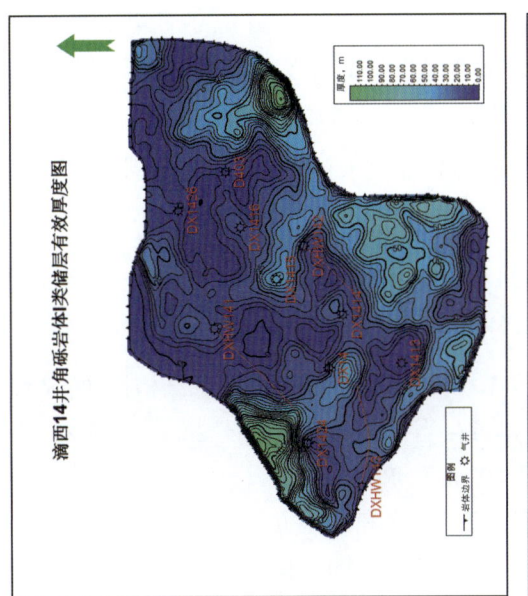

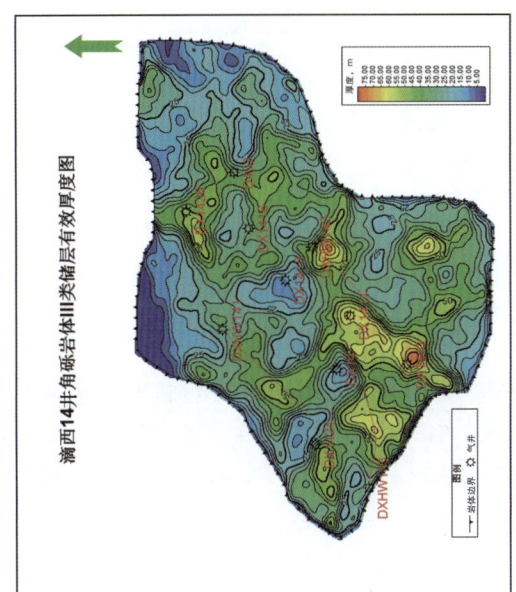

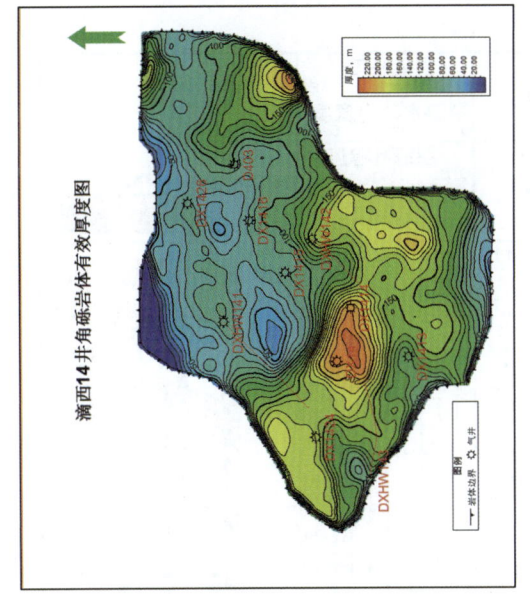

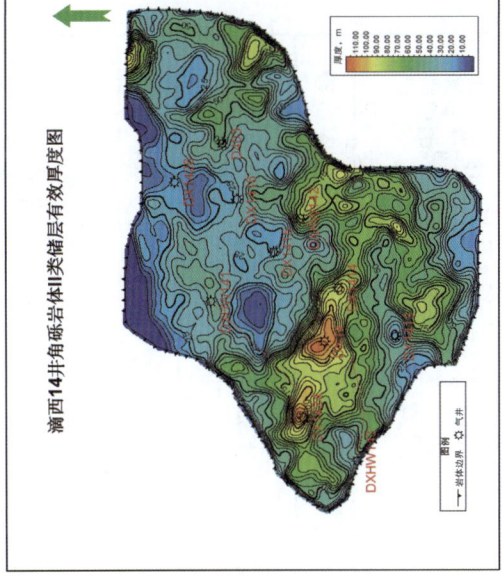

图 3.15　滴西 14 井复合火山岩岩体有效厚度

率（Ω·m）。

（5）裂缝孔隙度（%）。根据岩心及FMI成像资料评价裂缝面孔率：定义为1m井壁上的裂缝视开口面积除以1m井段中的岩心表面积或FMI图像的覆盖面积，计算见式（3.3）：

$$\phi_f = \frac{\text{裂缝密度（条/m）} \times \text{裂缝长度（cm）} \times \text{裂缝宽度（mm）}}{3.1416 \times 1000 \times \text{岩心或井眼直井（cm）}} \quad (3.3)$$

（6）裂缝渗透率（mD）：指裂缝性储层的渗透率，即把含裂缝的岩石作为一个整体，允许流体在其中流动的能力。根据裂缝产状及其组合特点，按三种类型计算［式（3.4）］：

$$\begin{cases} \text{单组系裂缝：} & K_f = 8.5 \times 10^{-4} \times R \cdot d^2 \cdot \phi_f / m_f \\ \text{多组系垂直缝：} & K_f = 4.24 \times 10^{-4} \times R \cdot d^2 \cdot \phi_f / m_f \\ \text{网状裂缝：} & K_f = 5.66 \times 10^{-4} \times R \cdot d^2 \cdot \phi_f / m_f \end{cases} \quad (3.4)$$

式中 d 为裂缝宽度（μm）；ϕ_f 为裂缝孔隙度（小数）；m_f 为裂缝的孔隙结构指数；R 代表裂缝的径向延伸系数，当延伸大（>2m），$R=1$；当延伸中等（0.5~2m），$R=0.8$；当延伸浅（0.3~<0.5m），$R=0.4$；当延伸极浅（<0.3m），$R=0$。

（7）裂缝水动力宽度。为所有裂缝轨迹宽度的立方之和开立方。开展了28口井的火山岩裂缝参数定量分析研究，绘制了单井储层裂缝综合图（图3.16），为火山岩储层研究奠定了基础。

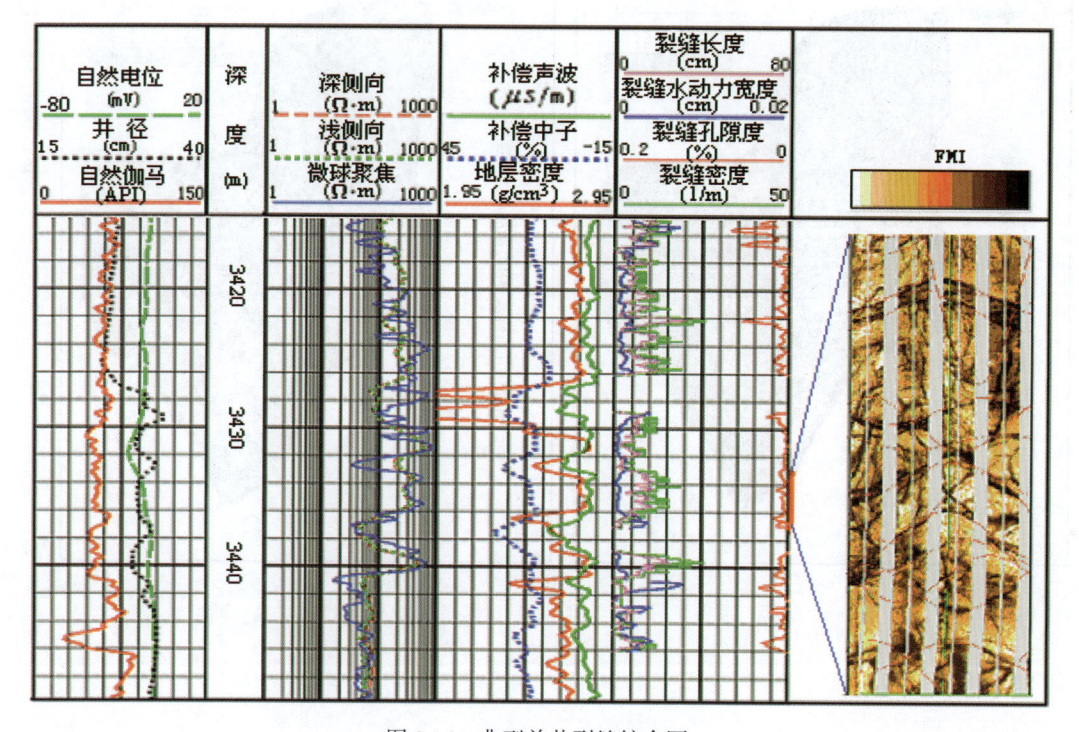

图3.16 典型单井裂缝综合图

2）常规测井定量评价

筛选出对克拉美丽气田石炭系储层裂缝敏感度最高的那些测井曲线，再通过综合加权的方法，建立出一套适合于研究区的裂缝判别模型，来判别其他井的裂缝发育情况。裂缝在双侧向测井曲线上的响应与裂缝的产状、裂缝的宽度及长度、裂缝中的充填物及充填状态、钻井液侵入深度等密切相关。

（1）裂缝倾角判别。

根据欧阳健、李善军所构造的裂缝产状判别公式［式（3.5）］，以研究区的 FMI 裂缝识别结果为基础，利用双侧向反演计算判别系数 r，分高角度裂缝、低角度裂缝、斜交裂缝进行统计，其结果见表 3.2。

$$r = (R_t - R_i)/(R_t \cdot R_i)^{0.5} \tag{3.5}$$

式中　R_t——深侧向测井曲线值，$\Omega \cdot m$；

　　　R_i——浅侧向测井曲线值，$\Omega \cdot m$。

表 3.2　裂缝产状的判别系数统计表

裂缝状态	分析角度范围	分析点数	最大值	最小值
高角度裂缝	74°～90°	85	0.4212	0.1352
低角度裂缝	0°～50°	13	0.0021	−0.4125
斜交裂缝	50°～74°	47	0.1415	−0.0031

从表 3.2 可得到裂缝状态的判别标准为：当 $r>0.13$ 时为高角度（>74°）裂缝，$r \leqslant 0$ 时为低角度（<50°）裂缝，$0<r \leqslant 0.13$ 为斜交裂缝。

（2）裂缝张开度的计算。

A.M. Sibbit 和 O. Faivre（1985）对单条裂缝用二维有限元的方法进行了数值模拟计算，得到了利用双侧向测井解释裂缝张开度的方法。裂缝张开度的计算公式如下：

高角度裂缝［式（3.6）］：

$$\varepsilon = \frac{C_i - C_t}{4C_f} \times 10^4 \tag{3.6}$$

低角度裂缝［式（3.7）］：

$$\varepsilon = \frac{C_i - C_b}{4C_f} \times 10^4 \tag{3.7}$$

式中　C_t——地层的电导率，深侧向测井曲线值的倒数，S/m；

　　　C_i——侵入带的电导率，浅侧向测井曲线值的倒数，S/m；

　　　C_b——没有裂缝的基岩的电导率，S/m；

　　　C_f——裂缝中流体的电导率，S/m。

（3）裂缝孔隙度的计算。

深浅双侧向、微球聚焦之间的电阻率差异在一定程度上反映了裂缝的发育程度。采用电阻率侵入校正差比法描述裂缝，其计算见式（3.8）、式（3.9）：

$$R_{\text{TC}} = \frac{R_{\text{t}} - R_{\text{lls}}}{R_{\text{lls}}} \tag{3.8}$$

$$R_{\text{t}} = 2.589 R_{\text{lld}} - 1.589 R_{\text{lls}} \tag{3.9}$$

式中　R_{TC}——深浅电阻率差比值；

　　　R_{lls}——浅侧向电阻率值；

　　　R_{t}——侵入校正的地层真电阻率；

　　　R_{lld}——深侧向电阻率值，当地层为裂缝性气层时，$R_{\text{t}} > R_{\text{lls}}$，$R_{\text{TC}} > 0$；当地层为裂缝性水层或致密地层时 $R_{\text{t}} \approx R_{\text{lls}}$，$R_{\text{TC}} \approx 0$。

从图3.17上可以明显看到：FMI计算的裂缝孔隙度的分辨率比RTC的分辨率高，将FMI计算的孔隙度滤波，滤波后的曲线与RTC对应性较好，利用统计回归即可得到裂缝孔隙度的解释模型（图3.18），其相关程度较好，相关系数为0.7369。当 $R_{\text{TC}} > 0.2$ 时，裂缝发育程度均比较高，以0.2为门槛值，可以确定大部分井的裂缝发育程度。

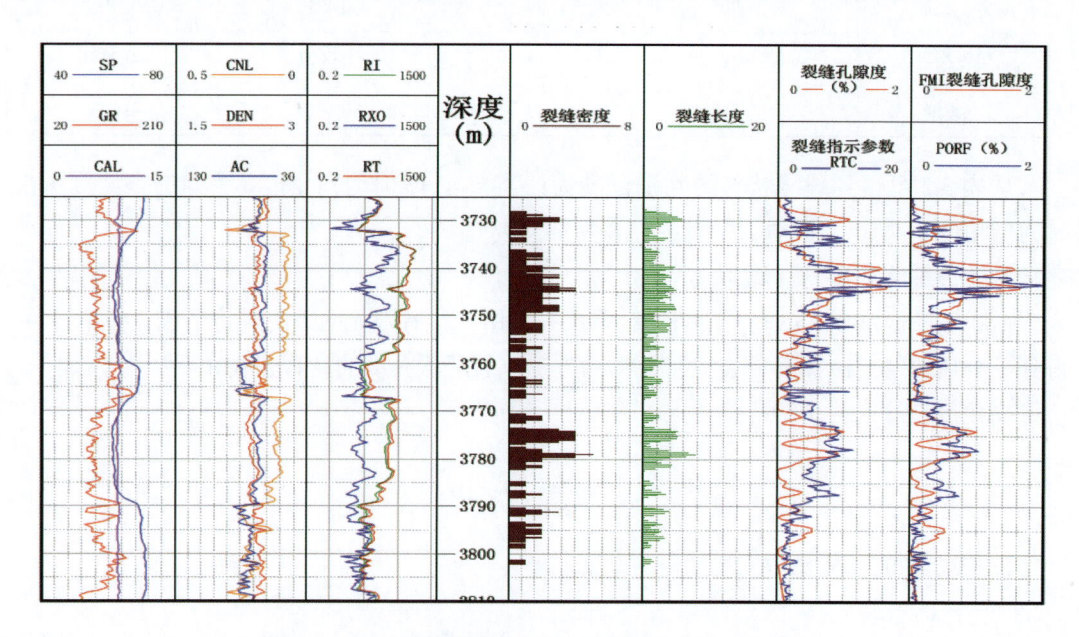

图3.17　FMI裂缝孔隙度与RTC对比图（DX1413井）

裂缝孔隙度按式（3.10）计算：

$$\phi_{\text{f}} = 0.0643 \text{RTC} + 0.0856 \tag{3.10}$$

式中　ϕ_{f}——裂缝孔隙度，%。

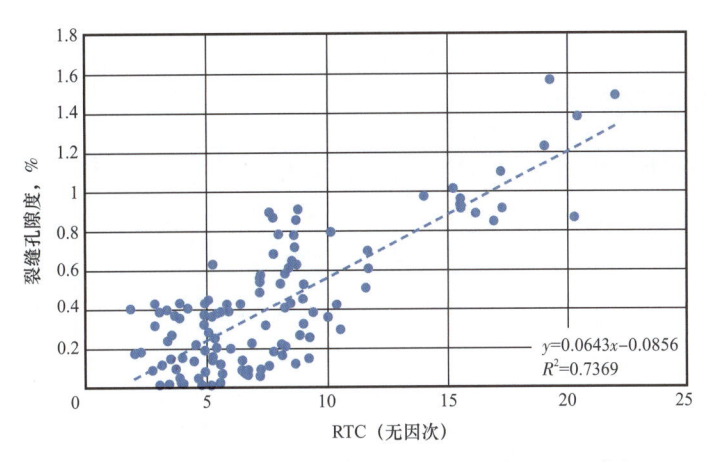

图 3.18　FMI 裂缝孔隙度与 RTC 交汇图（DX1413 井）

2. 火山岩储层裂缝预测

利用地震数据体对裂缝较敏感的属性进行处理，包括瞬时频率、瞬时方差、瞬时倾角、瞬时相位、相干等。处理后通过多种地震属性与单井裂缝发育情况的分析，发现单井裂缝的发育情况与相干体对应情况较好，裂缝发育区地震同相轴存在一定程度的扭动，相干体存在一定的异常（图3.19）。因此，主要采用相干数据体进行裂缝预测，其他属性作为参考。

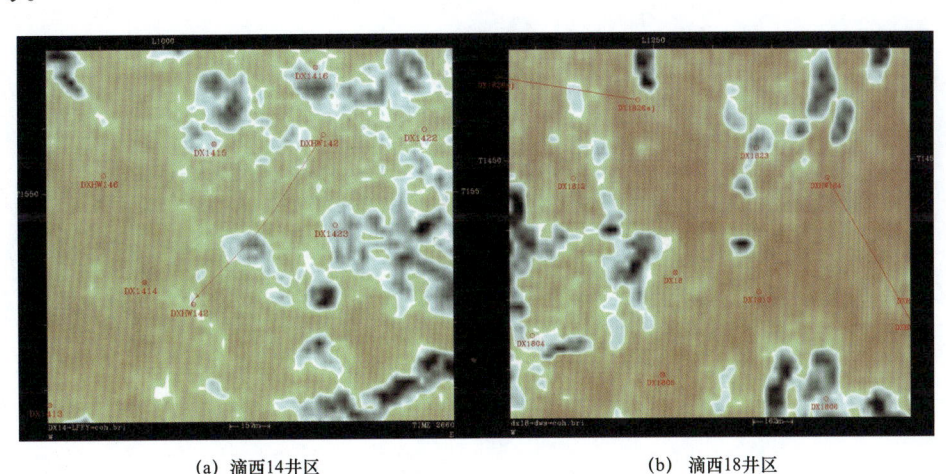

(a) 滴西14井区　　　　　　　　　(b) 滴西18井区

图 3.19　研究区相干体时间切片图

3.4　储量评价技术

按照 DZ/T 0217—2020《石油天然气储量计算规范》的规定，根据气藏的开发阶段、开发方式、驱动类型和实际资料情况选取合适的方法，进行孔隙—裂缝双重介质储层地质储量的可采储量的评价。

3.4.1 储量估算参数评价

克拉美丽气田火山岩储层岩性较为复杂，测井响应特征差异较大。在火山岩岩性识别的基础上，进一步分岩性建立孔隙度、含气饱和度计算模型和气层识别图版，并按照 DZ/T 0217—2020《石油天然气储量估算规范》的要求，落实基质储层的含气面积、有效厚度、有效孔隙度、含气饱和度、原始天然气体积系数、原始油气比、地面原油密度和天然气摩尔分量等相关参数，确保参数选取的合理、准确。裂缝储层的相关参数参照基质储层参数的选取方法确定，其中含气饱和度与基质孔隙的含气饱和度有相当大的差别，依据希尔奇和皮尔逊的理论认为：裂缝相对渗透率曲线可等效为一组管状通道的相对渗透率曲线，裂缝含水饱和度等于水的相对渗透率，由于裂缝的含水饱和度趋于极小，因此，在估算过程裂缝含气饱和度取值 95%。

3.4.2 地质储量评价

在储量估算参数合理、准确选取的基础上，按照 DZ/T 0217—2020《石油天然气储量估算规范》的要求，采用容积法计算克拉美丽气田石炭系火山岩气藏的凝析气地质储量为 $707.22 \times 10^8 \mathrm{m}^3$，其中天然气地质储量 $696.75 \times 10^8 \mathrm{m}^3$，凝析油地质储量 $576.54 \times 10^4 \mathrm{t}$。

3.4.3 可采储量评价

3.4.3.1 废弃压力确定

克拉美丽火山岩气田目前处于稳产阶段，具有气藏类型复杂、产能差异大、气井产水等开发特点，气藏废弃压力主要参考休梅克经验公式（表 3.3）。以滴西 185 井区为例，该区块石炭系气藏埋藏深度大于 1524m，用凝析气藏最佳废弃压力公式（休梅克公式 4）和

表 3.3 废弃压力计算经验公式（休梅克，1958）

编号	经验公式	适用条件
公式 1	$p_a = 0.1 p_i$	气藏深度小于 1524m，地层压力小于 12.8MPa
公式 2	$p_a = 1.131 \times 10^{-3} D$	废弃值低，适合埋深较浅气藏［废弃压力值为每千英尺的废弃压力是 50psi（绝）］
公式 3	$p_a = 2.262 \times 10^{-3} D$	废弃值高，适合埋深相对较深气藏［按气藏深度，每千英尺的废弃压力为 100psi（绝）］
公式 4	$p_a = 2.149 \times 10^{-3} D$	凝析气藏最佳废弃压力公式［每千英尺的废弃压力是 95psi（绝）］
公式 5	$p_a = 0.1 p_i + 0.6894$	气藏近似废弃压力公式［原始地层压力的 10%，再加 100psi（绝）］
公式 6	$p_a = 0.3447 + 1.051 \times 10^{-3} L$	通用废弃压力公式（双 50 法）

通用废弃压力公式（休梅克公式6）进行计算，计算结果分别为7.36MPa、3.95MPa，其平均值为5.66MPa。与SY/T 6098—2010《天然气可采储量计算方法》中推荐的废弃压力公式计算的5.28MPa相差不大。利用携液和管流方程校正后，在井口输压为2.0MPa条件下，废弃压力为5.05MPa。最终，克拉美丽气田各气藏的废弃压力为5.05～8.46MPa。

3.4.3.2 采收率的确定

根据SY/T 6098—2010《天然气可采储量计算方法》中推荐的方法，结合克拉美丽气田实际生产情况，天然气的采收率最终采用物质平衡法和类比法确定。各气藏天然气采收率为41.3%～47.8%。凝析油的采收率主要是根据实际生产情况，采用凝析油含量-累计产气方法确定，各气藏凝析油采收率为29.4%～36.2%。

根据最终确定的采收率，估算克拉美丽气田天然气技术可采储量为 $296.78 \times 10^8 m^3$，凝析油技术可采储量为 $184.82 \times 10^4 t$。

3.4.4 储量综合评价

根据地质储量计算结果，结合可采储量丰度、气藏中部埋深、折合千米井深产量，按照石油地质储量综合评价标准，确定克拉美丽气田的各个气藏主要为深层、低产、低丰度或中丰度的小型或中型气藏，具体结果见表3.4。

表3.4 克拉美丽气田石炭系气藏综合评价结果

类型	区块	层位	中部埋深 m	可采储量规模 $10^8 m^3$	可采储量丰度 $10^8 m^3/km^2$	千米井深产量 $10^4 m^3/(km \cdot d)$
已探明	滴西17井区块	C_2b	3760	16.78	2.25	1.50
	综合评价		深层	中型	中丰度	低产
	滴西14井区块	C_1s^a	3670	78.81	6.55	1.63
	综合评价		深层	中型	中丰度	低产
	滴西18井区块	C_1s^a	3580	72.81	5.76	1.68
	综合评价		深层	中型	中丰度	低产
	滴西10井区块	C_1s^a	3038	10.30	1.37	1.32
	综合评价		中深层	小型	低丰度	低产
滚动新增	滴西17井区块	C_1s^a	3780	11.76	3.07	1.50
	综合评价		深层	小型	中丰度	低产
	滴西17井区块	C_2b	3689	19.72	2.49	0.95
	综合评价		深层	小型	低丰度	低产

续表

类型	区块	层位	中部埋深 m	可采储量规模 $10^8 m^3$	可采储量丰度 $10^8 m^3/km^2$	千米井深产量 $10^4 m^3/(km \cdot d)$
滚动新增	滴405井区块	C_1s^a	3661	12.09	3.28	2.16
	综合评价		深层	小型	中丰度	低产
	滴西323井区块	C_1s^a	3609	31.46	4.60	1.98
	综合评价		深层	中型	中丰度	低产
	滴西185井区块	C_1s^a	3396	43.06	4.68	1.45
	综合评价		中深层	中型	中丰度	低产

3.5 产能评价技术

产能评价最主要的指标就是无阻流量。在确定气井的产能方面有着不可替代的作用，所以确定气井产能的第一步就是确定气井的无阻流量。目前，要获得准确的无阻流量在生产现场就是采用试井和试采的方法。通过试井和试采获取的生产数据，利用二项式、指数式、克拉美丽火山岩气藏一点法等产能评价方法，落实各个气藏的气井产能。

3.5.1 二项式方法

根据测试井 $\Delta p^2/Q$-Q 关系式，可得到二项式产能方程系数 A 和 B，从而计算得到气井无阻流量。滴西184井二项式产能方程系数 A、B 分别为43.7290、0.1218（图3.20），计算无阻流量为 $33.4 \times 10^4 m^3$。DXHW171井二项式产能方程系数 A、B 分别为43.4750、6.8008（图3.21），计算无阻流量为 $15.0 \times 10^4 m^3$。

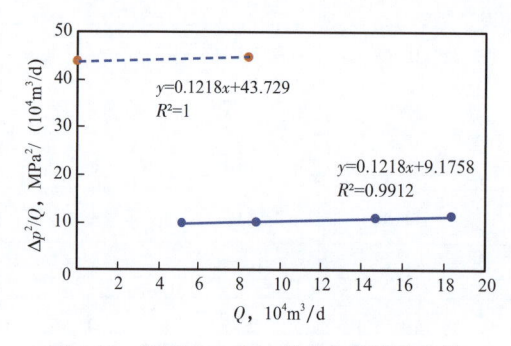

图3.20 滴西184井二项式产能指示曲线

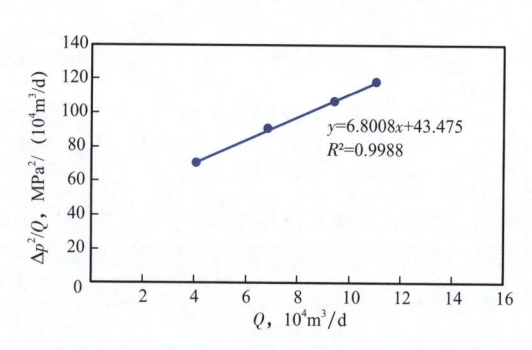

图3.21 DXHW171井二项式产能指示曲线

3.5.2 指数式方法

根据测试井 $\lg Q$-$\lg(\Delta p^2)$ 关系式，可得到指数式产能方程系数 n 和 C，从而计算得到气井无阻流量。滴西 184 井指数式产能方程的系数 n、C 分别为 0.8946、0.0418（图 3.22），计算无阻流量为 $30.2 \times 10^4 \text{m}^3$。DXHW171 井指数式产能方程的系数 n、C 分别为 0.6620、0.0890（图 3.23），计算无阻流量为 $14.3 \times 10^4 \text{m}^3$。无阻流量计算结果与二项式方法接近。

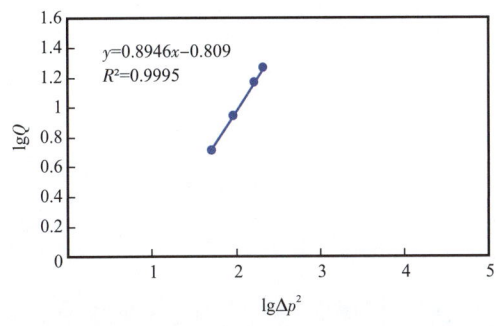

图 3.22 滴西 184 井指数式产能指示曲线

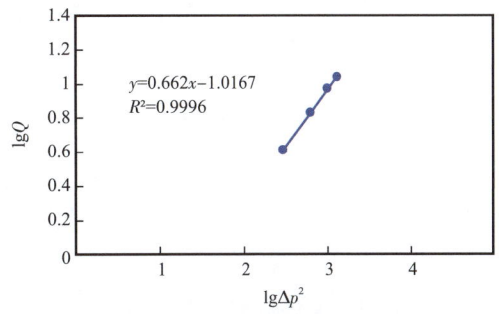

图 3.23 DXHW171 井指数式产能指示曲线

3.5.3 一点法无阻流量方法

在克拉美丽石炭系气藏实际生产中，多数生产井都不能进行试井，因此主要采用一点法计算气井的无阻流量。在对陈元千一点法无阻流量经验公式分析对比的基础上，通过对克拉美丽火山岩气藏 27 井次 116 测点的稳定试井资料进行统计校正，确定 α 值为 0.04～0.49，n 值为 0.5213～1.1332，建立适用于克拉美丽气田的一点法二项式和指数式无阻流量公式（表 3.5）。

表 3.5 克拉美丽石炭系气藏一点法二项式无阻流量计算方程

Q_{aof}, 10^4m^3	α	克拉美丽气藏二项式方程
<50	0.25	$Q_{\text{aof}} = \dfrac{6Q}{\sqrt{1+94p_{\text{D}}}-1}$
50～100	0.21	$Q_{\text{aof}} = \dfrac{7.5Q}{\sqrt{1+71.7p_{\text{D}}}-1}$
>100	0.05	$Q_{\text{aof}} = \dfrac{38Q}{\sqrt{1+1520p_{\text{D}}}-1}$

克拉美丽火山岩气藏一点法指数式经验公式如下：

$$Q_{\text{aof}} = \frac{Q}{0.9078 p_{\text{D}}^{0.5604}}$$

式中　Q_{aof}——无阻流量；

p_D——无因次压力。

利用上述方法落实气井的无阻流量后，采用经验法，即气井稳定无阻流量值的 1/5～1/3 确定气井产能。克拉美丽气田直井平均产能为 $4\times10^4\mathrm{m}^3/\mathrm{d}$，水平井平均产能为 $7\times10^4\mathrm{m}^3/\mathrm{d}$。

3.6 主体开发工艺技术

在气藏开发前期评价阶段，主要是利用直井和水平井评价新发现气田的储层展布和储量规模，开展开发先导试验，采用压裂改造技术改善储层，提高气井产能。

3.6.1 直井设计评价技术

针对克拉美丽火山岩气藏平面上岩性岩相变化快、储层非均质性强，纵向上有利岩性体叠置发育的特征，从控制整个气藏或岩性体的主要含油气层系的油气藏类型、含油气范围、取得储量计算的有关参数考虑，进行直井（预探井、评价井）的总体部署和井位设计。在有利的油气聚集带或有利岩性体内，按照"稀井广探"的原则，即利用最少的井评价较广的面和较多的层，采用临界方向布井方法完成整体部署，落实岩性体的含油气性及储层展布情况。

在岩性体有利油气聚集的构造高点位置部署第一口直井，解决最有利的局部高点含油气问题。在首口井见油气后，在构造位置相对较低的位置陆续部署多口直井，解决岩性体内油气是否连片的问题。在构造最低的位置附近部署一批直井，解决整体岩性体含油气范围的问题。

通过部署直井，在岩性体的关键位置起到控制点的作用，为落实油气藏特征、探明油气藏储量和后续开发部署提供支撑。如滴西 185 井区侵入相火山岩气藏发育上下错位叠置的两套块状有利岩体，为加快该区的开发动用进程，实现气藏的快速高效建产，通过评价产能一体化，根据两套岩体空间展布特征，上下兼顾立体开发，共部署实施气井 17 口，其中评价井 5 口，开发直井 8 口，水平井 4 口，形成了评价井控制一片、开发井动用一片的良性循环模式，探明天然气地质储量 $90.1\times10^{12}\mathrm{m}^3$，累计建成产能 $2.61\times10^{12}\mathrm{m}^3$，新增井控动态储量 $49.57\times10^{12}\mathrm{m}^3$，储量动用程度达到 55%，较国内同类火山岩气藏平均动用水平高 15%。

3.6.2 水平井地质优化设计技术

针对克拉美丽火山岩气藏岩性岩相变化快，储层裂缝发育、非均质性强，物性及厚度变化大，气水关系复杂，横向连通性不清的特征，综合利用地质、测井、地震、气藏工程等资料，应用有效储层识别与预测，建立了"平面选井、纵向选层、裂缝定向、空间选体"的水平井设计技术及流程，为火山岩气藏规模有效开发提供技术支撑。

（1）平面选井：在搞清岩相、裂缝和有效储层分布特征的基础上，重点考虑离底水距离（构造特征）、岩性岩相带、有效厚度、储层物性（Ⅰ、Ⅱ类气层厚度）及裂缝发育程度，按照远离底水、有利岩性岩相、储层分布范围大、连续性好、裂缝发育程度高的原则，结合地震反射特征优选平面井位。

（2）纵向选层：克拉美丽火山岩气田巴山组火山岩气藏由多个含气火山岩岩体构成，各个层段在不同平面和纵向位置物性差异大。而火山岩优质储层具有有效厚度大、物性好、横向延伸范围大、远离底水的特点，通常发育于火山岩岩体的中心部位，以火山岩相上部最有利。以邻井储层、产能特征及井控储量为基础，通过火山体识别、主力产层岩相识别等研究，利用井间对比及地震剖面追踪技术优选主力产层的纵向层位。

（3）裂缝定向：水平井方向主要受储层展布方向、最大水平主应力方向和裂缝方向的影响，通常采用与储层走向一致，与裂缝、最大水平主应力垂直或斜交的原则确定水平井方向，从而尽量穿越多条裂缝，扩大动用体积。

（4）空间选体：搞清火山岩内幕结构基础上，空间优选火山岩岩体，优化轨迹设计。

通过水平井地质优化设计技术，在滴西 323 井区优化调整实施的 2 口试验水平井随钻储层连续性显著提高，气层钻遇率达到 92.6%，试气获日产气 $20\times10^4\text{m}^3/\text{d}$ 以上，达到同区直井的 3~5 倍。

3.6.3 压裂改造技术

克拉美丽火山岩气藏具有裂缝和孔隙双重介质特征、岩石坚硬、储层物性差、天然裂缝发育、自然产能低等特点，必须经过压裂改造才能获得较高产量。近几年，针对火山岩气藏储层的特点，从压裂液配方优化、施工规模优化、支撑剂段塞降滤、压裂液快速返排、现场施工控制等方面提高了压裂改造技术的针对性，形成了一套针对火山岩气藏的压裂改造技术，压裂成功率、有效率均为 100%，直井和水平井压裂后平均日产量分别为 $4\times10^4\text{m}^3$ 和 $7\times10^4\text{m}^3$，为火山岩气藏有效开发奠定了基础（详见第 6 章）。

第4章

开发动态描述技术

　　气藏开发动态描述是应用气藏工程、试井理论、数值模拟、统计学等技术方法,对克拉美丽火山岩气田开发生产核心指标的变化进行描述,着重对火山岩气藏产能、压力、渗流、水驱动态和开发指标预测进行描述介绍,揭示克拉美丽火山岩气田开发动态特点与规律,为克拉美丽火山岩气藏的高效开发提供理论指导。

4.1 生产特征

克拉美丽气田石炭系火山岩气藏井间生产特征差异大,以井控储量、无阻流量和稳定产量为依据,进行分类评价,明确气井分布规律及控制因素,掌握各类气井的递减规律及主要影响因素,有助于认识气井生产特征和制定合理气井工作制度。

4.1.1 气井分类

按照石炭系气藏气井分类标准,气井生产动态可以分为三类(表 4.1)。其中 I 类气井具有产量高、稳产能力强的特征;II 类气井在较低配产条件下气井生产稳定,具有一定的稳产能力;III 类气井产量、压力下降快,稳产能力差。

表 4.1 克拉美丽气田气井分类标准

类别	井控动态储量,$10^8 m^3$	试气无阻流量,$10^4 m^3/d$	稳定产量,$10^4 m^3/d$
I 类	>3	>20(自然)	>5.5
		>35(压后)	
II 类	1~3	>15(自然)	3~5.5
		20~55(压后)	
III 类	<1	5~20(压后)	1~3

按照克拉美丽气田气井分类标准,统计克拉美丽气田气井类别、井数和累产气量见表 4.2,可以看出:三类气井占比大小依次为:II 类(46.2%)>I 类(36.6%)>III 类(19.2%);三类气井累产气量占比大小依次为:I 类(64.5%)>II 类(31.2%)>III 类(4.3%)。三类气井生产动态分别呈现出不同的特征:I 类井具有单井控制储量大、产量高、生产压差小、稳产能力强的特征;II 类井产量相对较低,在较低配产条件下具有一定的稳产能力;III 类井产量、压力下降快、稳产能力差,往往不能连续生产。

表 4.2 克拉美丽气田气井分类统计表

气井类别	井数	比例,%	累产,$10^8 m^3$	比例,%
	井数	比例,%	累计产气量(截至 2021 年 8 月初)	
I 类	37	36.6	61.8	64.5
II 类	47	46.2	29.9	31.2
III 类	20	19.2	4.1	4.3
合计	104	100	95.8	100

4.1.2 气井分布规律及控制因素

分别统计克拉美丽气田不同井区的三类井比例（表4.3），可以看出：滴西14井、滴西18井、滴西185井区Ⅰ、Ⅱ类井比例较高，开发效果好；滴西17井区Ⅱ类井为主，开发效果欠佳；滴405井—滴西323井和滴西10井区以Ⅱ、Ⅲ类井为主且Ⅲ类井比例较高，生产效果差。

表4.3 石炭系气藏各区分类井统计表

井区	井数，口				比例，%		
	Ⅰ类	Ⅱ类	Ⅲ类	合计	Ⅰ类	Ⅱ类	Ⅲ类
滴西14井	12	11	1	24	50	46	4
滴西17井	5	15	1	21	24	71	5
滴西18井	10	5	4	19	53	26	21
滴西185井	9	6	2	17	53	35	12
滴405井—滴西323井	1	9	10	20	5	45	50
滴西10井	0	1	2	3	0	30	70
合计	37	47	20	104	36	45	19

分别统计不同类型气井的井数、平均地层系数、平均初期无阻流量和平均动态储量（表4.4），可以看出：气井类型主要受地层系数和井型影响，Ⅰ、Ⅱ类直井地层系数大，Ⅲ类井地层系数低；水平井因水平段长，泄流范围相对较大，均为Ⅰ、Ⅱ类井。在储层厚度大、裂缝发育区域部署后续调整井，井型以水平井、侧钻井为主，可有效提高实施效果。

表4.4 石炭系气藏各类井参数统计表

分类	直井数 口	水平井数 口	平均地层系数 mD	平均初期无阻流量 $10^4 m^3/d$	平均动态储量 $10^8 m^3$
Ⅰ类井	22	15	124.5	55.3	6.0
Ⅱ类井	27	20	24.1	33.6	1.8
Ⅲ类井	20	0	8.9	16.9	0.6

储层厚度大的滴西14井、滴西18井、滴西185井气藏，以Ⅰ、Ⅱ类井为主，其中Ⅰ类井占52%，Ⅱ类井占36%，Ⅲ类井占12%。Ⅰ、Ⅱ类井位于储层厚度大的区域；Ⅲ类井位于边部储层厚度薄或近边底水区域（图4.1至图4.3）。

储层厚度较薄的滴西17井，储层发育稳定，以Ⅱ类井为主，其中Ⅰ类井占24%，Ⅱ类井占71%，Ⅲ类井占5%。储层厚度薄且纵向平面展布不连续的滴405井—滴西323井、滴西 10 井气藏，以 II、III 类井为主，其中 I 类井占 5%，II 类井占 43%，III 类井占 52%（图 4.4）。

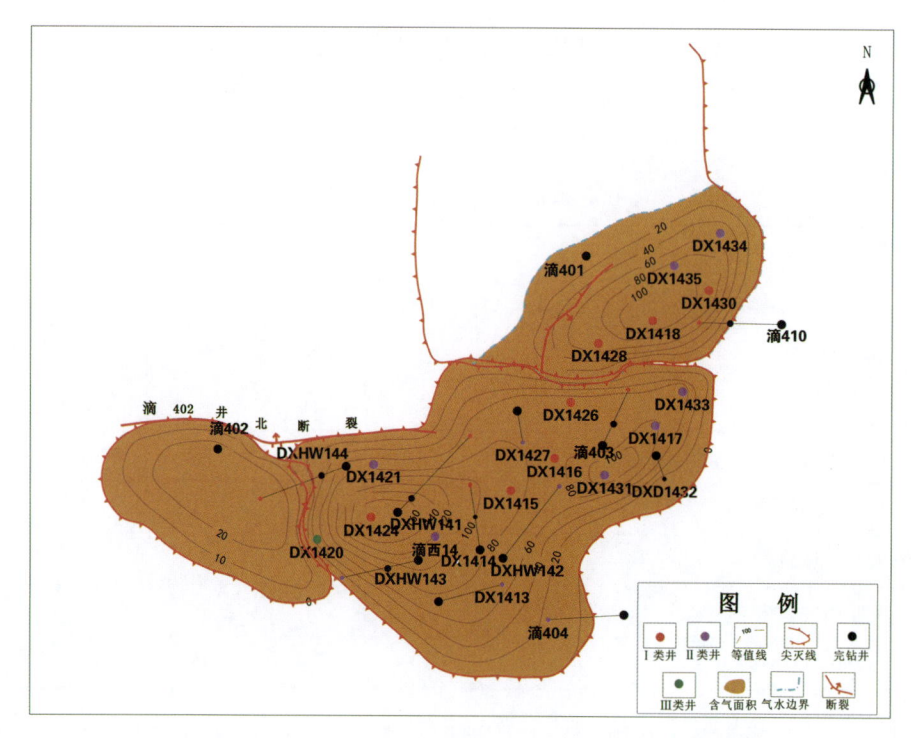

图 4.1　滴西 14 井气藏气层有效厚度等值与分类井叠合图

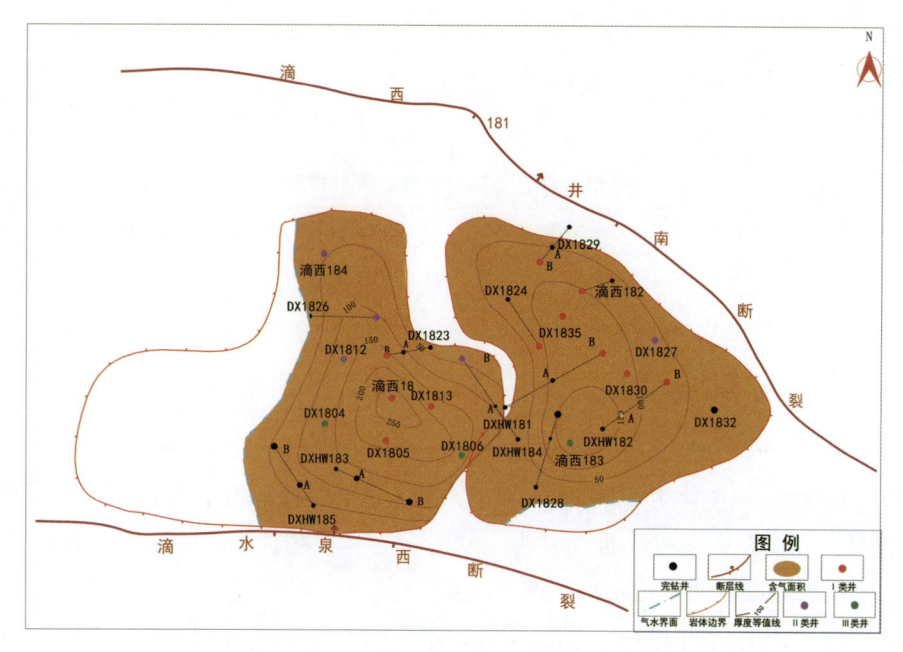

图 4.2　滴西 18 井气藏气层有效厚度等值与分类井叠合图

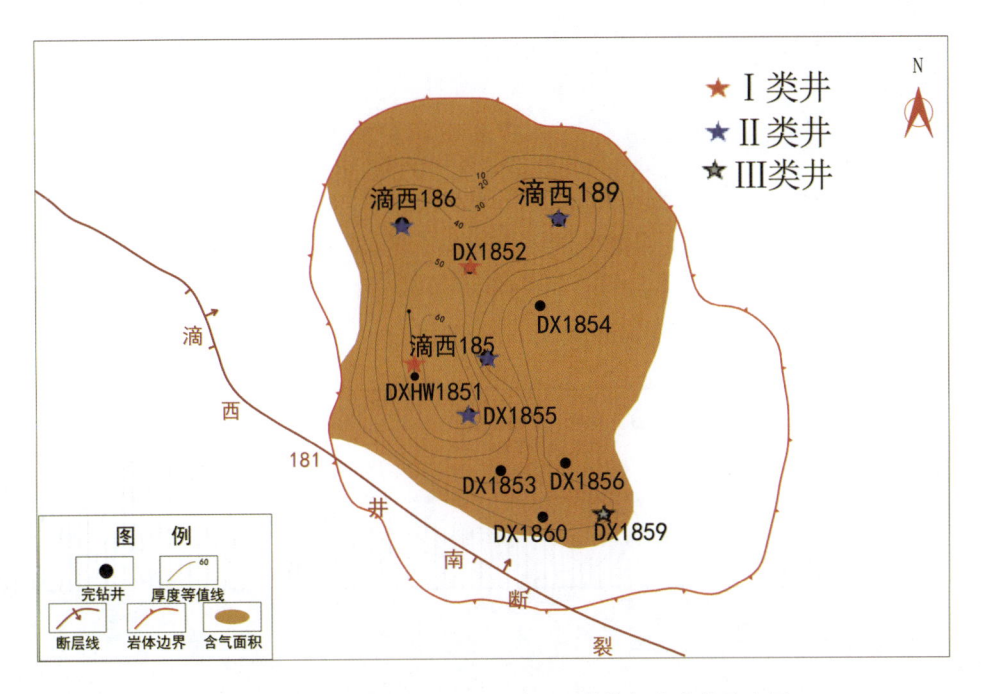

图 4.3　滴西 185 井气藏气层有效厚度等值与分类井叠合图

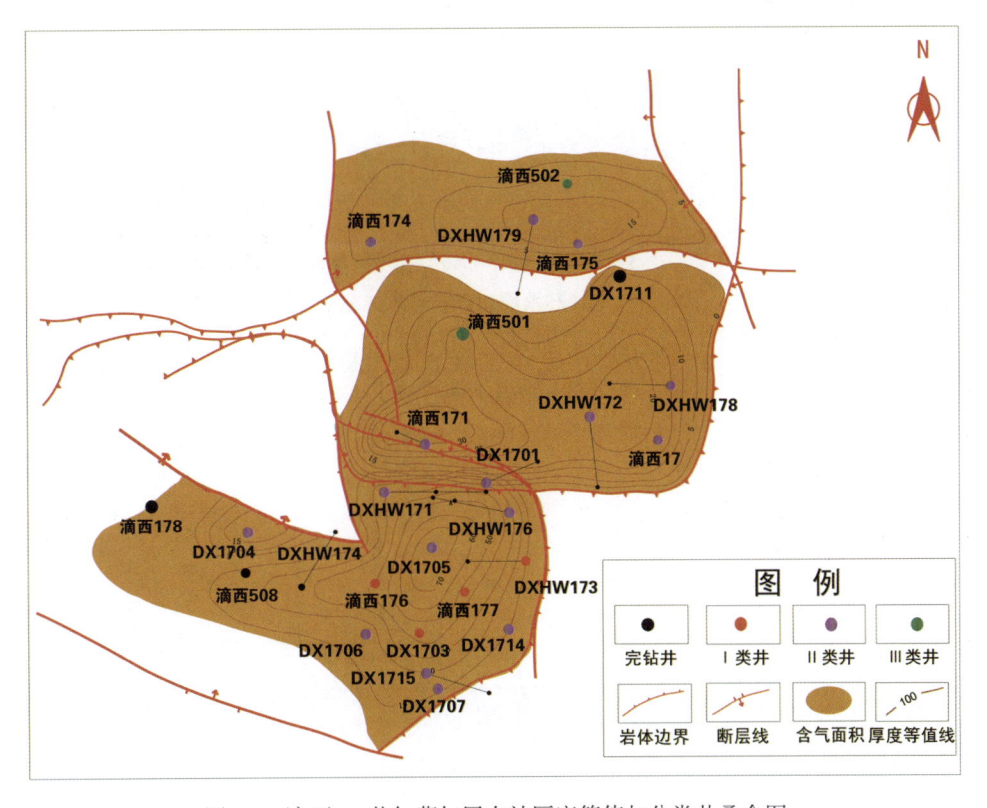

图 4.4　滴西 17 井气藏气层有效厚度等值与分类井叠合图

4.1.3 气井压力/产量递减规律

4.1.3.1 单井控制储量对气井油压递减率的影响

从Ⅰ、Ⅱ、Ⅲ类井的油压递减情况（图4.5）可以看出：Ⅰ类井油压年递减率为3.5%～13.0%，平均为9.3%；Ⅱ类井油压年递减率为10.8%～26.5%，平均为20.7%；Ⅲ类井油压年递减率为26.1%～51.2%，平均为39.4%。井控储量大的Ⅰ类井，油压递减较慢，井控储量小的Ⅲ类井油压递减较大。

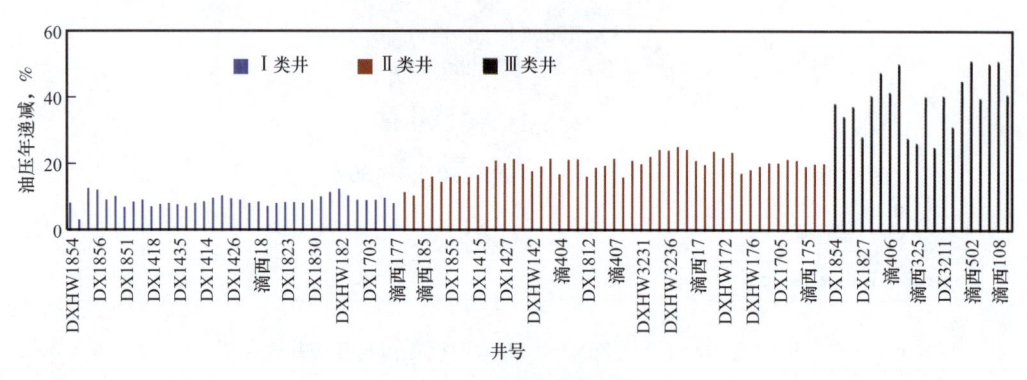

图 4.5　气井油压递减率

4.1.3.2 气井产水对气井产量递减率的影响

各气藏均出现不同程度产水，气井产水后渗流能力变差，产量递减率增大（表4.5）。气井产水后递减率的大小与产水类型有关（图4.6），产层间水后产量递减率增加2%～3%，产边底水后产量递减率增加5%～8%。

表 4.5　气井产水前后产量递减率统计表

气藏	产水前递减率，%	产水后递减率，%	产水类型
滴西 14 井	20.1	23.1	层间水
滴西 185 井	9.4	11.8	层间水
滴 405 井—滴西 323 井	29.7	31.2	层间水
滴西 17 井	20.3	25.4	层间水、边底水
滴西 18 井	23.8	31.6	边底水

4.1.3.3 采气速度对气井油压递减率的影响

克拉美丽气田石炭系储层低孔低渗，投产初期采气速度高，气井产量、压力递减快。降低采气速度后，压力递减减缓近15%。其中Ⅰ、Ⅱ类井采气速度降低至4%以内后，压力递减较缓慢，平均油压年递减分别为7.9%、11.3%；Ⅲ类井因井控储量低，气井油压在满足携液生产的基础上，下调空间受限，目前递减率仍高达25.3%（表4.6、图4.7）。

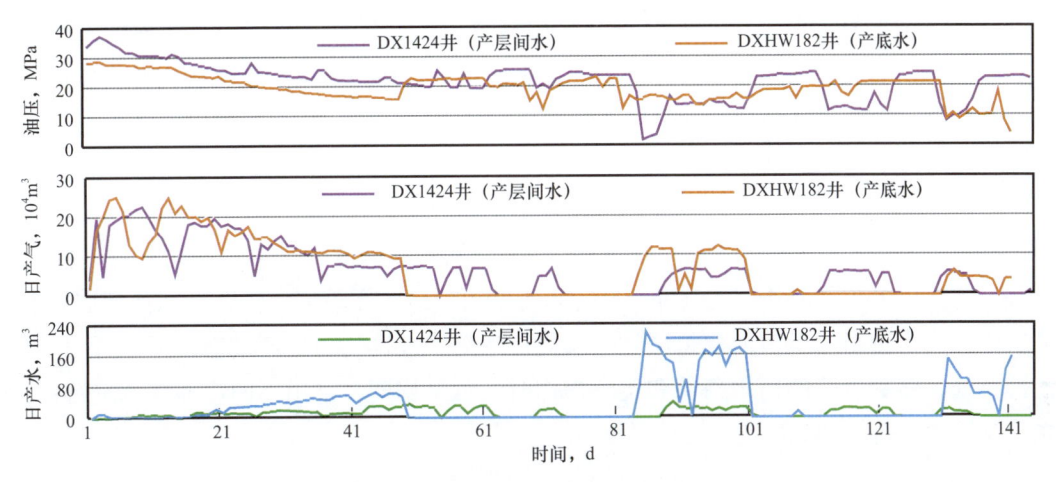

图 4.6　不同类型产水井生产曲线对比

表 4.6　各类气井油压递减统计表

分类井	调整前		调整后		递减率变化，%
	采气速度，%	油压递减率，%	采气速度，%	油压递减率，%	
Ⅰ类井	3.8	12.8	3.1	7.9	4.9
Ⅱ类井	5.4	27.9	3.9	11.3	16.6
Ⅲ类井	12.8	55.4	5.5	25.3	30.1

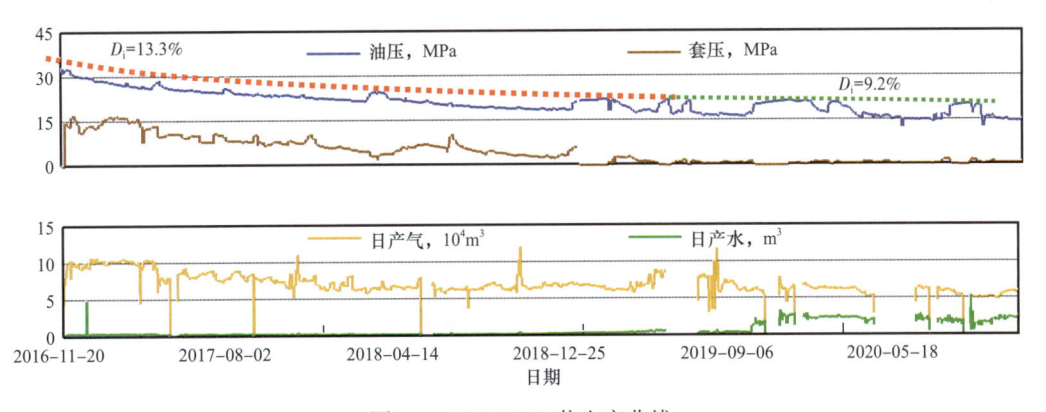

图 4.7　DHW4051 井生产曲线

注：D_i 为初始递减率。

4.2 产能动态描述

气井产能的标定和产能变化特征是气田高效、科学开发的基础，是实现气田长期高产、稳产的前提条件。本节主要介绍了产量不稳定分析预测技术和类比法两种产能标定方法，并分析了未产水气井和产水气井产能变化特征。

4.2.1 产能标定

气田的产能标定存在多种方法，随着气田开发实践的深入，可选择的气井产能标定方法也逐步增多。目前常用的气井产能标定方法可分为：无阻流量法、动态预测物质平衡法、生产动态分析法、数值模拟法和经验类比法等。根据气田生产动态特征、开发阶段、产能特征、各种方法的适用条件和实际操作时的难易程度，采用不同产能技术进行评价，指导气田进行合理产能标定。

4.2.1.1 产量不稳定分析预测技术

针对储层非均质性强、供气区边界形态复杂多样，无法得到准确无阻流量的气井，利用 Topaze 软件，使用生产动态拟合技术建立气井动态模型（图 4.8），准确识别评价完井状态，核实确认供气范围内的储层结构、储层参数、边界形态和井控储量，标定气井合理产能，预测符合率高。该方法适合于具有一定生产历史的不产水气井，在稳产和递减气藏的非产水井得到较好应用。

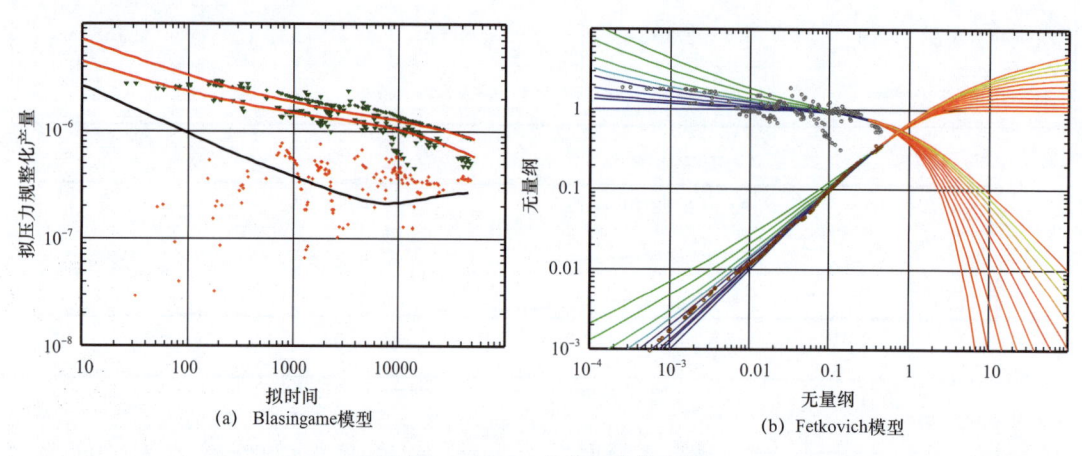

(a) Blasingame 模型

(b) Fetkovich 模型

图 4.8　DX1813 井典型曲线分析

4.2.1.2 类比法

类比法是指若拟标定气井与已开发的气藏具有非常相似的地质和完井条件，可以参考已开发气藏的气井实际生产特征，如产能大小、无阻流量配产比例、井口压降速率、气井稳产时间等指标，进行产能标定。2012 年，DX1413 井对石炭系顶面风化壳开展上返补层，该层为一个新层，属于Ⅲ类储层。类比气藏试气时压力、产量一致的同类型气井 DX1421 井试气时稳定产量的年生产时率，预测 DX1413 井在 $3.2\times10^4\text{m}^3/\text{d}$ 的稳产（图 4.9）。

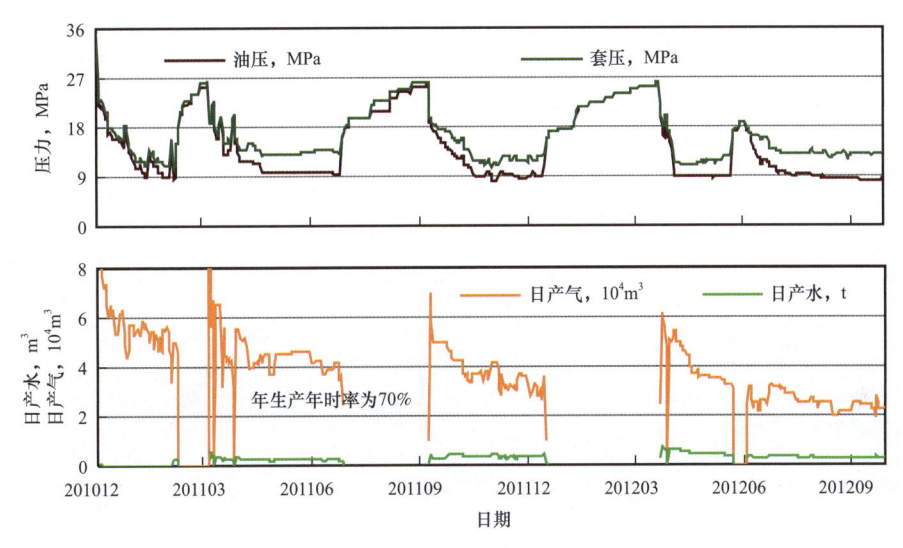

图 4.9　DX1421 井生产动态曲线

4.2.2　产能变化特征

克拉美丽气田自 2008 年全面投入试采至今，随着地层压力下降，气井的产能不断下降。结合桩子井（测试结果具有代表且多次持续进行测试的气井）的产能试井及一点法计算气井目前无阻流量，各井区绝大部分气井的产能都出现不同程度的下降。根据气井无阻流量的二项式产能方程计算可知，对无阻流量变化影响较大的因素为地层压力和储层渗透率。结合储层渗流特征可知，气井产水前后渗流能力差异较大，对产能变化规律影响较大。

4.2.2.1　未产水井产能变化特征

气田 6 个主力气藏中未见水井 82 口，初期无阻流量 $2786.3\times10^4\text{m}^3/\text{d}$，目前无阻流量 $1584.9\times10^4\text{m}^3/\text{d}$，平均地层压力 27.8MPa，无阻流量下降 43.1%，地层压力下降 35.2%，地层压力与无阻流量下降程度较接近。

未产水井渗流能力基本保持稳定，气井无阻流量基本与地层压力变化有较好的相关性。产能试井桩子井 DX1851 井投产以来共进行 7 次试井（表 4.7），从历次测试结果来看，产能系数 A、B 值变化不大。对比气井不同年份的 IPR 曲线（图 4.10）和无阻流量变化曲线（图 4.11），可以看出：产能随地层压力稳定下降，地层压力每下降 1MPa，无阻流量下降 $2.6659\times10^4\text{m}^3/\text{d}$。

表 4.7　DX1851 井历年产能方程参数变化表

时间	地层压力,MPa	A	B	无阻流量,$10^4 m^3/d$
2015 年	38.28	0.6410	0.1640	94.5
2016 年	37.28	0.6416	0.1680	90.9
2017 年	36.11	0.6415	0.1760	86.1
2018 年	36.4	0.6418	0.1741	84.8
2019 年	32.93	0.6417	0.1650	81.1
2020 年	31.6	0.6421	0.1782	74.8
2021 年	30.69	0.6420	0.1751	73.3

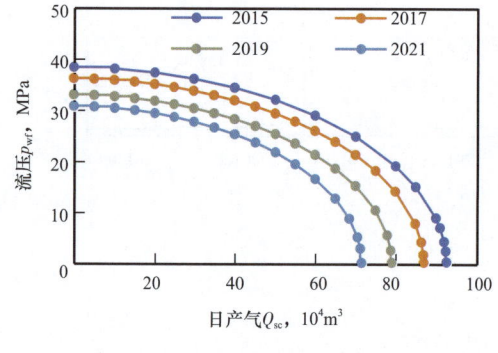

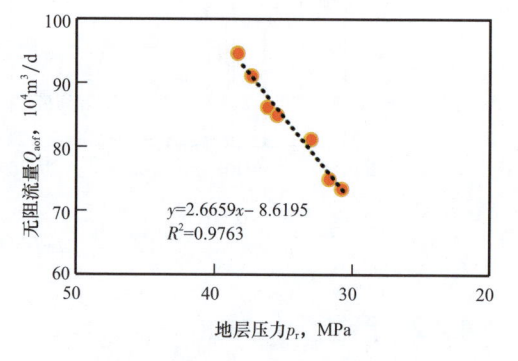

图 4.10　DX1851 井历年 IPR 曲线

图 4.11　DX1851 井无阻流量变化曲线

4.2.2.2　产水井产能变化特征

气田 6 个主力气藏见水井共 41 口，初期无阻流量 $1699.4\times10^4 m^3/d$，目前无阻流量 $393.1\times10^4 m^3/d$，平均地层压力 26.2MPa，无阻流量下降 78.0%，地层压力下降 38.9%，地层压力与无阻流量下降程度相差较大。

滴西 18 井气藏产水井 DXHW181 井生产初期、见水前和见水后的气井 IPR 曲线如图 4.12 所示，可以看出：气井见水前后的无阻流量变化明显大于生产初期与见水前的无阻流量变化。一点法计算气井见水前后无阻流量如图 4.13 所示，可以看出：气井见水前单位压降无阻流量变化 $4.7716\times10^4 m^3/d$，见水后单位压降无阻流量变化增至 $9.9833\times10^4 m^3/d$，是见水前的 2.1 倍。气井见水后气体渗流能力快速下降，气井无阻流量下降速度加快，气井产水对气井产能有较大影响。

4.2.2.3　产能动态特征

气田自 2007 年投入试采，先后经历了"局部试采、规模建产、调整上产、持续稳产"四个阶段。开发前期，制约气藏开发的主要因素为采气速度过快及气田快速产水导致压力产量下降快，经过滚动扩边、调整加密、治水试验，2016年年产气量上升至$10×10^8m^3$后，实现了区块接替持续稳产。持续稳产期间，通过实施局部井网加密、侧钻、综合治水等措施，效果显著，气田产能稳定在（10～11）×10^8m^3（图4.14），产能自然递减率由16.1%降至11%左右，产能综合递减率由11.9%降至7%左右（图4.15）。

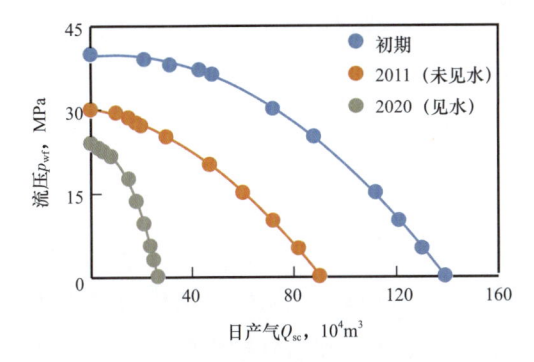

图4.12　DXHW181井历年IPR曲线

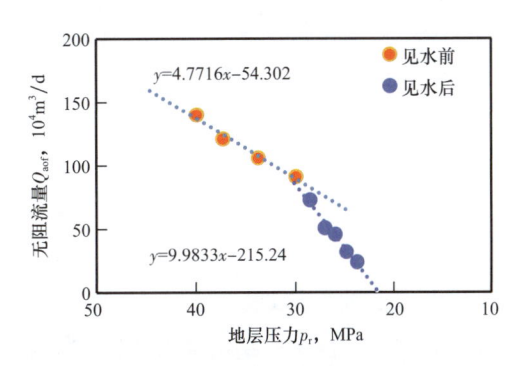

图4.13　DXHW181井无阻流量变化曲线

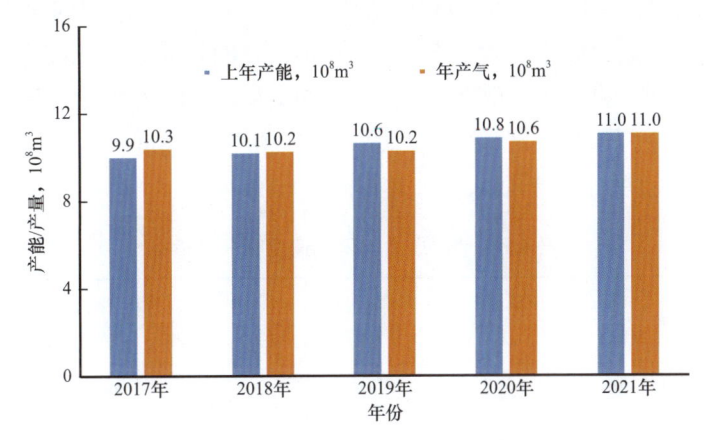

图4.14　克拉美丽气田产能产量柱状图

图4.15　克拉美丽气田产能递减率变化图

4.3 压力动态描述

气藏压力变化特征和气藏连通性分析是气藏开发动态描述的核心内容，准确认识压力变化特征和气藏连通性对气田的高效开发提供重要指导。本节主要介绍了气藏地层压力变化特征，并分析了气藏的连通性。

4.3.1 气藏压力变化特征

因井间差异大，且单井投产时间跨度大，采用累计产气量与单井的地层压力进行加权计算出气藏的平均地层压力，再用气藏累计产气量与气藏的地层压力进行加权计算出气田的平均地层压力。克拉美丽气田2014年调整方案以来，随着井网不断完善，井控范围扩大，压降逐渐减缓，年压降由1.5MPa降低至1.2MPa，压降速度逐渐由3.3%降低至2.9%，单位压降采气量由 $2.7×10^8m^3$/MPa 增加至 $6.7×10^8m^3$/MPa（表4.8）。其中投产时间较早的滴西14井和滴西17井气藏，投产5~6年，井网较完善，压降速度逐渐下降，目前气藏采气速度1.0%~1.5%，压降速度保持在3%左右。随着水体能量补充以及采气速度的进一步控制，水侵形势较严峻的滴西18井气藏的压降速度较缓，采气速度1%以内，压降速度稳定在1.5%左右，为弱水侵气藏压降速度的一半。

表4.8 地层压力与采气速度等开发指标

年份	地层压力 MPa	年压降 MPa	压降速度 %	压降程度 %	采气速度 %	采出程度 %	单位压降采气量 10^8m^3/MPa
2014	36.9	1.5	3.6	12.4	1.1	6.9	2.7
2015	36.4	1.5	3.6	16.9	1.4	7.3	3.4
2016	33.9	1.5	3.5	19.4	1.4	7.8	4.7
2017	32.4	1.5	3.6	23.0	1.4	9.3	6.4
2018	30.9	1.5	3.5	26.6	1.4	10.7	6.7
2019	29.6	1.4	3.2	29.8	1.4	16.1	6.1
2020	28.3	1.3	3.0	32.8	1.5	13.5	6.5
2021	27.0	1.2	2.9	36.8	1.5	16.1	6.7

4.3.2 气藏连通性分析

克拉美丽火山岩气田天然气采出程度与地层压力降低程度差异较大，2021年压降程度36.8%、采出程度16.1%，相差20.7%，表明储量控制不充分。火山岩气藏整体连通较差，滴 401 井、滴西 18 井、滴西 183 井和滴西 188 井四个岩体平面压差较小、储量动静比较高、连通性较好。

滴西 10 井、滴西 14 井、滴西 17 井、滴 406-323 井气藏主要发育爆发相、薄层溢流相储层，储层展布不连续、裂缝欠发育，井间差异大，干扰试井显示井间连通性较差（图 4.16），其中滴西 14 井气藏井距 300～550m，井控半径 90～410m，2012 至 2020 年实施侧钻、加密井区域基本保持原始地层压力。随着井网完善，气藏动态储量从 $70\times10^8m^3$ 上升到 $93.4\times10^8m^3$，地层压力降低程度较采出程度高 21%，动静比仍较低，气藏边部压力保持程度较高（图 4.17），储量控制不充分。

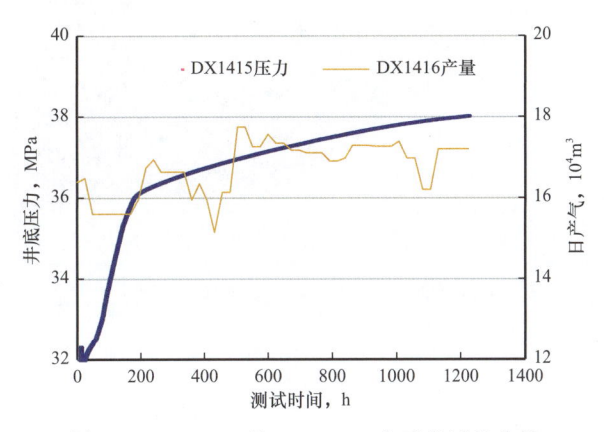

图 4.16　DX1415 井—DX1416 井干扰试井曲线

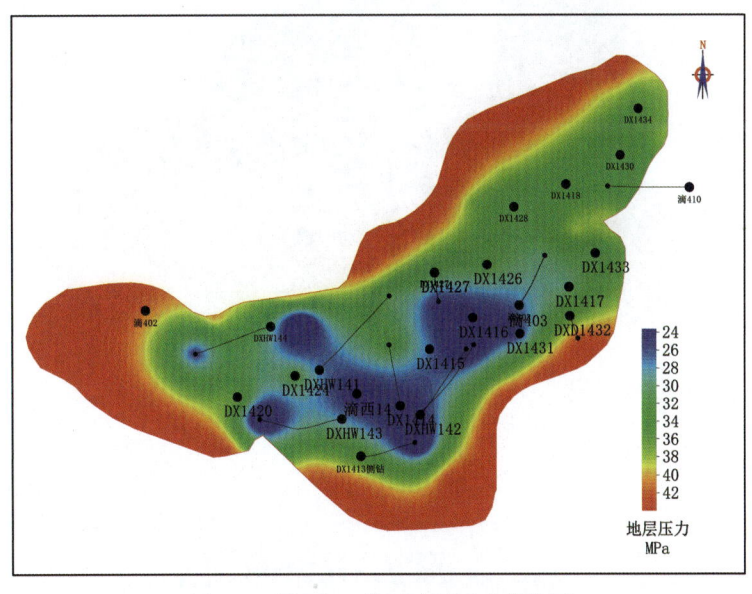

图 4.17　滴西 14 井区地层压力等值图

滴西 18 井气藏、滴西 185 井气藏储层厚度大、储层发育连续且裂缝发育，干扰试井曲线显示局部区域具有强干扰特征，井间连通性好。其中滴西 188 井岩体投产井较原始地层压力下降 2.2~6.6MPa，压降程度较采出程度仅高 5.6%，岩体边部压力保持程度较高（图 4.18）。滴西 18 井气藏南部水淹区压力较高，北部区域压力较低且均衡（图 4.19）。

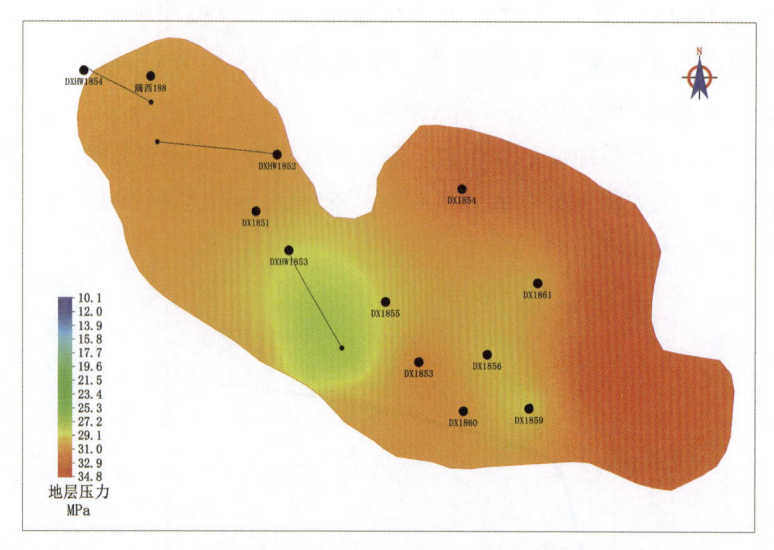

图 4.18　滴西 188 井岩体地层压力

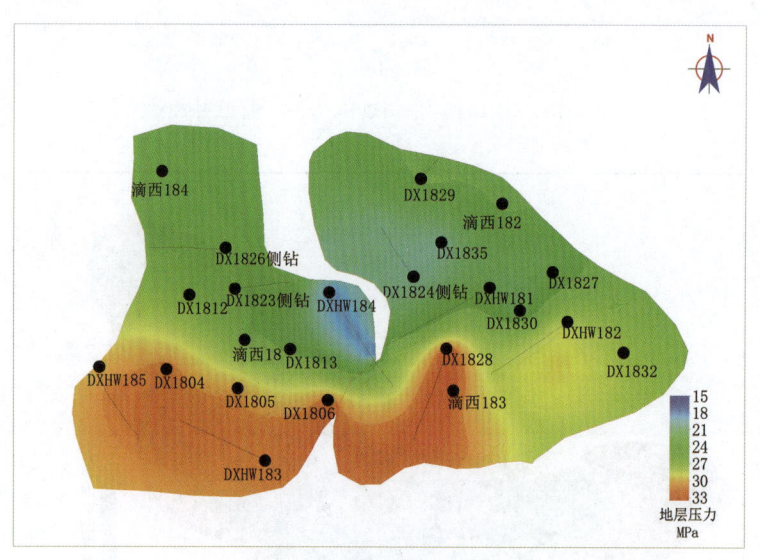

图 4.19　滴西 18 井气藏地层压力

4.4　渗流动态描述

地质条件的复杂性导致火山岩储层气水分布形式多样，渗流机理复杂。火山岩气藏储层特征及渗流特征和渗流规律的研究是合理、有效开发火山岩气藏的基础。本节主要介绍了四类火山岩试井解释模型和渗流及变化特征，对合理确定单井产能及开发动态预测具有重大的指导意义，有助于高效合理地开发火山岩气藏。

4.4.1 火山岩试井解释模型

克拉美丽气田石炭系均有裂缝发育，为裂缝–孔隙双重介质的储层，基质孔隙为主要的储集空间，裂缝改善了储层的渗透能力，且大部分气井经过压裂改造，天然裂缝和人工缝网普遍存在。从气藏岩性、厚度和裂缝情况分析，在试井模型建立的时候，主要考虑裂缝、变厚度模型。

根据试井曲线形态特征，将克拉美丽火山岩气藏气井试井曲线分为四类（图4.20）：第一类，平行上升型，占比较大（直井占比37.6%，水平井占比23.1%），气井主要为压裂井，气井渗流表现为线性流特征；第二类，水平上翘型，直井和水平井占比分别为21.2%和11.4%，考虑复合模型或者径向变厚度模型，气井外端储层物性变差，导致复压曲线后端上翘；第三类，后端下掉型（占比3.1%），储层外区物性变好或者有外来能量补充；第四类，深V型（占比3.5%），储层有相态分离或者有井间干扰存在。

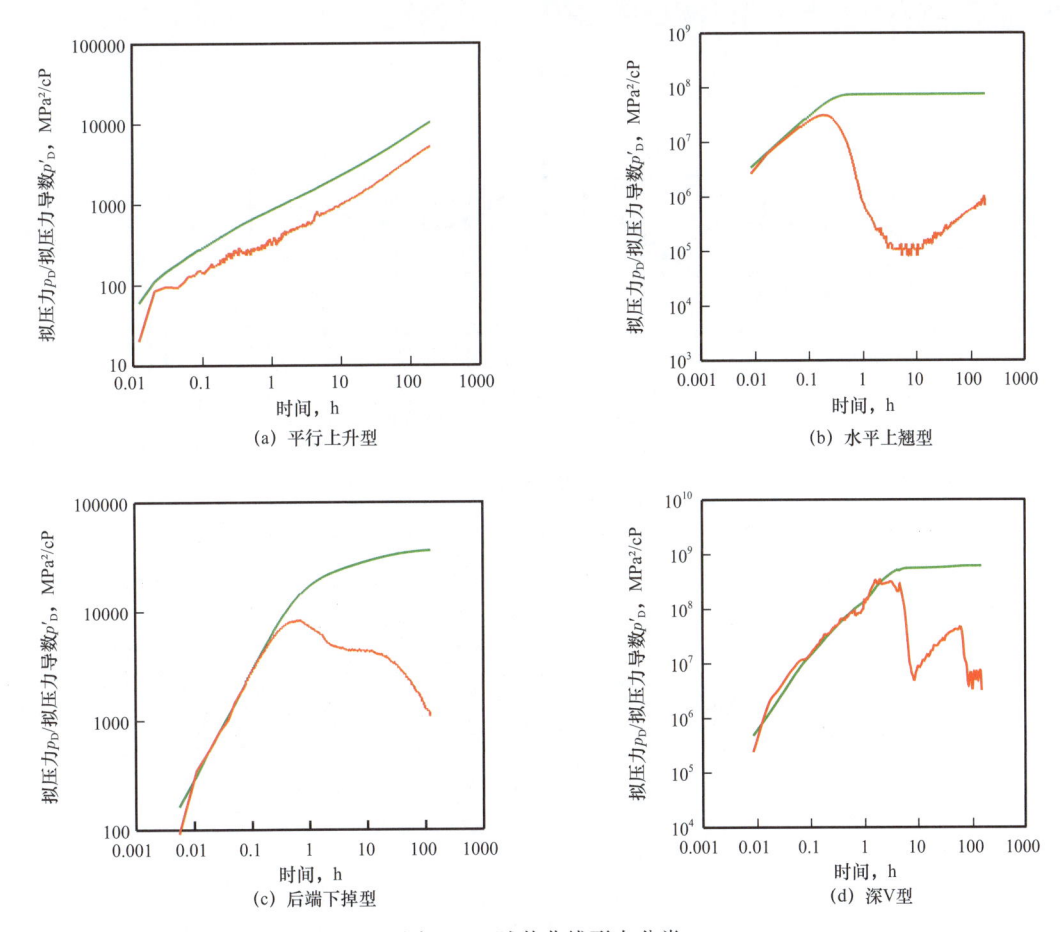

(a) 平行上升型

(b) 水平上翘型

(c) 后端下掉型

(d) 深V型

图4.20 试井曲线形态分类

综合考虑储层条件、井型、完井方式、储层改造方式、油藏模型和边界条件优化建立七类试井模型：裂缝性储层不稳定窜流部分打开直井模型、裂缝性储层不稳定窜流部分打开压裂直井模型、裂缝性储层不稳定窜流部分打开变高度压裂直井模型、径向变储层厚度部分打开直井模型、径向变储层厚度部分打开压裂直井模型、压裂水平井三线性流模型和变缝长多段压裂水平井模型。

4.4.2 储层渗流及变化特征

4.4.2.1 气藏低渗特征突出，储层非均质性强

107口井次的压力恢复试井解释结果表明，单井有效渗透率分布范围为0.01~40.6mD，其中渗透率0.1~1.0mD的井数占47.7%，渗透率高于6.0mD的气井井数仅占2.8%。试井资料表明气藏整体呈低渗特征，50%气井试井期间未出现径向流。克拉美丽气田储层种类复杂多样，储层变化快，97.4%的气井试井表现出储层径向复合特征（图4.21、图4.22），渗透率各区间均有分布。渗透率高的气井储层连通程度较高，井控储量较大，总体生产效果好；渗透率低的气井储层连通状况较差，总体生产效果较差。

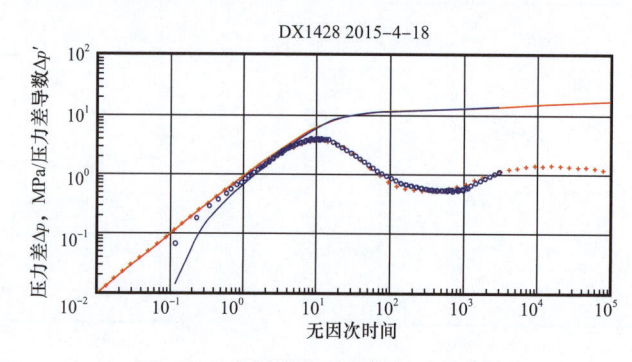

图4.21 未压裂井压力恢复试井曲线

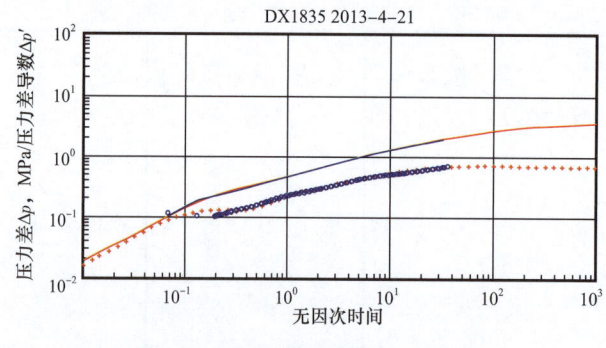

图4.22 压裂井压力恢复试井曲线

少部分未压裂井储层发育稳定、展布范围较大，在测试期间出现稳定径向流，表现出均质渗流特征，储层渗流能力好、气井稳产能力强。该类井占比1.1%，储层渗透率

分布在 1.2～3.6mD，平均 2.13mD。典型井为 DX1430 井，储层为一套展布连续且厚度达 60～100m 的流纹岩，射孔后投产，试井解释储层表现出均质特征（图 4.23），渗透率 3.6mD。该井为 I 类井，动态储量 4.2×10^{8}m^3，投产后已连续稳产 5 年，生产效果好（图 4.24）。

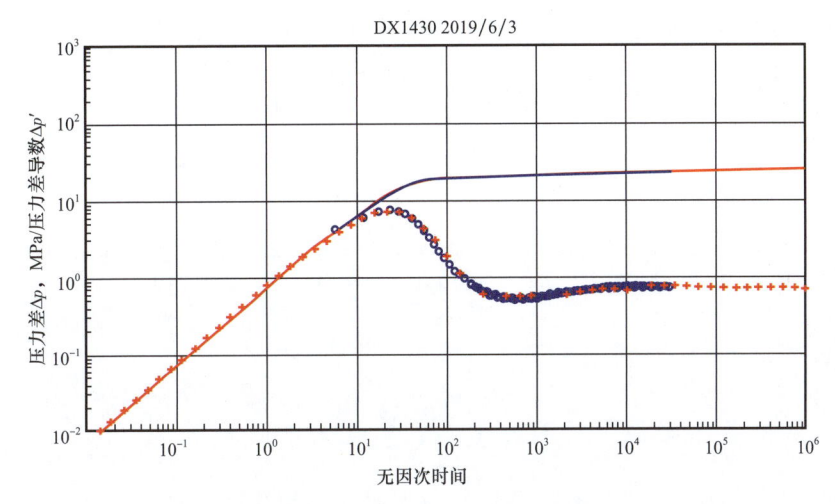

图 4.23　DX1430 井压力恢复试井曲线

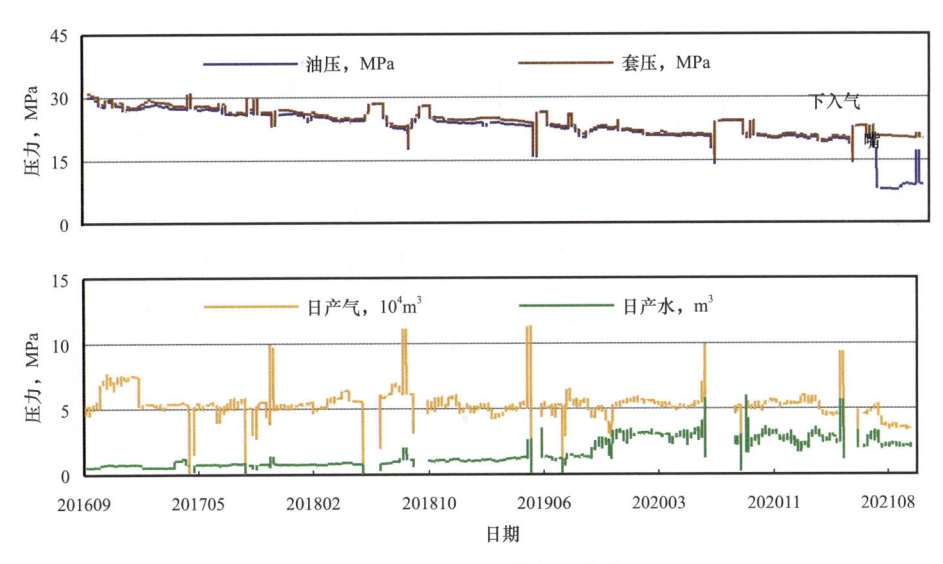

图 4.24　DX1430 井生产曲线

火山岩气藏试井曲线基质向裂缝窜流特征不明显，仅 1.5% 的气井呈双重介质渗流特征，出现裂缝径向流，但未出现基质径向流，表明基质渗流能力差。典型井滴西 10 井储层为一套展布范围有限的流纹岩，压裂投产，试井解释表现双重介质渗流特征，解释裂缝渗透率 1.1mD。该井为 III 类井，动态储量 0.2×10^{8}m^3，投产初期具有较高产能，但压力快速递减，生产不到 2 年停关，生产效果差（图 4.25）。

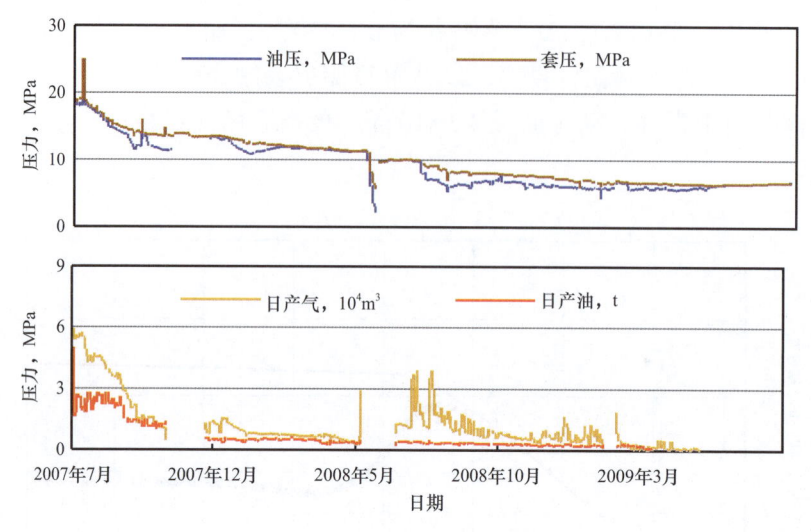

图 4.25　滴西 10 井生产曲线

4.4.2.2　储层无明显裂缝闭合，渗流参数保持稳定

气井普遍压裂投产，试井资料显示目前无明显的裂缝闭合特征，存在线性流特征，渗流参数保持稳定（图 4.26）。未压裂井自然裂缝形态稳定，储层渗流能力较稳定（图 4.27）。

4.4.2.3　气井见水后渗流能力降低

气井产水后渗流能力降低，表现为渗流模型由均质储层模型变为径向复合模型（图 4.28），径向复合的内区半径减小、渗透率降低（图 4.29）。受裂缝发育影响，88% 的气井见水后储层仍具有一定的渗流能力，具备带水生产的条件，未出现大范围水淹躺井。

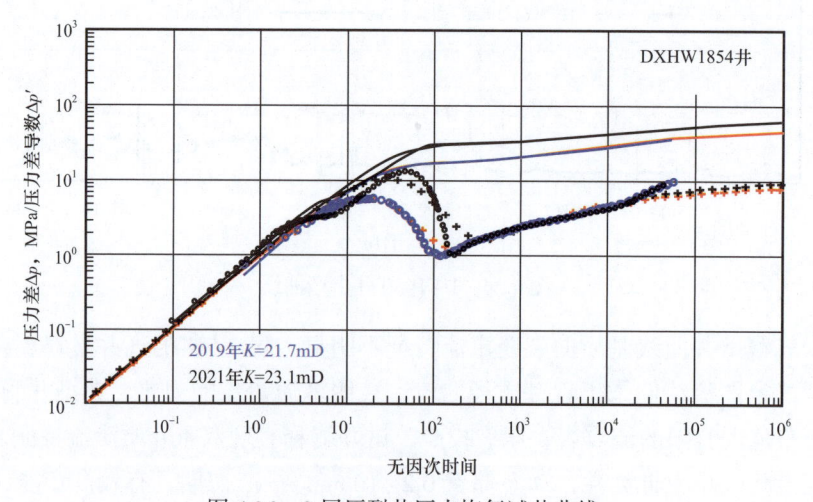

图 4.26　C 层压裂井压力恢复试井曲线

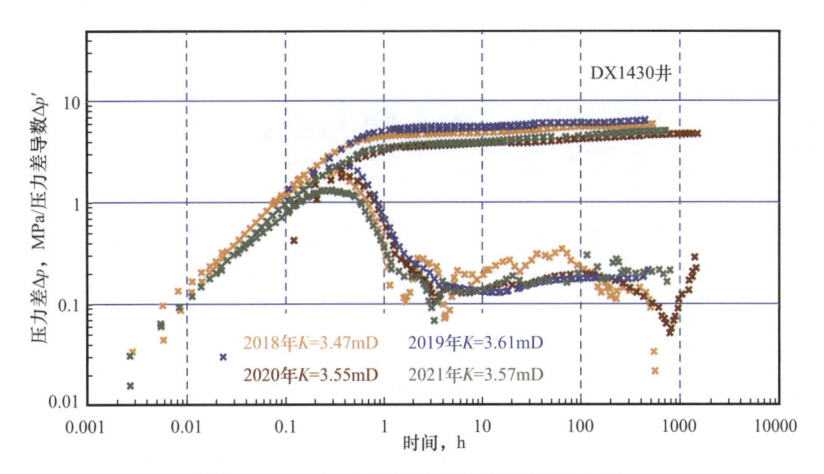

图 4.27　C 层未压裂井压力恢复试井曲线

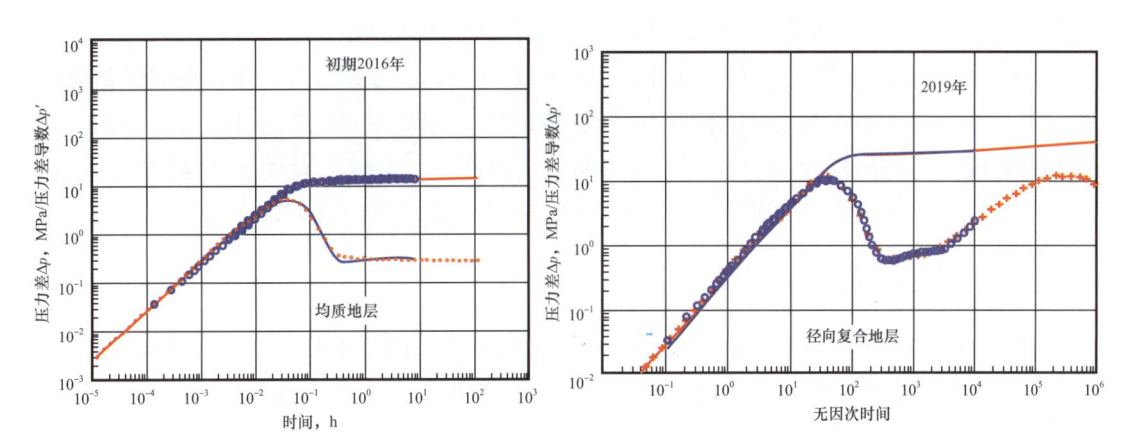

图 4.28　DX1706 井压力恢复双对数曲线对比图

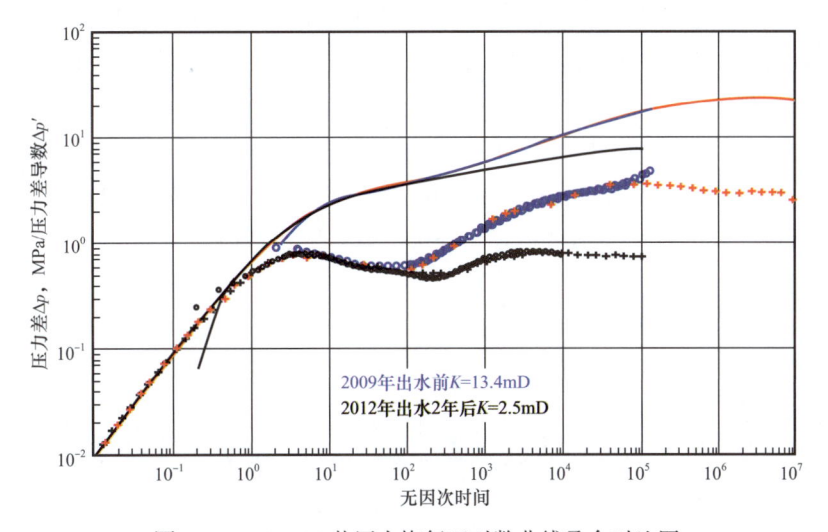

图 4.29　DX1424 井压力恢复双对数曲线叠合对比图

4.5 储量动态描述

储量动态描述作为气田开发动态描述的核心内容，是进行井网设计和调整的重要依据。本节主要介绍了克拉美丽火山岩气田动态储量的计算方法和变化规律，并进行了可采储量的评价。

4.5.1 动态储量计算方法

单井控制动态储量是确定气井合理稳定产能和井网密度的重要依据，是编制整体方案的物质基础，在气田开发中具有重要意义。目前比较成熟的气藏动态储量计算方法主要有物质平衡方法、试井分析法、数学统计法、产量不稳定及其他方法等。

克拉美丽气田投产至今，积累了丰富的生产动态资料，投产气井每年都开展了相关压力测试工作，静压测试前关井时间平均长达40d，单井复压测试时间一般为30～40d，无因次双对数曲线已出现径向流特征，压力测试资料准确、可信，储量计算结果真实、可靠。克拉美丽气田进行动态储量评价主要采用用物质平衡法及产量不稳定法。

4.5.2 动态储量变化规律

随着井网进一步完善及低渗储层逐级动用，气藏动态储量不断上升。对于低渗气藏，火山岩气藏发育有不同尺度的孔缝多重介质，孔隙结构复杂，非均质性强，物性差异大，在井间连通状况较差的情况，气井井控动态储量随生产时间的延长而增加。

从气藏动态储量变化来看，裂缝发育、连通相对较好的气藏，气井在投产前3年增加明显，裂缝欠发育、连通性差，气井在投产6年增幅仍可达5%。对于产水气藏，由于气藏裂缝发育，气井见水后，通过合适的排液采气工艺，气井仍具有一定的采气能力，储量暂未出现大面积损失。

已开发的6个气藏物质平衡法计算动态储量$322.57 \times 10^8 m^3$，平均单井动态储量在1.23×10^8～$5.65 \times 10^8 m^3$，气藏动静比0.11～0.70，部分气藏剩余未控制储量潜力大。因井网较完善，可在局部区域实施加密新井及补层上返、侧钻等措施。

4.5.3 可采储量评价

4.5.3.1 气井废弃产量

考虑气井普遍产水，参考标准SY/T 6098—2010《天然气可采储量计算方法》中废弃产量确定方法，直井和水平井废弃产量分别为$1 \times 10^4 m^3/d$和$2.0 \times 10^4 m^3/d$。

4.5.3.2 井口废弃压力

依据气井废弃产量和井口最低外输压力，利用垂直管流法计算气井井底废弃压力。再将废弃产量、井底废弃压力代入井目前产能方程即可求得废弃地层压力。气藏废弃压力分布范围 9.0～15.6MPa，藏间差异较大。

4.5.3.3 可采储量计算结果

从各气藏的废弃压力可知，水侵较严重的滴西 17 井和滴西 18 井气藏的废弃压力较高，在 15MPa 左右，水侵影响较小的气藏废弃压力较低，分布在 9～12.6MPa。井网欠完善、储量动静比较低的气藏采收率低，其中滴西 10C 井和滴 405 井—滴西 323C 井气藏储量动静比仅 0.1～0.25，采收率在 20% 以内；而井网较完善、储量动静比高的气藏采收率较高，均在 30% 以上，其中动静比 0.7 的滴西 185C 井气藏，产水对气藏开发影响小，且气井多经过压裂，废弃压力低，预测采收率可达 50.9%。

4.6 水侵动态描述

火山岩气藏普遍为边底水活跃的气藏，开发阶段水驱特征明显，开采过程中会大量产水，并且产水量会随着开发的不断进行而快速增加。但大部分气藏开发初期并不产地层水，表现出封闭气藏的特征，若开采对策不合适，极易造成地层水快速侵入而影响最终采收率。因此，加强气藏水侵的早期识别，实现在气藏开发早期就能识别水驱特征，在气井见水前就能了解气藏的水侵状况，具有重要的作用。

4.6.1 水侵识别方法适应性评价

在气藏开发初期，由于气藏的非均质性及产水受凝析水的影响，给水侵早期识别带来了很大的难度。为了降低识别的风险，应该明确各种识别方法原理及优缺点（表 4.9），在不同阶段选用合适的识别方法，多种识别方法综合应用，充分利用地质资料，了解边底水形态及气水分布关系，裂缝发育情况，联系生产动态数据，尽量综合最多的水侵信息进行气藏早期水侵识别。

4.6.2 气井产出水水源识别

气井出水存在多种水源，同一气藏井与井之间、同一气井不同开采阶段之间，其主要出水水源都可能存在差异，准确判断气井出水水源，是认识气藏气水活动规律、调整合理生产制度、制订相应治水措施的关键。根据气藏与水的贮藏位置，可以认为气井有 4 个主要产水来源：凝析水、孔隙水、夹层水和边底水。

表 4.9 水侵识别方法适应性评价

分类	识别方法	识别原理	优缺点分析
物质平衡法	压降曲线法	由于边底水的作用,水侵气藏的视地层压力与累计产气呈非线性关系	优点:只需要气藏压降数据和相应的采气量即可进行识别,使用简单; 缺点:适用条件是地层视压力与累计采气量出现非直线段的水驱气藏
物质平衡法	水侵体积系数法	无水侵的定容封闭气藏,$\omega=0$;当存在水侵时,实际的 p_a-R 曲线在对角线以上,越偏离对角线,水侵强度越大	优点:操作简单,对于气藏的开发后期,上述方法应用较好; 缺点:需要预先知道气藏的地质储量,早期识别水驱存在困难
物质平衡法	视地质储量法	做出的 G_a-G_p 关系图,如果向上弯曲,表明有水侵,如果无水侵,则 G_a 值应为常数	优点:异常高压的影响,相对压降曲线法与水侵体积系数法对水侵要敏感
试井监测法	不稳定试井	通过试井分析方法计算得到同一气井不同时期的边界距离不相同,判断水体推进速度快慢及强弱	优点:能够及早识别水体推进快慢及强弱,利于预测水侵时间; 缺点:要求气井在不同时期有多次试井,试井解释可靠性也存在问题
试井监测法	稳定试井	水侵后气井产能大幅下降,对比产能变化规律判断是否存在水侵	缺点:要求气井开展过多次产能试井
生产动态法	产出水特性分析	地层水和凝析水矿化度差异较大,分析水气比及矿化度变化来判断是否存在水侵	优点:操作简单易行,数据来源容易,识别结果准确; 缺点:对水侵识别反应迟钝,不能达到早期识别的目的
生产动态法	流压监测识别	气藏水侵后渗流能力变差,气井产能大幅下降	

4.6.2.1 凝析水

气井开采过程中,天然气的温度和压力会随着气体的流动而降低,气体所饱和的水蒸气会因为凝析作用变为液相,成为凝析水。凝析水产出的显著特点就是产水量小,产出水的矿化度较低,生产水气比、产水量稳定,生产制度对产水的影响小。

4.6.2.2 孔隙水

对于含水饱和度大于临界含水饱和度的孔隙中存在的可动水,称之为孔隙水。在开采过程中,由于压差的诱导,这部分可动水可在一定的压差下流动。其特点是:无水采气期较短,生产水气比高于凝析水气比;水气比相对稳定,没有大的变化。如 DX1414 井(图 4.30)投产后水气比明显大于凝析水水气比,稳定在 $0.9 m^3/10^4 m^3$,综合判断该井产孔隙水。

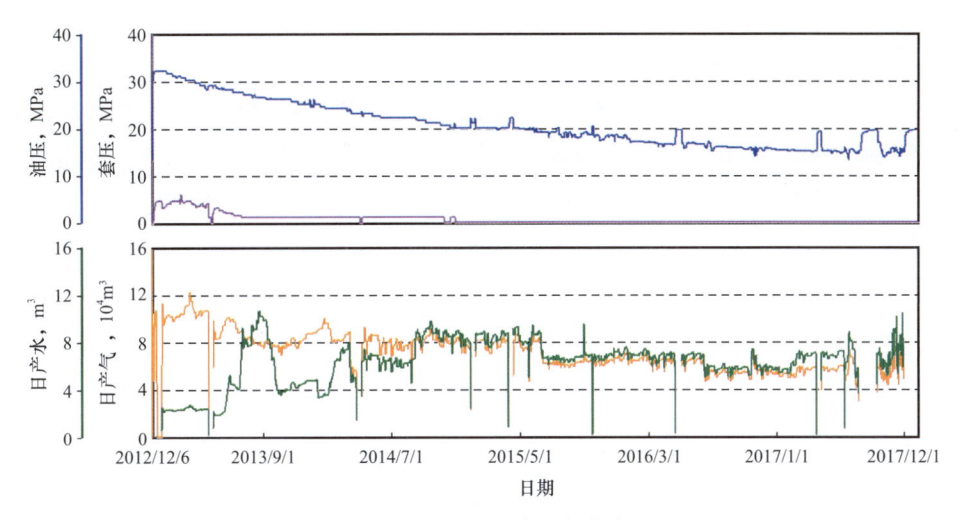

图 4.30 DX1414 井生产曲线

4.6.2.3 层间水

气层的层间水是指存在于气层内部，与气层之间有稳定隔层的水体。层间水与气层分离没有连通渠道，气层生产或压裂产生压力变化时，可能打通隔层导致气井产水。生产水气比要大于层内可动水水气比，并且水气比稳定。如 DX1424 井初期产水为凝析水，随着地层压力下降，水气比上升并稳定在 $4m^3/10^4m^3$ 左右（图 4.31）。同时，根据测井解释结果，该井距气水界面 155m，压降储量保持稳定，表明为有限小水体，综合判断产出水为层间水。

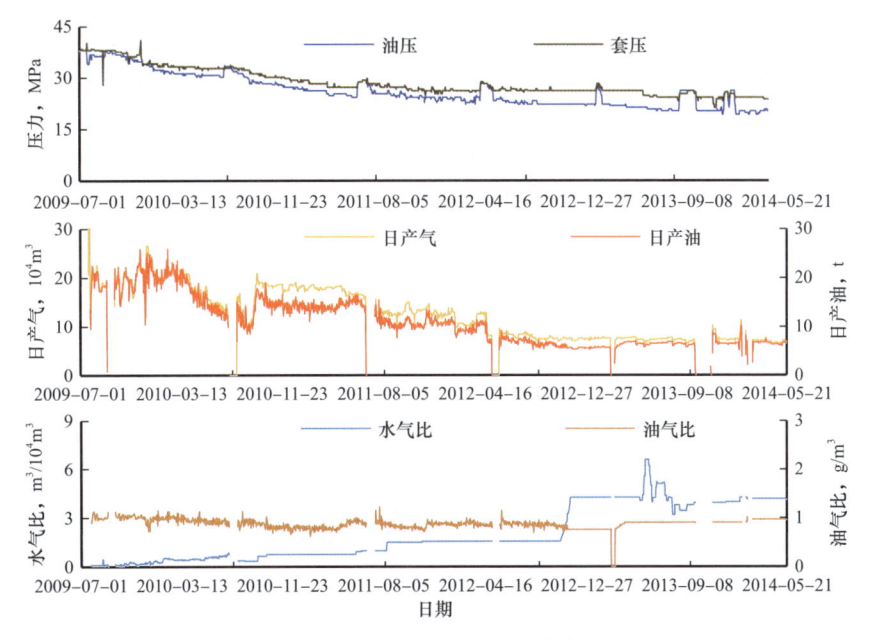

图 4.31 DX1424 井生产曲线

4.6.2.4 边底水

随着气藏的开采，气藏压力降低，尤其在井点形成大的压降漏斗，气藏边底水沿着渗流通道侵入到井底从气井产出。边底水的入侵方式随着渗流通道的不同而不同，对于视均质地层，水侵方式为舌进侵入方式；对于大孔道控制渗流通道的高渗透产气层，水侵方式多为窜进侵入方式。其特点是：有无水采气期；生产水气比高于凝析水气比；气井一旦出水，生产水气比逐渐上升，上升速度随入侵方式的不同而不同，舌进侵入的方式下水气比上升速度相对较慢，边底水窜进侵入的方式下水气比上升速度相对较快。边底水的侵入对气藏开发危害很大，气藏水侵后卡断、绕流形成封闭气，造成气井产能大幅下降，甚至导致气井水淹停产。

4.6.3 水侵模式

气藏水侵可分为两种基本形式：一是储层非均质性弱，储层表现出视均质特征，边底水大面积侵入含气区，气井表现出"水侵"特征；二是储层非均质性较强，生产压差会使边底水沿高渗带快速窜至局部气井，气井表现出"水窜"特征。根据储层裂缝发育程度和气水分布关系，可以将水侵模式划分为水锥型、纵窜型、横侵型和纵窜横侵复合型等四种类型。

4.6.3.1 水锥型

储层呈现出视均质特征或井底附近存在着大量呈网状分布的微细裂缝。分布在气藏边、翼部低渗地带的气井容易发生水锥型水侵［图4.32（a）］。

4.6.3.2 纵窜型

储层非均质性相对较强或位于高角度大裂缝区上的气井多发生纵窜型水侵［图4.32（b）］，高角度大裂缝直接与井筒相连或相邻。气井出水后，产出水中的氯离子含量会快速达到地层水中的含量。气井无水采气期相对较短。气井产水迅速且产水量大，可使气井短期内水淹停产。

4.6.3.3 横侵型

储层呈现出视均质孔隙型特征，裂缝发育程度较低。当气藏处于相对均衡开发状况时，气藏各部位压力呈均匀下降趋势，边水整体上为环状横向推进，气井见水后产水量增长相对缓慢，产气量下降幅度较小。当气藏处于不均衡开发状况时，边水会出现不规则的舌进，形成横侵型水侵［图4.32（c）］，使边部气井过早水淹。

4.6.3.4 纵窜横侵复合型

储层纵向非均质性较强或气井存在与高角度大裂缝、微裂缝、溶洞发育的高渗透层相连通。边底水首先通过高角度穿层缝或垂直高渗透带突破侵入产气层,然后再沿此高渗透层向生产井推进,形成纵窜横侵复合型水侵[图 4.32(d)]。气井在投产一段时间后大量产水且产水量呈阶梯式上升趋势,日产气量迅速下降且下降幅度较大。主要发生在纵向上裂缝发育、生产层的渗透率较高的主产气区,对气井生产和气藏开发危害大。

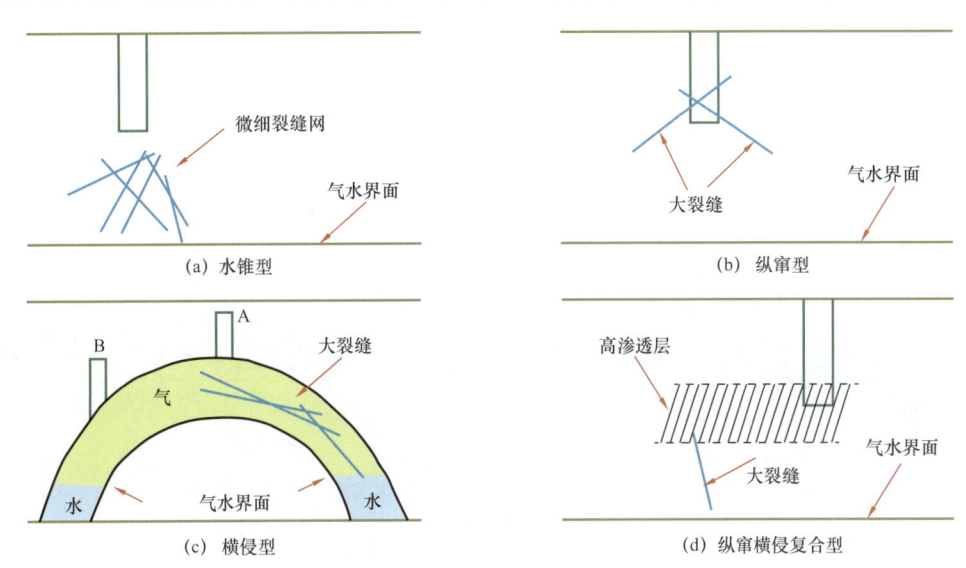

图 4.32 气藏水侵模式示意图

4.6.3.5 水侵模式图版

克拉美丽气田火山岩储集层裂缝发育,非均质性强,而渗透率的级差过大会加快气井水侵,利用前人建立的单井水侵数值模拟机理模型,研究气井的水侵特征与渗透率级差的关系。模型设定存在与储集层平均渗透率不同比值的相对高渗带,绘制出气井水侵特征曲线图版(图 4.33),依渗透率级差将气井水侵特征分为 5 类:

(1)舌进弱水侵,高渗带渗透率与平均渗透率比值不大于 3,水气比上升较慢。
(2)舌进强水侵型,高渗带渗透率与平均渗透率比值为 3~5,水气比上升较快。
(3)裂缝弱水侵型,高渗带渗透率与平均渗透率比为 5~10。
(4)裂缝强水侵型,高渗带渗透率与平均渗透率比值为 10~100。
(5)高导裂缝水侵型,高渗带渗透率与平均渗透率比值在 100 以上。

克拉美丽气田 4 个气藏储集层储集空间类型差异较大,气井表现出不同的水侵特征。其中滴西 18 井气藏主要表现为裂缝—高导裂缝水侵型特征,滴西 14 井气藏主要为舌进弱水侵型特征,滴西 17 井气藏为舌进强水侵型。

4.6.4 水侵路径

石炭系气藏普遍裂缝较为发育,导流性好的裂缝易成为流体的优势通道。裂缝的准确识别和描述对控制气藏的水侵起至关重要的作用。通常利用常规测井和 FMI 测井识别储层裂缝分布情况和隔夹层发育状况，以井点测井解释为基础，以裂缝参数、裂缝产状规律和裂缝发育有关的地震反演蚂蚁体数据为约束变量，预测井间裂缝发育情况，精细描述水侵优势通道。同时，结合生产、动态监测资料，评估气藏连通性，利用产气剖面、饱和度测井掌握纵向上储层水侵情况，综合确定气藏水侵路径。以滴西 183 井岩体为例，具体水侵路径分析过程大致如下：

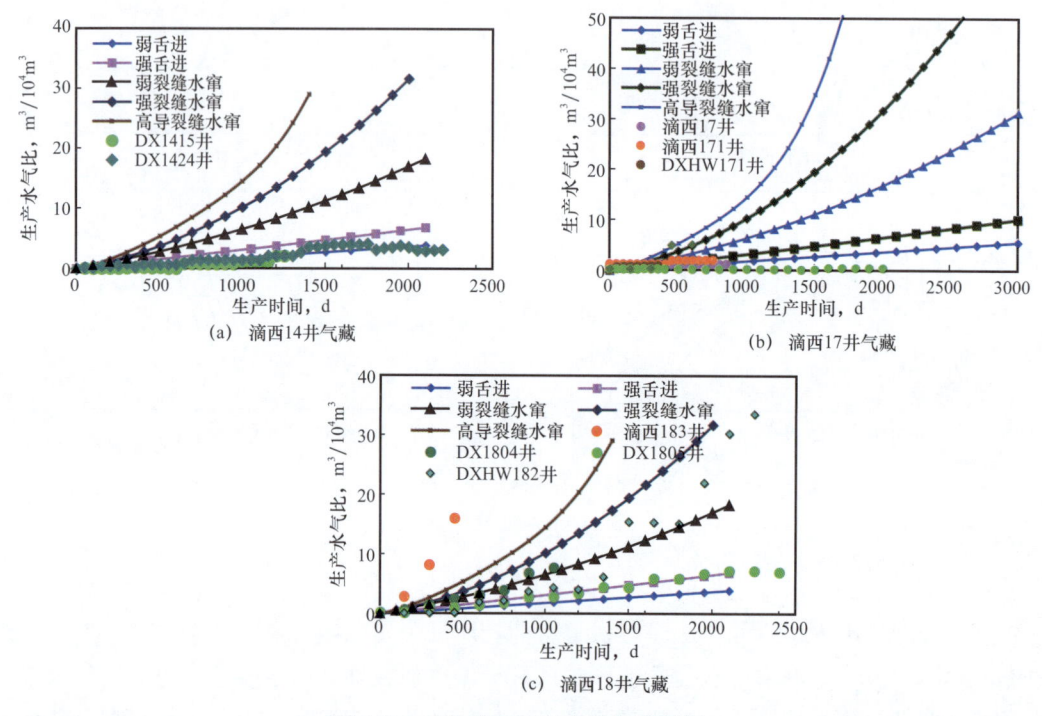

图 4.33 克拉美丽气田水侵分析图版

（1）对比岩体历年地层压力分布，判断地层连通情况。滴西 183 井岩体历年平面地层压力等值线图如图 4.34 所示，可以看出：地层压力下降较均衡，岩体内部连通性较好。

（2）对比岩体历年水气比分布，确定地层水水侵方向。滴西 183 井岩体历年水气比等值图如图 4.35 所示，可以看出：水气比南高北低；水气比从南向北逐渐增加，地层水主要沿从南到北侵入。

（3）关井、排水双向查找水侵通道。低部位的滴西 183 井水淹 580d 后，DXHW182 井开始见水（图 4.36）。2012 年利用滴西 183 井开展 88d 排水实验，有效缓解了 DXHW182 井产水上升趋势，停止排水后水气比进一步上升，至 2015 年达到了 $10m^3/10^4m^3$，进一步落实了岩体由南至北的水侵通道。

（4）复产验证水侵通道。2020 年 DXHW182 井连续气举复产，日产气 $4.5×10^4m^3$，日排水 $150m^3$ 左右，排水后岩体北部气井 DX1835 井、DX1830 井、DX1829 井产水量明显降低。DXHW182 井西北 DXHW181 井产水量并未发生明显变化。判断滴西 183 井岩体的水侵通道主要有两条：一条为 DXHW182 井—DX1835 井—DX1830 井方向，一条为 DX1828 井—DXHW181 井方向（图 4.36）。

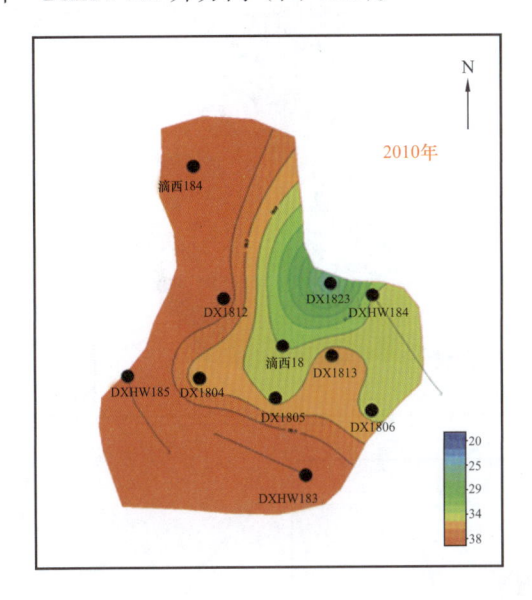

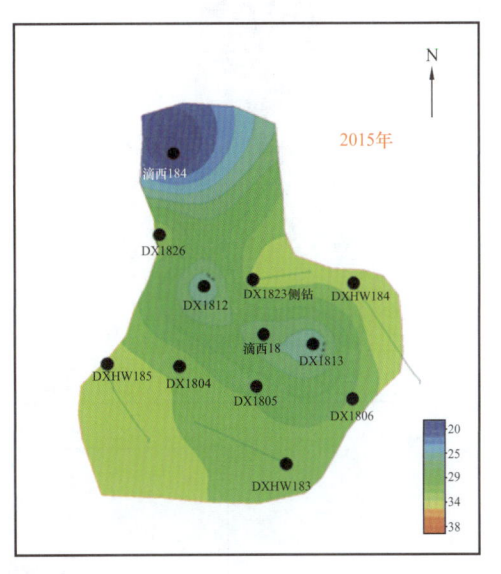

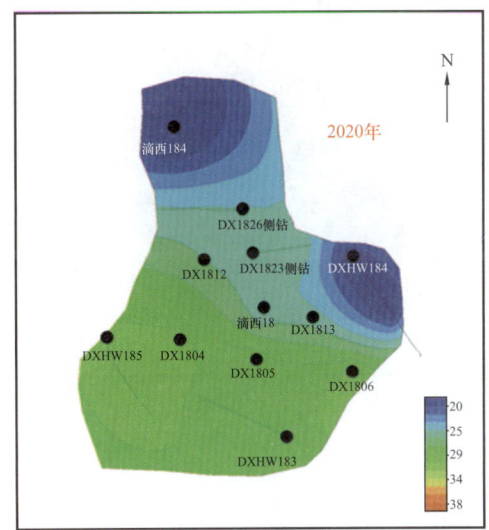

图 4.34　滴西 18 井岩体历年地层压力等值图

4.6.5　水体能量评价

水体的大小直接反映了气藏水驱能量的活跃程度，很大程度上决定了气藏的开发方式、布井方案、开采制度，是影响气藏采收率的重要因素之一，因此水体大小的确定及活跃性的评估对于气藏开发具有重要意义。目前水体大小确定主要有以下几种方法：

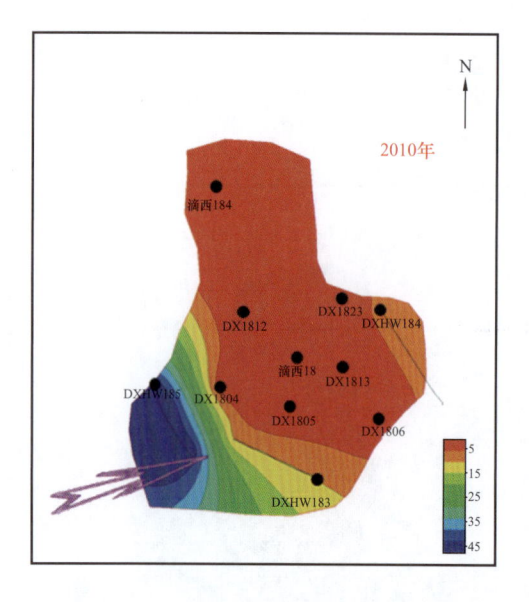

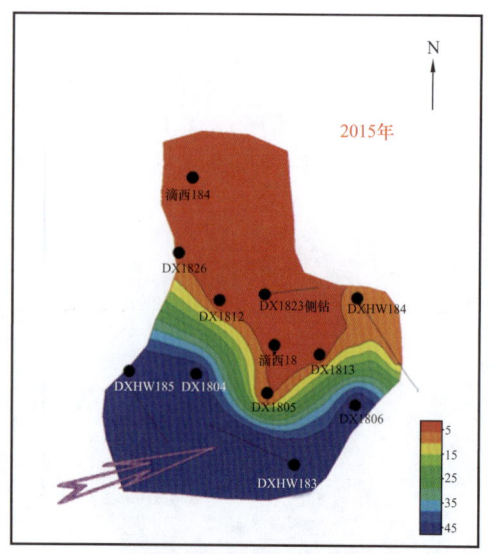

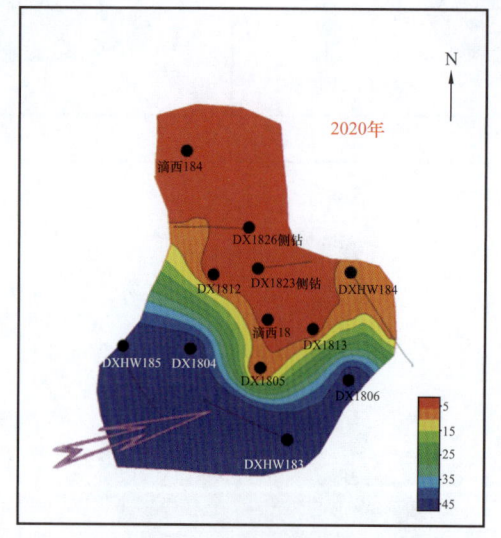

图 4.35　滴西 18 井岩体历年水气比等值图

（1）气藏开发初期，应用容积法估算水体大小。

（2）气藏开发中期，利用气藏生产动态数据，采用气藏工程法确定气藏水体大小。

有水气藏地层水体活跃程度不同，其生产指示曲线变化规律也不同（图 4.37）。水体活跃程度越高，拟压力 p_p 曲线偏离直线的时间就越早（气藏 A）；水体活跃程度越低，拟压力 p_p 曲线偏离直线的时间就越晚（气藏 C）；气藏 B 的水体活跃程度中等。根据气藏开发管理经验一般认为：拟压力 p_p 曲线明显偏离直线段的气藏采出程度小于 10% 时，地层水体比较活跃；当采出程度大于 30% 时，地层水体不活跃；当采出程度介于 10%～30% 之间时，地层水体的活跃程度中等。水体活跃程度高的气藏，见水早、产水量大，气井的举升压力高，气藏的废弃压力也高，因而气藏的产气量少，采收率也较低（气藏 A）；相

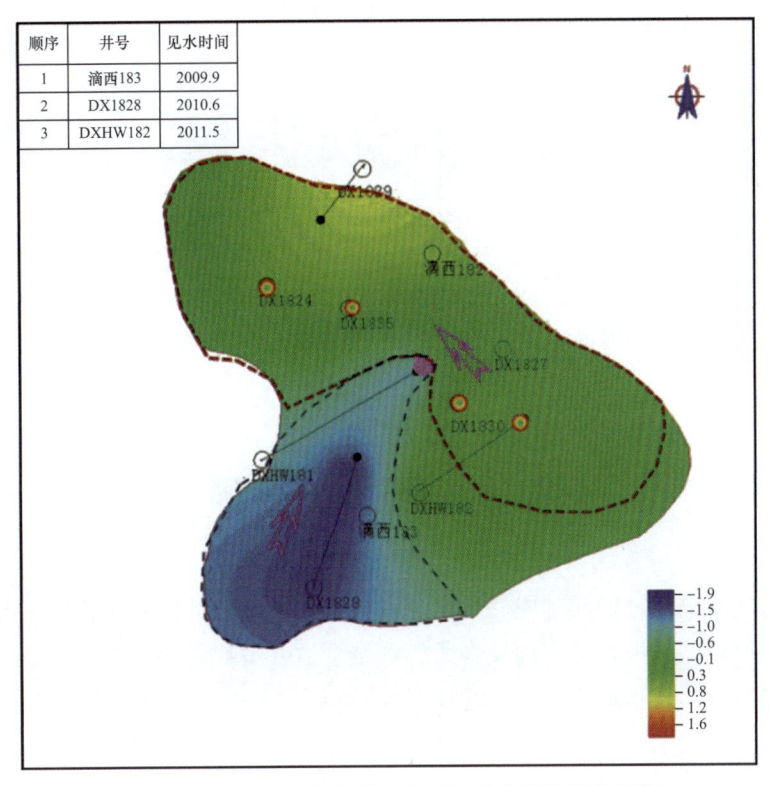

顺序	井号	见水时间
1	滴西183	2009.9
2	DX1828	2010.6
3	DXHW182	2011.5

图 4.36　滴西 183 井岩体见水时间及水侵路径分析图

反，水体活跃程度低的气藏，见水晚、产水量小，气井的举升压力低，气藏的废弃压力也低，因而气藏的产气量大，采收率也较高（气藏 C）。

滴西 18 井和滴西 183 井岩体其拟压力、采出程度随累计产气量的变化曲线如图 4.38、图 4.39 所示，滴西 18 井岩体 p_p 曲线偏离直线段时的采出程度 R 约为 14%，水驱指数 0.11。滴西 183 井岩体 p_p 曲线偏离直线段时的采出程度 R 约为 15%，水驱指数 0.19，滴西 18 井气藏总体属

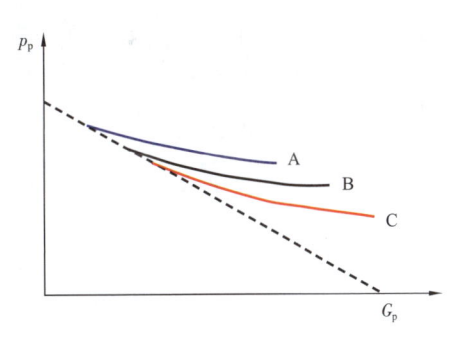

图 4.37　气井生产指示曲线

中等活跃水体，但靠近南部区域水体明显较中北部水体活跃程度较高。活跃的水体对于气藏开发来说并不具有积极的意义，在开发过程中，应采用适当的排水采气工艺措施，提高气藏采收率。

采用物质平衡法对水侵量计算，滴西 18 井气藏水体体积为 $1.52\times10^8\mathrm{m}^3$，滴西 18 井岩体和滴西 183 井岩体水体倍数分别为 3.4 倍和 2.7 倍、水侵速度分别为 $8.14\mathrm{m}^3/10^4\mathrm{m}^3$、$4.75\mathrm{m}^3/10^4\mathrm{m}^3$，水驱指数分别为 0.11、0.19。滴西 17 井气藏的滴西 17 井岩体和滴西 176 井玄武岩体水体体积 $2184.20\times10^4\mathrm{m}^3$，水侵速度 $2.57\mathrm{m}^3/10^4\mathrm{m}^3$、水驱指数 0.04。两个气藏目前日排水量均小于日水侵量，可为后续进一步开展综合治水工作提供指导。

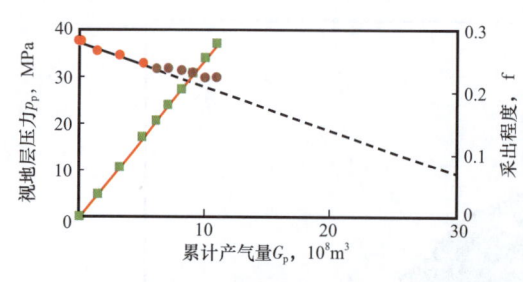

图 4.38 滴西 18 井岩体拟压力及采出程度随累计产气量的变化

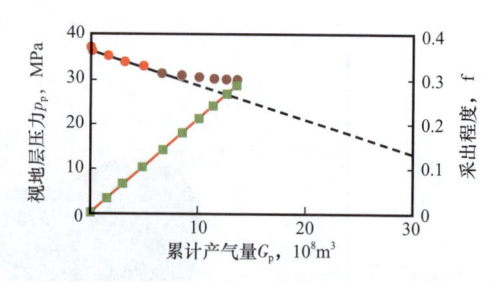

图 4.39 滴西 183 井岩体拟压力及采出程度随累计产气量的变化

4.7 开发动态预测

在火山岩气藏描述、地质建模、气藏工程研究的基础上，建立该孔隙–裂缝性气藏双重介质组分数值模型，拟合静态地质参数，并结合试井解释结果，对单井及气藏生产动态指标进行历史拟合，预测剩余气分布特征。

4.7.1 生产动态历史拟合

气藏生产动态历史拟合，一般是给定实际产气量，拟合气井的压力和日产水量。拟合的步骤是：定气量生产，先拟合该气藏的全区压力，再拟合单井的压力；然后拟合全区的含水，再拟合单井的含水。拟合每口生产井的压力和含水后，整个气藏的压力和含水的拟合精度达到要求后也就完成了。

4.7.1.1 生产历史拟合原则

历史拟合过程中，实际气藏生产动态基本确定了气藏模型的各项参数，参数调整的自由度不是很大，为了避免参数调整的随意性，根据资料来源和质量确定以下的参数调整次序和原则：

（1）岩石压缩系数作为气藏能量的重要参数，不做调整。

（2）渗透率参数对流体的渗流起着重要的作用，在随机建模中，随机性造成的误差是必不可免的，渗透率特别是不同方向的渗透率可做调整。

（3）储层孔隙度、有效厚度数据根据单井的产能可做调整。

（4）KH 和污染系数，由于生产过程中生产制度和措施的影响，可做调整。

（5）天然气的 PVT 参数拟合好以后不做调整。

（6）地层水可根据拟合过程中高含水井做相应的调整。

4.7.1.2 生产历史拟合结果

气田采用 ECLIPSE 油藏模拟软件对 4 个石炭系气藏建立双重介质组分数值模型，网格类型为三维角点网格系统，应用非均匀网格进行建模，网格步长为（50～100）m×（50～100）m，4 个气藏的总网格数 564 万。

通过对初始模型的气水分布、孔隙度、渗透率、有效厚度、相对渗透率、断层连通性等的调整，拟合气藏地层压力、单井井口压力和产水量。压力拟合误差小于 5%，调参后的预测模型可以作为方案预测的基础。通过对 4 个火山岩气藏各生产井的生产史的拟和，储层参数调整合理，气藏和单井压力拟和程度高（图 4.40～图 4.43），保证了数值模拟储量的可靠性。

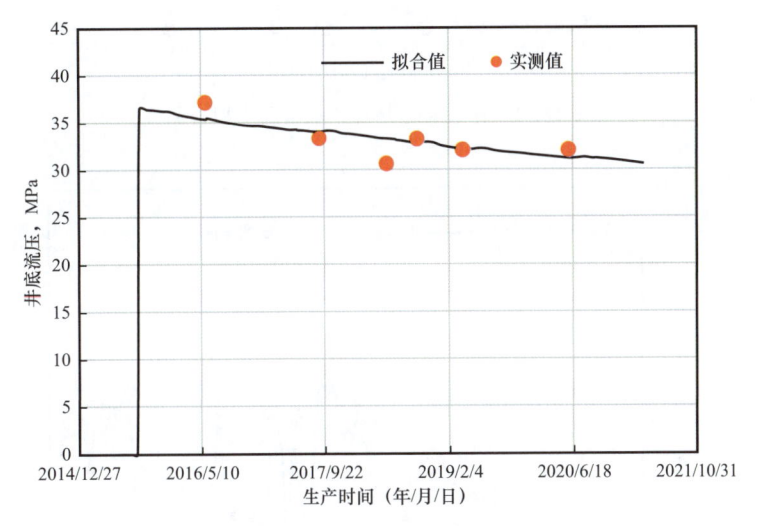

图 4.40 DXHW1852 井压力历史拟合曲线

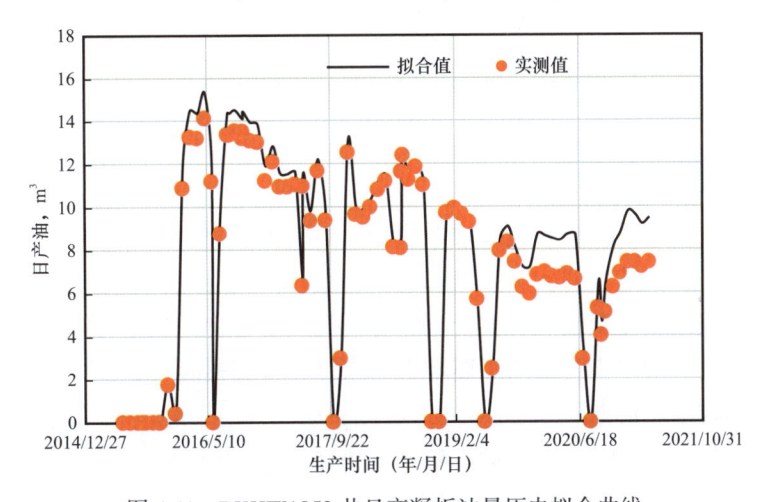

图 4.41 DXHW1852 井日产凝析油量历史拟合曲线

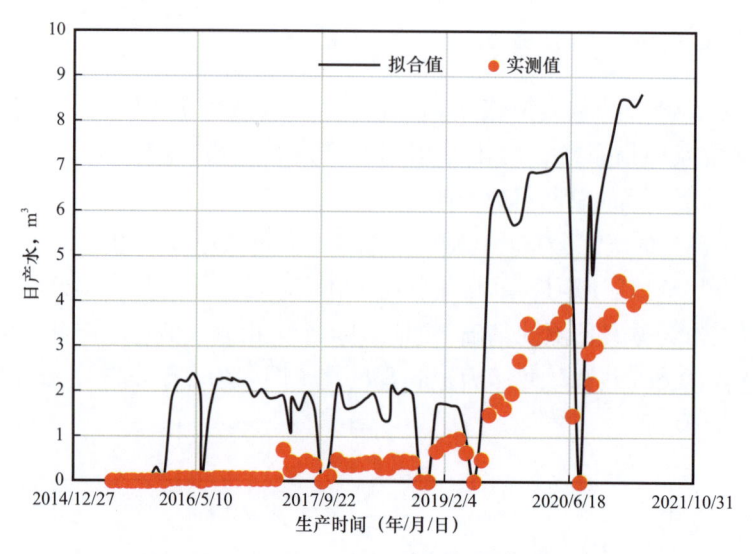

图 4.42　DXHW1852 井日产水量历史拟合曲线

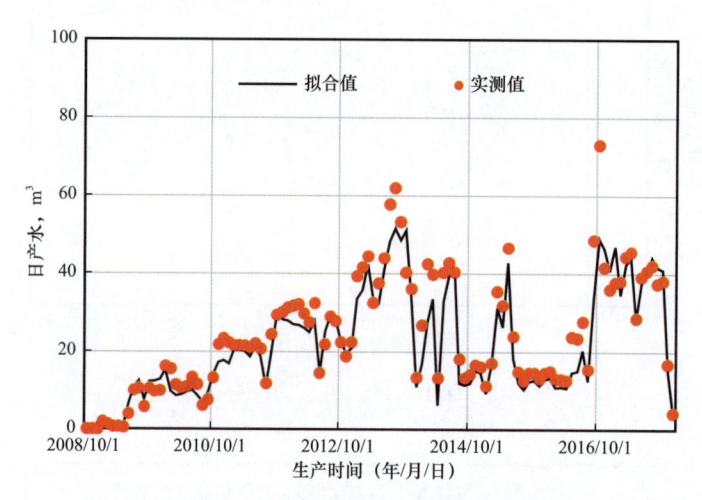

图 4.43　滴西 14 井岩体日产水历史拟合曲线

4.7.2　剩余气分布预测

根据储层地质研究成果建立气藏地质模型，经历史拟合做出适当调整后，所提供的气藏静态模型基本可以描述气藏实际生产动态，反映地下储层气、水运动规律及目前气、水分布状况，可以开展气藏剩余气研究及潜力分析和调整方案的预测研究。压力较高、剩余气分布较为集中的区域即为气藏的主要潜力区，是开发调整的重点区域，为优化生产方式及开发对策调整等提供依据。

以滴西 17 井气藏为例，滴西 176 井玄武岩体剩余储量 $27.78 \times 10^8 m^3$，滴西 176 井—DX1705 井—滴西 177 井北侧到气藏边界断层的区域剩余储量丰度高（图 4.44），该区域压力相对保持程度较高（图 4.45）。

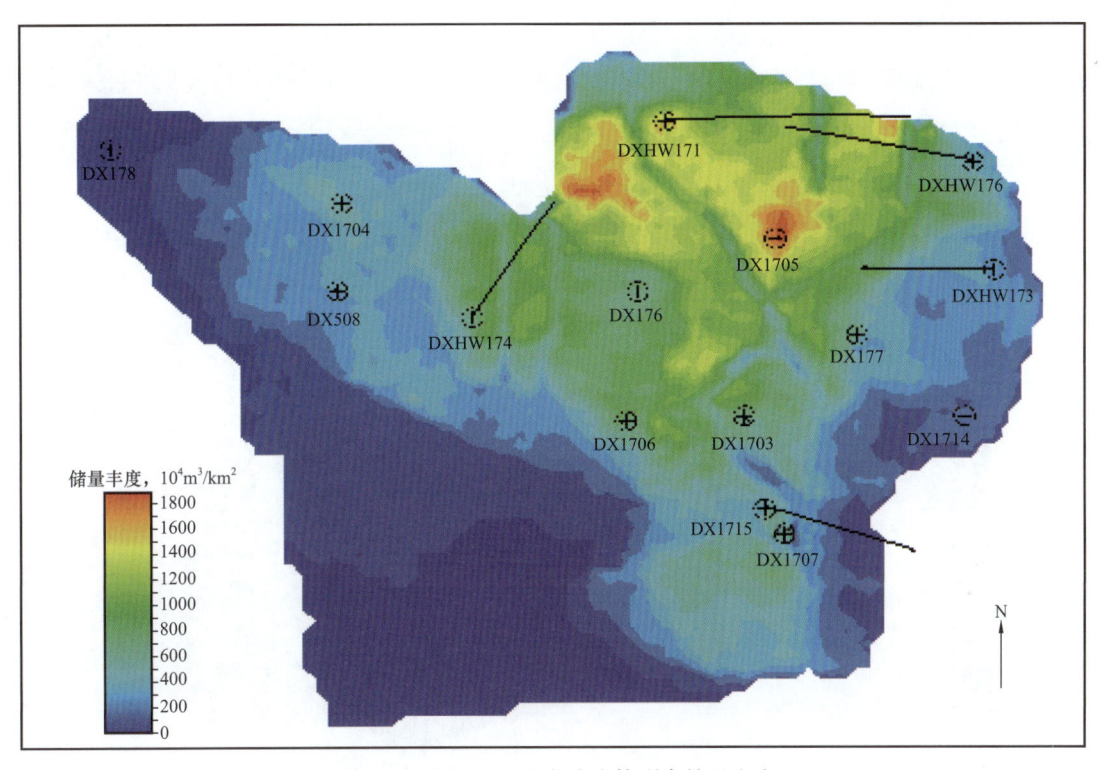

图 4.44　滴西 176 井玄武岩体剩余储量丰度

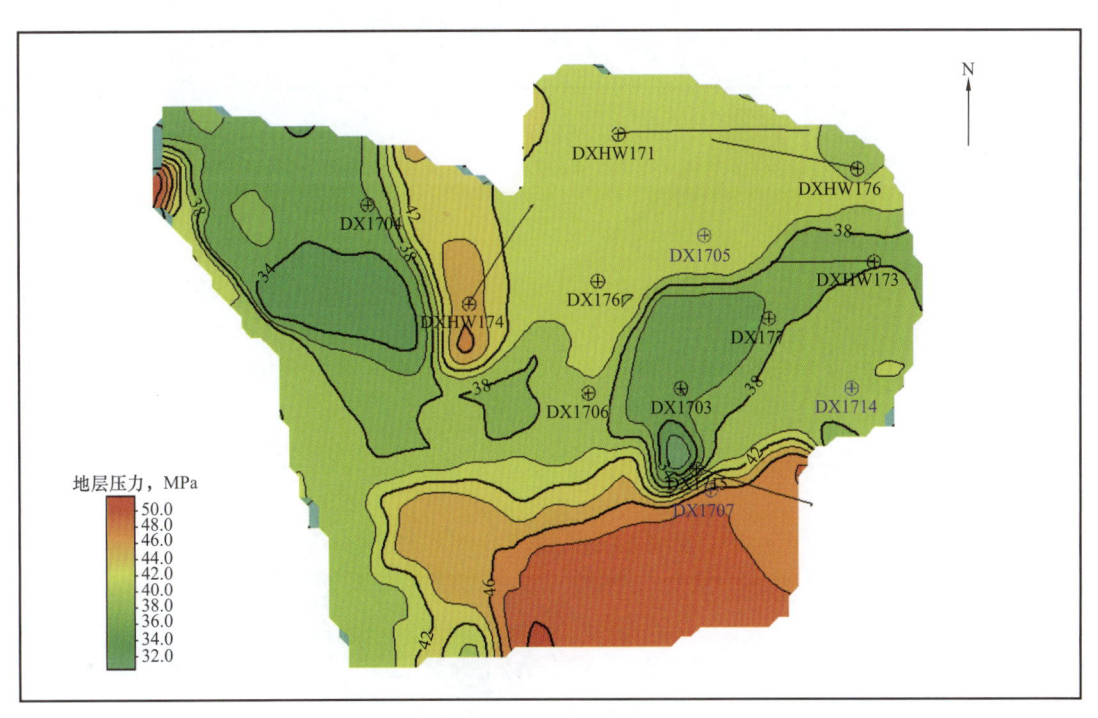

图 4.45　滴西 176 井玄武岩体压力场分布

滴西 17 井玄武岩体剩余储量 $16.64\times10^8\mathrm{m}^3$，滴西 501 井及滴西 171 井南侧边界断层之间的区域剩余气储量丰度高（图 4.46），东南部储量动用程度高，压力下降幅度大（图 4.47）。

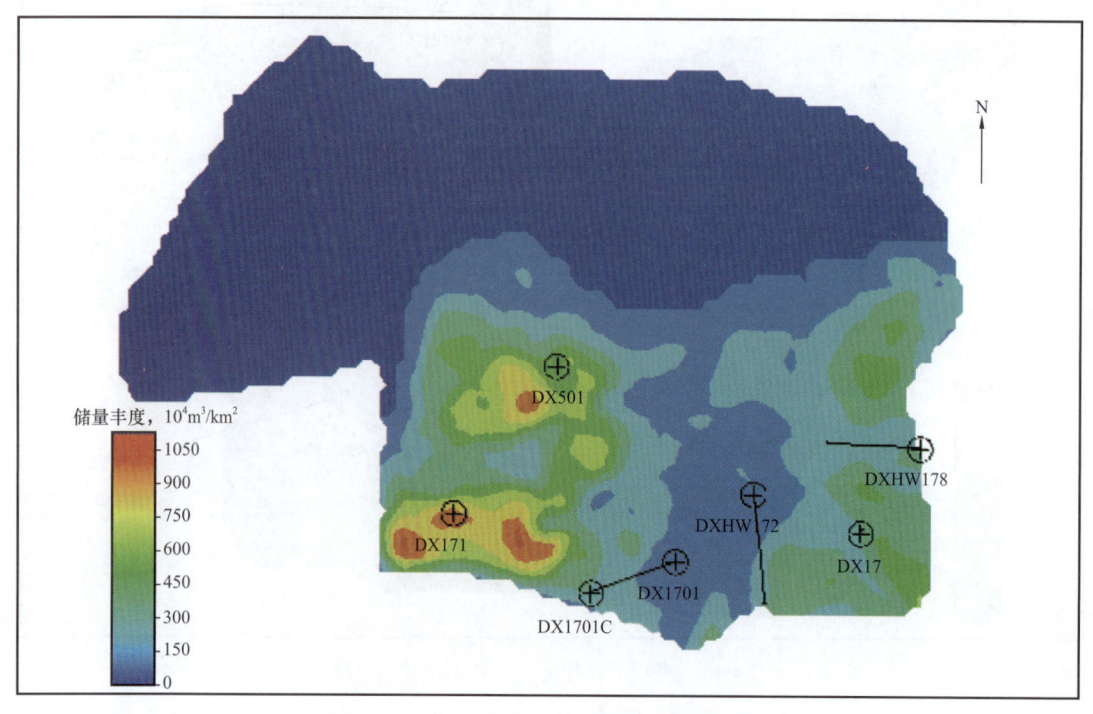

图 4.46 滴西 17 井玄武岩体剩余储量丰度

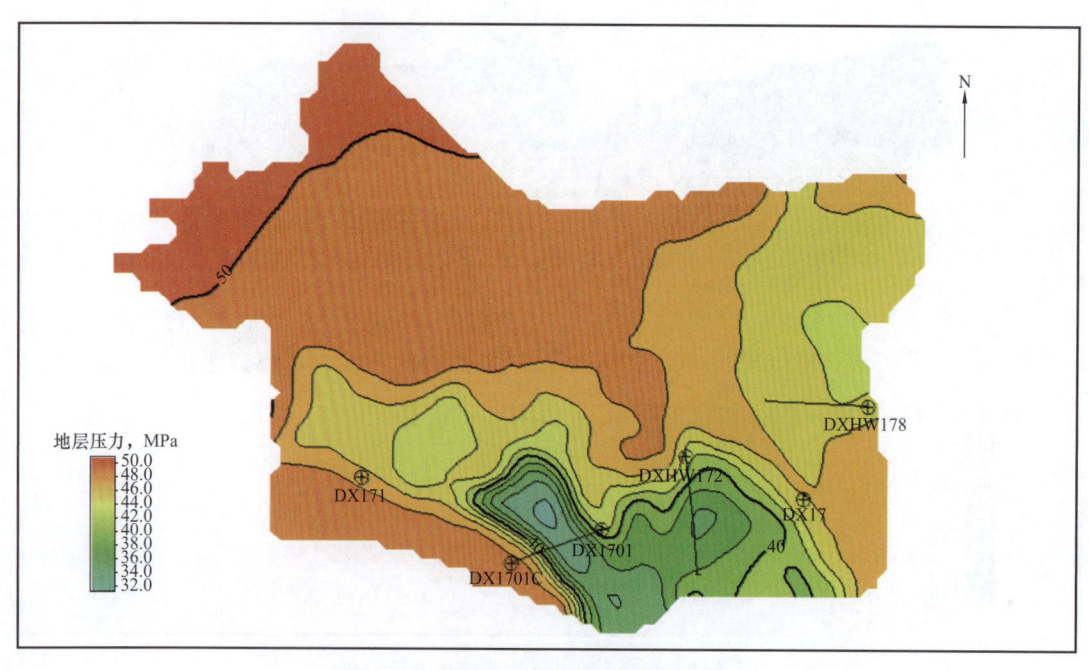

图 4.47 滴西 17 井玄武岩体压力场分布

第 5 章

开发调整技术

　　气田开发调整方案的重点是通过地质再认识、评价开发效果、分析存在问题与开发潜力，确定调整目标和原则，论证调整主体技术可行性、调整工作量，并预测调整后的技术经济指标。有针对性地对气田开发方式、层系、井网、开发指标及其他开发技术政策进行调整。

5.1 调整背景

克拉美丽气田自 2007 年试采、评价、投产以来，井网不断完善，气田处于持续的上产阶段。气田实施井数达到方案设计，初步实现了气田规模开发，但开发指标与方案设计存在差距，日产气水平仅为设计的 61.5%，日产水是设计的 2 倍、水气比是设计的 3.9 倍，与方案相比，有较大差别（图 5.1、图 5.2）。

图 5.1 气田日产气对比曲线

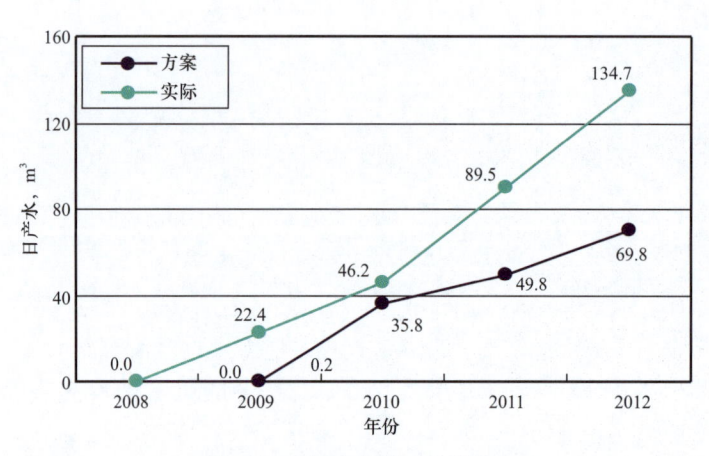

图 5.2 气田产水量对比曲线

克拉美丽气田稳产能力差。随着新建产能和老井措施的进行，累积产能快速增加，2012 年已累计新建（恢复）产能 $13.96 \times 10^8 m^3$、但是，气田每年需核减大量产能，导致标定产能甚至出现下降情况，2012 年底标定产能仅 $7.03 \times 10^8 m^3$（图 5.3）。

气藏储层分布、气水关系极其复杂，在动态上表现为气井产能分布差异大，低产井数多、气井间歇生产，产水来源和机理多样，气田稳产条件总体较差，制约了气田的高效开发。最为突出的问题是储量动用程度低，部分井区产水严重。

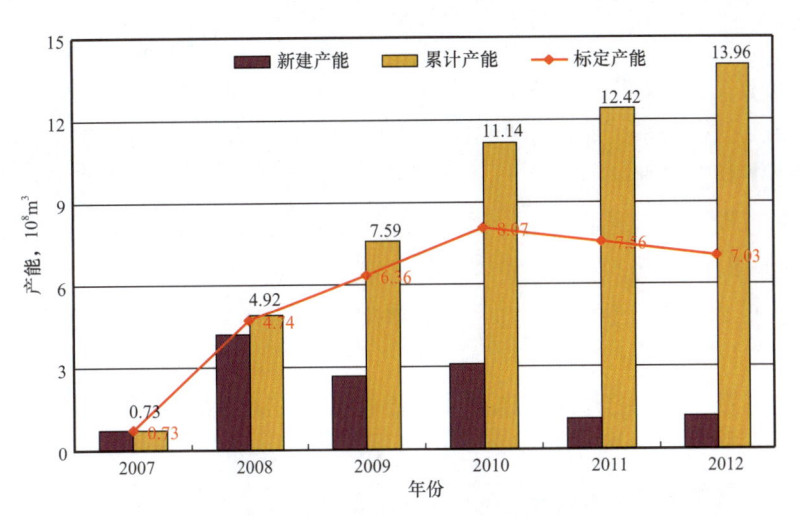

图 5.3 克拉美丽气田历年产能情况

（1）储量动用程度低，动态储量小。克拉美丽气田开发方案设计动用地质储量为 $547.52 \times 10^8 m^3$，实际储量控制程度仅 25.8%，单井平均动态储量 $3.37 \times 10^8 m^3$，控制半径在 90~440m，平均 203m，井间剩余储量规模大，储量在平面上和纵向上的动用程度有待提高。

（2）压降速度快，产能递减大，稳产效果差。气井井控储量小，初期采气速度偏高，投产后压降速度快，产能递减大，年平均压降速度达 14.6%，平均产能自然递减率 22.7%，新建产能无法弥补递减，在不断补充新井和开展措施的情况下，气田仍难以稳产。

（3）出水井点多，水侵影响大。气藏发育裂缝－孔隙双重介质储层，且气井自然产能低，需压裂投产，见水后日产水快速上升，水侵形势不断加剧。典型气藏滴西 18 井气藏水气比由 $0.1m^3/10^4m^3$ 快速上升至 $1.5m^3/10^4m^3$，3 口井水淹停产，2 口高产水井停关，5 口井高产水未投，损失产能 $51 \times 10^4 m^3/d$，气藏开发受水侵影响较大。

克拉美丽气田储层物性差，储量动用程度低，单井井控储量小，初期产能递减快，部分气藏日产水快速上升，水侵形势加剧，导致开发效果明显变差，严重影响气田的正常生产。

5.2 开发调整设计

随着气藏储层地质认识的不断深入，针对气田稳产总体变差的实际，对气藏的开发进行了调整，主要包括：气藏开发调整原则、开发方式、开发井网、开采工艺技术、产能规模和开发方案及开发指标初步预测。

5.2.1 开发调整原则

克拉美丽气田石炭系气藏属于岩性、构造和边底水综合控制的凝析气藏，总体上属于中低孔，低渗—特低渗裂缝孔隙型储层，气层自然产能低，一般需要压裂投产。含气层系属于正常压力和正常温度系统，存在边底水，水体较小，水体活跃程度受裂缝控制。

根据目前对克拉美丽气田滴西14井区、滴西17井区、滴西18井区火山岩气藏的构造、储层特征、气水关系、储量、产能等的综合研究与认识，结合国内外类似气田开发的经验，制定如下开发原则：

（1）针对石炭系火山岩地质条件复杂性和开发难度大的特点，以市场需求为导向，在确保产能总规模的情况下，采用"整体部署，分步实施"的原则。

（2）以滴西14井区、滴西17井区、滴西18井区 $416.98\times10^8m^3$ 可动用地质储量为方案调整基础，进行整体考虑。

（3）充分利用已建成的开发设施，采用新井部署（14井次）、老井侧钻（3井次）、补射层位（7井次）、集中地面增压开采（45井48井次）、排水/排水采气（17井次）等方式，提高气井产能和储量动用程度。

（4）依据已获得的静态和动态认识，新井、产能接替井以水平井为主，同时新布井要充分考虑边、底水的潜在影响。

（5）滚动评价及外围区块作为克拉美丽气田稳产的补充。

5.2.2 开发方式调整

克拉美丽气田属于低含凝析油的凝析气藏，注气保持压力提高凝析油采出程度的意义不大。因此克拉美丽气田的开发方式选用衰竭式开采方式。

5.2.2.1 地面集中增压开采

克拉美丽气田低压系统外输压力3.5MPa，在开发早期依靠气藏的弹性膨胀能量开采，在开发后期为了提高气藏采收率，可考虑地面采用压缩机进行集中增压开采。对生产效果好的Ⅰ类、Ⅱ类气井及新井生产后期各处理站实施地面集中增压，井口降压至1.6~2.0MPa以后定压生产，延长气井生产时间，提高气藏采收率。综合分析符合增压开采条件气井共计45口。

5.2.2.2 排水采气

在克拉美丽气田水体能力评价及现场排水采气试验基础上，按"分类分治，排控结合"思路，滴西14井区采用"单井排水、气水同采"方式，滴西17井区采用"先控后排、优化调整"方式，滴西18井区采用"整体排水、低排高控"方式，保障气井平稳生产。

5.2.3 开发井网调整

5.2.3.1 开发井网调整原则

根据克拉美丽气田火山岩岩体及储层的空间展布特征、裂缝发育方向、孔缝发育特征及非均质性、储层横向连通情况，以及气水关系，井网调整原则如下：

（1）井网部署充分考虑火山岩储层的平面非均质性，总体上为不规则井网。

（2）井网部署以石炭系火山岩储层为主要目的层。

（3）考虑井网与裂缝的配置关系，沿裂缝主要发育的方向井距相对较大，垂直于裂缝方向的井距相对较小。

（4）火山岩储层裂缝发育，水平井的延伸方向宜与裂缝方向垂直或斜交。

（5）考虑构造部位及气水关系，生产井应尽量布在构造高部位，远离气水界面。

5.2.3.2 开发井网调整依据

（1）岩性岩相。火山岩储层岩性以凝灰质角砾岩最好，英安质火山角砾岩、玄武质角砾熔岩、安山质角砾熔岩次之。以爆发相空落亚相最好，溢流相顶部亚相和上部亚相次之，储层主要发育于次火山岩相、爆发相、溢流相和火山沉积相。

（2）裂缝孔洞发育情况。气井应部署在储层孔、洞缝发育，物性好或孔缝发育富集区。

（3）地震反射特征。爆发相的地震响应为丘状外形、变振幅杂乱反射相；喷溢相的地震相特征为亚平行、中振幅、相对连续反射相；近火山口具丘状外形，远火山口呈席状。

（4）构造部位、气水关系。在构造高部位、远离气水界面位置多布井；构造位置低、气水关系复杂区域少布井。

（5）地震属性特征。爆发相中均方根振幅、平均反射能量较弱的部位储层较发育；溢流相中均方根振幅、平均反射能量中等强度部位储层发育较好。

（6）储层预测厚度。预测厚度大的储层多布井；预测厚度小的储层少布井。

（7）产能及试采动态。结合邻井的试气试采动态资料。

5.2.3.3 开发井网调整结果

克拉美丽气田石炭系火山岩储层平面上由多个火山岩岩体组成，相互叠置连片。岩性、岩相、物性变化大，在火山岩岩体叠置部位及岩性岩相变化部位存在阻流带。在火山岩岩体内部存在多个互不连通的流动单元。井区内裂缝发育具有多期次、多方向性。

结合国内外气田开发经验，确定采用相对均匀的不规则井网布井。综合类比法、压裂缝半长和不稳定试井方法，调整合理井距如下：滴西14井区、滴西18井区合理井距由开发方案的500~800m调整为500~600m；滴西17井区合理井距由开发方案的670~1250m调整为550~650m。

5.2.4 开采工艺技术调整

克拉美丽气田石炭系火山岩气藏发育边底水，但水体规模与能量较小。部分气井产水量大，甚至水淹关井，对气田高效开发造成了一定的影响。通过现场排水采气试验，结果表明在地层水较为活跃的井区，采用排水采气的工艺措施可以缓解地层水造成的危害。现场需加大排水采气工艺措施的工作量，气田调整方案新设计整体排水井 7 口，排水采气 10 井次。

5.2.5 产能规模调整

克拉美丽气田原开发方案设计的产能规模为 $10\times10^8m^3/a$，然而在实际开发中年产气量最大仅达到 $6.73\times10^8m^3$。因为气井控制储量小，产能递减快，部分井区产水。所以在目前动用储量的基础上，年产 $10\times10^8m^3$ 的产能规模明显偏大。根据滴西 14 井区、滴西 17 井区、滴西 18 井区可动用储量 $416.98\times10^8m^3$，考虑合理采气速度，滴西 14 井区、滴西 17 井区、滴西 18 井区的产能规模调整为 $7.0\times10^8m^3/a$ 左右。

5.2.6 开发调整方案及开发指标初步预测

在开发潜力分析基础上，充分利用已建成的开发设施，采用老井侧钻、补射层位、新井部署、增压开采、排水采气等方式，编制气田开发调整方案，提高动用程度。以滴西 14 井区、滴西 17 井区、滴西 18 井区为基础，每个区块对应编制 5 套开发调整方案。方案 1 为基础方案，以 2013 年老井及产能井为基础，预测开发指标，作为其他调整方案开发指标等对比的基础。方案 2 至方案 5 都是在方案 1 的基础上，结合开发潜力分析，通过老井补层、老井侧钻、排水采气、增压开采、加密新井等作业措施提高气藏储量动用程度，确保气田长期稳产。其中方案 2、方案 4 不采用地面增压开采，方案 3、方案 5 采用地面增压开采。方案 2、方案 3 新井采用稳产接替开发调整模式，整体规模 $7.0\times10^8m^3/a$，稳产期 4~6 年；方案 4、方案 5 新井集中实施，一次投产，最大产能 $8.2\times10^8m^3/a$，不考虑稳产接替开发调整模式，稳产期 2~3 年。

5.3 开发技术界限优化

开发技术界限对气藏调整方案的制订有着重要的影响，克拉美丽火山岩气藏开发调整中主要对合理生产压差、合理单井出气量和合理采气速度及稳产年限进行了优化。

5.3.1 合理生产压差评价

5.3.1.1 确定合理生产压差的原则

针对克拉美丽气田的地质、气藏特点，确定合理的生产压差应遵循如下原则：
（1）不破坏储层岩石的结构，即不出砂。
（2）生产井具有足够的携液能力。

（3）气井产量应小于最大极限产量。
（4）底水气井生产时不引起暴性水淹。
（5）井底附近不致因岩石变形造成显著的渗透率降低。

满足以上原则的生产压差，就是合理的生产压差。合理的生产压差不是一个唯一的值，而是一个范围。

5.3.1.2 气井合理生产压差的确定

根据试气生产压差、试采生产压差，综合考虑出砂、储层应力敏感、携液能力、最大极限产量、气井产能方程、气井采气指数和能量合理利用的影响，确定克拉美丽气田火山岩气藏不同类别气井的合理生产压差（表5.1）为：Ⅰ类井由于产能高，生产压差小，合理生产压差取3~5MPa；Ⅱ类井由于产能较低，生产压差高，合理生产压差取5~10MPa；Ⅲ类井物性差，产能低，生产压差大，合理生产压取10~15MPa。

5.3.2 单井合理产量评价

5.3.2.1 单井合理产量确定的原则

在气井无阻流量核实的基础上，考虑气藏稳产期、地层能量合理利用等因素，多方法综合评价气井和气藏生产规模，综合确定气井合理配产，确定合理的单井产量应遵循如下原则：

（1）最大可能地合理利用地层能量。

表5.1 克拉美丽气田合理生产压差综合确定结果

井类	Ⅰ类	Ⅱ类	Ⅲ类
试气生产压差，MPa	1.08~6.32	4.08~5.94	6.30~9.59
试采生产压差，MPa	1.46~5.98	7.03~15.58	8.39~26.85
出砂压差	试气试采过程未出砂		
储层应力敏感性	实验显示火山岩应力敏感弱		
最小携液压差，MPa	1.10~4.73	3.62~8.83	7.98~15.88
最大极限压差地面不增压开采，MPa	12.99~15.86	15.36~18.68	21.33~24.20
最大极限压差地面增压开采，MPa	14.52~17.43	16.88~20.53	23.44~26.59
合理产量对应压差，MPa	1.41~1.84	2.63~4.23	4.52~8.83
采气指数对应压差，MPa	1.92~2.45	2.39~4.89	4.57~9.92
合理压差综合确定，MPa	3~5	5~10	10~15

（2）单井产量不宜过小，应当大于最小极限产量和经济极限产量。

（3）气井产量应小于最大极限产量。

（4）气井产量不宜过大，应确保单井有一定的稳产时间。

（5）尽量延缓因压降漏斗过深而引发的裂缝闭合及应力敏感现象发生。

（6）尽量避免气井出砂和冲蚀。

（7）生产井不引起暴性水淹。

5.3.2.2 老井合理配产

使用采气指数曲线、产能方程、无阻流量配产和节点分析四种方法，结合气井实际生产情况，确定三类气井的合理配产如下（表5.2）：Ⅰ类气井产能主要分布在 $6.0\times10^4 \sim 10.5\times10^4 \mathrm{m}^3/\mathrm{d}$，Ⅱ类气井产能主要分布在 $3.0\times10^4 \sim 6.0\times10^4 \mathrm{m}^3/\mathrm{d}$，Ⅲ类气井大多间开，按生产时效配产。

表5.2 老井不同方法配产结果

气井类别	方法	合理产量	
		计算结果	最终取值
Ⅰ类气井	采气指数曲线	$10\times10^4 \mathrm{m}^3/\mathrm{d}$	$6.0\times10^4 \sim 10.5\times10^4 \mathrm{m}^3/\mathrm{d}$
	产能方程	$8\times10^4 \sim 22\times10^4 \mathrm{m}^3/\mathrm{d}$	
	无阻流量配产	$5.76\times10^4 \sim 8.64\times10^4 \mathrm{m}^3/\mathrm{d}$	
	节点分析	$19.7\times10^4 \sim 24.8\times10^4 \mathrm{m}^3/\mathrm{d}$	
Ⅱ类气井	采气指数曲线	$6.5\times10^4 \mathrm{m}^3/\mathrm{d}$	$3.0\times10^4 \sim 6.0\times10^4 \mathrm{m}^3/\mathrm{d}$
	产能方程	$4.5\times10^4 \sim 8.5\times10^4 \mathrm{m}^3/\mathrm{d}$	
	无阻流量配产	$3.15\times10^4 \sim 5.25\times10^4 \mathrm{m}^3/\mathrm{d}$	
	节点分析	$10.3\times10^4 \sim 18.2\times10^4 \mathrm{m}^3/\mathrm{d}$	
Ⅲ类气井	采气指数曲线	$3.5\times10^4 \mathrm{m}^3/\mathrm{d}$	大多间开，按生产时效配产
	产能方程	$3\times10^4 \sim 6.2\times10^4 \mathrm{m}^3/\mathrm{d}$	
	无阻流量配产	$1.80\times10^4 \sim 2.40\times10^4 \mathrm{m}^3/\mathrm{d}$	
	节点分析	$7.4\times10^4 \sim 13.7\times10^4 \mathrm{m}^3/\mathrm{d}$	

5.3.2.3 新井合理配产

新井以加密部署为主，各井差异大，配产以气井单井控制储量和老井生产动态为基础，考虑携液、边底水锥进、能量的合理利用和一定的稳产期，综合采气指数、无阻流量、节点分析等多种方法分析结果，新井按气井分类综合配产如下：Ⅰ类井产能 $9.0\times10^4 \mathrm{m}^3/\mathrm{d}$，产量 $7.7\times10^4 \mathrm{m}^3/\mathrm{d}$；Ⅱ类井产能 $6.0\times10^4 \mathrm{m}^3/\mathrm{d}$，产量 $5.0\times10^4 \mathrm{m}^3/\mathrm{d}$。

5.3.2.4 补层井合理配产

补层井同样以单井补层段动用地质储量为基础，参考分类综合配产方法，最终确定补层井的合理配产，Ⅰ类井产能 7.0×10^4~$9.0\times10^4 m^3/d$，Ⅱ类井产能 4.7×10^4~$6.0\times10^4 m^3/d$。

5.3.3 合理采气速度与稳产年限

5.3.3.1 影响因素分析

1. 天然气市场需求

天然气市场需求状况决定着气田开发的规模和开采计划，在其他条件允许的情况下，市场需求旺盛，气价较高，相应可以采用较高采气速度；反之，则采用较低的采气速度。

2. 气藏的储渗特征

克拉美丽气田火山岩气藏属于特低渗致密气藏，气井产能低，储层连通性差、井控储量少，单井稳产能力弱。这种类型的气藏开发往往具有采气速度低、稳产期短、采收率低的特征。

3. 稳产年限

气藏稳产期的长短和气藏的采气速度、气田规模有明显的关系，根据气藏生产实际资料统计，采气速度和稳产年限呈反比关系，采气速度高，稳产时间短；采气速度小，稳产时间长。一般大气田稳产时间长，要求在 10~15 年，采气速度不宜过高；一般气田和小气田稳产时间可以适当缩短（7~10 年），采气速度可以适当提高。

5.3.3.2 采气速度的确定

1. 根据气藏驱动类型确定采气速度

低渗透气藏由于气井产能较低，地层能量供给缓慢，气藏采气速度必然低于常规气藏。克拉美丽气田火山岩气藏属于低孔低渗气藏，试采井动态表明气藏储层致密、连通性差，单井控制储量极低、储层供气能力极弱。与长庆苏里格气田相比，储层条件更差、采气速度更低。因此，克拉美丽气田采气速度应低于2%（表5.3）。

表5.3 为不同类型气藏采气速度及稳产年限统计表

气藏类型		采气速度，%	采收率，%
气驱气藏		2~7	70~90
水驱气藏		2.5~4	30~70
低渗、致密气藏	一般低渗气藏（1~10mD）	2~4	50~70
	特低渗气藏（0.1~1mD）	<2	30~40
	致密气藏（<0.1mD）		

2. 借鉴国内外同类气田采气速度

国内相关气田采气速度数据见表5.4，美国大气田平均采气速度为2.5%，苏联的奥伦堡、谢别林、乌克蒂尔气田采气速度为3%～4%。由于储层的基础物性条件与大庆徐深气田相似，认为克拉美丽气田火山岩气藏采气速度应在1.5%～2%之间。综合气藏驱动类型确定采气速度的结果，认为克拉美丽气田气藏的合理采气速度在1.5%～2.0%。

表5.4 国内气田采气速度数据表

气田名称	平均孔隙度 %	平均渗透率 mD	平均单井产量 $10^4 m^3/d$	采气速度 %	备注
长庆榆林	4.8	0.59	3.4	2.6	
长庆靖边	8.2	0.856	2.6	2.8	
长庆米脂	4～8	0.1～0.4	1.5	1.8	
川中磨溪–雷一	7～8	0.5～1.2	1.5	1.5	
长庆苏里格气田	8～9	0.6	12	2%	
长岭登娄库组气藏	5.2	0.17	1～2.5（直井）	2.4	水平井分段压裂
大庆徐深	5～9	0.1	2	1.5～2.0	

5.3.3.3 稳产年限的确定

对于低渗透致密气藏，稳产期末可采储量的采出程度一般在10%左右，甚至更低（表5.5）。采气速度按1.8%考虑，克拉美丽气田已开发气藏稳产年限5.6～7.8年，但考虑到气田产水，稳产年限确定为6年左右。

表5.5 克拉美丽气田气藏稳产期预测

序号	动用地质储量 $10^8 m^3$	采气速度 %	年产量 $10^8 m^3/a$	稳产时间，年		
				采出程度10%	采出程度12%	采出程度14%
1	416.98	1.6	6.67	6.3	7.5	8.8
2	416.98	1.8	7.51	5.6	6.7	7.8
3	416.98	2	8.34	5.0	6.0	7.0

5.4 剩余气储量动用

按照DZ/T 0217—2005《石油天然气储量计算规范》的规定，开展克拉美丽火山岩气藏动态储量和剩余储量评价，分析气藏开发调整潜力。在此基础上，结合气田开发实际，采用老井侧钻、补层和加密新井的方法动用剩余气储量。

5.4.1 动态储量评价

单井控制储量的大小（尤其是动态储量）是确定气井合理稳定产能和井网密度的重要依据，是编制整体方案的物质基础，在气田开发中具有重要的意义。动态储量的计算方法主要有两大类：一类是常规分析方法，包括压降法、弹性二相法、气藏探边测试法、试凑法、压力恢复试井法、压差曲线法、经验公式法、产量累计法、衰歇曲线法、水驱曲线法等；另一类是产量不稳定法，包括 Blasingame 典型曲线分析法、A–G 典型曲线分析法、NPI 类典型曲线分析法等。

压降法根据物质平衡方程作视地层压力（p/Z）与累积产气量（G_p）之间关系曲线，将直线段外推至 $p/Z=0$ 即与横坐标的交点即为所求气藏动储量 G。采用压降法初步估算克拉美丽气田滴西 14 井、滴西 17 井和滴西 18 井三个井区 21 口试采井的单井控制储量。通过典型曲线分析方法（Blasingame 典型曲线、A–G 典型曲线、NPI 类典型曲线），初步建立动态模型，采用气井生产数据进行历史拟合，最终确定井控储量。

三类气井的井控动态储量及其占比分别如图 5.4 和图 5.5 所示，可以看出：Ⅰ类气井 12 口，占总井数的比例为 32.43%，井控动态储量分布在 $3.75\times10^8\sim13.67\times10^8\mathrm{m}^3$ 之间，占总动态储量的 70.71%；Ⅱ类气井 14 口，占总井数的比例为 37.84%，井控动态储量分布在 $1.04\times10^8\sim4.31\times10^8\mathrm{m}^3$ 之间，占总动态储量的 23.96%；Ⅲ类气井 11 口，占总井数的比例为 29.73%，井控动态储量分布在 $0.10\times10^8\sim0.98\times10^8\mathrm{m}^3$ 之间，占总动态储量的 5.33%。表明了Ⅰ类气井在气田开发中起到主导地位，比Ⅱ、Ⅲ类井的动储量总和还要多。Ⅰ类井是气田稳产的基础，应重点加以保护；Ⅲ类井由于产能低，动储量小，可以考虑采取措施，如上返、侧钻等。

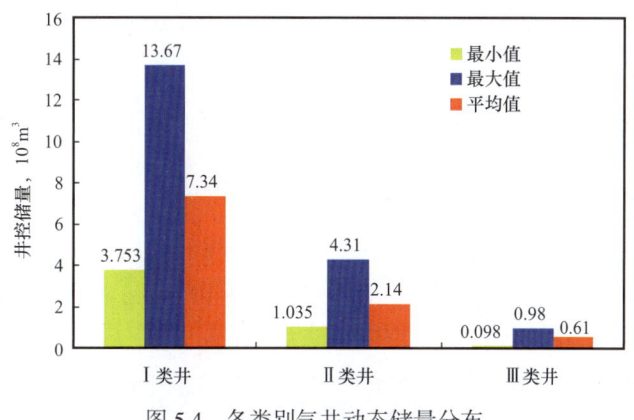

图 5.4 各类别气井动态储量分布

综合应用压降法与产量不稳定法共评价了克拉美丽气田 37 口井的井控动态储量，克拉美丽气田动储量为 $124.82\times10^8\mathrm{m}^3$，其中滴西 14 井为 $36.20\times10^8\mathrm{m}^3$、滴西 17 井为

$16.02×10^8m^3$、滴西18井为$70.38×10^8m^3$。克拉美丽气田单井平均动态储量为$3.374×10^8m^3$，其中滴西14井为$3.02×10^8m^3$、滴西17井为$2.29×10^8m^3$、滴西18井为$4.40×10^8m^3$。

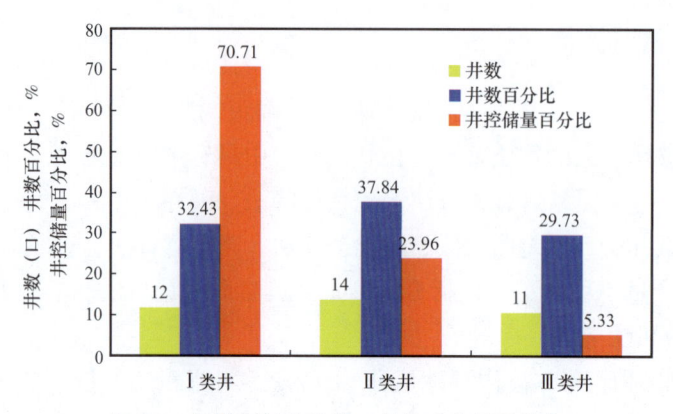

图5.5 各类别气井井数、井控动态储量分布

此外，还有8口井因为生产时间短等原因无法计算动态储量。按照气井类型进行预测，其中Ⅰ类井1口（DXHW144井），Ⅱ类井3口（DX1414井、DX1703井、DX1704井），Ⅲ类井3口（DX1427井、DX1701井、DX1705井），还有1口井投产即水淹（DXHW183井），预计全区动态储量为$141.050×10^8m^3$。

5.4.2 剩余气储量评价

5.4.2.1 剩余气储量影响因素分析

克拉美丽火山岩气藏开发过程中存在储层非均质性强、储量动用不均衡等问题。截至2013年10月，克拉美丽气田累积采气$28.90×10^8m^3$，采出程度仅6.7%。动态储量$141.05×10^8m^3$，而气田核算地质储量为$487.32×10^8m^3$，仍有较大的挖潜空间。根据气藏地质特征和开发动态特征，储量动用不均衡主要受以下因素影响：

1. 储层渗流能力

储层局部致密使已投产气井泄流半径小，气田26井43层试井不稳定解释井控半径39.8~418.0m，平均203.1m。

2. 井网完善程度

气田滴西14井区、滴西17井区、滴西18井区核算地质储量为$487.32×10^8m^3$，目前井网计算井控地质储量$361.11×10^8m^3$，剩余$137.87×10^8m^3$储量缺乏有效控制，剩余储量主要分布在气藏边部、井网稀疏部位，具有较大加密部署潜力。

3. 纵向动用程度

很多气井仅射开了部分储层，石炭系48口井中有19口井单井动用程度0~67.3%，平均38.1%，纵向上储量的动用程度低，具有较大的开发潜力。

5.4.2.2 纵向未动用储量

根据克拉美丽气田的完井及投产工艺状况，确定了各类气井的未动用储量潜力判别标准：

（1）隔夹层＞5m作为单井具有封堵性隔夹层。

（2）压裂井（直井+水平井）压裂缝的缝高小于60m，若压裂缝连接到直劈缝/高角度缝或裂缝发育带则遇到隔夹层为止。

（3）未压裂井只动用射开层。

（4）欠平衡直井全部动用，欠平衡水平井单层全部动用。

根据克拉美丽气田不同区块气井的生产动态及工艺措施，依据纵向未动用储量潜力判别标准，确定了气井的储量纵向动用程度（图5.6），可以看出：滴西14井区，动用程度0～100%，未动用程度大于30%的井占50%；滴西18井区，动用程度19.86%～100%，未动用程度大于30%的井占50%；滴西17井区，动用程度16.47%～93.72%，未动用程度大于30%的井占75%。总体来说，各井的储量纵向动用程度存在较大的差异，其中直井未动用层段较多，潜力较大。水平井仅动用了平面控制范围内的生产层，其他层段的储层均未动用。

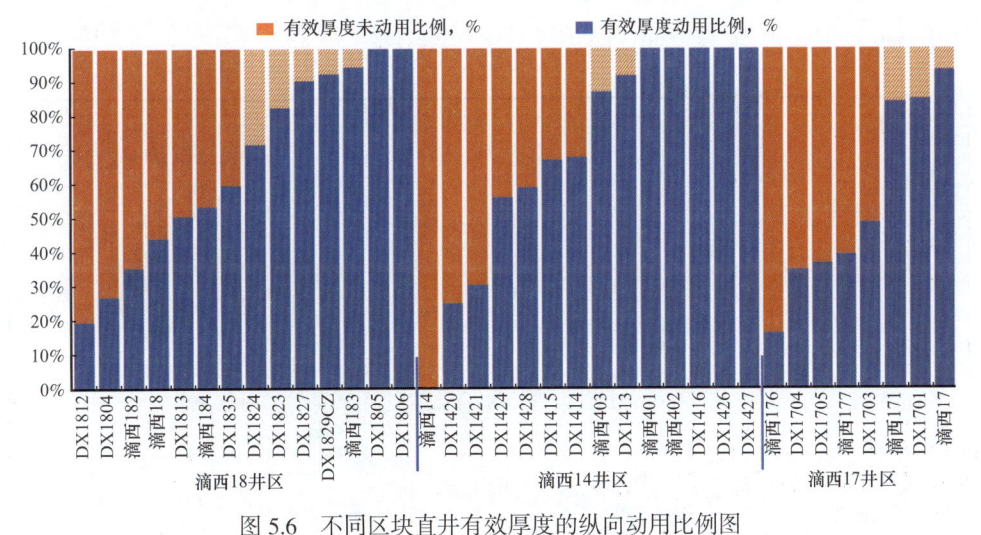

图5.6 不同区块直井有效厚度的纵向动用比例图

5.4.2.3 平面未动用储量

利用产量不稳定法，将实测数据曲线与理论图版拟合，可以求取产量拟合值和时间拟合值，根据求取的产量拟合值和时间拟合值，可以计算单井控制泄流半径，以单井控制泄流半径确定单井平面控制面积。滴西14井区的泄流半径分布在103～780m，平均值为325m，井控面积分布在0.03～1.91km^2，平均值为0.47km^2；滴西17井区的泄流半径分布在338～577m，平均值为422m，井控面积分布在0.36～1.05km^2，平均值为

0.6km²；滴西 18 井区的的泄流半径分布在 103～820m，平均值为 333m，井控面积分布在 0.03～2.11km²，平均值为 0.48km²。

5.4.2.4 各井区开发潜力评价

1. 滴西 14 井区

1）纵向潜力分析

滴西 14 井区 18 口井中有 6 口井石炭系未动用有效厚度比例在 32.7%～100%，平均 61.84%。DX1417 井石炭系欠平衡效果差，可通过裸眼分级压裂动用。

2）平面潜力分析

滴西 14 井区储层物性总体较差，Ⅲ 类井占 40%，气藏高部位气井控制半径 105～370m，平面上尚存在未控制含气区，在气藏的边部及高部位未控制区域存在挖潜潜力。滴西 14 井区储量平面动用程度较低，气藏核算可动用地质储量 $132.03 \times 10^8 m^3$，动态法计算动态储量 $46.74 \times 10^8 m^3$，动用程度仅为 35.4%。

3）未动用储量潜力分析

在单井纵向和气藏平面未动用储量潜力分析的基础上，采用龟背法，以试井解释单井控制泄流半径为主，井距之半为辅原则，圈定单井井控面积，气井井控面积分布在 0.04～0.62km²，平均值为 0.24km²（图 5.7）。单井控制有效厚度参考单井解释结果，其他参

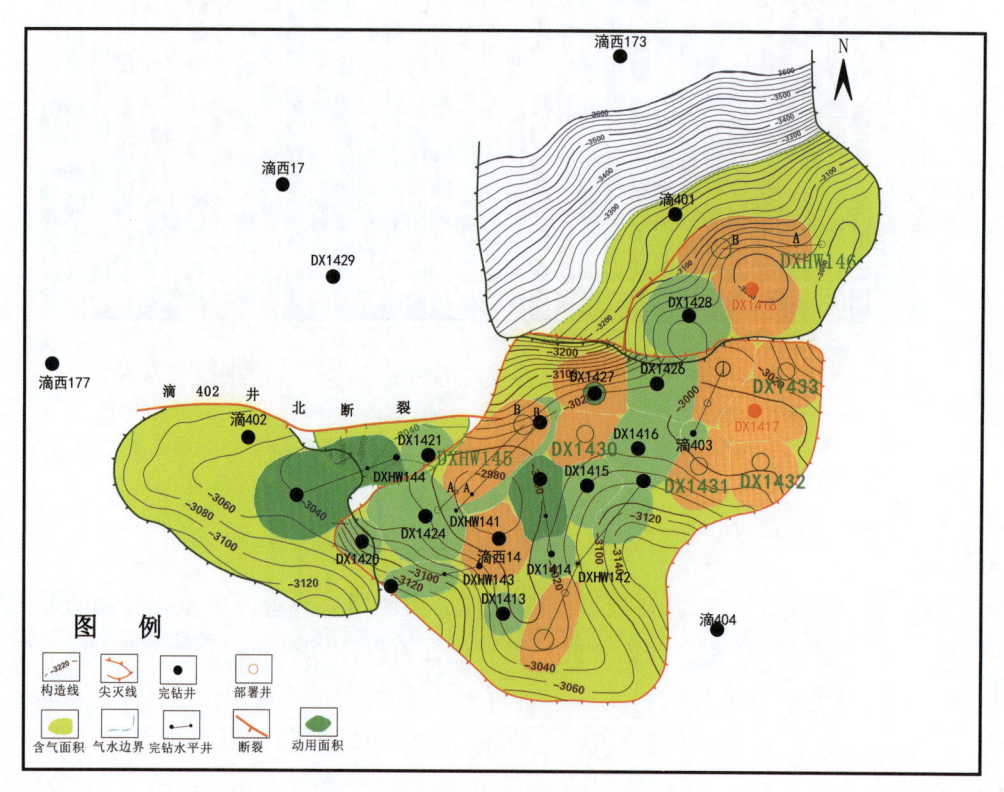

图 5.7 滴西 14 井区单井控制面积

数采用有效厚度权衡，计算单井控制地质储量，滴西 14 井区老井井控储量 $99.46\times10^8\mathrm{m}^3$，新井井控储量 $29.50\times10^8\mathrm{m}^3$，调整后滴西 14 井区井控储量合计 $128.96\times10^8\mathrm{m}^3$。

在井控面积基础上，按单井纵向动用原则，确定单井动用有效厚度，计算单井动用地质储量。12 口直井单井地质储量合计 $60.76\times10^8\mathrm{m}^3$，单井动用地质储量合计 $37.25\times10^8\mathrm{m}^3$，直井井控储量动用程度 0~100%，平均 61.8%。直井纵向未动用潜力及平面未动用潜力均比较大，可通过老井补层、加密部署新井及老井侧钻提高气藏动用程度。

2. 滴西 17 井区

1）纵向潜力分析

滴西 17 井区块 11 口井中有 6 口井石炭系未动用有效厚度比例在 50.93%~83.53%，平均 69.94%。

2）平面潜力分析

滴西 17 井区高部位气井控制半径 234~443m，尚存在未控制区域，具有挖潜潜力；气藏的边部存在多个储量未动用区域，滴西 17 井区储量动用程度较低。滴西 17 井区石炭系气藏天然气地质储量 $160.66\times10^8\mathrm{m}^3$，可动用地质储量 $144.56\times10^8\mathrm{m}^3$。该区投产时间晚，计算井控动态储量仅 $21.72\times10^8\mathrm{m}^3$，动用程度 15.0%。

3）未动用储量潜力分析

在单井纵向、气藏平面未动用储量潜力分析的基础上，采用龟背法，以试井解释单井控制泄流半径为主，井距之半为辅原则，圈定单井井控面积，气井井控面积 0.02~0.54km²，平均 0.35km²（图 5.8、图 5.9）。单井控制有效厚度参考单井解释结果，

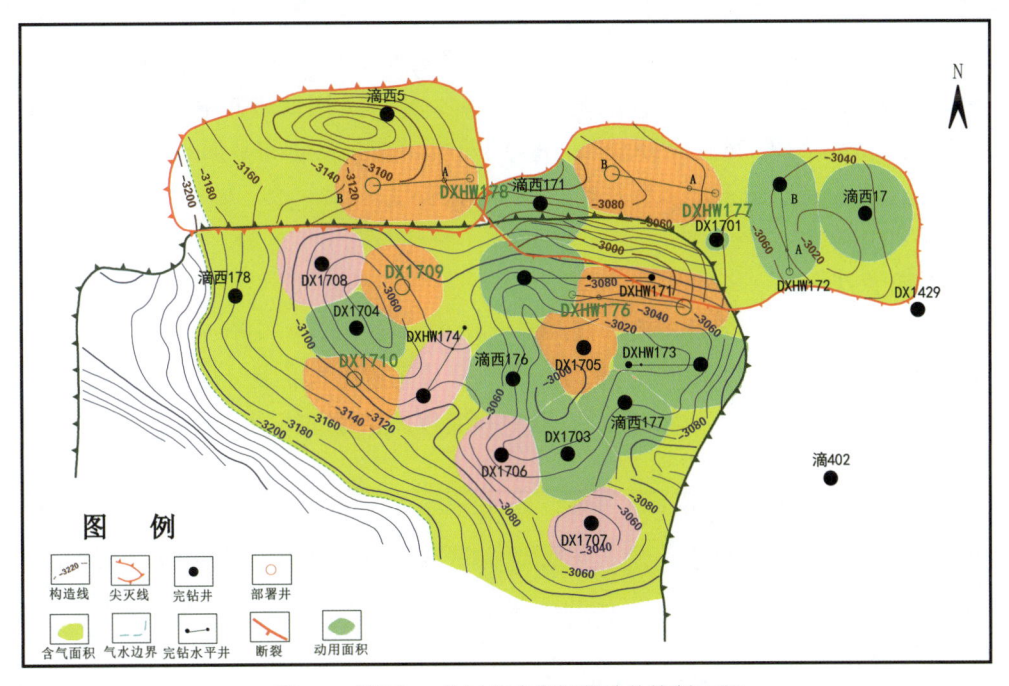

图 5.8　滴西 17 井区玄武岩气藏单井控制面积

其他参数采用有效厚度权衡，计算单井控制地质储量。滴西 17 井区老井井控地质储量 $93.85 \times 10^8 \text{m}^3$，新井井控地质储量 $23.76 \times 10^8 \text{m}^3$，合计 $117.61 \times 10^8 \text{m}^3$。

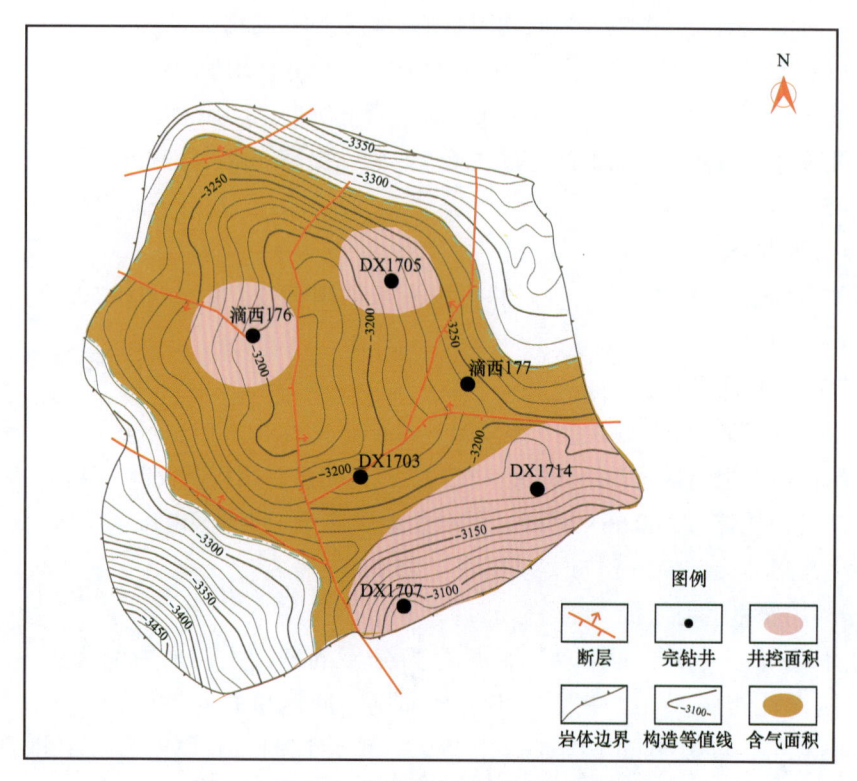

图 5.9 滴西 17 井区流纹岩气藏单井控制面积

在井控面积基础上，按单井纵向动用原则，确定单井动用有效厚度，计算单井动用地质储量，8 口直井单井地质储量合计 $54.88 \times 10^8 \text{m}^3$，单井动用地质储量合计 $25.82 \times 10^8 \text{m}^3$，直井井控储量动用程度 26.3%~100%，平均 47.0%。直井纵向和平面未动用潜力均比较大，可通过老井补层、加密部署新井提高气藏动用程度。

3. 滴西 18 井区

1）纵向潜力分析

根据气层生产动态特征及工艺措施，滴西 18 井区块 19 口井中有 7 口井石炭系未动用有效厚度比例占 46.34%~80.14%，平均 59.16%。该区边底水、裂缝均比较发育，夹层不发育，补层后需压裂投产，出水风险大，该区调整以侧钻及加密为主。

2）平面潜力分析

该井区突出问题为边底水入侵，滴西 18 井岩体、滴西 183 井岩体南部水淹面积逐渐增大，该区域的动用存在较大风险。滴西 18 井区高部位气井控制半径 107~420m，平面上已基本控制了高部位的含气区。在气藏的边部，存在 3 个储量未动用的区域，具有一定潜力。滴西 18 井区储量动用程度较低，滴西 18 井区石炭系气藏复核天然气地质储量 $184.41 \times 10^8 \text{m}^3$，天然气可动用地质储量 $140.39 \times 10^8 \text{m}^3$，井控动态储量 $70.39 \times 10^8 \text{m}^3$，动用程度 50.1%，具有较大开发动用潜力。

3）未动用储量潜力分析

在单井纵向和气藏平面未动用储量潜力分析的基础上，采用龟背法，以试井解释单井控制泄流半径为主，井距之半为辅原则，圈定单井井控面积，气井井控面积 0.02~0.79km²，平均 0.21km²（图 5.10）。单井控制有效厚度参考单井解释结果，其他参数采用有效厚度权衡，计算单井控制地质储量，滴西 18 井区老井井控地质储量 157.53×10^8m³，新井井控地质储量 19.29×10^8m³，调整后井控地质储量 176.82×10^8m³。

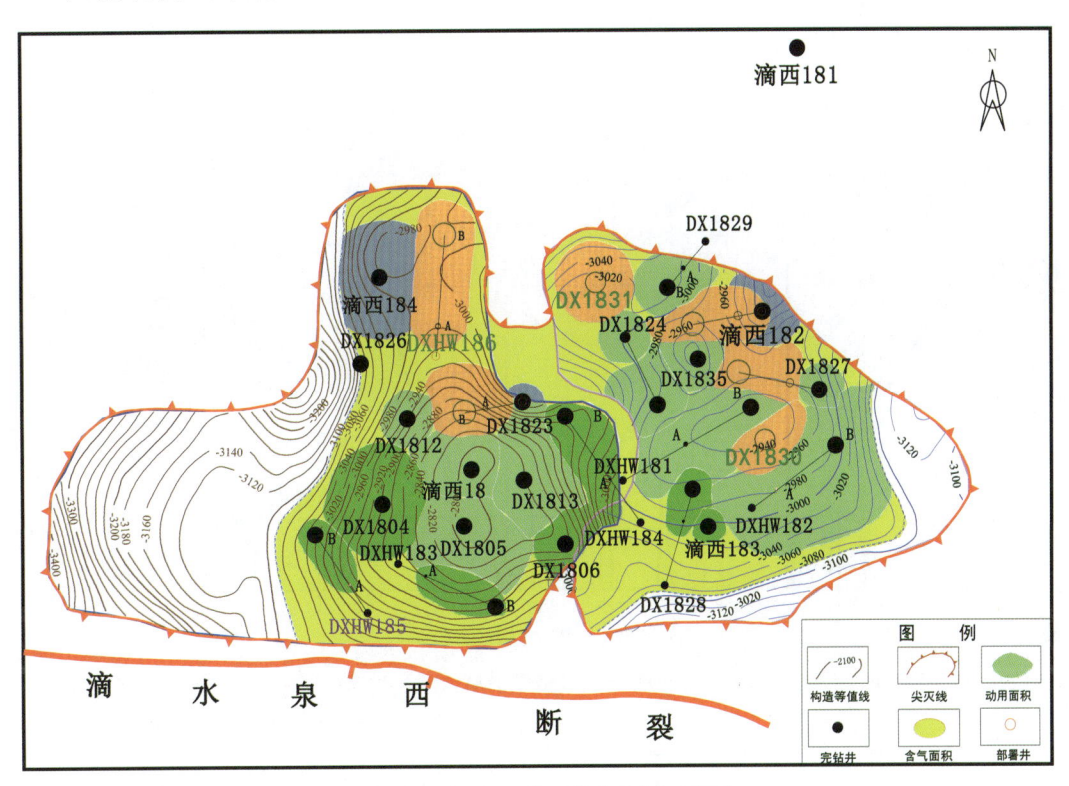

图 5.10 滴西 18 井区单井控制面积图

在井控面积基础上，按单井纵向动用原则，确定单井动用有效厚度，计算单井动用地质储量，16 口直井单井地质储量合计 103.93×10^8m³，单井动用地质储量合计 74.29×10^8m³，直井井控储量动用程度 0%~100%，平均 71.5%。井控程度低位置加密部署新井或老井侧钻动用。

5.4.3 剩余储量动用

5.4.3.1 老井侧钻

对开发区内纵向上未动用储量较小的气井，根据储层展布和剩余储量分布，优选有利方向进行横向储量动用。在目前井网条件下，采用加密水平井动用未控制储量受井距制约，效益较低，老井侧钻可有效提高单井储量动用程度。老井侧钻技术是利用低产、停产井和套变井的部分井筒，以及完好的地面设备在原来的井筒上开窗，向地下油气层横向钻进动用油气储量。

为提高气藏动用程度，克拉美丽气田滴西 14 井区、滴西 17 井区和滴西 18 井区共侧钻 14 口井，共投产 11 口井，3 口井由于有效厚度发育较差，未投产。从 11 口侧钻后已投产井生产效果看，取得了较好的效果，初期日产气一般在 $5\times10^4\text{m}^3/\text{d}$ 以上，由于相对直井具有泄油体积大、产量高的特点，整体生产平稳，累积产气量高，目前均能保持在 $4\times10^4\sim7\times10^4\text{m}^3/\text{d}$ 稳产，如典型井 DX1823 井、DX1427 井（图 5.11、图 5.12）。

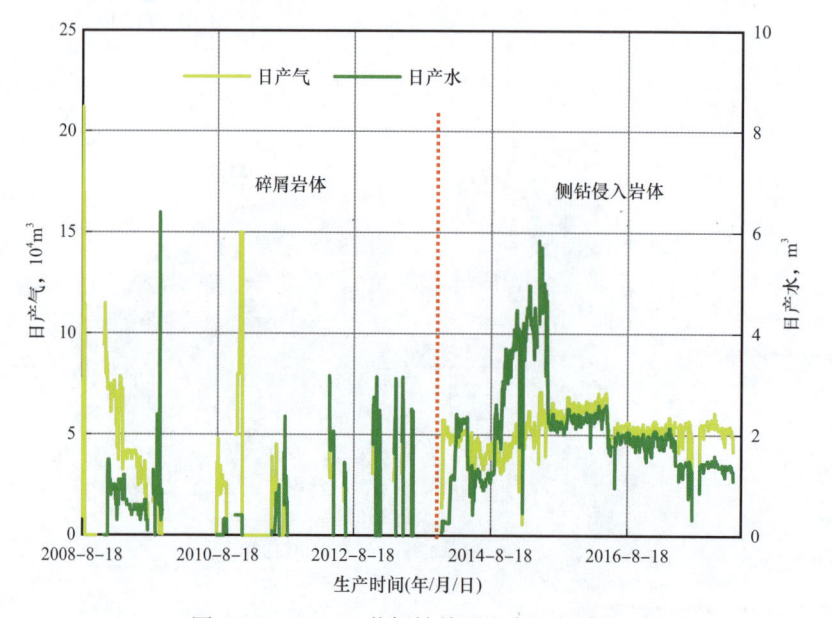

图 5.11　DX1823 井侧钻前后生产运行曲线

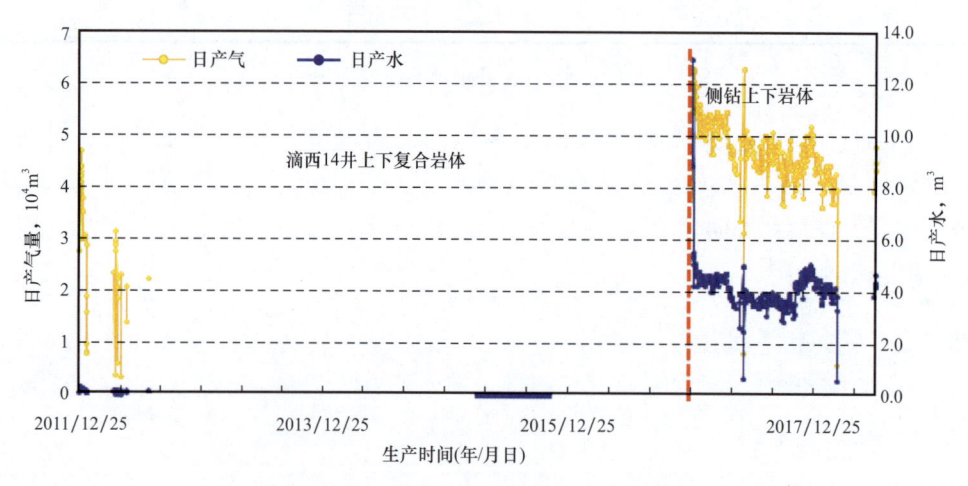

图 5.12　DX1427 井侧钻前后生产运行曲线

5.4.3.2 补层及加密新井

1. 滴西 14 井区

针对低产井或停产井，通过老井侧钻挖潜，大幅度提高单井产量；优选剩余储量富集区域部署加密井，提高储量动用程度。5 口补层井新增井控地质储量 $7.85\times10^8\mathrm{m}^3$，恢复产能 $0.61\times10^8\mathrm{m}^3$。1 口侧钻井及 6 口新井可新增井控地质储量 $29.50\times10^8\mathrm{m}^3$，1 口侧钻井可新建产能 $0.16\times10^8\mathrm{m}^3$，6 口加密井可新建产能 $1.20\times10^8\mathrm{m}^3$。调整后滴西 14 井区井控地质储量可达 $128.96\times10^8\mathrm{m}^3$，储量动用程度由 70.4% 提高到 91.3%。

2. 滴西 17 井区

在单井纵向动用潜力分析基础上，考虑该井区玄武岩气层边水比较发育，不建议玄武岩气层内部补层，该井区纵向发育 2 套气层，5 口井钻揭下部流纹岩气藏，除 DX1703 井显示稍差外，4 口井可通过补层接替动用。4 口补层井可新增动用地质储量 $11.66\times10^8\mathrm{m}^3$，恢复产能 $0.65\times10^8\mathrm{m}^3$。

优选剩余储量富集区域部署加密井，提高储量动用程度。滴西 17 井区部署加密井 5 口，其中水平井 3 口，直井 2 口。5 口新井可新增井控储量 $23.76\times10^8\mathrm{m}^3$，新建产能 $1.07\times10^8\mathrm{m}^3$，调整后滴西 17 井区井控地质储量可达 $117.61\times10^8\mathrm{m}^3$，储量动用程度由 64.9% 提高到 81.4%。

3. 滴西 18 井区

针对低产井或停产井，通过老井侧钻挖潜，大幅度提高单井产量，优选剩余储量富集区域部署加密井。滴西 18 井区老井侧钻 2 口，加密井 3 口，其中水平井 1 口，直井 2 口。2 口侧钻井及 3 口新井可新增井控储量 $19.29\times10^8\mathrm{m}^3$，新建产能 $0.91\times10^8\mathrm{m}^3$，调整后滴西 18 井区井控地质储量可达 $182.67\times10^8\mathrm{m}^3$，储量动用程度由 85.4% 提高到 95.9%。

5.5 综合治水技术

随着气藏开采程度的增加，间开井和水淹井的增多，导致开发效果明显变差，严重影响气田的正常生产。根据"排控结合，综合治水，保障气井平稳生产"的原则，提出"分类分治、控排结合"的治水思路，分区治水，取得了较好的效果。

5.5.1 治水原则和思路

在克拉美丽气田气水综合分析及现场排水采气试验基础上，确定气田综合治水原则和思路。

（1）排水原则：单井排水以实现产水井稳定生产优选配套工艺，整体排水使气藏水区地层压力略高于气区压力设计排水量。排控结合，综合治水，保障气井平稳生产。

（2）治水思路：分类分治、控排结合。

——滴西 14 井火山岩气藏：单井排水、气水同采。

——滴西 17 井火山岩气藏：先控后排、优化调整。

——滴西 18 井火山岩气藏：整体排水、低排高控。

5.5.2 治水措施及效果

5.5.2.1 滴西 14 井、滴西 17 井区

产水对滴西 14 井区气井生产影响较小，对滴西 17 井区气井生产有一定影响。采取单井排水、控水生产，通过优化配产，利用气井本身能量带水生产，实现稳定生产，对携液困难的气井，优选工艺排液采气。滴西 17 井区设计排水采气井 7 口，滴西 14 井区 1 口（表 5.6）。单井配产考虑出水井目前生产情况，考虑排水采气时限，综合确定。

表 5.6 滴西 14 井、滴西 17 井区排液采气井生产数据

井号	油压 MPa	日产气 $10^4 m^3$	日产液 m^3	累计产气 $10^8 m^3$	动态储量 $10^8 m^3$	剩余储量 $10^8 m^3$	配产 $10^4 m^3$
DXHW171 井	14	4.2	7.56	0.25	8.36	8.11	1.0
DXHW174 井	32	3.5	24	/	3.18	3.18	3.0
滴西 17 井	9.0	3.2	7.36	0.58	1.54	0.96	1.0
滴西 171 井	12	3.4	12.44	0.33	4.71	4.38	1.0
DX1706 井	25	3.9	93	/	4.67	4.67	3.0
DX1705 井	10	5	12	/	0.61	0.45	1.0
DXHW172 井	10	5.0	10	0.39	1.04	0.65	1.0
DX1415 井	8.8	2.3	14.51	1.01	5.10	4.09	1.0

5.5.2.2 滴西 18 井区

利用低部位水淹井主动排水，高部位生产井控制压差生产，减缓气藏水侵；按最大排水量进行排水，上限设计为水侵量，下限为水侵量与目前产水井最大产水能力之差，以确保侵入水基本排出。

滴西 18 侵入岩体 DX1805 井保持 $25m^3/d$ 的带水生产能力，则排水量应为 215.2~245.2m^3/d，初期利用 DX1804 井、DXHW183 井排水，日排水量 55.0m^3，待落实 DXHW185 井连通性后进行排水，排水量可达到 135m^3/d，DX1806 井、DXHW184 井单井排水，总排水量可达到 225m^3/d；滴西 183 井侵入岩体 DXHW182 井保持 40m^3/d 的带水生产能力，则

排水量应为59.7~99.7m³/d,利用2口水淹井排水,日排水量93m³,基本满足排水需求(表5.7)。

表5.7 滴西18井气藏排水井生产数据

岩体	井号	油压 MPa	套压 MPa	日产气 10⁴m³	日产水 m³	水气比 m³/10⁴m³	设计日排水量 m³	备注
滴西18井	DX1804井	9.5	14.0	1.5	23	15.3	23	积液关井
	DXHW183井	13.5	18.5	4	32	8.0	32	未投产
	DXHW184井	20.5	4.0	7	45	6.4	45	未投产
	DXHW185井	10.2	2.1	2	80	40.0	80	未投产
	DX1806井	12.0	16.0	4	20	5.0	20	积液关井
	DX1805井	11.0	12.0	4.8	41	8.5	25	积液冬井
	小计	12.8	11.1	23.3	41	10.3	225	
滴西183井	滴西183井	10.0	15.0	2	32	16.0	32	积液关井
	DX1828井	6.1	12.8	1.1	21.3	19.4	21	未投产
	DXHW182井	16.0	2	5	40	8.0	40	积液冬井
	小计	10.7	9.9	8.1	93.3		93	
合计				20.2	293.3		318	

第 6 章

钻（完）井及储层压裂技术

克拉美丽火山岩储层具有岩石类型多、岩性岩相变化快、厚度变化大、非均质性强等特点，且裂缝发育，对钻井、完井和储层压裂改造都提出了较高要求。针对克拉美丽火山岩储层特征及施工难点，在气田开发实践过程中，形成了一系列适合克拉美丽火山岩气藏高效开发的钻（完）井技术和储层压裂技术。

6.1 钻井工程

克拉美丽火山岩气藏的钻井技术是在地质认识的不断深化及工艺技术研究和试验的基础上，针对不同井区储层岩石力学性质，在气藏开发调整阶段，形成了小井眼侧钻水平井技术及配套工艺。

6.1.1 钻头

6.1.1.1 储层岩石力学性质

克拉美丽火山岩气田滴西18井区各层段钻井岩石力学强度具有以下特点：

（1）白垩系地层强度24MPa，内摩擦角34°。

连木沁组下部（-1200m）存在4~5段夹层，整体硬度不高，在60MPa左右，但是相对平均硬度变化幅度较大，钻头从软地层进入硬夹层容易导致冲击断齿，在该段注意钻井参数的控制。

（2）侏罗系地层强度70MPa，内摩擦角37°。

地层软硬交互频繁，容易掉块、漏失。进入侏罗系地层硬度整体提升近50%，地层软硬夹层增多且强度变化幅度达到90%。同时该段存在8~10段砾石夹层，厚度达到22~24m，对PDC钻头影响较大。因此在八道湾组要根据地层变化，及时调整钻井参数，减少夹层对钻头的破坏。

（3）三叠系地层强度64MPa，内摩擦角36°。

夹层多易漏失、垮塌。三叠系地层强度有所下降，其白碱滩组下部、克拉玛依组上部强度仅为21MPa，但是地层软硬变换频率较高，应注意井眼质量以及井眼稳定性。

（4）二叠系梧桐沟组及石炭系岩石强度75~97MPa，内摩擦角40°~42°。

泥岩段水敏性强，易剥落。石炭系上部（3400~3500m）泥岩、安山岩及凝灰岩交错分布，软硬变化频繁且地层研磨性高。应选用抗冲击性钻头，同时加强钻头掌尖和保径部分的保护，防止密封失效。

6.1.1.2 钻头设计

三牙轮钻头钻穿白垩系艾里克湖组底部砂砾岩后，下入4刀翼或5刀翼PDC钻头钻至侏罗系八道湾组中下部，再使用三牙轮钻头钻穿八道湾组砂砾岩到白碱滩组稳定泥岩后，下入PDC钻头可钻至三叠系克拉玛依组中部。石炭系使用贝克休斯高效牙轮钻头。滴西14井区、滴西17井区、滴西18井区近平衡直井钻头设计见表6.1，滴西10井区近平衡直井钻头设计见表6.2。

表 6.1　滴西 14 井、滴西 17 井、滴西 18 井区近平衡直井钻头设计

序号	尺寸,mm	型号	数量	钻进井段,m	进尺,m	纯钻时间,h	预测机械钻速,m/h
1	444.5	MP2G	1	0~-500	500	25	20
2	311.2	HJ437G	1	-1100	600	40	15
3	311.2	FS2563BG	1	-2600	1500	150	10
4	311.2	HJT517G	3	-3050	450	220	2.5
5	215.9	FS2463BG	1	-3350	300	75	4
6	215.9	HJT517GK	4	-3733	383	191.5	2

表 6.2　滴西 10 井区近平衡直井钻头设计

序号	尺寸,mm	型号	数量	钻进井段,m	进尺,m	纯钻时间,h	预测机械钻速,m/h
1	444.5	MP2G	1	0~-500	500	25	20
2	311.2	HJ437G	1	-1100	600	40	15
3	311.2	FS2563BG	1	-2400	1300	130	10
4	311.2	HJT517G	3	-2700	300	150	2
5	215.9	FS2463BG	1	-3000	300	75	4
6	215.9	HJT517GK	2	-3145	145	72.5	2

6.1.2　钻井液

6.1.2.1　储层物性特征

滴西 14 井区的主要岩性为凝灰岩与凝灰质角砾岩（图 6.1），滴西 17 井区主要岩性为凝灰质砂砾岩、玄武岩（图 6.2），滴西 18 井区主要岩性为花岗斑岩、凝灰岩（图 6.3）。从岩性上看，滴西 14 井区、滴西 17 井区和滴西 18 井区石炭系火成岩储层岩性分别以凝灰质砂砾岩、玄武岩，凝灰岩、凝灰质角砾岩和花岗斑岩、凝灰岩等为主，安山岩、玄武岩岩石中黏土矿物大量为基质长石蚀变而来的不规则片状绿泥石。

滴西 14 井区石炭系储层物性如图 6.4 所示，孔隙度分布在 7.1%～22.2%，平均值为 14.4%；渗透率分布在 0.005～836.000mD，平均值为 0.844mD；滴西 18 井区石炭系储层物性如图 6.5 所示，孔隙度分布在 5.9%～21.9%，平均为 10.8%，渗透率分布在 0.005～211.000mD，平均为 0.071mD。可以看出，石炭系储层属中孔、低渗/特低渗储层。从滴 403 井和滴 18 井石炭系储层柱体薄片（图 6.6、图 6.7）可以看出，石炭系储层微裂缝及火山碎屑内溶孔较发育，晶间溶孔、斑晶溶孔及微裂缝较发育。孔隙是主要的储集空间，裂缝主要起渗流通道的作用。所以，石炭系储层具有裂缝和孔隙双重介质特征。

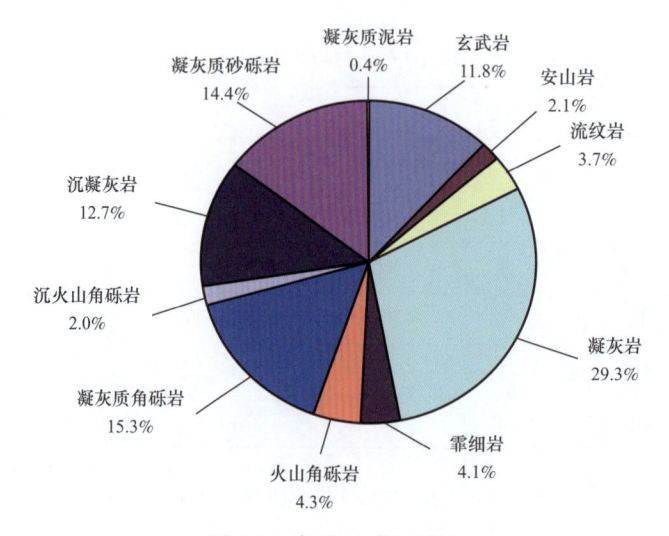

图 6.1　滴西 14 井区岩性

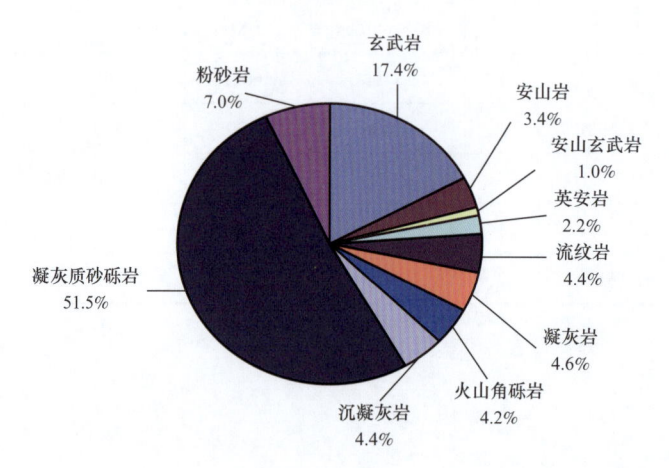

图 6.2　滴西 17 井区岩性

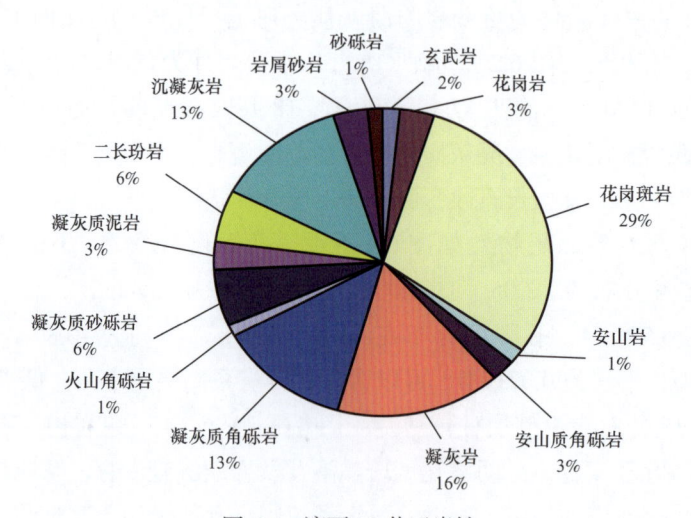

图 6.3　滴西 18 井区岩性

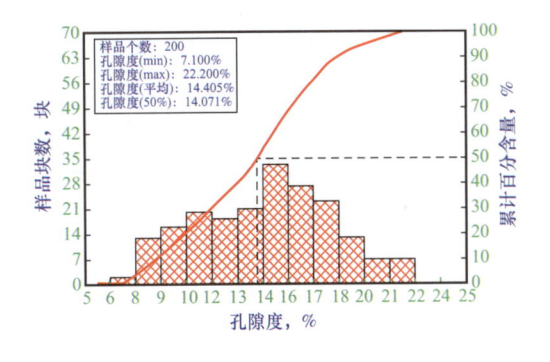

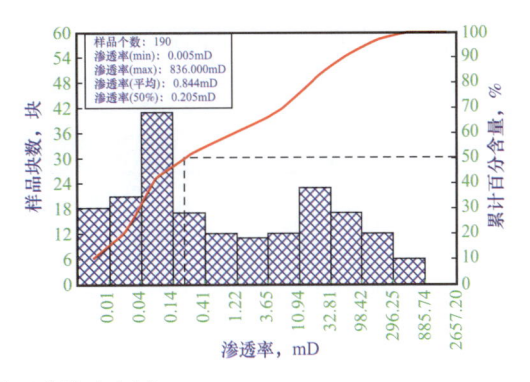

图 6.4　滴西 14 井区孔渗直方图

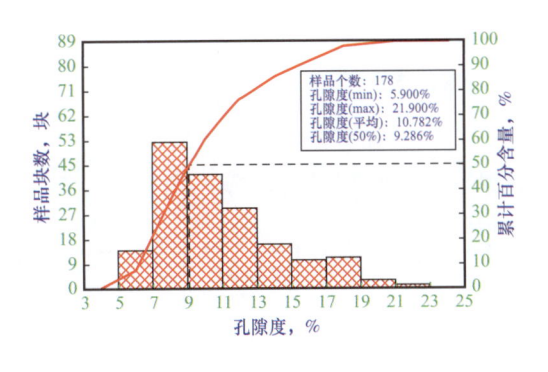

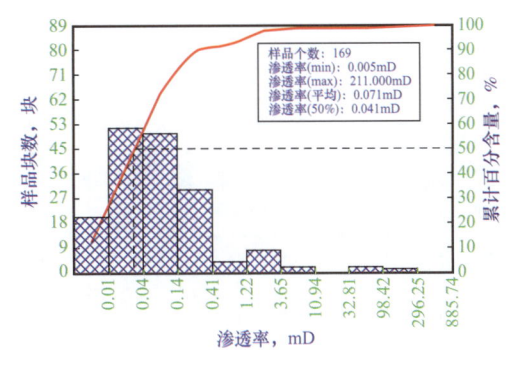

图 6.5　滴西 18 井区孔渗直方图

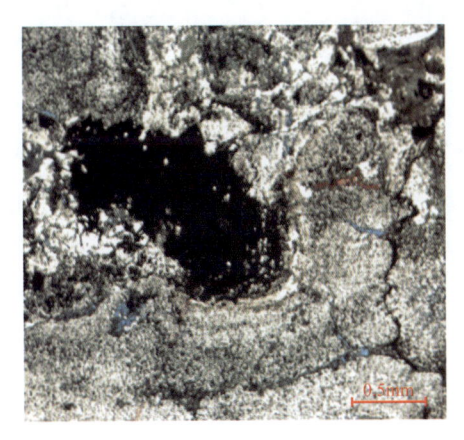

图 6.6　滴 403 井 3818.55m 铸体薄片

图 6.7　滴西 18 井 3452.07m 铸体薄片

6.1.2.2　储层敏感性评价

使用滴西 14 井、滴西 17 井和 DX1824 井岩心开展敏感性评价实验研究。结果表明，石炭系储层的水敏指数分布在 53.53%~86.27%（表 6.3），为中等偏强水敏—强水敏，表明钻完井过程中应注意预防和减少储层水敏的产生。速敏指数分布在 26.81%~58.28%

（表6.4），为弱速敏—中等偏强速敏。酸敏指数分布在35.36%～68.31%（表6.5），为强酸敏—极强酸敏，表明储层更适合采用压裂方式进行改造。

表6.3 储层岩心水敏评价实验结果

井号	深度，m	$K_{空气}$ mD	$K_{地层水}$ mD	$K_{伤害后}$ mD	水敏指数 %	评价结果
滴西14井	3668.05～3670.80	8.91	0.305	0.0419	86.27	强水敏
滴西17井	3632.86～3641.56	1.96	0.223	0.0673	69.77	中等偏强水敏
DX1824井	3669.74～3669.80	0.21	0.0241	0.00854	64.61	中等偏强水敏
		5.47	0.439	0.204	53.53	中等偏强水敏

表6.4 储层岩心速敏评价实验结果

井号	深度，m	$K_{空气}$ mD	$K_{地层水}$ mD	$K_{伤害后}$ mD	临界流速 mL/min	速敏指数 %	评价结果
滴西14井	3668.05～3670.80	11.0	0.88	0.644	0.25	26.81	弱速敏
滴西17井	3632.86～3641.56	10.2	1.52	0.634	0.10	58.28	中等偏强速敏
DX1824井	3673.48～3673.54	11.9	1.97	0.833	0.10	57.51	中等偏强速敏

表6.5 储层岩心酸敏评价实验结果

井号	深度，m	酸液类型	$K_{空气}$ mD	$K_{地层水}$ mD	$K_{伤害后}$ mD	酸敏指数 %	评价结果
滴西14井	3632.86～3641.56	土酸 12%HCl+3%HF	0.14	0.0206	0.0133	35.36	强酸敏
滴西17井	3632.86～3641.56	土酸 12%HCl+3%HF	0.45	0.0560	0.0178	68.31	极强酸敏
DX1824井	3684.60～3684.80	土酸 12%HCl+3%HF	0.15	0.0239	0.0103	56.81	极强酸敏

6.1.2.3 储层保护措施

克拉美丽气田储层段钻井液体系应用成熟且稳定的钾钙基有机盐和无固相有机盐钻井液体系，其中欠平衡钻井的钻井液以无固相有机盐体系为主。具体配方为：0.4%膨润土+0.2%Na_2CO_3+0.2%KOH+0.5%～0.7%SP-8+0.5%～0.7%PMHA-2+5%～7%KCl+0.5%～0.6%NPAN+2%SMP-1粉+1%～2%SPNH+3%阳离子乳化沥青+1%～2%润滑剂+0.2%～0.5%CaO+1%～2%ZL+3%JCM-12+堵漏剂+0.2%消泡剂+重晶石。钻井液性能见表6-6，克拉美丽气田四个主要井区储层段钻井液密度大小关系为：滴西10井区＜滴西18（井区）

＜滴西14(井区)＜滴西17(井区)。其他钻井液体系性能参数（包括漏斗黏度、API失水、泥饼、pH值、含砂、HTHP失水、摩阻系数等）各井区相同。

表6.6 克拉美丽气田储层段钻井液体系性能

井区	井段 m	密度 g/cm³	漏斗黏度 s	API类失水 mL	泥饼 mm	pH值	含砂 %	HTHP失水 mL	摩阻系数	静切力，Pa 初切	静切力，Pa 初切	总固相含量 %
滴西10井	2700～3145	1.10～1.15	45～80	≤5	≤1	8.5～10	≤0.5	≤15	≤0.1	1.5～8	2～15	≤22
滴西14井	3050～3733	1.20～1.39										
滴西17井		1.37～1.45										
滴西18井		1.07～1.35										

储层段钻井液完井液体系应该具有较好的储层保护效果，固相含量低，滤液应不产生水锁伤害，储层段钻井、完井中使用无固相有机盐钻井液与完井液体系，以有效保护气藏。克拉美丽火山岩气田裂缝发育，钻井过程易漏失，钻井液与完井液中的固相和滤液成分容易形成污染，应采取的储层保护措施主要有：

（1）根据克拉美丽火山岩气田储层特性，储层段钻井采用具有良好储层保护效果的无固相钻井液完井液体系。

（2）降低钻井液滤失量，API类钻井液滤失量小于或等于5.0mL，HTHP钻井液滤失量小于或等于15.0mL。

（3）固井水泥浆中使用降失水剂，降低水泥浆的滤失量小于或等于50mL，减少固井对目的层的损害。

（4）控制钻井液、水泥浆滤液的矿化度高于临界矿化度，防止滤液进入储层引起水敏、盐敏损害。

（5）严格控制无用固相含量和含砂量，防止堵塞裂缝。

（6）钻开储层后应搞好固相控制，使钻井液与完井液中固相含量控制在合理范围，保持钻井液性能的稳定，保证钻井液性能指标满足油气层保护及井下安全的需要。

（7）钻开石炭系储层，加入适量的表面活性剂和短棉绒。

（8）钻开油气层后，控制起下钻速度，操作要平稳，减少激动压力和抽吸压力。开泵和起下钻要平稳操作，起下钻过快，会产生严重的抽吸、压力激动，还可能引起井漏、井塌、井喷、卡钻等井下事故，同时还会加速钻井完井液中固相和液相向储层进一步侵入，造成的油层损害。

（9）当储层揭开后，储层被钻井完井液浸泡的时间越长，其损害的程度和深度越增加。因此，在揭开储层前做好各项准备，选择好各项钻井参数，调整好钻井液与完井液性能，提高机械钻速。另外，还要做好测井、下套管和固井的各项准备工作，减少辅助作业时间。

6.1.3 小井眼侧钻水平井技术

小井眼侧钻水平井技术是利用低产井、停产井和套变井的部分井筒及完好的地面设备，在原来的井筒上开窗，向地下油气层横向钻进动用油气储量。对比对常规水平钻井技术，确定小井眼侧钻水平井控制技术的关键是要建立随钻井震监控剖面、钻井液防漏改进、小井眼测井和分级高强度压裂设计。

在小井眼侧钻轨迹设计方面。主要以目前通用的产能替换比关系进行水平段的长度设计。利用火山岩压裂裂缝纵向向下开启高度 30~50m 为参考，为确保气井不受底水影响，以 2 倍人工裂缝高度为避水高度下限设计轨迹（图 6.8）。

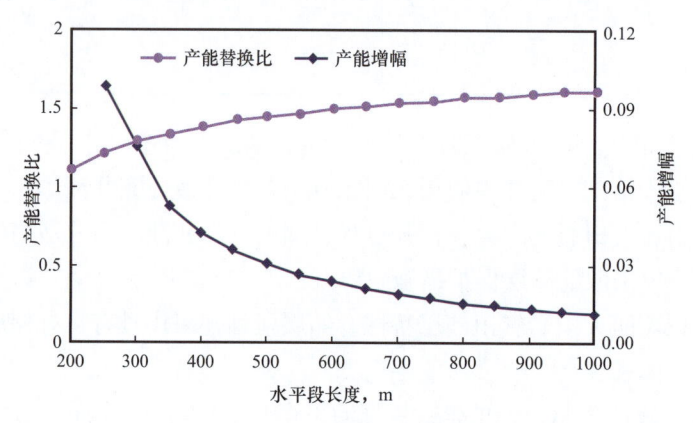

图 6.8 水平段长度产能替换比曲线

在侧钻轨迹控制技术方面。主要是随钻监测和测量技术，随钻测量技术是指在钻井过程中同时进行的测井，通过测量井斜、井斜方位、井下扭矩、钻头承重、自然伽马、电阻率等参数，控制定向井轨迹，实时分析地层钻遇状况，指导钻进。随钻地质分析是火山岩气藏侧钻水平井轨迹控制和调整关键，为此，根据岩电关系确定岩性最敏感的伽马测井作为随钻监测参数，建立随钻伽马测试、岩屑录井和地震等井震信息剖面，即时分析地层钻遇情况，指导侧钻过程的轨迹控制（图 6.9）。

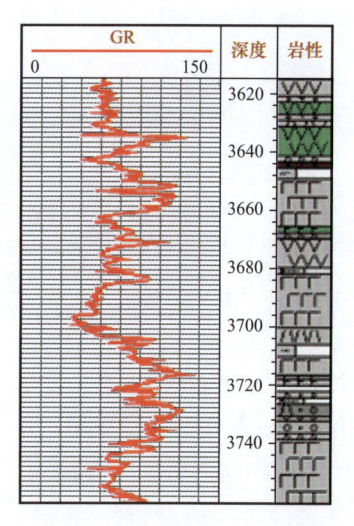

图 6.9 不同岩性 GR 响应

在水平井 DX1414 井侧钻的过程中，在钻至设计入靶点后，录井资料显示未钻遇设计的角砾岩，及时将随钻地质信息加载到地震剖面上，分析认为：从滴西 14 井—DX1414 井—DX1415 井地震能量减弱，在 DX1414 井和 DX1415 井间存在设计角砾岩体的尖灭。因此，从实钻情况看分析认为，地震设计的火山角砾岩储层逐渐过渡到凝灰质粉砂岩。从滴西 14 井该套火山角砾岩储层整体分布在该地震反射轴的中下部。因此，将原设计的侧钻水平段轨迹向下偏移 5°，采用 MWD 测量系统，通过对井斜、方位、扭矩等参数分析，控制轨迹方向，快速钻遇了31m厚的凝灰质角砾岩主力储层火山角砾岩优质储层，使该井气层钻遇率达到85%以上，较该区水平井气层钻遇率提高了3.6%（图6.10、图6.11）。

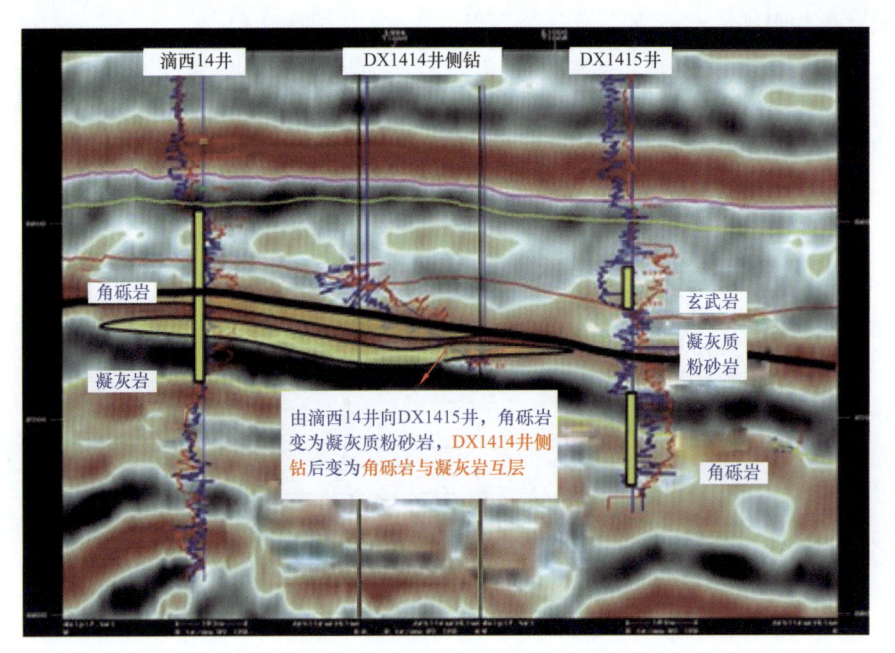

图6.10 侧钻井井震信息剖面

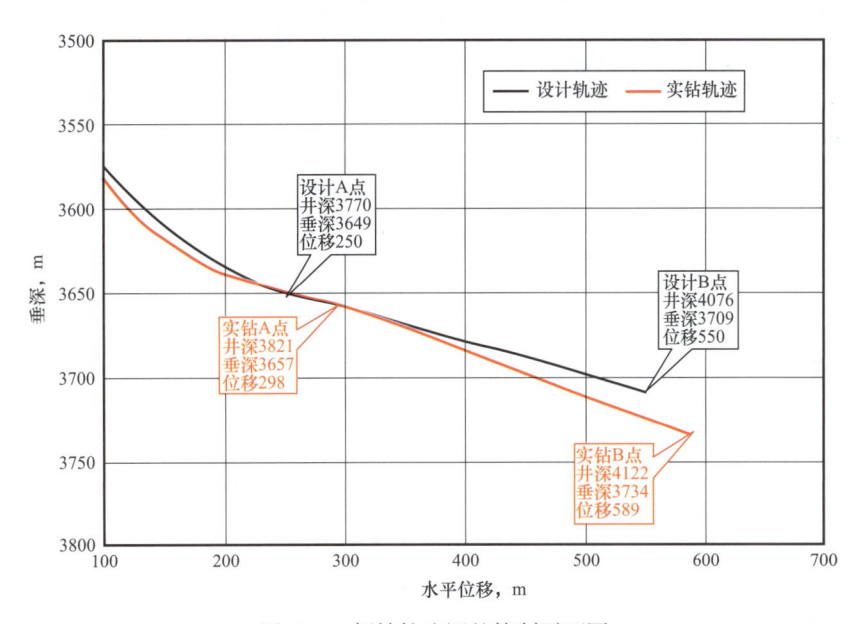

图6.11 侧钻轨迹调整控制平面图

对小井眼要实现高强度分级压裂，就需要有效降低管柱摩阻和快速完成裸眼压裂管柱的下入。对侧钻井采用延迟胶联压裂液体系、小井眼分段压裂一体化管柱完成裸眼高强度分级压裂技术。采取分段压裂改造、形成多条裂缝来提高低渗油气藏气井的产量。首次在水平井内采用了 ϕ89mm 管柱进行压裂，采用化学延迟压裂液体系，降低压裂液初期的黏度，在混砂过程中实现压裂液与压裂砂的充分融合，并减小压裂液在管柱中的摩阻损失，成功实现对小井眼裸眼井段高强度分级压裂（图 6.12、图 6.13）。

通过压裂液体系、压裂工具和加砂工艺优化，两口侧钻井完成了在 ϕ89mm 小管柱条件下千方液、百方砂的高强度大规模压裂，达到了大尺寸水平井的改造效果（表 6.7）。2 口侧钻井实施后获得了显著的生产效果。

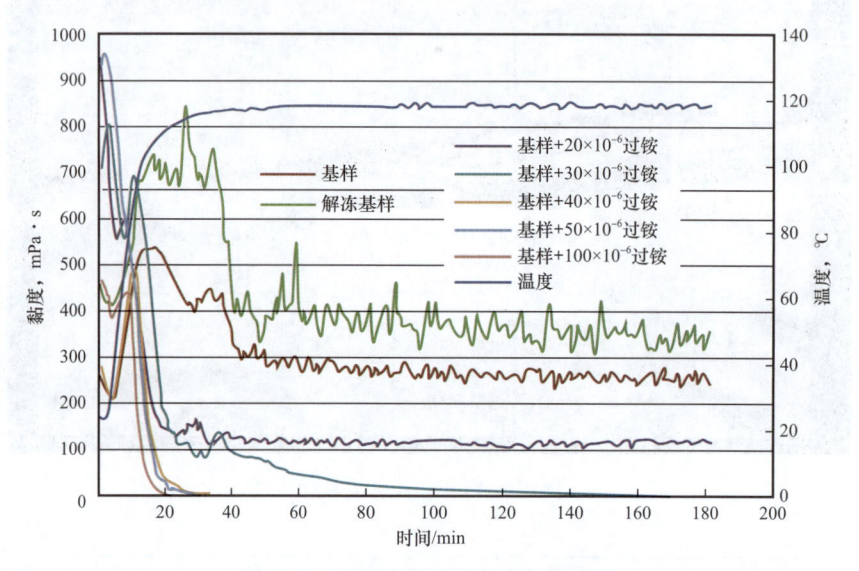

图 6.12　延迟胶联压裂液流变曲线图

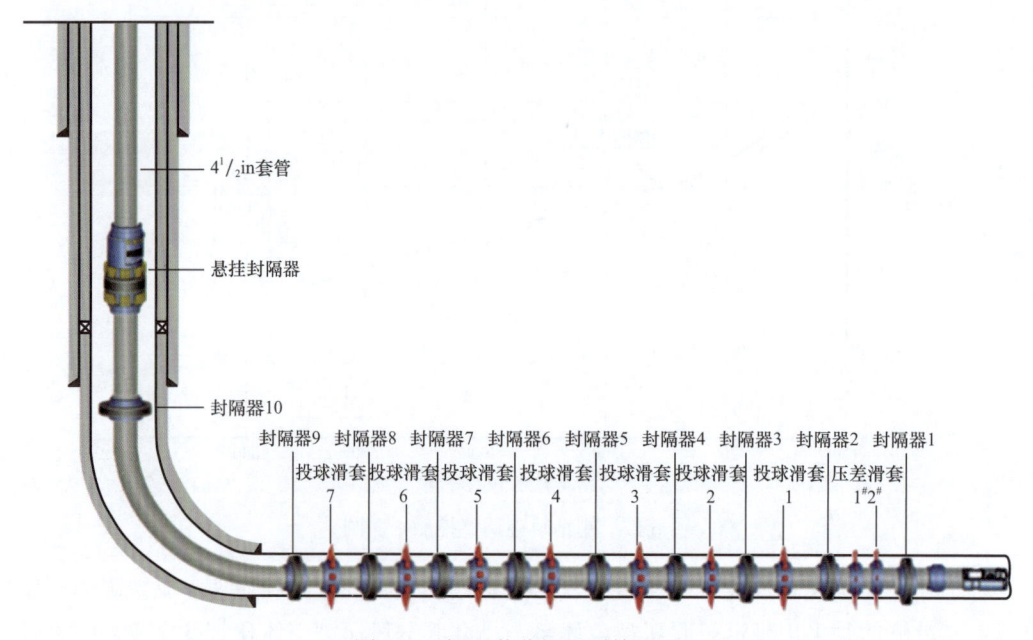

图 6.13　裸眼井分级压裂管柱图

表 6.7 火山岩气藏侧钻井与水平井压裂规模对比表

对比类别	压裂级数，段	压裂段长度 m	加砂量 m³	米加砂量 m³/m	压裂液量 m³	米用液量 m³/m
DX1824 井侧钻水平井	4	181	89.6	0.495	911.7	5.04
DX1414 井侧钻水平井	5	156	130	0.866	1358.2	8.71
火山岩水平井平均	4.4	251.2	103.9	0.414	1104.5	4.40

6.2 完井工程

克拉美丽火山岩气田石炭系火山岩气藏为中低孔，低渗–特低渗（含致密）裂缝孔隙型，以弹性驱为主，考虑有边水、底水影响，采用固井射孔完井，有利于储层改造和底水治理，但固井水泥浆对裂缝性储层伤害大；采用裸眼完井，可充分发挥欠平衡钻井对裂缝性储层的保护作用，但后期分段改造和底水治理的难度增大。

6.2.1 完井方式

气藏前期开发中先后进行了直井固井射孔完井、直井裸眼完井、水平井欠平衡钻井裸眼完井及水平井裸眼分段压裂完井 4 种完井方式。根据开发调整各区块的储层特点，从安全、经济、可靠、提高单井产量，以及地质工程对钻井施工要求并满足采气工艺实施等因素综合考虑，推荐采用如下完井方式：

（1）直井：套管固井射孔完井、裸眼完井。
（2）水平井：水平段裸眼封隔器 + 投球滑套分段压裂完井、水平井套管完井。
（3）侧钻水平井：裸眼分级压裂完井。

推荐射孔工艺如下：

（1）射孔方式：采用油管传输方式射孔。
（2）射孔参数：射孔枪：DP-89 型，射孔弹：DP-89，孔密：16 孔/m，相位角：60°，射孔液：4%SC-2 防膨液。
（3）射孔枪的处理：为避免射孔后起下管柱等修井作业造成储层的二次污染，采用全通径射孔或射孔后丢枪。

6.2.2 完井管柱

6.2.2.1 直井完井管柱

根据储层常压（平均压力系数 1.19）、配产低、地层压力下降快、稳产期短及压裂措施等特点，同时考虑气田远离人口稠密区，中后期气井作业量增加等因素，不考虑下入井下安全阀及封隔器，直井完井管柱设计推荐采用光油管结构，直井套管射孔完井管柱如图6.14所示。

生产管柱设计应该考虑以下几方面的因素：

（1）保证安全采气，并尽量减少井下作业工作量，作业时尽量减少对地层的伤害。

（2）管柱结构必须满足射孔、采气工艺、井下作业、测试工艺和配产的要求。

（3）生产管柱应满足长期不动管柱要求。

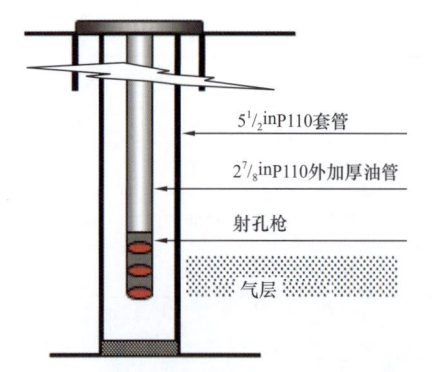

图6.14 直井套管射孔完井井身结构示意图

（4）克拉美丽火山岩气田CO_2含量低，不含H_2S，因此不必考虑额外的管柱防腐措施。根据生产油管尺寸选择的结果，套管射孔直井采用$\phi 73mm$（内径62mm）生产油管，与之匹配的最小生产套管为$\phi 139.7mm$（壁厚9.17mm和7.72mm组合）。

6.2.2.2 水平井完井管柱

克拉美丽火山岩气藏因连续性差、岩相变化快等特点，开发模式逐渐转变为水平井控面、直井控边。截至2018年4月，克拉美丽火山岩气田共有水平井44口，产能井中水平井占比由16%上升至42%。完井方式主要采用裸眼完井，其中有2口采用割缝衬管完井。完井管柱主要有 $3\frac{1}{2}$in 和 $4\frac{1}{2}$in 两种，其中小井眼侧钻水平井采用 $3\frac{1}{2}$in 管柱，新建水平井采用 $4\frac{1}{2}$in，满足压裂需要（图6.15）。

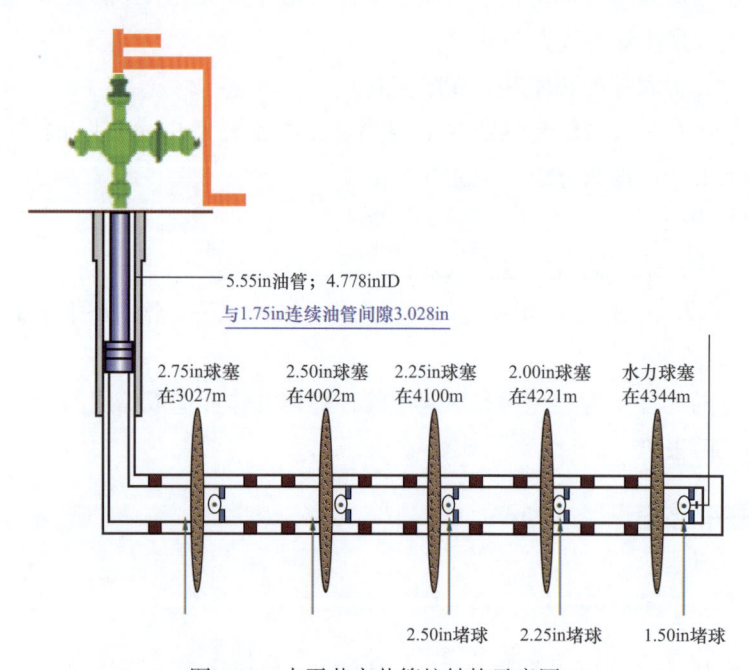

图6.15 水平井完井管柱结构示意图

6.3 储层压裂技术

随着对克拉美丽火山岩气藏储层特征认识的逐渐提高,以提高单井产量为目的,使用低伤害防水锁压裂液体系,开展了不同类型井的压裂设计,形成了一套以"控缝高、造长缝"为主要目标的火山岩储层压裂改造技术。

6.3.1 压裂液体系

6.3.1.1 压裂液性能要求

针对克拉美丽火山岩气田储层特征和压裂作业施工参数,压裂液性能应该满足以下要求:

(1)火山岩储层中岩灰成分较多,易产生颗粒分散、运移,堵塞支撑裂缝,从而降低导流能力。为此,压裂液需具有较好的岩石颗粒稳定性。

(2)储层中部最高温度达到114.02℃,为保证压裂施工的成功率,压裂液应满足120℃储层条件下的工作要求。

(3)火山岩储层改造规模大、施工时间长,要求压裂液具有良好的耐剪切性能。

(4)克拉美丽火山岩气田储层岩心吸附能力强,在测试时间内岩心的吸附量达到了0.2832~0.3569g,但在清水中加入表面活性剂后,可以大大降低岩心对液相的吸附,说明储层存在潜在的水敏和水锁,因此要求压裂液添加剂需要能够降低"水锁"伤害。

6.3.1.2 压裂液

克拉美丽火山岩气田储层压裂使用低伤害防水锁气井胍胶压裂液体系。原液配方为:0.4%~0.45%HPG+0.8% 气井助排剂 +4%KCl+0.05% 杀菌剂;交联剂为:1.0%~2.0% 有机硼交联剂 +1.0%~1.5% 温度稳定剂 +0.05%APS+0.1%pH 值调节剂;破胶剂为:微胶囊破胶剂 +0.015%~0.03% 过硫酸铵。

6.3.2 支撑剂体系

基于储层的岩石力学性质和地应力特征,选择抗高压性能良好的陶粒作为支撑剂。使用 30/50 目陶粒作为压裂缝的支撑材料,采用 40/70 目陶粒支撑剂段塞 2~3 段,浓度 70~220kg/m^3。

6.3.3 直井压裂设计

克拉美丽火山岩气田石炭系储层采用 ϕ73mm×5.51mm P110 外加厚油管压裂。

6.3.3.1 裂缝支撑长度设计

根据克拉美丽火山岩气藏的物性特征和流体性质，通过油藏数值模拟方法优化裂缝支撑长度和导流能力（表6.8），可以看出：在克拉美丽火山岩气藏物性条件下，裂缝长度在100~200m，裂缝导流能力在30~34μm²·cm，有效渗透率在0.1~1.0mD，可以获得较好的增产改造效益。

表6.8 不同裂缝支撑长度下的裂缝导流能力和有效渗透率

裂缝支撑长度，m	裂缝导流能力，μm²·cm	有效渗透率范围，mD
250~200	20	0.01~0.1
200~150	30	0.1~0.5
150~100	34	0.5~1.0

6.3.3.2 直井压裂工艺设计

克拉美丽火山岩气田已开发气藏大部分气井经压裂改造后，仍有近1/5的井产能低、不能连续生产，关井后压力恢复缓慢，地层供气能力较差。部分气井生产一段时间后产水量增大，水气比快速上升，特别在边底水发育的滴西18井区，气井经压裂投产后无水采气期短，产水量上升快，造成水淹关井。分别针对滴西14井区、滴西17井区、滴西18井区块气层的边底水分布、裂缝及隔夹层发育情况，并结合前期压裂施工情况及生产效果进行分析研究得出：

（1）滴西14井区：直井压裂加砂规模与试气产量相关性不大；滴西14井区的Ⅰ、Ⅱ类井物性好、地层厚度大，主要选用裸眼完井；对于物性较差的Ⅲ类井，试气油压和产量都较低，生产时压力下降较快，有些井只能实现间歇生产。该区气井普遍不产水，有较好的避水高度，具备较大规模压裂改造的条件。

（2）滴西17井区：该区各岩体裂缝相对不太发育，隔夹层相对发育，纵向动用程度不均对产气量有一定影响，压裂改造后主要以Ⅱ类井为主。地层物性和天然裂缝是影响压裂产量的主要因素，后续需根据单井实际情况，控制好避水高度，采用适当规模压裂施工。

（3）滴西18井区：该区Ⅰ类井加砂量越大、裂缝长度越长，前期试气产量越大；Ⅱ类井储层物性较差，裂缝相对不太发育；Ⅲ类基质物性更差，应加大压裂改造规模，但该井区后期生产出水比较严重，需进行压裂缝高优化。

（4）外围滚动开发区块：主体施工参数根据储层裂缝、隔夹层发育情况及边底水的分布情况进行优化设计。

通过以上分析，对克拉美丽火山岩气田已开发气藏和外围滚动开发区块直井的水力压裂工艺参数推荐见表6.9，具体施工参数需根据单井钻完井、地质解释结果优化设计确定。

表6.9 直井压裂工艺参数

压裂施工参数	滴西14井区	滴西17井区	滴西18井区	滚动开发区
前置液比例，%	50～55	50～55	45～50	50～55
施工排量，m³/min	3.5～4.0	3.5	3.5	3.5
加砂强度，m³/m	2.5～3.0	2.0～2.5	2.0～2.5	2.0～2.5
最高砂比，%	30～35	25～30	25～30	25～30
平均砂比，%	15～20			
压裂施工管柱	ϕ73mm×5.51mm P110 外加厚油管			

6.3.3.3 直井分层压裂工艺设计

对于储层厚度较大、隔夹层较发育的气井，可开展直井分层压裂改造工艺试验。针对克拉美丽火山岩气田直井采用套管固井完井方式的实际，选用管内封隔器+滑套分层压裂工艺进行分层压裂改造。

管内封隔器+滑套分层压裂工艺可以不动管柱、不压井、不放喷一次施工分压多层，对多层进行逐层压裂和求产，对油气层伤害小。但压裂段数受限，且该技术管柱结构复杂，存在管柱下入砂卡、砂埋等风险。该技术目前可实现一次下入管柱连续压裂4层，施工管柱如图6.16所示。前期在克拉美丽火山岩气田滴西321井区的DX3211井、DX3212井进行了该分层压裂工艺现场试验，积累了一定的经验，并取得了较好的效果。

6.3.4 水平井压裂设计

6.3.4.1 水力裂缝条数、长度与导流能力设计

以水平井段长度600m，裂缝形态为横向裂缝，模拟计算了储层渗透率为0.1～0.5mD条件下水力裂缝条数、长度和裂缝导流能力对压后生产动态的影响，水力裂缝条数1～8条对产量的影响。结果表明，随着裂缝条数的增加，日产量增加，裂缝条数超过5条以后，日产量和采气指数增加的幅度降低。

模拟裂缝长度40～160m对压后产量的影响，结果表明，随着裂缝长度的增加，日产和累积产量增加，裂缝长度超过80～100m以后，日产量、累积产量增加的幅度降低。

模拟裂缝导流能力10～50μm²·cm对压后产量的影响，结果表明，随着裂缝导流能力的增加日产量和累积产量增加，裂缝导流能力超过20μm²·cm以后，日产量和累积产量增加幅度降低。

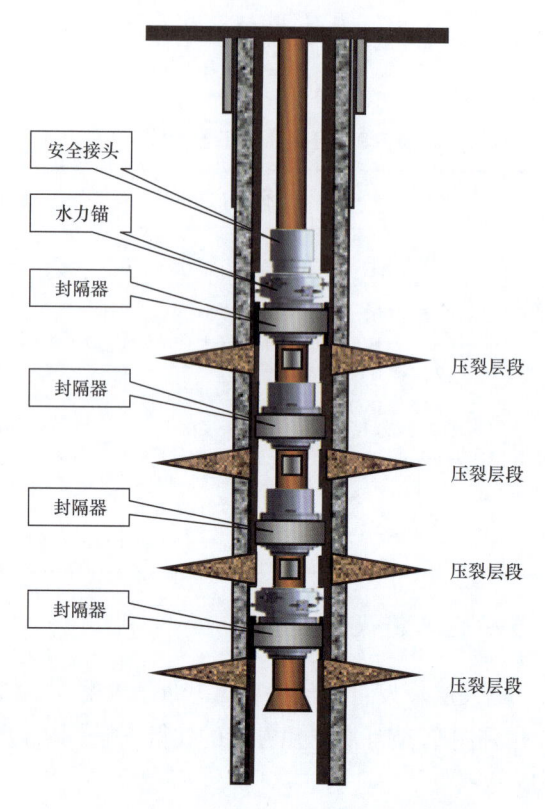

图 6.16　套管内封隔器＋滑套分层压裂施工管柱

以上油藏模拟计算结果表明，水平井水力裂缝条数、长度和导流能力与储层物性与水平井段长度密切相关：渗透率越低的储层，需要更多的裂缝条数；水平井段越长，也需要压开更多的裂缝段数，以获得更高的压后产量。推荐克拉美丽火山岩气田单井的水力裂缝参数见表 6.10，具体为：对于渗透率 0.1～0.5mD 的储层，优化的裂缝条数为 5～6 条，每条裂缝长度 80～100m，导流能力 20～30μm²·cm。

表 6.10　水力裂缝条数、长度与导流能力设计

有效渗透率范围 mD	裂缝条数 条	裂缝支撑长度 m	裂缝导流能力 μm²·cm
0.1～0.5	5～6	80～100	20～30

6.3.4.2　压裂施工参数设计

分别针对已开发滴西 14 井区、滴西 17 井区和滴西 18 井区气层的边底水分布、裂缝及隔夹层发育情况，并结合前期压裂施工情况及生产效果进行分析研究表明：

（1）滴西 14 井区：从前期压裂施工效果来看，压裂加砂规模大和裸眼水平段长度大是气井压裂后产量和压力保持较好、稳产能力较强的主要因素。该井区底水距气层较远，

水平井压裂具有比较好的避水高度，建议适当加大水平井压裂改造规模。

（2）滴西 17 井区：该区压裂水平井生产效果明显好于欠平衡钻井裸眼完井的水平井；压裂规模较大，对储层改造充分。但该区储层距离底水近，存在压后沟通水层的难题。后期压裂要严格控制压裂裂缝的避水高度，单井在具备一定避水高度和隔夹层的条件下，可适当加大压裂改造规模。

（3）滴西 18 井区：该区水平井压裂后初期生产效果较好，但存在生产一段时间后气井产水量逐渐上升、产气量逐渐下降的现象，主要原因还是压裂的避水高度的影响。后期要严格控制压裂裂缝的避水高度，采用适当压裂改造规模。

（4）外围滚动开发区块：主体施工参数根据储层裂缝、隔夹层发育情况及边底水的分布情况进行优化设计。

通过以上分析，根据单井钻完井、地质解释结果，对克拉美丽火山岩气田已开发气藏和外围滚动开发区块石炭系水平井的水力压裂工艺参数设计见表 6.11。石炭系已开发井区和滚动开发区水平井水平段长度设计在 500m 左右，为达到对水平段充分改造的目的，采取"控缝高、造长缝"的水平井分段压裂思路，有效防止缝高失控导致底部水层的沟通。并且，在压裂过程中适当提高泵注排量和平均砂比，有效增加裂缝长度和大幅提高裂缝有效导流能力。在后期建议开展小间距、多段数（压裂段数增加到 6~8 段），控制加砂规模的水平井分段压裂工艺试验，并与前期水平井分段压裂效果进行分析对比，从而优化水平井压裂改造的工艺参数。

表 6.11 石炭系水平井分段压裂工艺参数设计

压裂施工参数	滴西 14 井区	滴西 17 井区	滴西 18 井区	滚动开发区
前置液比例，%	50~55	50~55	45~50	50~55
施工排量，m^3/min	5.0~6.0	5.0~6.0	5.0~6.0	5.0~6.0
单级加砂规模，m^3	25~30	20~25	20~25	20~25
平均砂比，%	15~20			
压裂施工管柱	ϕ88.9mm+ϕ114.3mm 分段压裂管柱			

第 7 章

排水采气技术

排水采气技术是凝析气藏稳产的关键技术之一。克拉美丽气田气井井筒积液主要为凝析水和地层水,有的气井产出液中含水 85% 以上,有的气井由于产水量大没有投入生产,也有气井由于井筒积液导致水淹,还有气井由于能量低处于间开状态,气井产水已经严重影响到气井的正常生产。克拉美丽气田在气藏产水特征分析及产水机理研究的基础上,针对气井不同的产水特征选定适合气井的排水采气工艺,结合制订的综合治水方案,研究和优选了多种排水采气工艺技术,包括优选管柱、柱塞、连续气举等排水采气工艺技术,通过开展现场试验并取得较大成功,形成了克拉美丽凝析气藏排水采气工艺系列技术,保障了气田稳定生产。

7.1 气井积液

总结了工程上常见的气井井筒多相管流模型,阐述了气井井筒积液来源、积液的产生过程和危害。

7.1.1 气井井筒多相管流

国内外研究发展了大量的多相管流计算方法,包括各种经验关系式和机理模型,但要准确分析多相管流的流动特征是比较困难的,目前大多采用现场试验和实验室模拟的方法,结合试验资料进行分析来找出各变量的近似关系,从而得出较为实用的计算公式。工程上应用较广泛的主要有:Hagedorn and Brown、Duns and Ros、Gray、Orkizewski、Beggs-Brills、Mukherjee-Brill、Fancher and Brown、Ansari 机理模型及相应的修正模型。

上述各方法中仅 Beggs-Brill 和 Mukherjee-Brill 方法考虑了井斜角,其他都是基于垂直流动。因此,上述两种方法也可以用于注入井和丘陵地带地面管线管流计算。其他方法对于定向井(大斜度)多相管流应谨慎使用,并且不应用于注入井多相管流计算。

7.1.1.1 计算模型分类

井筒多相管流模型可以分为经验关系式和机理模型,经验关系式按是否考虑流型和滑脱又可以分为如下 3 类:

(1) A 类——不考虑滑脱且不做流型划分。混合物密度由输入气液比计算,也就是假定气液具有相同的速度,此类计算方法仅需两相流的摩阻系数计算关系式,对各种流型计算关系式完全一致。

(2) B 类——考虑滑脱,不做流型划分。仅需要两相流持液率和摩阻系数计算关系式。此类方法考虑了气液在管内的不同流速,该方法需要提供预测液相在任意位置所占管内截面积分数的计算方法,对于各种流型采用相同的持液率和摩阻系数关系式。

(3) C 类——考虑滑脱并划分流型。不仅需要两相流持液率和摩阻系数计算关系式,而且需要预测流型的方法。只要确定了流型,就能确定相应的持液率和摩阻系数计算关系式,对于不同的流型,选用不同的持液率和摩阻系数计算方法。同时,加速度压降梯度的计算也取决于流型,对于不同流型,可以选择考虑与忽略加速度压降,通常对于雾流才考虑加速度压降。

根据以上分类方法,工程上常用的多相管流计算方法可以归纳见表 7.1。

表 7.1　常用管流计算方法分类

序号	方法	类型
1	Fancher and Brown	A
2	Hagedorn and Brown	B
3	Gray	B
4	Hagedorn and Brown（mod－D&R）	C
5	Duns and Ros（Std/mod）	C
6	Orikiszwski	C
7	Beggs and Brill（Std/mod）	C
8	Mukherjee and Brill	C
9	Ansari	机理模型

7.1.1.2　模型适应性分析

各种多相管流计算方法都有其适用条件，表 7.2 归纳了一些管流计算方法的适用性。

表 7.2　常用管流计算模型适用性

关系式	模型的提出及适用条件	备注
Duns and Ros	在实验室中以长 10m，直径 1.26~5.6in 的垂直管进行了约 4000 次气液两相管流实验，持液率通过放射示踪迹技术测得，获得了约 20000 个数据点，总结得出了流态分布图，可适合于垂直油气井和定向井以及输油气管线管流计算	通常计算高气液比井压降梯度偏大；不适合于气水井
Orkiszewski	Orkiszewski（1967 年）采用 148 口油井实测数据，对比分析了多个气液两相流模型。对其中最好的关系式与他对段塞流的研究结合起来，提出了一种综合 Griffith 泡流和段塞流与 Dons-Ros 的环雾流和过渡流算法的垂直多相管流相关式，通常适合于垂直油井多相流计算	通常计算高气液比或稠油井及油管尺寸较大时预测压降梯度偏大
Hagedorn and Brown	Hagedorn-Brown（1965）方法是针对垂直井中油、气、水三相流动，并在小管径的试验井中，以 10mPa·s、30mPa·s、35mPa·s 和 110mPa·s 的油、天然气和水混合物进行试验得出的；通常适合于垂直油气井多相管流计算	油管尺寸较大或稠油时预测压降梯度偏小
Beggs and Brill Revised	Beggs-Brill 方法在持液率的计算上，不同流型间存在不连续性，在无滑脱摩阻系数计算上，用的是光滑管摩阻系数。Beggs-Brill 的修正方法主要是在流型划分和摩阻系数计算上对 Beggs-Brill 方法进行了修正，可适合于垂直油气井和定向井，以及输油气管线管流计算	通常计算高气液比井压降梯度偏大；计算大管径压降梯度偏大

续表

关系式	模型的提出及适用条件	备注
Beggs and Brill Original	Beggs&Brill 是用水和空气为流动介质，在短管且小管径管道内改变倾斜角进行的试验，更接近气水两相管流环境，可适合于垂直油气井和定向井，以及输油气管线管流计算	通常计算高气液比井压降梯度偏大；计算大管径压降梯度偏大
Mukherjee and Brill	Mukherjee 和 Brill（1985）在 Beggs 和 Brill（1973）研究工作的基础上，改进了实验条件，对倾斜管两相流的流型进行了深入研究，提出了更为适用的倾斜管（包括水平管）两相流的流型判别准则和应用方便的持液率及摩阻系数经验公式，可适合于垂直油气井和定向井，以及输油气管线管流计算	通常计算高气液比井压降梯度偏大
NoSlip	考虑气液为均相流动，具有共同的流速，可适合于垂直油气井和定向井，以及输油气管线管流计算	计算压力梯度偏小
Ansari	Ansari 等在前人研究的基础上建立了描述泡状流、段塞流和环状流动特性的模型。Ansari 等利用 1775 口油井的实测数据，对其进行了检验，通常适合于垂直油气井	一般不适合于气水井
Gray	Gray 模型（1978年）适用于凝析油井，与108口井的资料进行了比较，其结果表明比干气井的预测结果好	通常计算低气液比井压降梯度偏小
Hagedorn and Brown Revised（Ⅰ）	应用 Duns amd Ros 流型判别方法判断雾流和过渡流，并采用 Duns and Ros 相应的方法计算，实际上是将 Hagedorn and Brown 方法修正为了 C 类方法，通常适合于垂直油气井多相管流计算	
Hagedorn and Brown Revised（Ⅱ）	应用 Griffith and Wallis 准则预测泡流，并用 Griffith 方法计算泡流压梯度，通常适合于垂直油气井多相管流计算	
Duns and Ros Revised	形式上简化了泡流和段塞流持液率关系式，并将不连续的流型转化边界修正为连续的，可适合于垂直油气井和定向井，以及输油气管线管流计算	
Fancher and Brown	既不做流型划分也不考虑滑脱，它只是根据不同的气液比采用不同摩阻系数关系式，可适合于垂直油气井和定向井，以及输油气管线管流计算	计算偏小

表 7.2 对多相管流计算方法的适应性进行了归纳。对于多相管流还有一类特殊的流动，即当体积含液率小于 0.00001 或大于 0.99，可视为单相流动。

7.1.2 生产中液体的来源

气井井筒的积液主要来源于两个方面：一是天然气中的凝析水；二是生产过程地层中随天然气一起流入井底的液体，称地层产水。在气井正常生产过程中，凝析水是由于气体从井底流到井口，其温度和压力均发生变化，导致气体的含水量达到饱和而析出液体。地层产水大致来自层间水、边底水，视气藏地质状况确定。需要说明的是，气体在地层中不会因为压力变化而析出凝析水。这是因为按油层物理原理，压力越小气体的饱和含水量越大。依据气相的饱和含水理论，气体的含水量与温度有很大的关系，在低温条件下，气体的含水量会比高温时下降很多，多余的水会自行地凝析出来。

7.1.3 积液的产生与危害

生产过程中，井筒积液会对气井的正常生产带来不利的影响，即使井底积液比较少，给井口所带来的回压也会严重影响气井的生产效率；井底积液严重时会压死气井。井筒中液体的存在形式有两种：一是以小液滴形态存在井底附近；二是在管壁上以液膜的形式附着在管柱中、上部。一般情况下，雾状流为气井在生产时的最佳流态，气体把液体举升到地面，气体是连续相而液体是非连续相。但是当地层压力下降时，气体流速会减小，当减小后的气体流速没有足够的能量把井筒中的液体携带出井口时，液体将会往下返流，并聚集于井底，这样就形成了井底积液。

井底积液过程如图 7.1 所示，整体表现出来可以分为以下几个阶段：

（1）产液气井生产初期，雾状流带液生产。
（2）气井产能不足，部分液体开始回落，出现段塞流。
（3）当产量降低到其临界流量时，产生井底积液，流态转为泡状流。
（4）井底液体侵入近井地带的储层，气体流速进一步降低，泡状流加剧。
（5）井底液体卸载，井底压力也逐渐接近或超过气藏压力，由自喷转为间喷。

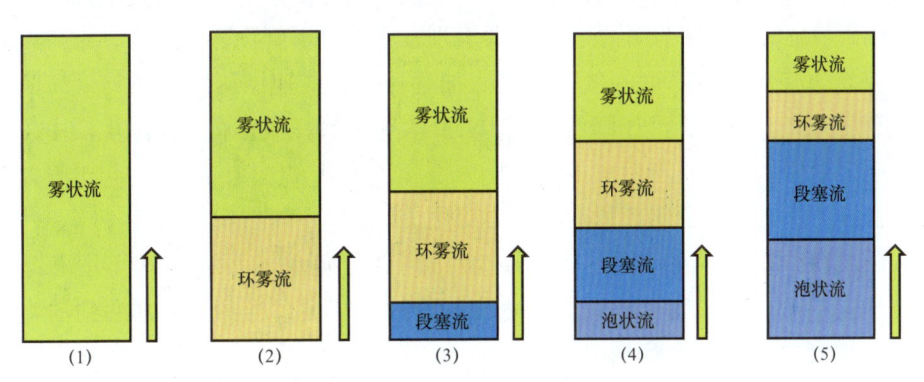

图 7.1 气井积液过程

对于气井积液来源于凝析水的情况，在生产过程中，液体凝析出来的时候是在井筒中上部，而天然气达到露点的时候是在井筒下部，所以当气体流速不够时，凝析水泡沫会破灭，降到井底形成井底积液。这样，井底压力梯度会增大，积液会使气井停止生产。

积液产生的井口回压会影响气井的生产效果。在低压井中，当积液过多的时候，气井会完全失去生产能力。由于井底积液长期浸泡井筒，对地层的伤害也是不可估量的，增大了含水饱和度，相对渗透率会降低，影响地层生产效果。

7.2 气井积液诊断技术

气井积液诊断方法包括生产参数诊断方法和理论分析方法,根据诊断方法对部分气井的积液情况与积液高度进行了分析。

7.2.1 生产参数诊断方法

7.2.1.1 积液诊断方法

气井出水或井筒中存在积液,都会给气井的正常生产带来影响。通过研究和实践,总结出以下几种诊断方法:

(1)产量递减曲线分析:气井产量递减曲线能够反映出井下积液现象,分析产量递减曲线随时间的变化,可以发现积液井与正常气井曲线的区别。如图7.2所示的两条产量递减曲线,平滑的一条是产气井的产量递减曲线,有剧烈波动的一条为井筒积液气井的产量递减曲线。显然,积液气井递减快。发生井底积液时产量递减曲线往往会突然偏离原来的曲线,形成一条斜率更陡的曲线。由这条曲线外推得出的气井废弃压力会远远早于用原产量递减曲线所得到的废弃压力。

(2)套压上升且油压下降:井底积液增加了流体对地层的回压,降低了井口油压。如果没有采用封隔器完井,井筒积液特征主要表现在:产量下降而套压升高,维持该井生产所需的压差增大。气井生产时,气井会进入油套环空,受地层压力的影响,气体压力较高,导致套压升高。因此,油压降低且套压升高表明井底积液存在。实际生产中,油套压差是油管压力损失的表征。套管中的气柱压力很容易计算。比较油套压力与干气井中的压力梯度,可以估算出积液所引起的油套压力变化。

(3)压力测试确定气液界面:流压或静压测试是确定气井液面或气井是否积液的最有效方法。由于气体的密度远远低于水和凝析油的密度,当测量工具遇到油管中的液面时,压力梯度曲线斜率会有明显变化。因此,压力曲线法是一种精确的确定井筒中液面的方法。产气量、产液量及体积都会影响压力曲线的斜率,通过压力测量可以确定井底积液(图7.3)。由于液体扩散,气体压力梯度较高;液体中含气时,液体压力梯度会较低。

(4)液面检测技术:常见利用回声仪探测井筒积液液面位置,回声仪主要通过测量声波往返于液面时间计算液面深度。如ECHOMETER公司的回声液面探测仪由井分析仪器和软件两部分组成,包括遥控点火式气枪、压力传感器、麦克风采集电缆、压力信号传输电缆、电源装置及笔记本电脑。声波通过井筒的过程中遇到接箍反射回来,再通过接收装置形成波图形,在经过井筒到达井底积液液面反射回来的过程中低频声波能量较为充足,液面反射波清晰可辨。最后利用超声波在井筒中发生的反射现象，运用计算机等设备，计算声波在介质中的传播时间，从而获取井筒内液面的位置，并综合气井的基础参数，计算出井筒积液的液面位置。

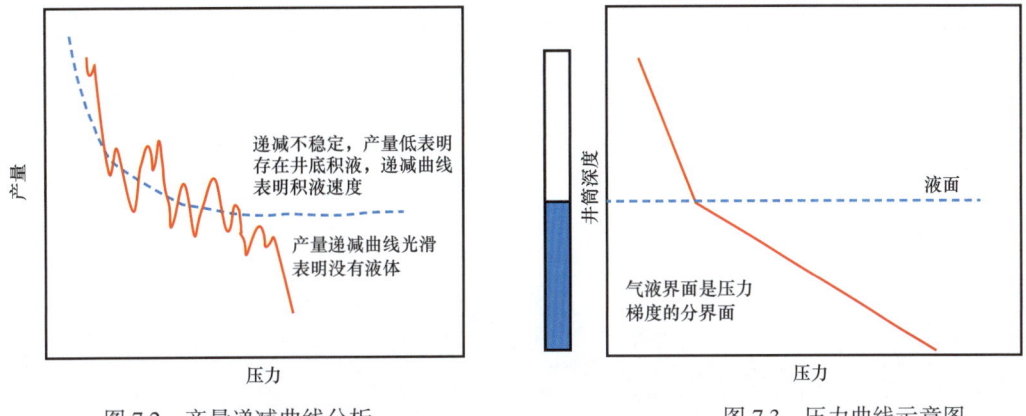

图 7.2　产量递减曲线分析

图 7.3　压力曲线示意图

7.2.1.2　积液诊断结果

以 A-8 井为例阐述如何运用生产参数诊断法判断气井积液。从图 7.4 可以看出，该井从 2012 年 1 月开始出现油、套压力的剪刀差，随后日产气量和套管压力呈现周期性波动，因此可以判断 A-8 井在 2012 年 1 月开始出现井筒积液。

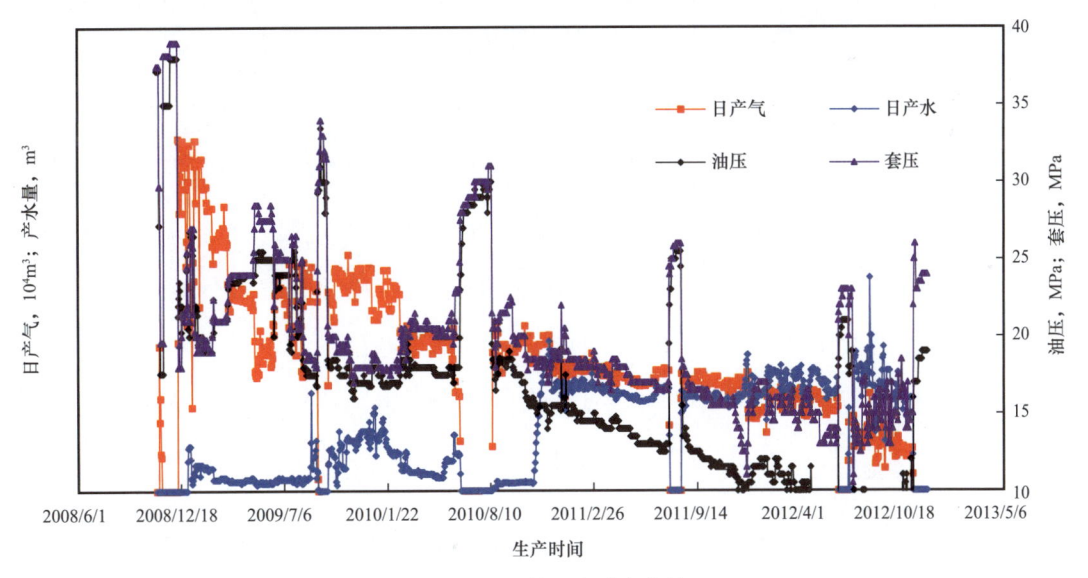

图 7.4　A-8 井生产动态曲线

应用上述方法对克拉美丽气田 29 口产水气井进行积液诊断，诊断结果为 15 口井积液，14 口井不积液（表 7.3）。

表 7.3 克拉美丽气田气井积液诊断结果统计表

井号	油管管径 mm	测压日期	油压 MPa	套压 MPa	井口温度 ℃	日产气 $10^4 m^3$	日产水 m^3	积液诊断
A-1	62.00	2010-6-1	10.0	14.5	20	2.53	0.40	积液
A-2	62.00	2011-12-1	10.0	12.0	18	2.95	0.37	积液
A-3	62.00	2012-2-26	26.0	27.5	28	5.96	0.65	不积液
A-4	62.00	2011-9-2	9.0	28.2	20	4.01	0.40	积液
A-5	62.00	2012-4-22	12.0	13.0	32	6.44	1.22	不积液
A-6	76.00	2010-6-2	11.0	15.0	18	2.02	1.74	积液
A-7	62.00	2012-4-23	28.0	30.0	27	5.00	2.00	不积液
A-8	62.00	2012-4-23	9.5	15.0	30	4.02	4.90	积液
A-9	62.00	2012-4-22	15.0	16.0	38	10.33	2.58	不积液
A-10	76.00	2012-4-22	24.0	26.0	50	9.45	14.18	不积液
A-11	100.50	2012-4-23	15.0	4.0	30	5.98	2.09	积液
A-12	100.50	2012-4-22	21.0	24.0	31	4.53	3.70	积液
A-13	62.00	2011-10-26	25.5	27.5	28	4.96	6.73	积液
A-14	62.00	2012-4-22	12.0	16.0	25	3.88	5.08	积液
A-15	62.00	2011-8-7	23.0	2.7	30	6.36	1.22	积液
A-16	62.00	2012-4-23	19.5	19.5	49	11.40	1.39	不积液
A-17	62.00	2012-4-24	11.0	12.5	23	3.88	0.31	积液
A-18	62.00	2012-4-21	22.3	23.3	31	5.48	0.10	不积液
A-19	62.00	2012-4-21	24.0	25.5	34	6.88	0.38	不积液
A-20	62.00	2012-4-21	17.2	19.5	31	5.17	0.54	不积液
A-21	76.00	2012-2-25	16.0	19.7	28	5.64	0.24	不积液
A-22	62.00	2011-9-2	11.0	14.0	23	1.58	1.00	积液
A-23	76.00	2012-4-23	22.0	7.3	33	7.28	0.77	不积液
A-24	62.00	2012-4-21	15.5	19.0	40	7.72	7.99	不积液
A-25	62.00	2011-7-24	11.0	14.0	22	2.31	0.20	积液
A-26	121.36	2012-4-23	16.8	2.0	51	17.97	4.14	不积液
A-27	121.36	2012-4-24	19.8	5.0	51	13.13	43.57	不积液

续表

井号	油管管径 mm	测压日期	油压 MPa	套压 MPa	井口温度 ℃	日产气 10^4m^3	日产水 m^3	积液诊断
A-28	76.00	2009-10-15	12.5	17.0	36	3.16	21.30	积液
A-29	62.00	2011-8-6	9.2	14.5	33	1.52	7.91	积液

7.2.2 理论分析方法

7.2.2.1 数学模型及优选

国内外学者已经提出了计算气井临界流量的数学公式，现场上常见的临界流速模型有 Turner 模型、Coleman 模型、李闽模型与杨川东模型。这四种模型均以液滴模型为基础，以井口或井底条件为参考点，推导出了临界流量公式。

应用四种积液诊断数学模型分别进行诊断，将四种模型的诊断结果分别与生产数据的诊断结果进行对比分析（表 7.4）。统计了 36 口井的产水情况，李闽模型、Turner 模型、Coleman 模型和杨川东模型的诊断符合率分别为 75%、69%、83%、69%，Coleman 模型的诊断结果与根据实际生产数据进行诊断的结果最为接近，将 Coleman 模型作为克拉美丽气田气井积液诊断首选数学模型。

7.2.2.2 积液高度分析

根据传统的质量分析技术，在实测井底流压的基础上提出一种井筒积液高度的分析方法。假设在井筒中存在典型的气液两相流动，可以用以下方法计算积液过程中的液柱高度。通过假设，使用式（7.1）定义井底流压 p_{wf}：

$$p_{wf}=p_{wh}+(p_{Li}-p_{wh})+(p_{wf}-p_{Li}) \tag{7.1}$$

在井口和内部液体之间的压力降可以用多相管流计算公式计算[式（7.2）]：

$$p_{wf}-p_{wh}=f(q_{Gout},\ q_{Lout}) \tag{7.2}$$

液柱产生的压力可以用静液柱[式（7.3）]来计算：

$$p_{wf}-p_{Li}=g_L h_L \tag{7.3}$$

式中 p_{wf}——井底流压，MPa；

p_{wh}——油压，MPa；

p_{Li}——井筒内某一高度液体所具有的压力，MPa；

q_{Gout}——产气量，m^3/d；

q_{Lout}——产液量，m^3/d；

g_L——液体重力，N/m^3；

h_L——液柱高度，m。

表 7.4 不同积液模型诊断结果的对比分析表

井号	油管管径 mm	测压日期	中深, m	流压 MPa	井底温度 ℃	产气量 $10^4 m^3/d$	积液诊断	李闽模型 临界流量 $10^4 m^3/d$	李闽模型 诊断结果	Turner模型 临界流量 $10^4 m^3/d$	Turner模型 诊断结果	Coleman模型 临界流量 $10^4 m^3/d$	Coleman模型 诊断结果	杨川东模型 临界流量 $10^4 m^3/d$	杨川东模型 诊断结果
A-2	62	2011-12-1	3759	17.14	116.008	2.95	积液	2.3504	不积液	5.1709	积液	4.1838	积液	2.7733	不积液
A-3	62	2012-2-26	3728.7	35.36	116.676	5.96	不积液	3.024	不积液	6.6528	积液	5.3827	不积液	5.1303	不积液
A-4	62	2011-9-2	3795.54	19.66	117.996	4.01	积液	2.4842	不积液	5.4653	积液	4.4219	不积液	3.1393	不积液
A-5	62	2012-4-22	3636.07	18.77	102.9	6.44	不积液	2.5029	不积液	5.5063	不积液	4.4551	积液	3.0908	不积液
A-6	76	2010-6-2	3600	19.94	116.74	2.02	积液	3.763	积液	8.2785	积液	6.6981	积液	4.7897	积液
A-7	62	2012-4-23	3707.5	40.48	117.923	5	不积液	3.1171	不积液	6.8576	积液	5.5484	积液	5.6594	积液
A-8	62	2012-4-23	3803	17.71	111.609	4.02	积液	2.4029	不积液	5.2864	积液	4.2772	积液	2.8818	不积液
A-9	62	2012-4-22	3733.46	20.23	112.966	10.33	不积液	2.5355	不积液	5.5781	不积液	4.5132	不积液	3.251	不积液
A-10	76	2012-4-22	3680	34.05	116.2112	9.45	积液	4.5031	不积液	9.9069	积液	8.0156	不积液	7.4967	不积液
A-11	100.5	2012-4-23	4108	22.52	123.32	5.98	积液	6.8308	不积液	15.0277	积液	12.1588	积液	9.2421	积液
A-12	100.5	2012-4-22	3680	32.89	114.43	4.53	积液	7.8959	不积液	17.371	积液	14.0547	积液	12.7959	积液
A-13	62	2011-10-26	3680	36.11	116.31	4.96	积液	3.0714	不积液	6.7571	积液	5.4671	积液	5.2144	不积液
A-14	62	2012-4-22	3637.5	21.64	116.25	3.88	积液	2.6104	不积液	5.743	积液	4.6466	积液	3.4346	不积液
A-15	62	2011-8-7	3601	31	111.688	6.36	积液	2.8956	不积液	6.3704	积液	5.1542	不积液	4.6693	不积液
A-16	62	2012-4-23	3492	25.05	108.035	11.4	不积液	2.7301	不积液	6.0063	不积液	4.8596	不积液	3.951	不积液

续表

井号	油管管径 mm	测压日期	中深, m	流压 MPa	井底温度 ℃	产气量 $10^4 m^3/d$	积液诊断	李闽模型 临界流量 $10^4 m^3/d$	李闽模型 诊断结果	Turner模型 临界流量 $10^4 m^3/d$	Turner模型 诊断结果	Coleman模型 临界流量 $10^4 m^3/d$	Coleman模型 诊断结果	杨川东模型 临界流量 $10^4 m^3/d$	杨川东模型 诊断结果
A-17	62	2012-4-24	3633	16.93	112.432	3.88	积液	2.3238	不积液	5.1123	积液	4.1364	积液	2.7581	不积液
A-18	62	2012-4-21	3792.5	30.84	117.09	5.48	不积液	2.8701	不积液	6.3143	积液	5.1088	不积液	4.6155	不积液
A-19	62	2012-4-21	3627	31.94	112.706	6.88	不积液	2.9149	不积液	6.4127	不积液	5.1885	不积液	4.7718	不积液
A-20	62	2012-4-21	3520	25	108.232	5.17	不积液	2.7275	不积液	6.0004	积液	4.8549	不积液	3.9432	不积液
A-21	76	2012-2-25	3559	25.28	112.245	5.64	积液	4.0873	积液	8.9922	积液	7.2755	积液	5.9424	积液
A-22	62	2011-9-2	3512	17.32	106.607	1.58	不积液	2.3728	不积液	5.2202	积液	4.2237	积液	2.8489	积液
A-23	76	2012-4-23	3566.5	29.02	112.01	7.28	不积液	4.2686	不积液	9.391	积液	7.5982	积液	6.6562	不积液
A-24	62	2012-4-21	3553.4	24.77	120.663	7.72	积液	2.6662	不积液	5.8657	不积液	4.7459	不积液	3.8363	不积液
A-25	62	2011-7-24	3566.5	19.25	115.545	2.31	积液	2.4424	积液	5.3732	积液	4.3474	积液	3.0933	积液
A-26	121.36	2012-4-23	3150	24.68	108.987	17.97	不积液	10.392	不积液	22.8624	积液	18.4978	积液	14.9245	不积液
A-27	121.36	2012-4-24	3669.08	31.71	114.952	13.13	积液	11.1136	不积液	24.45	积液	19.7823	积液	18.128	积液
A-28	76	2009-10-15	3632.5	22.63	113.6418	3.16	积液	3.9228	积液	8.6302	积液	6.9826	积液	5.3916	积液
A-29	62	2011-8-6	3570	18.92	106.849	1.52	积液	2.4626	积液	5.4177	积液	4.3834	积液	3.091	积液

利用上述公式，可以大致分析出气井的井筒积液高度，分析结果见表7.5。

表7.5 积液气井的井筒积液高度分析结果

井号	油管管径 mm	测压日期	中深 m	流压 MPa	井底温度 ℃	油压 MPa	井口温度 ℃	日产气 $10^4 m^3$	日产水 m^3	积液高度 m
A-2	62	2011-12-1	3759	17.14	116.0	10	18	2.95	0.37	290.28
A-4	62	2011-9-2	3795.5	19.65	117.9	9	20	4.01	0.4	680.13
A-6	76	2010-6-2	3600	19.94	116.7	11	18	2.02	1.74	411.02
A-8	62	2011-5-23	3803	17.70	111.6	9.5	30	4.02	4.9	357.71
A-11	100.5	2011-5-23	4108	22.52	123.3	15	30	5.98	2.09	81.35
A-12	100.5	2011-5-22	3680	32.89	114.4	21	31	4.53	3.7	349.19
A-13	62	2011-10-26	3680	36.11	116.3	25.5	28	4.96	6.73	38.92
A-14	62	2011-5-22	3637.5	21.64	116.3	12	25	3.88	5.08	399.79
A-17	62	2011-5-24	3633	16.92	112.4	11	23	3.88	0.31	140.88
A-22	62	2011-9-2	3512	17.32	106.6	11	23	1.58	1	169.92
A-25	62	2011-7-24	3566.5	19.25	115.5	11	22	2.31	0.2	392.27
A-28	76	2009-10-15	3632.5	22.63	113.6	12.5	36	3.16	21.3	71.58
A-29	62	2011-8-6	3570	18.91	106.8	9.2	33	1.52	7.91	366.70

7.3 排采工艺技术界限

针对克拉美丽气田排液采气系列技术，从水气比、最大排液量、最大井深、开采条件（气液比、含砂、结垢、腐蚀性）等方面出发，给出了适合优选管柱、柱塞气举、连续气举、电潜泵等排水采气技术的选井条件。

7.3.1 气井生产阶段划分与宏观控制图

根据Coleman模型临界携液流量和适应性较强的排液采气工艺的技术界限绘制了克拉美丽气田直井及水平井排液采气工艺宏观控制图（图7.5、图7.6）。

图7.5中蓝线和粉红线分别表示的是ϕ73mm×5.51mm（内径62mm）和ϕ31.75mm油管临界携液流量的控制线，红线和黄线分别表示的是产液量$10m^3/d$和$50m^3/d$的流量控制线，褐色线和棕色线表示的是水气比$10m^3/10^4m^3$和$20m^3/10^4m^3$的水气比控制线。

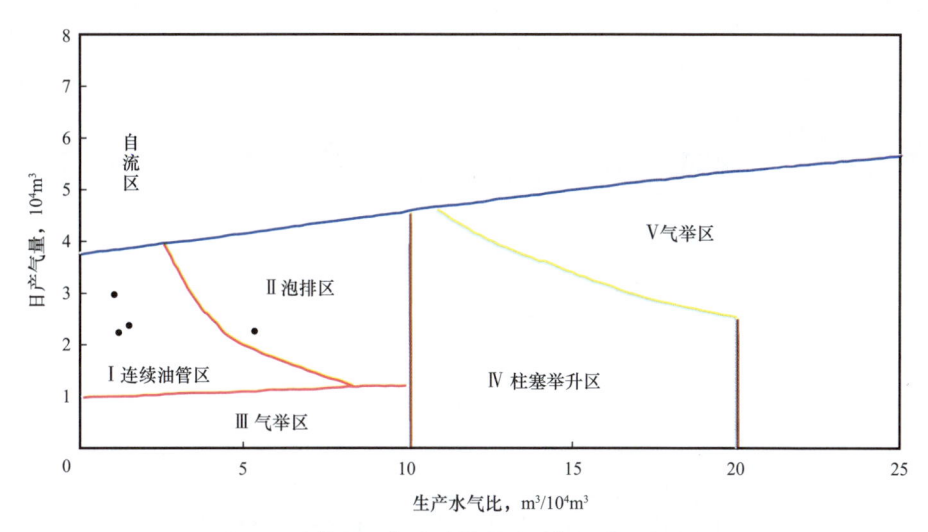

图 7.5　克拉美丽气田直井排液采气工艺选择图版

Ⅰ连续油管区—首先连续油管，其次考虑泡排或气举；Ⅱ泡排区—首先泡排，其次考虑气举；Ⅲ气举区—采用气举工艺；Ⅳ柱塞举升区—首先柱塞举升，其次考虑气举；Ⅴ气举区—首先气举，其次考虑电潜泵

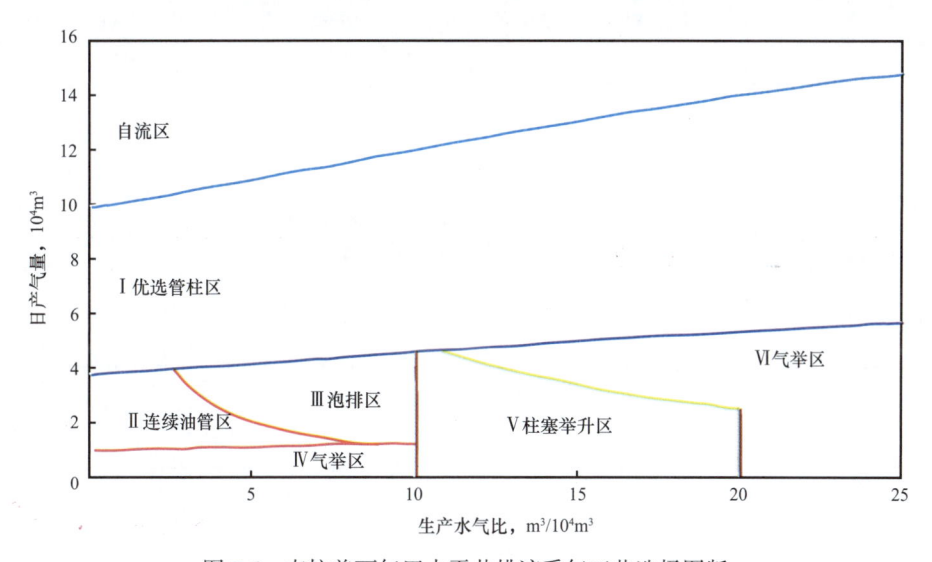

图 7.6　克拉美丽气田水平井排液采气工艺选择图版

Ⅰ优选管柱区—首选 2 7/8 in 油管，其次考虑连续油管；Ⅱ连续油管区—首先连续油管，其次考虑泡排或气举；Ⅲ泡排区—首先泡排，其次考虑气举；Ⅳ气举区—采用气举工艺；Ⅴ柱塞举升区—首先柱塞举升，其次考虑气举；Ⅵ气举区—首先气举，其次考虑电潜泵

图 7.6 中天蓝线、蓝线和粉红线分别表示的是 $\phi 114.3mm \times 6.88mm$（内径 100.5mm）、$\phi 73mm \times 5.51mm$（内径 62mm）和 $\phi 31.75mm$ 油管临界携液流量的控制线，红线和黄线分别表示的是产液量 $10m^3/d$ 和 $50m^3/d$ 的流量控制线，褐色线和棕色线表示的是水气比 $10m^3/10^4m^3$ 和 $20m^3/10^4m^3$ 的水气比控制线。

将克拉美丽气藏开发调整方案中气藏指标预测的数据绘制在工艺选择图中，即可根据工艺选择图和预测指标将各气藏的生产阶段进行划分（表 7.6，图 7.7）。

表 7.6 克拉美丽全气藏生产阶段划分

气藏	水气比 m³/10⁴m³	阶段划分	排液采气工艺
滴西 14 井	~2.1	正常生产阶段（2014—2020 年）	—
	2.1~	泡沫排液采气工艺阶 (2020 年—)	首选泡沫排液采气工艺，其次考虑气举排液采气工艺
滴西 17 井	~1.55	正常生产阶段（—2027 年）	—
	1.55~	连续油管排水采气（2027 年—）	首选连续油管排液采气，其次考虑气举排液采气工艺
滴西 18 井	~5.3	正常生产阶段（—2022 年）	—
	5.3~9.0	泡沫排液采气工艺阶段（2023—2025 年）	首选泡沫排液采气，其次考虑柱塞气举排液采气
	9.0~	气举排液采气工艺阶段（2025 年—）	首选气举排液采气工艺，其次考虑电潜泵工艺
滴西 14 井、滴西 17 井、滴西 18 井全气藏	~2.56	正常生产阶段（2014—2022 年）	—
	2.56~8.00	泡沫排液采气工艺阶段（2023—2029 年）	首选泡沫排液采气工艺，其次考虑柱塞气举排液采气工艺
	8.00~	气举排液采气工艺阶段（2029 年—）	首选气举排液采气工艺，其次考虑电潜泵工艺

(a) 全气藏生产阶段划分图

(b) 滴西14井气藏生产阶段划分图

(c) 滴西17井气藏生产阶段划分图

(d) 滴西18井气藏生产阶段划分图

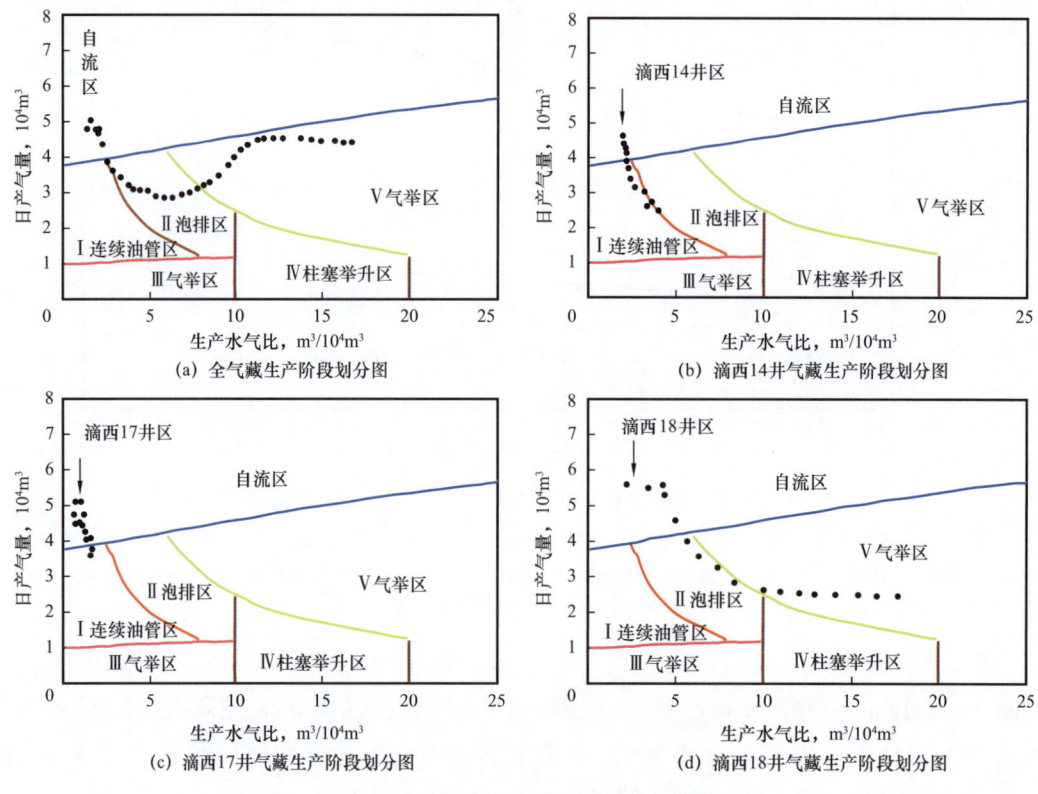

图 7.7 克拉美丽各气藏生产阶段划分图

Ⅰ 连续油管内—首先连续油管，其次考虑泡排或气举；Ⅱ 泡排区—首先泡排，其次考虑气举；Ⅲ 气举区—采用气举工艺；Ⅳ 柱塞举升区—首先柱塞举升，其次考虑气举；Ⅴ 气举区—首先气举，其次考虑电潜泵对克拉美丽气田 59 气井进行全面的生产阶段划分，并进行全生命周期排液采气工艺技术优选，为不同生产阶段的排液采气工艺提供了重要参考，其中全生命周期类型为"正常生产 + 连续油管排液采气"工艺的气井 30 口，如 A-1 井等；全生命周期类型为"正常生产 + 气举排液采气"工艺的气井 5 口，如 A-14 井、A-30 井等；全生命周期类型为"正常生产 + 泡沫排液采气"工艺的气井 3 口，如 A-7 井、A-24 井等；全生命周期类型为"正常生产 + 泡沫排液采气 + 连续油管排液采气"工艺的气井 8 口；全生命周期类型为"正常生产 + 连续油管排液采气 + 气举排液采气"工艺的气井 13 口。下面给出这五类典型的全生命周期排液采气工艺图（图 7.8）。

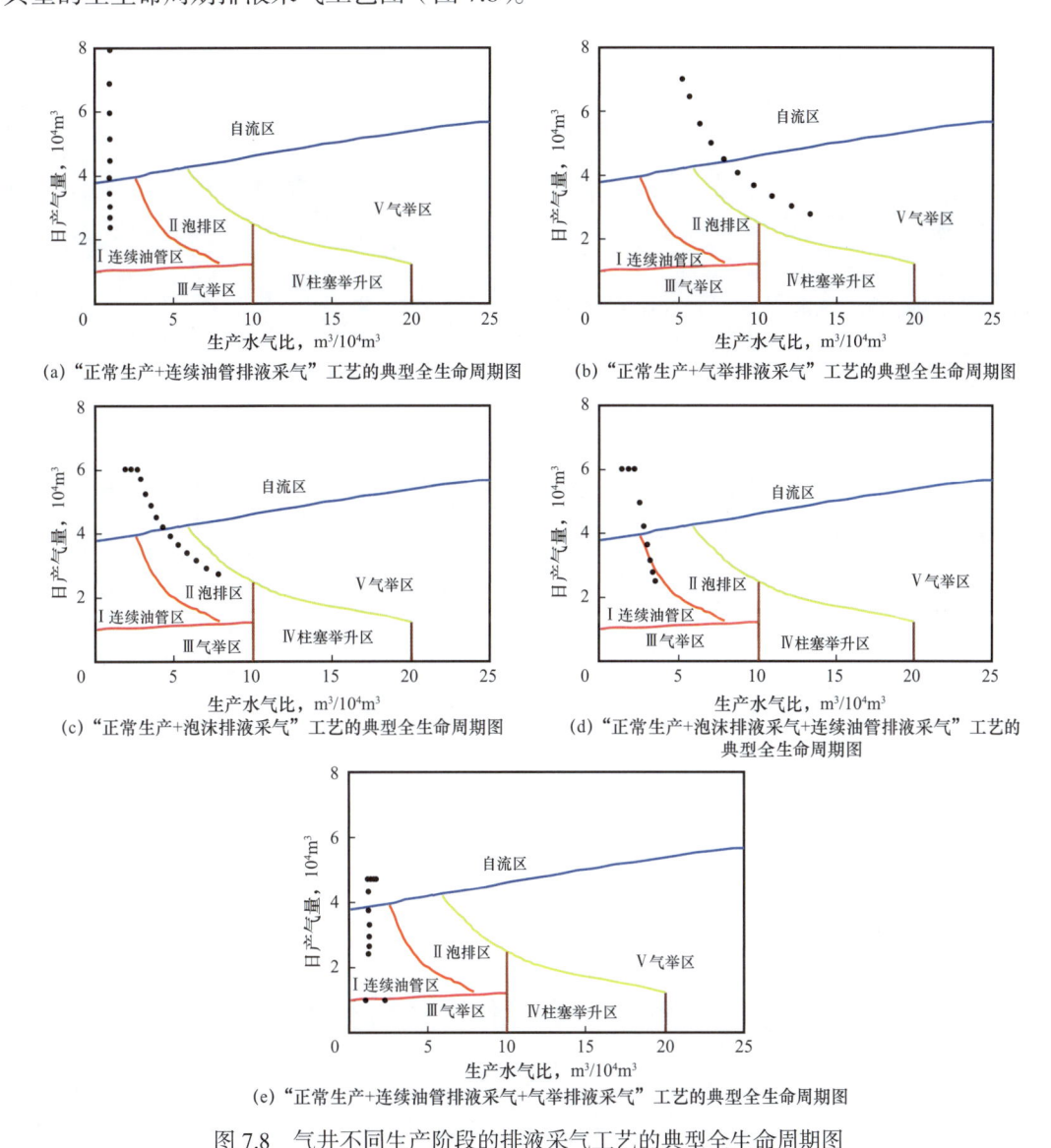

(a) "正常生产+连续油管排液采气"工艺的典型全生命周期图

(b) "正常生产+气举排液采气"工艺的典型全生命周期图

(c) "正常生产+泡沫排液采气"工艺的典型全生命周期图

(d) "正常生产+泡沫排液采气+连续油管排液采气"工艺的典型全生命周期图

(e) "正常生产+连续油管排液采气+气举排液采气"工艺的典型全生命周期图

图 7.8 气井不同生产阶段的排液采气工艺的典型全生命周期图
Ⅰ 连续油管内—首先连续油管，其次考虑泡排或气举；Ⅱ 泡排区—首先泡排，其次考虑气举；Ⅲ 气举区—采用气举工艺；Ⅳ 柱塞举升区—首先柱塞举升，其次考虑气举；Ⅴ 气举区—首先气举，其次考虑电潜泵

7.3.2 气井排水采气选井规范

深化不同排液采气工艺技术理论与应用认识,在对优选管柱、气举、柱塞等排水采气工艺技术研究基础上,结合多年来排水采气现场试验取得经验和成果,归纳了克拉美丽气田气井排水采气工艺技术选井规范(表7.7)。依照气井生产阶段划分情况,结合本表可以及时对气井采取排水采气措施,延长气井生产寿命,提高气井采收率。

表7.7 克拉美丽气田排液采气工艺技术选井适用性规范

举升方法	优选管柱(含连续油管) 2in	优选管柱(含连续油管) $1\frac{1}{4}$in	泡排	气举	柱塞举升	电潜泵
选井条件	水气比≤40m³/10⁴m³,$V_t=Q_r<1$,适于有自喷能力的小水量气井		T_b≤120℃,凝析油≤30%,水总矿化度≤150000mg/L,H_2S≤23g/m³,适于间喷、弱喷产水气井	适于水淹井的复产,助排及气藏强排水	GLR≥700~1000m³,有积液的自喷或间喷井的助排生产	适于水淹井的复产气藏强排水
最大排液量 m³/d	100	20	120	300	50	1000
最大井深 m	4600	3500	4500	4300	3000	4000
工艺原理	通过优选管径提高气流带水能力,排出积液		从井口加入起泡剂,使井下液体变为轻质泡沫,在气流搅动下带出地面	从地面将高压气注入停喷井,利用气体能量举升井筒液体,复产	将柱塞作为气液界面,依靠气井自身气体压力,活塞移动排液	利用电潜泵的举升能力,将井底积液通过油管举升到地面
开采条件 高气液比	很适宜	很适宜	适宜	很适宜	很适宜	
开采条件 含砂	适宜	适宜	适宜	受限	适宜	
开采条件 结垢	化防,较好	有洗井功能,适宜	化防,较好	较差	较适宜	
开采条件 腐蚀性	缓蚀,适宜	缓蚀,较适宜	适宜	适宜	缓蚀,适宜	

7.4 优选管柱排水采气技术

对克拉美丽气田积液气井在优选管柱排水采气方面进行了工艺适应性分析,将优选管柱排水采气技术作为水平井开发前中期的主要排采工艺。

7.4.1 工艺适应性分析

克拉美丽气田水平井采用裸眼封隔器完井，多级压裂求产，前期取得了较好的开发效果。但水平井多采用 ϕ114.3mm 或 ϕ88.9mm 的大尺寸压裂管柱作为生产管柱，临界携液流量范围为 $5 \times 10^4 \sim 8 \times 10^4 \text{m}^3$，生产初期气井产能较高，能够满足携液要求；随着边底水侵入，气井产能降低，当产量低于临界携液流量时，气井积液导致停喷。

相对于直井中适用的泡排、柱塞气举排水采气工艺，水平井受井身结构限制均不适用。因此考虑在地层具有一定能量条件下，为了实现气井开发效益最大化，优选管柱排水采气工艺为最佳选择。

7.4.2 工艺设计

7.4.2.1 管柱优选原则

优选管柱工艺是在气井积液的前中期，下入一定尺寸的小直径油管，减小流动截面积，增大气体流速，从而降低临界携液气量，实现气井自身能量充分利用的一种自力式排液采气工艺。为保证工艺的有效实施，工艺设计时所遵循的原则如下：

（1）小直径油管具有较大举升能力，所选的小尺寸油管井筒压力损失较小，能保证气井能量充分发挥，满足一定的稳产时间。

（2）所选油管临界携液气量要小于气井实际产量，使得气井可以有效携液自喷，消除井筒积液。

（3）对流速高、排液能力较好的大产水量气井，可增大管径以减少阻力损失，提高井口压力，增加产气量。对处于中后期的气井，因井底压力和产气量均较低，排水能力差，则应更换较小管径，以提高带水能力排除井底积液，使气井正常生产，延长气井的自喷期。

（4）油管下入深度直接影响携液能力，下入深度越接近气层中部，气井携液能力越强。同时，尽量减少油管变径管段，以避免降低携液能力。

7.4.2.2 两相管流模型优选

为了合理地选择多相管流计算模型，选取克拉美丽气田水平井生产数据对工程中常用的 Hagedorn–Brown 模型（H–B 模型）、Beggs & Brill 模型（B–B 模型）、Duns & Ros 模型（D–R 模型）和 Mukherjee–Brill 模型（M–B 模型）进行评价分析。

图 7.9 为 H–B 模型计算值与测试值绘制交会图，可以看出，压力测试值与计算值具有较好的吻合。图 7.10 为 B–B 模型计算值与测试值绘制交会图，可以看出，其主要分布对角线上方，即计算值相对测试值偏大。图 7.11 为 D–R 模型计算值与测试值绘制交会图，与 B–B 模型类似，其主要分布对角线上方，计算值偏大。图 7.12 为 M–B 模型计算值与测

试值绘制交会图，与 B-B 模型类似，其数据点大多分布在对角线上或者对角线上方，也可认为其计算值偏大，即计算井筒压力梯度偏大。

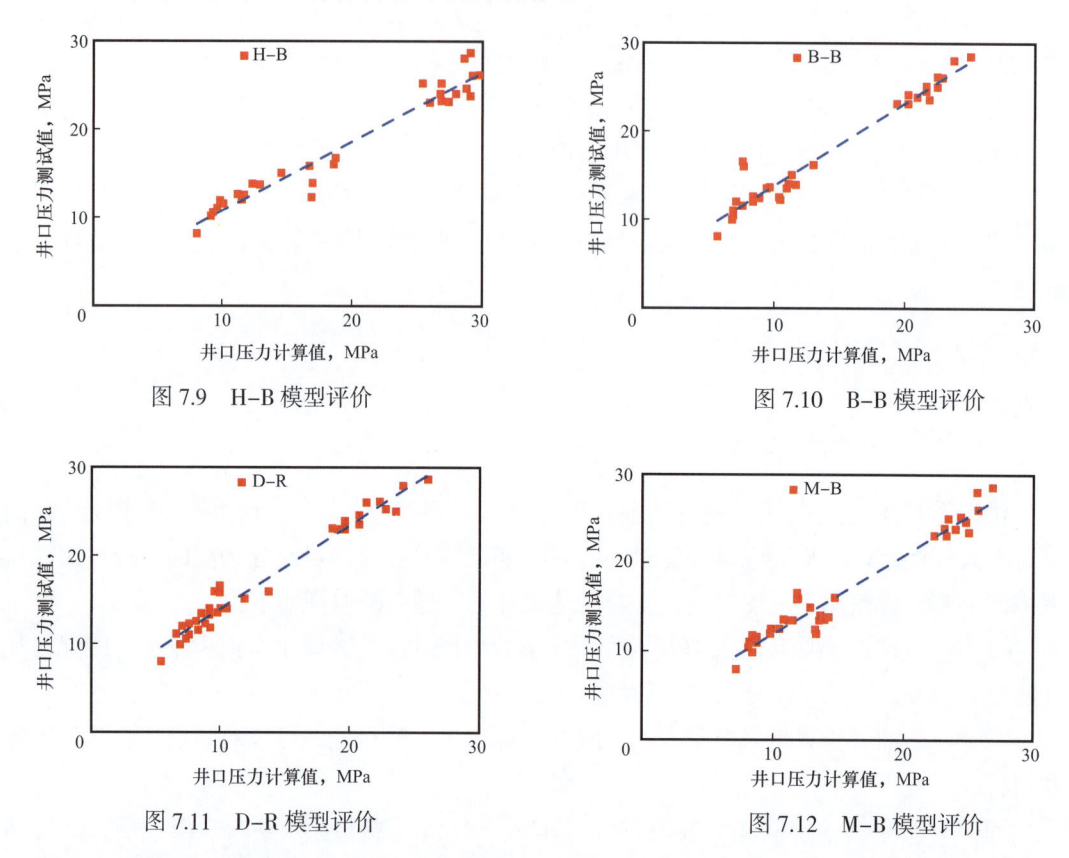

图 7.9　H-B 模型评价

图 7.10　B-B 模型评价

图 7.11　D-R 模型评价

图 7.12　M-B 模型评价

根据 4 个模型评价结果，并按指标等权重计算综合性能指标，将各模型性能指标列于表 7.8。从表中可以看出，M-B 模型的综合性能指标最小，其次是 H-B 模型，而 D-R 模型最大，故从评价数据看，应用 M-B 模型来计算克拉美丽气田井筒压力为最优，其次是 H-B 模型，D-R 模型的计算偏差最大。因此采用 M-B 模型计算。

表 7.8　管流模型对比优选

性能指标	H-B 模型	B-B 模型	D-R 模型	M-B 模型
E_1	8.38	-23.42	-24.99	-8.42
E_2	14.02	23.42	24.99	10.66
E_3	14.75	12.66	10.27	11.56
RPF	0.9933	2.620	2.651	0.5727

7.4.2.3　水平井临界携液气量图版

为了便于现场快速判断气井积液情况，针对现场情况建立不同生产参数条件下的图版，为此计算了不同参数条件下的携液临界气量图版。图 7.13 至图 7.15 给出了不同管径（40.3mm、50.3mm、62mm、76mm 和 101.3mm）、不同压力（5MPa、10MPa 和 30MPa），以及不同温度（300K 和 350K）条件下的携液临界气量图版，为优选管柱提供理论支持。

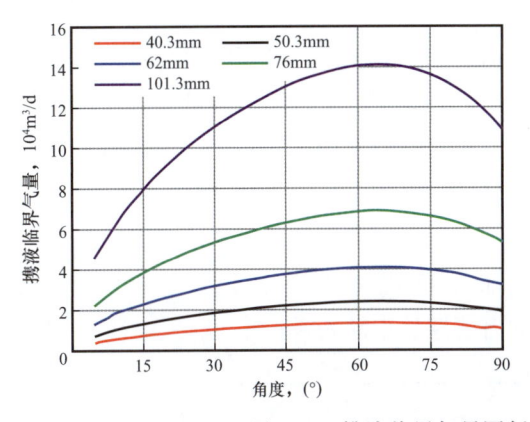

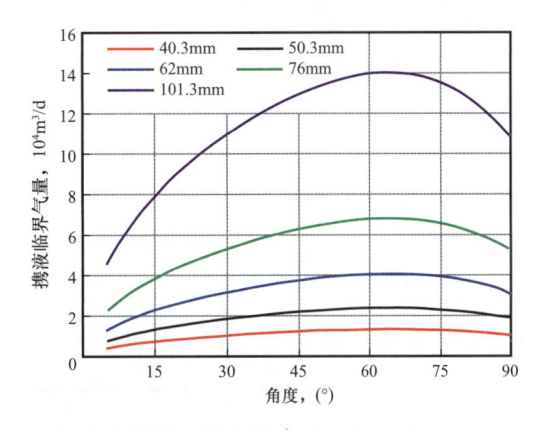

图 7.13 携液临界气量图版（p=5MPa，T=300K、T=350K）

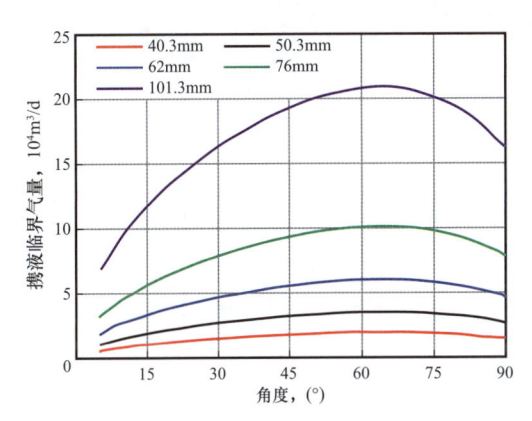

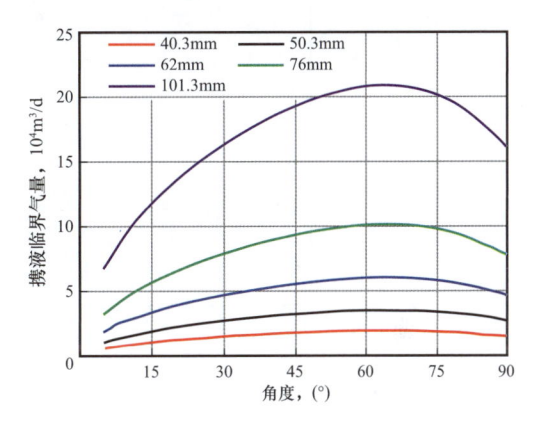

图 7.14 携液临界气量图版（p=10MPa，T=300K、T=350K）

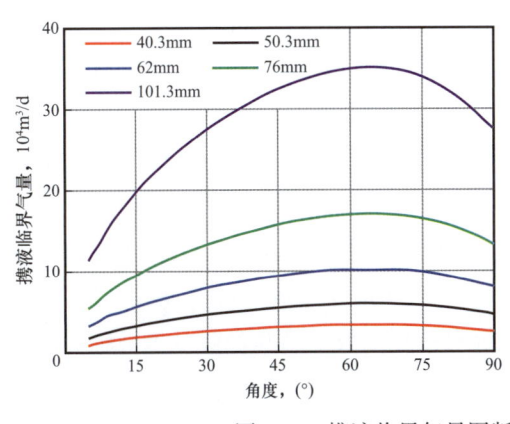

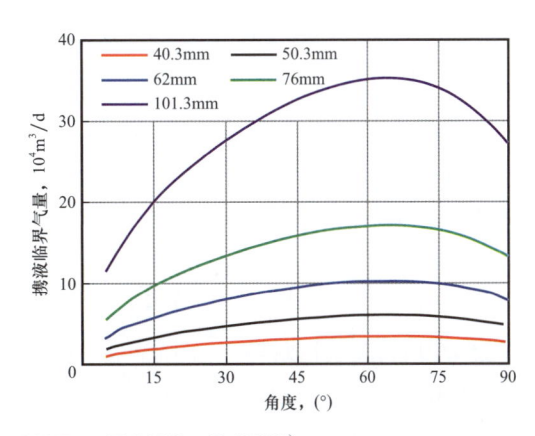

图 7.15 携液临界气量图版（p=30MPa，T=300K、T=350K）

7.4.2.4 现场应用

A-31井是在克拉美丽气田部署的一口压裂水平井,完钻斜深为4386.0m,垂深为3701.8m。该井在压裂后采用ϕ114.3mm油管生产,生产近两年后压力快速下降,气井出现明显积液特征,需要采取工艺措施。

针对该井目前生产情况,模拟计算出在不同油管尺寸条件下得到的气井产气量。从图7.16可以看出,随着油管尺寸的增加,气井产量先迅速增加后缓慢降低。油管内径为49.66mm时,其产气量最低,仅为$3.84\times10^4\text{m}^3/\text{d}$。油管内径从49.66mm增至76mm时产气量逐渐增加,这是由于随着油管尺寸增加,流速降低,摩阻减小,井底流压下降,气层生产压差增加,产气量增大。但随着油管内径进一步增加其产气量不增反减,这是由于油管内径增大后液相滑脱损失增加,导致井底流压增加,从而影响产量。因此,生产管柱的选择需要在对生产影响较小的情况下,优选携液能力更好的小油管进行生产。

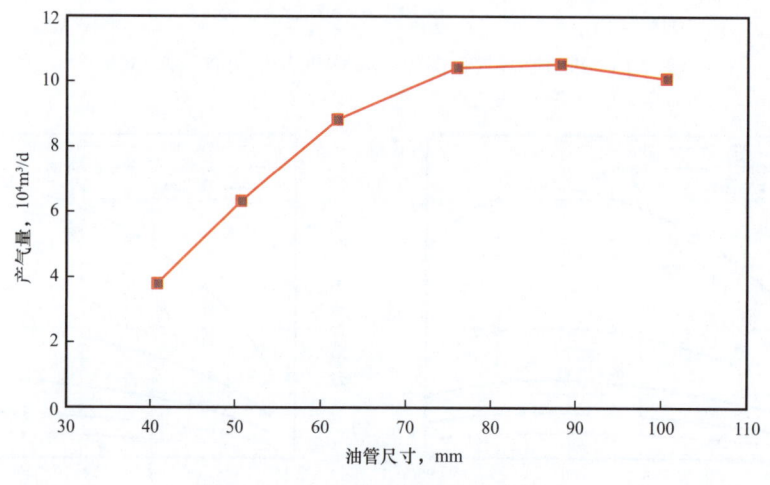

图7.16 A-31井油管尺寸敏感分析

以更换油管前稳定产气量为基础,对不同油管尺寸下井筒压力损失和携液能力进行分析。定井口油压34MPa,产气量$10.3\times10^4\text{m}^3/\text{d}$,产液$11.08\text{m}^3/\text{d}$时不同油管尺寸的井筒压力剖面(图7.17),其井底流压与油管尺寸的关系(图7.18)。随着油管尺寸的增加,井底流压逐渐降低,但降低的幅度逐渐减小,当内径40.9mm油管增加76mm时,井底流压从46.87MPa降至44.43MPa,降低了2.26MPa;油管尺寸进一步增至100.3mm时,井底流压仅降低了0.33MPa。

A-31井携液临界气量随油管变化情况如图7.19所示,可以看出,在更换生产管柱前以进行$10.3\times10^4\text{m}^3/\text{d}$生产时井筒存在严重积液风险,尤其是在倾斜段,携液临界气量大于$25\times10^4\text{m}^3/\text{d}$,难以携液,而减小油管尺寸后能够有效提高气流速从而降低携液临界气流量。分析后该井采用$2\frac{3}{8}$in(内径50.6mm)油管生产可在不大幅度增加目前生产压差的条件下,有效降低携液临界气量至$5\times10^4\text{m}^3/\text{d}$,从而满足携液生产。

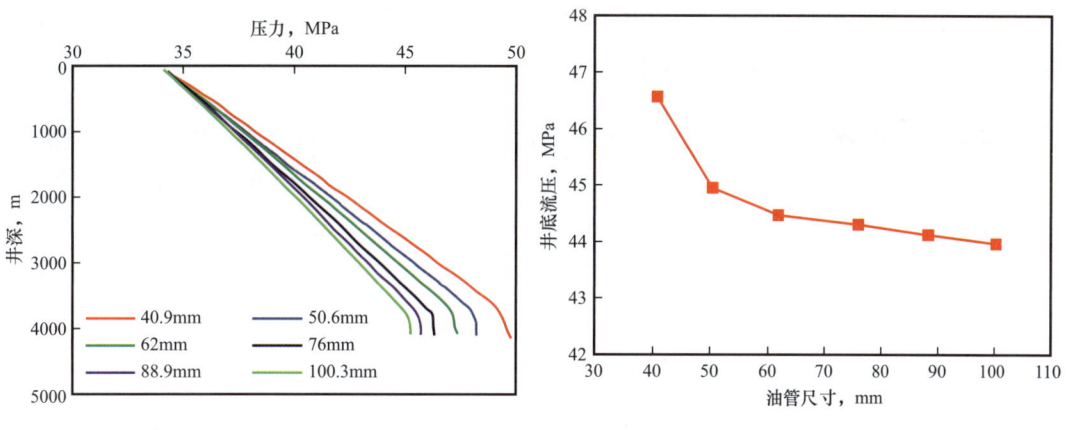

图 7.17 井筒压力剖面图

图 7.18 井底流压随油管尺寸变化图

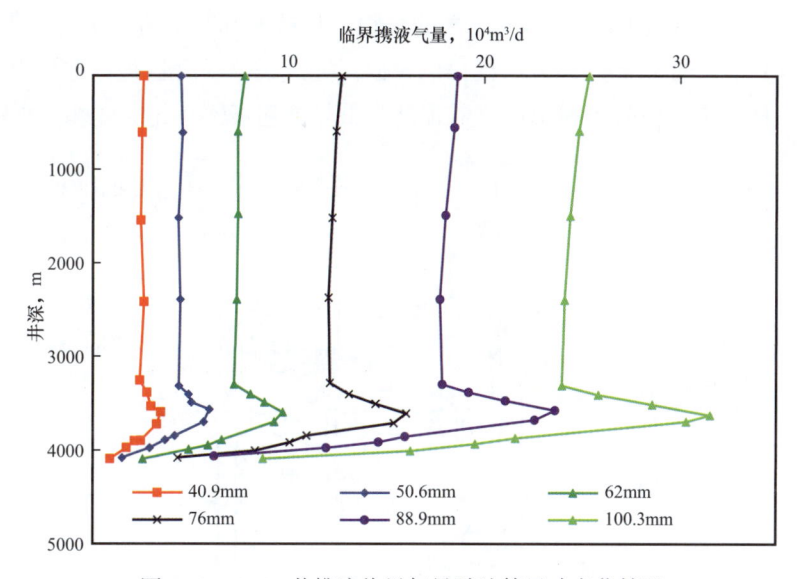

图 7.19 A-31 井携液临界气量随油管尺寸变化情况

7.5 柱塞气举排水采气技术

对克拉美丽气田积液气井在柱塞气举排水采气方面进行了工艺适应性分析,选择高气水比气井作为柱塞气举排水采气工艺的主要气井。

7.5.1 工艺适应性分析

柱塞气举排水采气工艺适用于具有高气水比的间开气井,可以有效地利用天然气能量举升井筒内的积液,减小产层回压,防止水淹。同时,柱塞气举系统可以有效地消除井中的蜡、地层盐或垢物在生产管柱内的聚结,免除了生产井清蜡或清除结晶盐及结垢的作业,从而能够直接节省油田操作费用。

7.5.2 工艺设计

7.5.2.1 技术原理

1. 柱塞气举系统组成

柱塞气举系统包括自动控制器、柱塞、井下带缓冲弹簧的承接器、防喷管、到位传感器、气动控制阀门、气体分湿管总成和太阳能面板等几部分组成(图7.20)。

2. 工作原理

柱塞的具体工作原理是:在自身重力的作用下沉没到安装在生产管柱内的弹簧承接器顶部,随着柱塞下方能量的恢复即天然气的聚集,将柱塞和其上方的液体一同向上举升,液体被举出井口后,柱塞下方的天然气得以释放,完成一个举升过程,井口自动关闭。也就是关井后,柱塞重新回落到弹簧承接器顶部;重复上述步骤,完成柱塞气举过程。

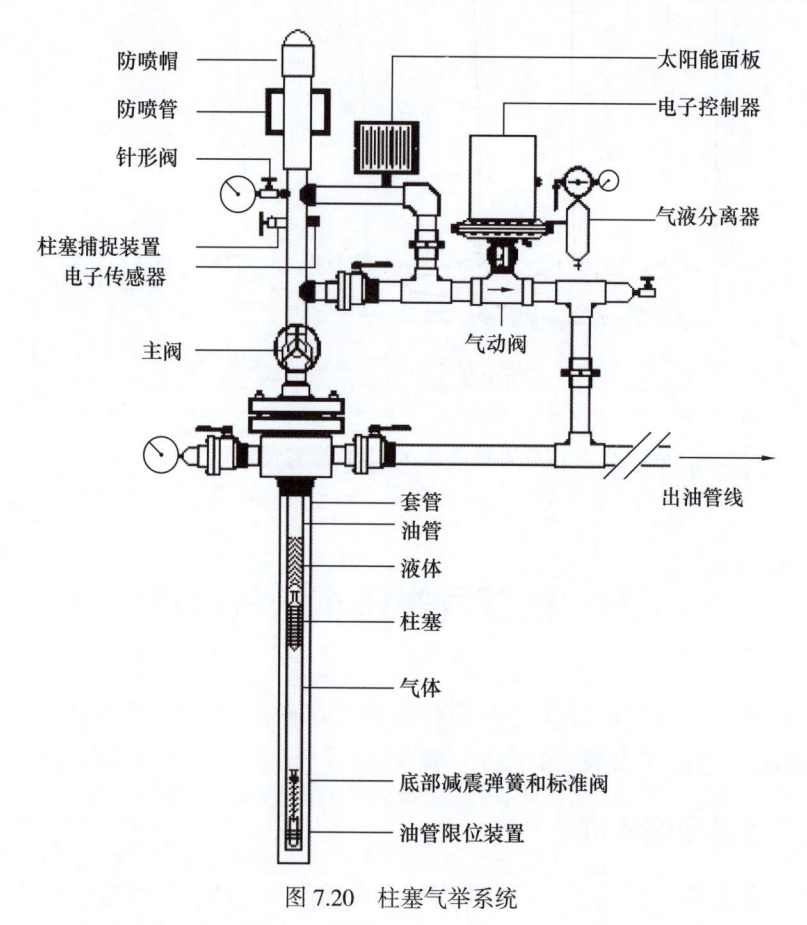

图 7.20 柱塞气举系统

3. 柱塞气举运行过程分析

柱塞气举运行过程包括开井生产阶段和关井恢复压力阶段。

（1）开井生产阶段：当开井生产时，套管气和进入井筒的地层气体向油管膨胀，到达柱塞下面，推动柱塞及上部液段离开卡定器上升直到柱塞到达井口。若地层气量充足，需要敞喷放气一段时间。

（2）关井恢复压力阶段：当关井恢复压力时，柱塞从井口在油管内的气柱和液柱中下落，直至到达卡定器处的井底缓冲弹簧上。若地层的供液和供气能力较低，柱塞在卡定器处的缓处弹簧上停留一段时间，使压力恢复到足以把柱塞从井下推到井口的程度，对应的套压称为最大套压。

7.5.2.2 柱塞气举参数

1. 最小套压

最小套压是柱塞和液体段塞刚好到井口位置，油套管中的压力处于平衡状态时的套压值。它是整个柱塞气举能够进行，在开井状态所需要的最小套压，也是判断柱塞在井口是否停留、停留多久的依据之一，计算公式为式（7.4）：

$$p_{\text{cmin}} = p_{\text{tmin}} + (p_{\text{lh}} + p_{\text{lf}}) + p_{\text{p}} + p_{\text{f}} \tag{7.4}$$

式中　p_{cmin}——最小套压，MPa；

p_{tmin}——最小油压，MPa；

p_{lh}——柱塞以上液体段塞的静液柱压力，MPa；

p_{lf}——流动摩阻，MPa；

p_{p}——克服柱塞重量所需的压力，MPa；

p_{f}——油管长度上的气体摩阻，MPa。

2. 最大套压

最大套压是在开井前，套管中的压力。由于最小套压是环空中气体在最大套压下膨胀的结果，那么可以根据气体定律计算出最大套压。它是整个柱塞气举能够进行，在关井状态所需要的最小套压，也是判断柱塞在卡定器是否停留、停留多久的依据之一，计算公式为式（7.5）：

$$p_{\text{cmax}} = p_{\text{cmin}}\left(1 + \frac{A_{\text{t}}}{A_{\text{c}}}\right) \tag{7.5}$$

式中　p_{cmax}——最大套压，MPa；

p_{cmin}——最小套压，MPa；

A_{t}——油管面积，mm^2；

A_{c}——套管面积，mm^2。

3. 工作周期数

工作周期数为一个工作周期所需的时间，由开井时间和关井时间两部分组成，数值上为一天的时间除以一个工作周期所需时间。开井时间包括柱塞从卡定器上升到地面的时间、柱塞停留在井口的时间和敞喷放气生产时间；关井时间包括柱塞在气柱中下落的时间、柱塞在液柱中下落的时间和柱塞在卡定器上停留时间。

柱塞在井口和在卡定器上的停留时间应根据地层气液比的高低和最小套压、最大套压来决定，并根据实际生产情况进行调整。对高气液比的井，套压又高于最小套压，应延长柱塞在井口的停留时间，这样有利于排水采气，同时柱塞可不在卡定器上停留，如果停留，停留时间可根据周期放气量的大小进行估计。对低气液比的井，套压又于小最大套压，只有延长柱塞在卡定器上的停留时间，才能使套压恢复到足够高，同时柱塞可不在井口停留。

4. 周期需气量

每个周期内的用气量包括：开井前油管中的气量、柱塞上升过程中从柱塞和液体段塞滑脱的气量，以及柱塞停留在井口时的敞喷气量，柱塞气举最低周期需气量由前两项决定。周期需气量可用式（7.6）计算：

$$V_g = 10^{-4} F_{gs} \frac{V_t}{B_g} \tag{7.6}$$

式中　V_g——最低周期需气量，m³；

F_{gs}——气体通过柱塞的滑脱系数，一般取 1.15；

V_t——开井前液体段塞上的油管体积，m³；

B_g——气体的体积系数。

5. 柱塞气举的产量

柱塞气举的产量包括三方面：日排水量、日产气量和日放气量。

7.5.2.3　参数优化设计

影响柱塞气举的因素分为不可控因素和可控因素两大类。不可控因素有气液比、气层的流入动态方程（地层压力和产气量）、输气管线压力（或井口压力或分离器压力）、柱塞下死点深度；可控因素为开井时井口油压和套压、柱塞在井口停留时间、柱塞在卡定器上停留时间、井筒积液高度。柱塞气举参数优化设计就是对可控因素进行设计。

可控因素之间相互影响，开井时的井口油压和套压、柱塞在井口停留时间决定了井筒积液高度；开井时的井口套压和柱塞在井口停留时间和在卡定器上停留时间一定后，油压也是一定的；开井时的井口套压也是受柱塞在卡定器停留时间影响。因此，对柱塞气举进行优化，实质上只是对开井时的套压、柱塞在井口停留时间进行优化。

通过分析，只有当开井时套压和柱塞在井口停留时间取值合理时，才能使气井的柱塞正常工作又有较高的日产气量。

7.5.2.4 现场试验及应用

1. 气井基本情况

A-32井是一口开发井，2012年8月25日新井试气，油管传输射孔，井段3671.5~3675.0m、3687.0~3690.5m、3698.5~3700.5m，射后无显示，压裂后7mm油嘴试气获油压30.41MPa，日产气$21.415\times10^4m^3$。

该井于2012年11月投产，初期日产气6.0×10^4~$9.0\times10^4m^3$，日产水1.3~2.3m^3，水气比0.35$m^3/10^4m^3$，产出水为凝析水，月油压降0.21MPa，生产较稳定。2017年4月日产水量上升至3.5m^3，水气比上升至0.65$m^3/10^4m^3$，月油压降达到1.01MPa。截至2020年10月，生产油压8.8MPa，日产气$4.3\times10^4m^3$，日产水2.8m^3，累计产气$1.47\times10^8m^3$，累计产水5430m^3。

2. 柱塞选型

考虑气井基本不出砂和结垢，同时A-32井气液比较高，选用运动性能较好的柱状柱塞。柱塞规格参数为：柱状柱塞，外径59.5mm，打捞颈尺寸44.5mm，柱塞重量5kg（表7.9）。

表7.9　A-32井柱塞优选

柱塞类型	气井类型			备注
	普通井	出砂井	结垢井	
衬垫式柱塞	适用	不适用	不适用	密封性好
刷式柱塞	适用	适用	适用	容易磨损
柱状柱塞	适用	适用	适用	适用于高气液比井
快落式柱塞	适用	适用	适用	下落速度快

3. 卡定器下深

为充分利用套管气体膨胀能，同时为保证迅速排除地层产液，卡定器（柱塞）位置应尽量靠近油管底部；考虑井底可能出现返出物降低井筒洁净程度，影响柱塞正常运行，适当留出安全距离约150m，设计该井卡定器下深为3500m。

4. 工艺参数设计

因该井为高压系统生产，设计采用时间控制方式，控制柱塞运行，按照Foss—Gaul经验计算法计算：预计关井时间60min，开井时间120min，循环次数8次，日排液10.0m^3，日产气$3.0\times10^4m^3$（表7.10）。

表 7.10　A-32 井柱塞气举工艺初步设计结果

参数	产液量 Q_L m^3/d	产气量 Q_g $10^4 m^3/d$	柱塞举升 气液比 R m^3/m^3	井下限位器 安装位置 H_z, m	举升频次 C_y 次/天
设计结果	10.0	3.0	3000	3500	8
参数	井底流压 p_{wf} MPa	关井时间 ($t_{dg}+t_{dl}+t_{cb}$) min	开井时间 ($t_{up}+t_{fl}$) min	开井套压/最大井 口套压 p_{cmax} MPa	关井套压/最小井 口套压 p_{cmin} MPa
设计结果	23.02	58	122	23.3	16.5

注：该结果仅为初步设计结果，后期应根据实际情况，调整运行制度。

5. 生产参数预测

柱塞气举是间歇性生产，主要有柱塞运行阶段；若柱塞故障，则气井关井。柱塞运行阶段分为生产时间和关井蓄能时间，预测气井投产后具体参数见表 7.11。

表 7.11　A-32 井柱塞气举生产参数预测表

阶段		油压 MPa	套压 MPa	日产气 $10^4 m^3$	井温 ℃	日产液 m^3	日产水 m^3	日产油 m^3
高压系统	生产期间	16~8.5	16.5~13.2	3.0~4.5	25~32	8~12	1.5~3.0	6.5~9.0
	关井期间	8.5~16.0	16.5~23.3	0	—	0	0	0
故障关井		20.5	23.3	0	—	0	0	0

6. 地面配套要求

柱塞气举井口工艺流程应既能满足未投用柱塞，气井连续自喷生产工艺，也能满足投用柱塞气举生产，可实现柱塞气举的自动控制、远程监测与调控等功能。

7.6　连续气举排水采气技术

对克拉美丽气田在连续气举排水采气方面进行了工艺适应性分析，确定了选井原则和方法。

7.6.1　工艺适应性分析

连续气举排液采气工艺不受井斜、井深和硫化氢限制及气液比影响；排量大、单井增产效果显著；举升方式灵活，可光油管气举也可安装气举阀气举；可重复启动，与投捞式气举装置配套，可减少修井作业次数；设备配套简单，管理方便；易测取液面和压力资料，设计可靠，经济效益高，因而在排液采气井中得到广泛的应用。

结合克拉美丽气田气源、集输压力高、缺少地面注气管线、井深、产液范围宽、地层压力较高等特点，连续气举需考虑以下原则：

（1）采用光油管、高启动压力时，要求套管强度等级高，能承受较高的注气压力。

（2）对于输压较高的气井，井口回压对该工艺适应性几乎没有影响。

（3）地层气液比对工艺适应性没有影响。

（4）地层压力系数不能过低（>0.4），否则效果较差。

（5）气举用高压气源最好来自邻井；若通过增压机获得高压气，由于设备投资较大，运行维护费用较高，要求气举工艺井控制储量与剩余可采储量较大，否则经济效果不理想。

根据连续气举选井原则及气举适应性分析，选井方法为：分析气井是否具备连续气举所需的高压气源、地面管线等基本条件；选择合适的管流计算模型；进行气举敏感性分析；技术可行性和经济性评价等。

7.6.2 工艺设计

A-8井根据气井生产动态分析，油管内静液面在约2402m（油压21MPa），环空液面约在2750m（套压24MPa），地层静压38MPa，采液指数约0.45m³/（d·MPa），含水75%。按照只产液不产气的极端情况考虑，A-8井水淹关停，设置修井后诱喷时井口压力9MPa，最大注气允许深度：TVD-3780m，只要注入压力允许，注气点越深越好（不超油管鞋）。

7.6.2.1 气举敏感性分析

气井采液指数较难预测，为了考虑其影响，应对其进行敏感性分析。考虑在气井生产过程中可能采液指数会增加，分别对采液指数（PI）为0.45m³/（d·MPa）、1m³/（d·MPa）、1.5m³/（d·MPa）、2.0m³/（d·MPa）进行气举特性曲线分析（图7.21）。

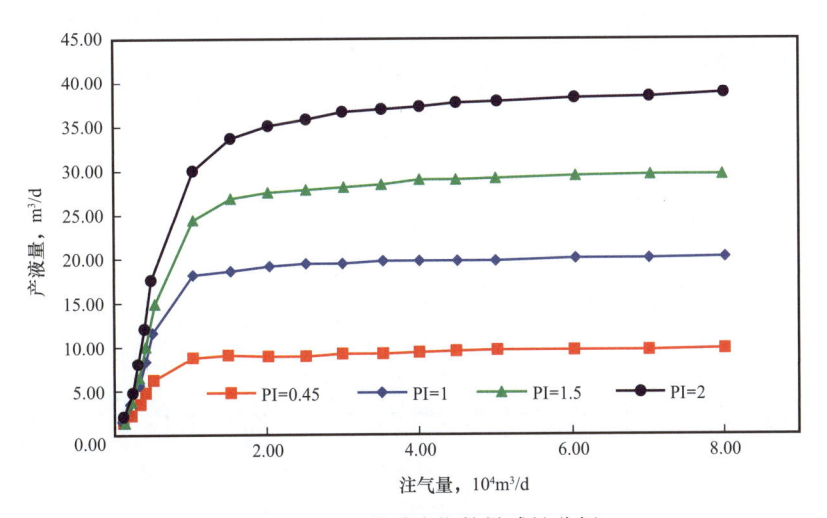

图7.21 A-8井采液指数敏感性分析

从图 7.21 可知，随着注气量增加，产液量增加，当注气量增加到约 $3×10^4 m^3/d$（含地层气），再增大注气量对产液量影响较小；随着采液指数增加，相同注气量产液量增加，气举特性趋势基本一致。

随着气液的不断采出，地层压力通常会下降，图 7.22 为不同地层压力下气举特性曲线。

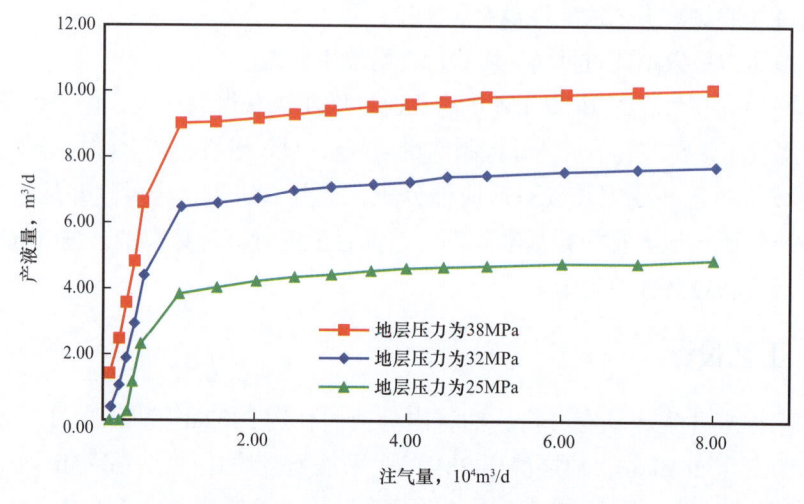

图 7.22 A-8 井地层压力敏感性分析

如图 7.22 所示，随着注气量增加，产液量增加，当注气量增加到约 $3×10^4 m^3/d$（含地层气），再增大注气量对产液量影响较小；随着地层压力下降，相同注气量下产液量下降，气举特性趋势基本一致。

由于克拉美丽气田井口油压较高（输压高），考虑采用低压集输，井口生产压力分别为 9MPa、5MPa 和 3MPa 气举特性曲线如图 7.23 所示。

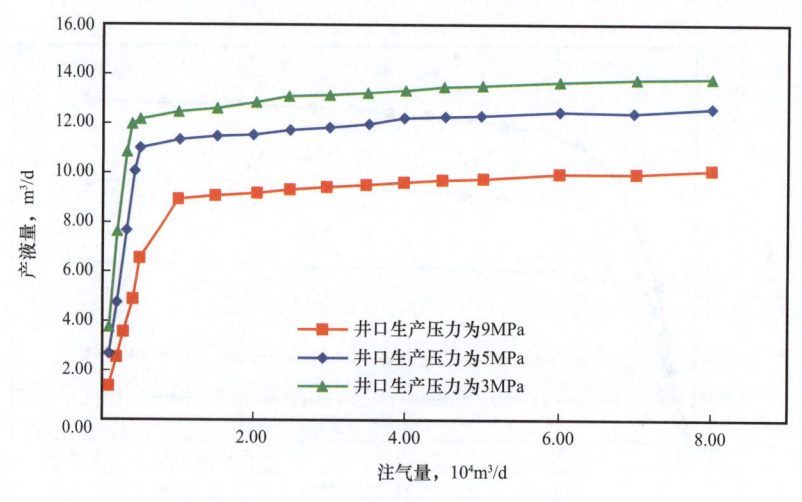

图 7.23 A-8 井口生产压力敏感性分析

从图 7.23 可知，随着注气量增加，产液量增加，当注气量增加到约 $3\times10^4m^3/d$，再增大注气量对产液量影响较小；随着降低井口压力，相同注气量产液量增加，气举特性趋势基本一致。

相比注天然气，如果考虑注氮气，相同条件下产液量会有所下降，这主要是由于氮气密度大，相同条件对井底回压高。含水率的影响表现为随含水率增加，产液量会有所下降，如果只是少量变化，对产量影响较小，可以忽略。

从以上采液指数、地层压力及井口压力敏感性分析看，注气量应满足 $3\times10^4m^3/d$ 左右，为防止气举生产出现严重不稳定情况，假设注气量为 $4\times10^4m^3/d$ 进行设计。

7.6.2.2 气举阀分布设计

根据气举响应曲线及敏感性分析，按注气压力 16MPa、注气量 $4\times10^4m^3/d$ 进行气举布阀设计。假设油管内液面达到井口，卸载油压等于生产油压 9MPa，设计结果见表 7.12。目标注气压力约 14.9MPa，产液量约 $9m^3/d$。

表 7.12 布阀设计结果

阀深度 m	打开阀地面压力 MPa	地面关闭压力 MPa	阀孔尺寸 mm	试验台架打开压力 MPa	腔室压力 MPa
725	16	15.92	3.18	15.67	17.04
1418	15.79	15.72	3.18	15.49	17.85
2062	15.58	15.52	3.18	15.29	18.54
2639	15.42	15.32	4.76	15.27	19.08
3148	15.21	15.12	4.76	15.05	19.53
3591	14.99	14.92	4.76	14.79	19.87
3780			4.76	孔板阀	

若考虑卸载过程中放喷（井口油压取 0.5MPa），设计结果见表 7.13。

表 7.13 布阀设计结果（卸载油压 0.5MPa）

阀深度 m	打开阀地面压力 MPa	地面关闭压力 MPa	阀孔尺寸 mm	试验台架打开压力 MPa	腔室压力 MPa
1667	16	15.93	3.18	15.75	18.45
2307	15.79	15.73	3.18	15.49	19.13
2897	15.63	15.53	4.76	15.47	19.69
3417	15.42	15.33	4.76	15.24	20.18
3780			4.76	孔板阀	

表 7.13 相比井口卸载油压为 9MPa 的设计结果，放喷可以少安装气举阀，顶阀可以下到更深位置，最终产量没有影响。

若考虑液面未达到井口，地层吸液，设计结果见表 7.14。

表 7.14 布阀设计结果（地层吸液）

阀深度 m	打开阀地面压力 MPa	地面关闭压力 MPa	阀孔尺寸 mm	试验台架打开压力 MPa	腔室压力 MPa
1920.8	16	15.93	3.18	15.77	18.82
2545.3	15.79	15.73	3.18	15.48	19.47
3118.7	15.63	15.53	4.76	15.47	20.01
3624.8	15.42	15.33	4.76	15.19	20.46
3780			4.76	孔板阀	

表 7.14 相比表 7.12，如液面未到井口，地层吸液，可明显减少气举阀数量，顶阀可以下到更深位置，最终产量没有影响。

若考虑液面未达到井口，地层不吸液，设计结果见表 7.15。

表 7.15 布阀设计结果（地层不吸液）

阀深度 m	打开阀地面压力 MPa	地面关闭压力 MPa	阀孔尺寸 mm	试验台架打开压力 MPa	腔室压力 MPa
879.71	16	15.92	3.18	15.69	17.28
1553.6	15.79	15.72	3.18	15.5	18.05
2162.9	15.58	15.52	3.18	15.29	18.67
2704.6	15.37	15.32	3.18	15.08	19.18
3179.2	15.2	15.12	4.76	15.06	19.54
3590.3	14.94	14.92	3.18	16.03	19.85
3780			4.76	孔板阀	

表 7.15 相比表 7.14，如液面未到井口，地层不吸液，将增加少气举阀数量，顶阀需下到更浅位置。

从表 7.12 至表 7.15 可知，在考虑不同的布阀卸载方式及地层条件下，其设计结果相差较大。从尽量减少气举阀的角度考虑，结合目前估算的采液指数（地层吸液能力差）及井筒液面分析，卸载时放喷，卸载完后再转入生产流程。

7.6.2.3 工艺设计结果

（1）气举管柱：采用原井管柱（不动管柱），光油管开式气举。

（2）高压气源：采用天然气增压气举，井口安装压缩机。

（3）气举启动压力：30MPa。关井时间长短及注气速度等将会影响启动压力，卸载时控制注气速度 30m³/min，卸载方式为光油管压缩天然气卸载。

（4）注气量及产液量：工作注气量约 3.5×10^4m³/d，如产气量能达到 3.5×10^4m³/d 以上，该井可实现气举复活自喷生产；产液量受注气量及地产供液影响明显，在注气量约 3.5×10^4m³/d 左右，估算稳定产液约 10m³/d。

（5）工作时井口油压：井口油压 9MPa，注气压力约 13.6MPa。

（6）卸载油压：9MPa，如在卸载过程中，出现井口套压长时间（>20min）在高位无变化，可适当采取措施降低井口油压。

（7）地面流程：新布设集气站到 A-8 井管线，管线尺寸不小于 50mm 通径。为降低保温或抑制剂加注成本，采用低压方式输气，将部分外输气输至 A-8 井供压缩机增压及燃料使用。埋地敷设并沿程保温，冬季可适当加注抑制剂。

第8章

地面集输技术

克拉美丽凝析气藏物性复杂，开发过程中存在气井产量递减、压力下降快，产水量上升快，部分气井冬季出现管线积液和冻堵导致停产关井等问题。通过软件模拟分析，在集输工艺、防冻工艺、计量工艺等方面开展研究，结合近十几年来的生产实践经验，形成了克拉美丽气田地面集输系列技术，包括气液混输、高中低压分输、多级集中增压、加热防冻、轮井计量等集输工艺，从而保证了集输工艺的适应性，为气田的高效滚动开发提供了技术保障。

8.1 地面工程设计基础

通过对天然气组成和物性、凝析油物性、地层水水质等进行分析，获得相关基础参数，为地面工程设计提供依据。

8.1.1 区域自然条件

克拉美丽气田位于准噶尔盆地腹部的东部地区，南距彩南油田 30km，东距五彩湾气田约 50km，距离石西油田约 70km。地理位置处于沙漠和戈壁地带，平均年降水量小于 100mm，蒸发量大于 200mm。气候为典型的大陆性沙漠气候，昼夜温差大；夏季干热，最高气温可达 40℃以上；冬季寒冷，最低气温可达 –40℃以下。

8.1.2 原料物性

8.1.2.1 天然气组成

克拉美丽气田天然气组分见表 8.1，天然气中 C_1 和 C_2 总体积分数高于 95%，其中 CH_4 含量在 90% 以上，C_{3+} 总体积分数约为 2%，不含 H_2S 和 CO_2，N_2 含量较高。

表 8.1 天然气组分

组分名称	甲烷	乙烷	丙烷	异丁烷	正丁烷	异戊烷	正戊烷	氮气	硫化氢	二氧化碳
气体组成 %	91.25	3.92	1.25	0.30	0.34	0.10	0.08	2.78	未检测出	未检测出
相对密度	0.6125									

8.1.2.2 凝析油物性

克拉美丽气田凝析油含量为 90~140g/m³，属于 GB/T 26979—2011《天然气藏分类》的中等含凝析油（50~250g/m³）凝析气田。凝析油物性参数见表 8.2，主要成分为：C_5~C_8 烃类混合物质量分数在 50% 以上，C_{8+} 烃类占 43% 以上，轻烃等其他成分占 6% 左右。凝析油中含蜡较少，析蜡点小于 0℃，凝固点约为 –16℃。

8.1.2.3 地层水

克拉美丽气田产水量大，地层水为 $CaCl_2$ 水型。地层水水质见表 8.3，地层水离子主要包括 Cl^-、HCO_3^-、SO_4^{2-}、Ca^{2+}、K^+ 和 Na^+ 等。地层水矿化度高，总矿化度分布为 11120~18103mg/L，Cl^- 含量为 6186~7516mg/L。

8.1.2.4 相包络线

根据井口流物的组成，测算在集输条件和处理工况下天然气的水合物形成温度。表 8.4 为不同压力条件下水合物形成温度计算结果，图 8.1 为相包络线。

表 8.2 凝析油物性参数

序号	检测项目		检测结果
1	凝固点，℃		−16
2	密度（20℃），g/cm³		0.743
3	含水，%		微量
4	开口闪点，℃		<20
5	硫含量，%		0.007
6	饱和蒸气压（37.8℃），kPa		42.9
7	馏程，℃	初馏点	34
		馏出体积 10%	72
		馏出体积 20%	92
		馏出体积 30%	110
		馏出体积 40%	129
		馏出体积 50%	152
		馏出体积 60%	179
		馏出体积 70%	223
		馏出体积 80%	279
		馏出体积 90%	305
8	黏度，mPa·s	5℃	1.20
		10℃	1.14
		15℃	1.13
		20℃	1.07
		25℃	0.99
		30℃	0.96
9	析蜡点，℃		<0
10	屈服值（0℃），Pa		0

表 8.3 地层水水质

离子类型	离子含量，mg/L	离子类型	离子含量，mg/L
OH^-	—	Ca^{2+}	1484.96
CO_3^{2-}	0	Mg^{2+}	25.28
HCO_3^-	805.46	Fe^{2+}	—
Cl^-	7516.04	K^++Na^+	3617.9
SO_4^{2-}	396.25	矿化度	18103.12

表 8.4 不同压力条件下水合物形成温度计算结果

压力，MPa	水合物形成温度，℃
10.00	18.80
9.00	18.21
8.00	17.52
7.00	16.69
6.00	15.67
5.00	14.38
4.00	12.71
3.00	10.44
2.00	7.10
1.00	4.33
0.60	−1.75

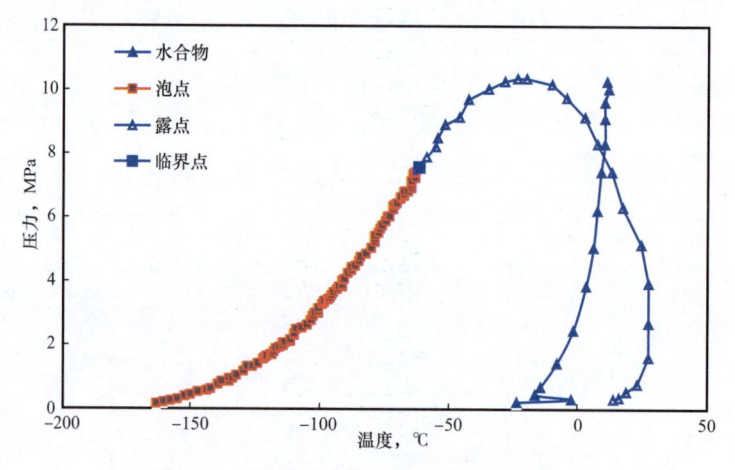

图 8.1 天然气水合物形成温度及相包络线

8.2 集输工艺

根据气田集输相关规范，结合井网部署方式、气井压力等实际情况，确定了克拉美丽气田集输管网类型、输送方式和增压工艺等集输工艺。

8.2.1 集输管网

8.2.1.1 集输管网类型

1. 枝状集气管网

枝状集气管网形同树枝，集气干线沿构造长轴方向布置，将集气干线两侧各气井的天然气经集气支线纳入集气干线并输至目的地。

2. 放射状集管网

按集中程度将若干口气井划为一组，每组中设置一集气站，以集气站或天然气处理站为中心，各井天然气到集气站的采气管线以放射状的形式连接。

3. 环状集气管网

一条集气干线围成环状，气井接在集气干线上，在适当的位置引出管线至集气总站。

4. 组合管网

将放射状集气管网与枝状集气管网或环状集气管网组合在一起，建设两座或两座以上集气站，形成组合式管网集输布置。

8.2.1.2 集输管网设计

1. 集输管网的设计原则

（1）对于含气面积较大、井口数相对较少、单井产量较高的气田，宜采用枝状集气流程。

（2）对于含气面积较小、井口数较多、单井产量较低的气田，宜采用放射状集气流程。

（3）对于含气面积大、井口数较多且井网布置较分散、分期开发的气田，宜采用环状集气流程。

（4）集输管网的选择应结合集气工艺确定，当分离器设在井场时，宜采用枝状管网；当分离器设在集气站时，宜采用放射-枝状组合管网或放射-环状组合管网。

（5）规划集气管网系统时，集气站的布点与采气管线的长度应统筹考虑，一般采气管线长度不宜大于5km，且采气管线不宜敷设在陡峭的山坡地形位置。当遇到此类情况时，应调整集气站位置。

（6）集输管网的确定应根据气田的具体情况，从技术的可靠性、集输系统的安全性、地面工程投资等方面进行综合对比，确定最优方案。

2. 集输管网设计结果

克拉美丽气田所辖井区为滴西 14 井区、滴西 17 井区、滴西 18 井区，设计集输管网时共有 52 口气井。滴西 14 井区 21 口，平均井距 806m；滴西 17 井区 14 口，平均井距 836m；滴西 18 井区 17 口，平均井距 818m。滴西 17 井区位于滴西 14 井区西北方向约 6.7km；滴西 18 井区位于滴西 14 井区东南方向约 6.5km。区块均采用整体部署，分步实施，井间接替。采用"边评价、边开发、井间逐次加密"方式部署井网。每个井区内的井间距离最远不超过 5km。克拉美丽气田井口分布如图 8.2 所示。

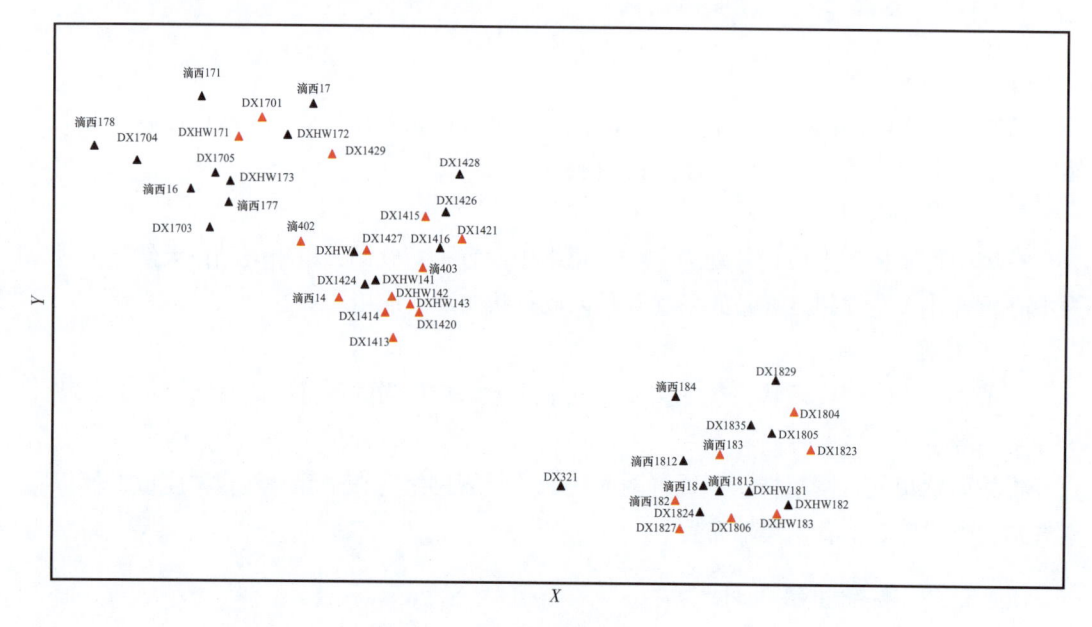

图 8.2 克拉美丽气田井口分布

克拉美丽气田单井压力下降快，井口压力相差较大，因此采用适应性强的放射状集输管网，后期改造适应性强。集输管网设计结果如图 8.3 所示。

8.2.2 气液混输工艺

克拉美丽气田区块比较零散，天然气处理站与井场距离较远，滴西 17 井区距天然气处理站 6.7km，滴西 18 井区距天然气处理站 6.5km，结合气田含气面积，以及气田开发按照"单井高产、井间接替"的模式，将集气站建在井口集中的地区，采用了"单井→集气站→处理站"的二级布站方式。同时，考虑到凝析气田天然气中含有凝析油、气田水，且井站对分离的液体处理输送困难，因此气田采用气液混输方式，将天然气及所携带的油、水等液体在同一管道中输送。

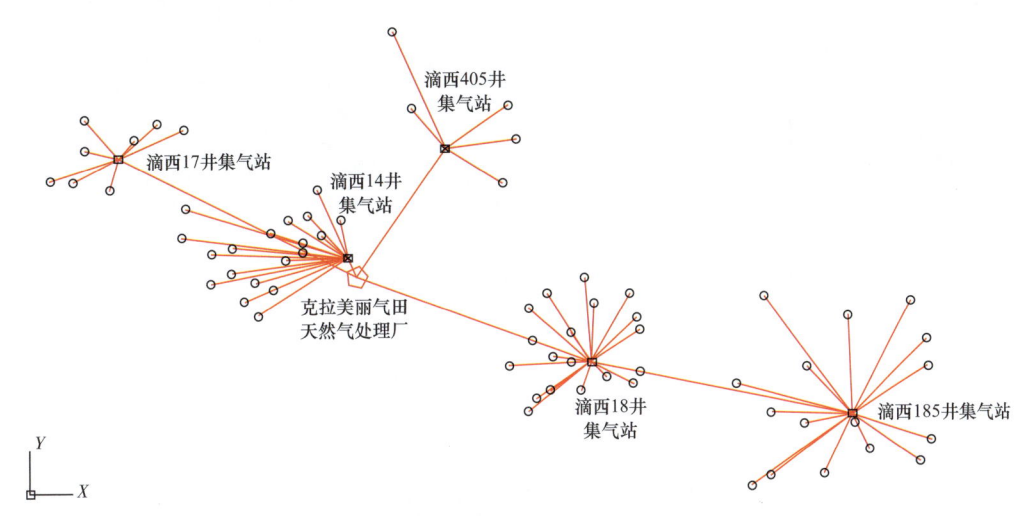

图 8.3　克拉美丽气田集输管网设计结果

8.2.3　高中低压分输工艺

表 8.5 为克拉美丽气田集输处理系统压力级制划分结果。

表 8.5　克拉美丽气田集输处理系统压力级制划分

压力级	高压气	中压气	低压气
进处理站压力 p，MPa	$p>7.1$	$2.5 \leqslant p \leqslant 7.1$	$0.6 \leqslant p < 2.5$

滴西 14 井区、滴西 17 井区和滴西 18 井区集气站已有部分气井来气不能进站，随着开采年限的增长，高压气量逐年下降，中、低压气量逐年增大。为保证气田稳产，建设了中（低）压集输处理系统。

滴西 14 井区、滴西 17 井区和滴西 18 井区集气站分设高、中、低压集气系统。气田集输采用高、中、低压三套集气管网，将高、中、低压气分别集输至天然气处理站，中、低压来气在处理站集中增压，增压后的天然气进入深冷凝液回收装置集中处理。低压气进处理站压力为 0.6MPa，中压气进处理站压力为 2.5MPa，高压气进处理站压力为 7.1MPa。

8.2.4　多级集中增压工艺

克拉美丽气田为凝析气田，地质情况复杂，同一气田由于地质条件不同，气层压力也不同，导致各采气井的井口压力各异。低压气井受进站压力的影响而关井。图 8.4 为克拉美丽气田的气井压力与产量分布图，显示有 7 口井因产能较低而关井。

当气井集输压力不能满足天然气处理工艺或外输商品气压力要求，或者气田开发中后期，气井压力降低，不能满足集输管网对输送压力要求时，利用压缩机或其他方式对气井原料气进行增压后再输送的集输模式叫作增压输送。克拉美丽气田采用压缩机增压方式对气井来气进行增压。

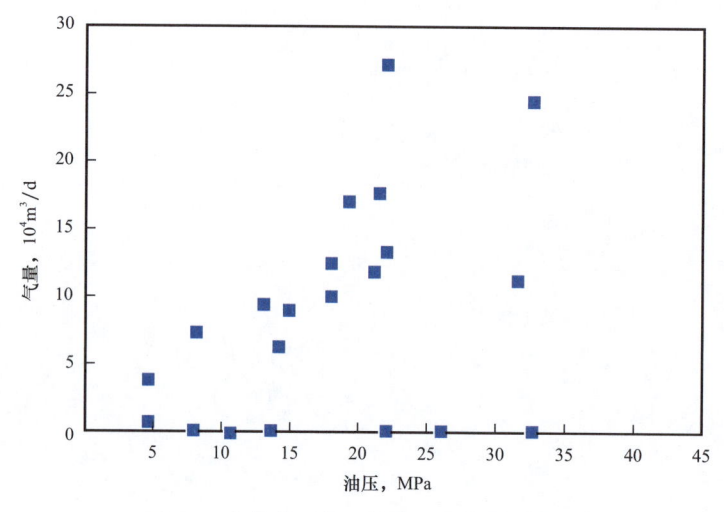

图 8.4　克拉美丽气田气井压力与产量分布

8.2.4.1　低压气压缩机

设置低压气压缩机目的是将各集气站来的低压气及凝析油稳定装置来富气进行增压，将低压气的压力提升至与各集气站来的中压气压力一致。工艺流程为：各集气站来低压气及富气（0.6MPa）进入低压气入口分离器，低压气入口分离器分离出的液相经低压凝液提升泵增压至 1.0~1.2MPa 后进入凝析油稳定塔缓冲罐，低压生产分离器分离出的气相进入低压气压缩机增压至 2.5MPa 后再由空冷器冷却至 40~45℃去中压气压缩机入口分离器。低压气压缩机采用螺杆压缩机，机组配置见表 8.6。

表 8.6　低压气压缩机组配置表

序号	压缩机配置方案	主要参数
1	配置数量，台	2（2用）
2	单台压缩机排量（标况），$10^4 \text{m}^3/\text{d}$	20
3	压缩机进气压力，MPa	0.5
4	压缩机排气压力，MPa	2.5
5	单台压缩机驱动功率，kW	650
6	驱动方式	电驱
7	润滑方式	喷油润滑

注：1 台为变频压缩机，配置高压变频装置；1 台为直频压缩机，配软启动柜。

8.2.4.2　中压气压缩机

设置中压压缩机的目的是对各集气站来的中压气和低压气压缩机增压后的低压气进行

增压，使增压后的压力与高压气保持一致。工艺流程为：各集气站来中压气（10~15℃、2.5MPa）和低压气压缩机增压后的低压气（45~50℃、2.5MPa）进入中压气压缩机入口分离器，中压气压缩机入口分离器分离出的液相进入二级闪蒸分离器，中压气压缩机入口分离器分离出的气相进入中压气压缩机，增压至7.1MPa，经中压气压缩机余热回收换热器冷却至90℃，再由空冷器冷却至45~50℃后，与高压气混合去处理站段塞流捕集器。中压气压缩机采用往复式压缩机，机组配置见表8.7。

表8.7 中压气压缩机组配置表

序号	内容	往复式压缩机
1	配置数量，台	3（2用1备）
2	单台压缩机排量（标况），$10^4 m^3/d$	50
3	单台压缩机驱动功率，kW	1000
4	驱动方式	电驱
5	压缩机进气压力，MPa	2.5
6	压缩机排气压力，MPa	7.1
7	进气温度，℃	25
8	排气温度，℃	155
9	转速，r/min	1000

注：从以后操作维护管理简易性和节能角度考虑，采用分体式橇装压缩机组。

克拉美丽气田集输系统采用"中（低）压集气干线→处理站集中增压→深冷处理装置"的方案。滴西14井、滴西17井、滴西18井集气站来气进入处理站中（低）压集气干线，在处理站内新增中、低压气压缩机等相关配套设施。各集气站来中、低压气通过中（低）压集气干线进入克拉美丽天然气处理站，分离出的天然气进入压缩机增压后与高压气混合进入深冷处理装置。中、低压气采用集中增压，低压气增压至2.5MPa后与中压气经中压气压缩机共同增压至7.1MPa，再与高压气一同进入段塞流捕集器、生产分离器。

8.3 防冻工艺

根据气井压力、产气量、产水量、集气距离等参数确定井场防冻工艺，介绍了克拉美丽气田不同防冻工艺的适用条件。

8.3.1 井场防冻工艺

根据水合物生成条件，防止水合物生成的最根本方法是天然气脱水，在天然气中无水分存在的前提下，无论多高的压力和多低的温度，均不会产生水合物。但在井场集输的情况下，一般不具备天然气深度脱水的条件，因此要防止水合物在井场集输过程中形成，只有通过注入抑制剂或加热保持天然气温度始终高于集输压力下水合物的形成温度。克拉美丽气田常用的井场防冻工艺有以下三种。

8.3.1.1 "高压集气+保温外输"工艺

当气井产气量大，井温高，集气半径小时，采用"高压集气+保温外输"工艺，减少了井场防冻工艺设备建设，便于管理。

8.3.1.2 "注醇初级节流+高压集气+不保温外输"工艺

广泛使用的水合物抑制剂有甲醇和乙二醇等。甲醇可用于任何操作温度，由于其沸点低，故用于较低温度比较合适，它既有防冻功能，又有解冻功能，能够有效防止集输管线的冻堵。但甲醇在较高温度下蒸发损失过大，因此适于处理气量较小、含水量较低的井场节流设备和管线，一般情况下喷注的甲醇不再回收。甲醇具有中等程度的毒性，可通过呼吸道、食道及皮肤侵入人体，使用甲醇防冻剂时应注意采取安全措施。乙二醇防冻剂无毒，较甲醇沸点高，蒸发损失小，一般可回收重复使用，适用于处理气量较大的井站和管线。乙二醇只能作为防冻剂，在管线冻堵时，不能作为解冻剂使用。

井口注醇工艺适合气井产水量较小的气井。在克拉美丽气田开发设计初期，气田气井产水量较小，大部分气井采用井口注醇防冻工艺。随着气井产水量的增加（最高达到约 $22g/m^3$，即 $0.22t/10^4m^3$），通过对常见气井工艺特征的研究，在定性气井部分参数情况下，摸索出气井产水量与注醇量之间的关系，从而找到一个判别点，作为是否考虑注醇工艺的适应性（表 8.8）。

表 8.8 加热和注醇工艺能耗表

参数	水气比，$t/10^4m^3$				
	0.02	0.05	0.1	0.2	0.3
气量，$10^4m^3/d$	10	10	10	10	10
管道长度，km	5	5	5	5	5
生产压力，MPa	20	20	20	20	20
井口生产温度，℃	30	30	30	30	30
采集气压力，MPa	9	9	9	9	9

续表

参数	水气比，t/10⁴m³				
	0.02	0.05	0.1	0.2	0.3
水合物形成温度，℃	18	18	18	18	18
注醇量，t/d	0.4	0.9	1.6	3.2	4.8
注醇工艺能耗，MJ/a	262.8	301.5	365	494.1	622.3
乙二醇携带及再生损耗，kg/h	0.2	0.3	0.9	1.6	2.4
加热工艺能耗，MJ/h	402	404	406	413.8	420

以一单井为例就采用注醇防冻和加热工艺适应性方面进行对比。单井产气量（标况）$10\times10^4m^3/d$，采气管道长度5km，井口生产压力20MPa，节流后压力9MPa，井口生产温度30℃。采用HYSYS软件模拟不同产水量情况下注醇和加热工艺分别需要的能耗，计算结果见表8.8。根据能耗计算结果，注醇和加热工艺能耗随产水量变化的规律如图8.5所示。

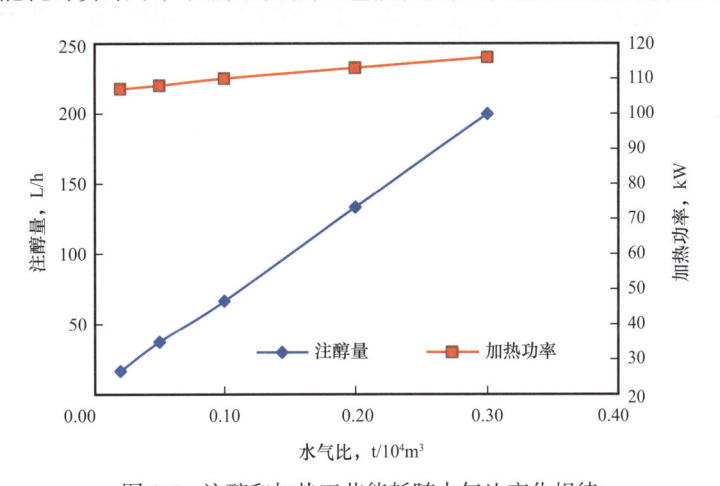

图8.5 注醇和加热工艺能耗随水气比变化规律

从图8.5可以看出，当产气量为$10\times10^4m^3/d$，气井水气比≥0.1时，所需注醇量就已经大于目前注醇的设计值40L/h。且当水气比达到0.2时，所需注醇量约130L/h，远远大于目前设计注醇能力40L/h，所以注醇工艺对水气比≥0.1的单井适应性很差。加热集输工艺能耗对单井含水量的变化适应性强，当气井水气比由0.1增加到0.3时，加热炉功率仅增加了5%，最高达到116kW，小于井口加热炉设计值120kW。针对克拉美丽气田中后期产水量提高的特点，井口采用加热炉防冻工艺。

按表8.8的工艺能耗量，结合加热和注醇工艺流程建设投资，得到两种工艺运行10年的投资总费用，具体计算结果见表8.9。图8.6表明，气井水气比小于0.1时选用井口注醇防冻工艺相对井口加热集气工艺更经济。

表 8.9 加热和注醇工艺投资费用

项目	水气比，t/10⁴m³				
	0.02	0.05	0.1	0.2	0.3
气量，10⁴m³/d	10	10	10	10	10
管道长度，km	5	5	5	5	5
生产压力，MPa	20	20	20	20	20
井口生产温度，℃	30	30	30	30	30
采集气压力，MPa	9	9	9	9	9
水合物形成温度，℃	18	18	18	18	18
注醇量，t/d	0.4	0.9	1.6	3.2	4.8
注醇工艺能耗，MJ/a	262.8	301.5	365	494.1	622.3
乙二醇携带及再生损耗，kg/h	0.2	0.3	0.9	1.6	2.4
加热工艺能耗，MJ/h	402	404	406	413.8	420
加热橇（含仪表），万元	75	75	75	75	75
管道保温，万元	35	35	35	35	35
注醇橇，万元	40	40	40	40	40
注醇管道，万元	25	25	25	25	25
注醇能耗费用，万元/a	8.3	8.3	8.3	8.3	8.3
加热能耗费用，万元/a	9.6	9.7	9.8	9.9	10.1
注醇总投资，万元	65	65	65	65	65
加热总投资，万元	110	110	110	110	110
注醇运行成本，万元/10年	82.73	95.04	158.66	237.28	333.06
加热运行成本，万元/10年	96.48	96.96	97.61	99.31	100.8
注醇10年总费用，万元	147.73	160.04	223.66	302.28	398.06
加热10年总费用，万元	206.48	206.96	207.61	209.31	210.8

8.3.1.3 "加热节流+中压集气+保温外输"工艺

井场采用"加热节流+中压集气+保温外输"工艺比较广泛，对气田产气量、产水量变化大的气井适用性较好，从与注醇工艺对比计算中，气井水气比不低于0.1时选用加热集输工艺更经济，克拉美丽气田目前水气比平均为0.2左右（即20g/m³），采用加热工艺更加经济。

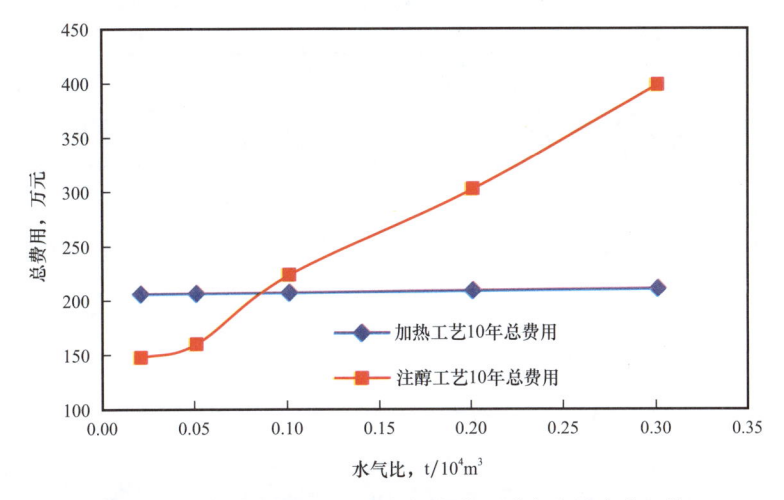

图 8.6　注醇和加热工艺 10 年投资费用随产水量变化规律

8.3.2　防冻工艺适用范围

克拉美丽气田在井场标准化建设中首先将工艺流程进行了优选。通过对各井场地面工艺及生产情况等进行统计，参考因素正交核算法，将气井油压、井口温度定为递增性恒定量，气井产量为自变量，选取常用数值，利用 HYSYS 软件进行单井集输工艺模拟，设定集输距离及进站压力为因变量，以形成水合物为界限，界定不同地面工艺在各生产参数下的适用条件，对于跨度范围较大因变量，开展经济性核算，明确了工艺适用条件，得出不同地面工艺模式在各生产参数下的适用范围，具体见表 8.10 和表 8.11。

表 8.10　不同地面工艺适用范围模拟明细表

油压 MPa	井温，℃								
	15		20		25		30	
5	—	A	—	A	—	A	—	A
	$S_j<3$，$J_y>2$	D	$S_j<5$，$J_y>2$	D	$S_j<8$，$J_y>2$	D	$S_j<8$，$J_y>2$	D
	$S_j<1$	B	$S_j<2$	B	$S_j<3$，$J_y>2$	C	$S_j<4$，$J_y>2$	C
					$S_j<4$	B	$S_j<5$	B
10	—	A	—	A	—	A	—	A
	$S_j<4$，$J_y>7$	D	$S_j<4$，$J_y>6$	D	$S_j<5$，$J_y>6$	D	$S_j<5$，$J_y>4$	D
					$S_j<2$，$J_y>9$	C	$S_j<3$，$J_y>8$	C
					$S_j<3$	B	$S_j<4$	B

续表

油压 MPa	井温，℃							
	15		20		25		30	
15	—	A	—	A	—	A	—	A
					$S_j<5$，$J_y>10$	D	$S_j<5$，$J_y>8$	D
	$S_j<5$，$J_y>10$	D	$S_j<5$，$J_y>10$	D	$S_j<2$，$J_y>14$	B	$S_j<2$，$J_y>12$	C
							$S_j<3$，$J_y>14$	B
20	—	A	—	A	—	A	—	A
	$S_j<3$，$J_y>12$	D	$S_j<3$，$J_y>11$	D	$S_j<4$，$J_y>10$	D	$S_j<3$，$J_y>9$	D
							$S_j<3$，$J_y>19$	B
25	—		—		—	A	—	A
					$S_j<5$，$J_y>9$	D	$S_j<5$，$J_y>8$	D
							$S_j<3$，$J_y>24$	B
30	—		—		—	A	—	A
					$S_j<5$，$J_y>14$	D	$S_j<5$，$J_y>14$	D
							$S_j<2$，$J_y>29$	B
35	—		—		—	A	—	A
							$S_j<2$，$J_y>34$	B

注：1. "—"为规范工艺，同一区块原则上选用一种集输工艺，特殊情况除外。
2. S_j——集输距离，km；J_y——进站压力，MPa。
3. A——两级加热节流；B——高压集输；C——节流不加热；D——注醇节流。

表8.11 不同地面工艺适用范围

工艺	A（两级加热节流）	B（高压集输）	C（节流不加热）	D（注醇节流）
适用条件	广泛适用性	油压≤30MPa，井口温度≥30℃，集输距离≤2km	油压≤15MPa，井口温度≥30℃，集输距离≤3km	产水量小，油压≥15MPa，井口温度≤30℃，产量≤10×10⁴m³/d

8.3.3 加热防冻设备选型

天然气井场加热防冻设备主要有套管换热器、水套加热炉和电加热器等。水套加热炉与电加热器在原理上基本相同，加热方式区别在于使用燃料加热和电能加热。不同的水套加热炉特点、适应性和选型依据主要有以下几点：

（1）简易火嘴式加热炉结构简单，操作容易，但由于不能实现水温自动控制与点火燃气安全监测等功能，而且存在天然气与空气混合不充分、燃烧效率较低和烟气监测不合格，不能满足节能和环保要求，因此气田高效集输系统建设一般不选用简易火嘴式加热炉。

（2）自动控制燃烧器加热炉结构复杂，自动化程度高，能够实现温度自动控制、点火安全监测和保护等功能，需要专业人员进行维护，冬季运行需要对燃烧器进行保温。通过燃烧器加盖保温房解决了沙漠地区现场环境恶劣的问题，可实现自动控制燃烧器加热炉长期安全平稳运行。气田高效集输系统建设中选用自动控制燃烧器加热炉。

（3）相变加热炉在自动控制燃烧器加热炉的基础上，采用了密闭真空相变技术，大大提高了换热效率，加热炉效率达到90%，防止运行过程中水蒸发，可长期运行不需要补水，同时实现天然气外输温度自动控制。后期气田集输系统高效建设中选用相变加热炉。

（4）无源自动控温加热炉适用于边远气井，能够实现温度自动控制和火焰熄灭保护等功能，对应边远不便于架设电力线的气井，可选用无源自动控温加热炉。

克拉美丽气田随着开发过程中气井产水量不断上升，井口注醇工艺无法满足采气管线防冻要求，需要对前期采用简易火嘴式水套加热炉进行井口加热节流工艺进行改造。根据井场的不同情况，井场选择不同的水套加热炉类型。如DX1823井和滴403井井口无电力线，井场选用无源自动控温式水套加热炉，通过采用自用天然气压力实现了加热炉水温自动控制，具备火焰熄灭自动切断气源，确保设备安全，现场应用效果较好。

为进一步提高井场加热炉加热效率，实现温度自动控制和燃烧系统安全保护功能，在后期产能建设中推广采用自动控制燃烧器加热炉，包括开放常压式水套加热炉和密闭式相变加热炉两种。

8.4 计量工艺

为了掌握各气井生产动态，需要对气井生产的天然气、水及天然气凝液进行计量。集输系统计量方式可采取单井连续计量或多井轮换计量，根据气田开发不同情况和要求进行选择。

8.4.1 多井轮换分离计量

在多井集气站或天然气处理站，设置生产、计量汇管，配套计量分离器，各单井来气定期轮换进入分离器进行周期性计量（图8.7）。

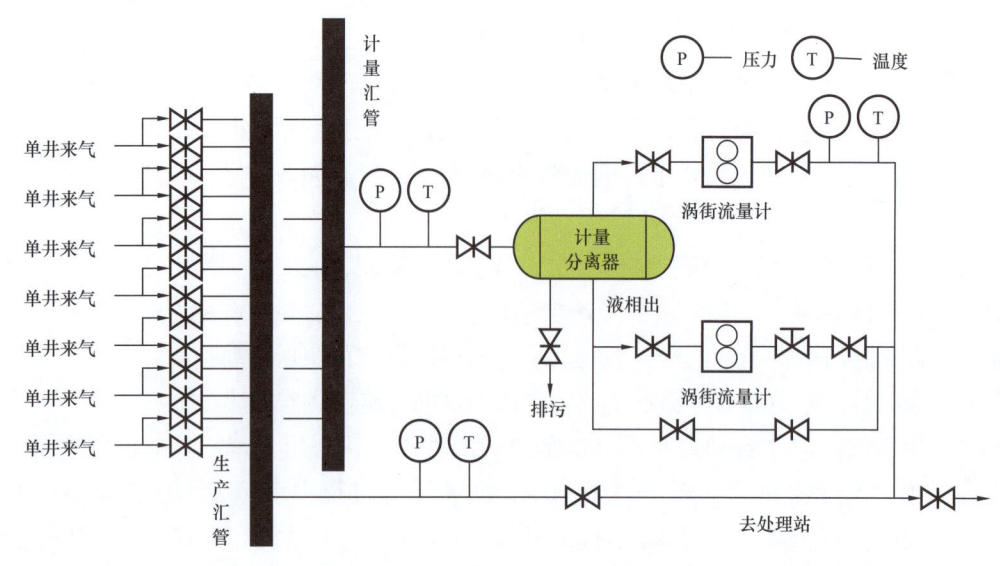

图 8.7 多井轮换计量工艺流程示意图

克拉美丽气田单井产量采用的是多井轮换计量工艺，在集气站或处理站设置生产和计量汇管，配套卧式计量分离器和流量计对单井产气量和产液量进行计量，计量后与生产汇管来气、油、水混合去三相分离器或集气干线。克拉美丽气田 51 口气井中，有 26 口生产井采用多井轮换计量工艺，计量压力 7MPa，单井计量时将计量汇管阀门开启，关闭生产汇管阀门。克拉美丽气田工艺流程中气相一般使用旋进漩涡流量计计量，液相一般使用涡街流量计计量。

8.4.2 单井在线连续计量

对于单井产气量、压力及温度差别较大的气田，为了达到气藏开发对资料录取要求，可以对每口气井设置计量设施，对气井的气液产量采取一对一的连续不间断计量方式。A 井位于克拉美丽气田滴西 18 井区，采气工艺为优选管柱排液工艺，采用节流角阀进行节流后外输至滴西 18 集气站，通过集气站 1# 计量分离器计量产量。A 井采用单井三相流连续计量的方式进行计量，井场安装三相流量计后工艺现状如图 8.8 所示，流量计安装效果如图 8.9 所示，A 井生产参数见表 8.12。

A 井选用海默科技公司的 FM-2000 型多相流量计进行产量计量，其主要原理是利用文丘里流量计测量多相流的总流量，利用伽马传感器放射性吸收技术测量多相流的相分率，根据总流量和相分率即可得到油流量、水流量和气流量。

8.4.2.1 三相流量计各相流量测量原理

总体积量：用文丘里流量计测量多相流的总体积流量 Q_t。

相分率：双能伽马传感器测量体积含气率（GVF）和体积含水率（WC）；测量得到的 GVF 和 WC 被用来计算多相流的混合密度。

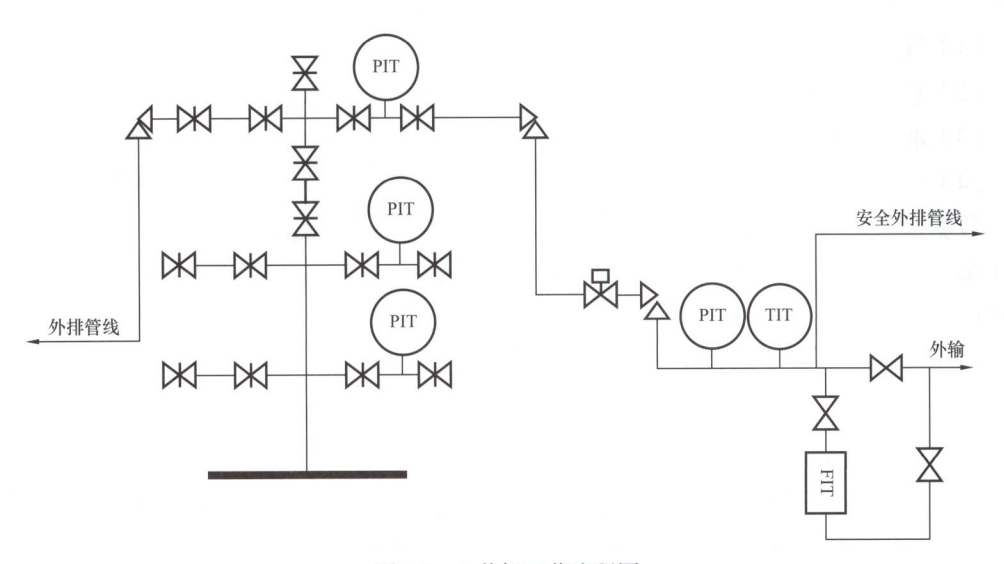

图 8.8　A 井场工艺流程图

表 8.12　A 井生产参数

井号	油压 MPa	套压 MPa	井温 ℃	外输压力 MPa	外输温度 ℃	产气量（标况） $10^4 m^3/d$	产液量 t/d	产水量 t/d	产油量 t/d
A	8.2～8.7	13.0	33	2.0	41	4.2～4.4	32～34	29～31	3.2～3.6

图 8.9　三相流量计橇现场安装效果图

(1)气流量：$Q_g = Q_t \cdot GVF$，最终用标况条件下的体积表示。

(2)总液量：$Q_l = Q_t \cdot (1-GVF)$。

(3)油量：$Q_o = Q_t \cdot (1-GVF) \cdot (1-WC)$。

(4)水量：$Q_w = Q_t \cdot (1-GVF) \cdot WC$。

数据采集和处理单元（DAU），主要完成对系统内各传感器和仪表的信号采集、处理、基于多相流动模型的计算，最终实现测量结果的输出和数据远传。PVT模型内嵌在流量计软件中，将工况测量数据转换为标况数据后输出。

8.4.2.2 三相流量计与分离器测试数据对比

三相流量计与分离器测试数据结果见表8.13。

表8.13 测试数据对比表

日期	三相流量计计量数据 液量，m³	三相流量计计量数据 气量，m³	计量分离器计量数据 液量，m³	计量分离器计量数据 气量，m³	误差 液量，%	误差 气量，%	备注
2021/7/20	31.24	114798	28.16	111800	10.94	2.68	正常
2021/7/21	31.73	114849	29.12	115300	8.96	-0.39	正常
2021/7/22	33.23	107700	33.07	107600	0.48	0.09	正常
2021/7/23	31.64	106400	29.47	106500	7.36	-0.09	正常
2021/7/24	33.62	95400	36.64	95400	-8.24	0.00	正常
2021/7/25	33.82	93700	39.25	88600	-13.83	5.76	正常
2021/7/26	32.78	95400	35.43	93700	-7.48	1.81	正常
2021/7/30	24.87	61128	11.46	66000	117.02	-7.38	液相旁通打开
2021/7/31	25.07	71255	10.77	76000	132.78	-6.24	液相旁通打开
2021/8/3	23.08	72100	19.72	73900	17.04	-2.44	2：26至2：44导出计量分离器，液相旁通未关
2021/8/12	22.83	71300	23.90	72600	-4.48	-1.79	正常
2021/8/13	23.77	70600	25.04	73100	-5.07	-3.42	正常
2021/8/14	24.51	69700	26.48	73100	-7.44	-4.65	正常
2021/8/15	24.63	69500	26.53	73100	-7.16	-4.950	正常
2021/8/16	24.38	69800	26.55	72900	-8.17	-4.00	正常
2021/8/17	25.27	68500	26.59	73000	-4.96	-6.16	正常

8.4.3 计量方式适用界限

通过工艺试验、现场数据对比及软件模拟，克拉美丽气田两种计量方式的适用界限见表 8.14。

表 8.14 计量工艺使用界限统计表

计量工艺	适用范围	特点	实际情况
轮井计量	含液率全覆盖，流量变化波动小	计量精度高（±1.5%），间歇计量，技术成熟可靠，工艺适应性广	1. 气井含液率在2%~10%范围内气井37口，占总数45%。 2. 多数气井流量波动范围均小于8%，满足轮井计量工艺
单井计量	2%≤含液率≤10%	结构紧凑、重量轻，单井连续计量，与枝状、环状管网配合使用，节约管线投资。气相测量精度：±5%；液相测量精度：±10%	

第 9 章

处理工艺技术

克拉美丽气田开发初期采用了注醇防冻、J-T 阀节流制冷、"一步法"低温分离脱水脱烃等天然气浅冷处理工艺。气田开发过程中,出现了单井产水量上升、气井出砂、单井压力差异增大等一系列情况,造成部分工艺适应性降低、关键设备损坏、气田能耗上升等问题。通过总结气田开发过程中的相关经验,不断摸索并优化天然气处理工艺,新增了分子筛吸附脱水、膨胀机制冷、RSV 凝液回收等天然气深冷处理工艺,同时进行了湿气脱汞、富气增压循环回收、采出水处理,最终形成了克拉美丽气田处理工艺系列技术,为外输气气质提供了技术保障,保证了天然气处理工艺流程安全、高效地运行且满足环保要求。

9.1 天然气浅冷处理工艺

克拉美丽气田建设初期，天然气浅冷处理工艺主要包括预分离、J-T阀膨胀制冷、低温分离脱水脱烃工艺，在气田开发过程中，根据实际需要提出了组合分离工艺，即高效分离技术。

9.1.1 预分离工艺

分离方式主要采用重力式或旋流式分离器来实现气液分离。集气区来油气（进站压力7MPa、温度16℃）首先进入段塞流捕集器进行分离，气相进入气处理装置，液相进入液相处理单元。天然气在7MPa、16℃条件下进入生产分离器，进行缓冲分离，经注醇后进入气–气换热器换热至–5℃，然后经二次注醇后节流至3.5MPa、–18℃，与一级闪蒸分离器来的闪蒸气及富气压缩机出口气混合后，进入低温分离器进行分离，分离出的气相与原料气、稳定凝析油复热后外输。低温分离器分出的轻烃、乙二醇和水经换热节流后，在1.6MPa、30℃条件下进入液烃分离器，进行油、气、水三相分离。

9.1.2 J-T阀膨胀制冷工艺

J-T阀即焦耳–汤姆逊节流膨胀阀，其制冷原理为较高压力下的流体经节流阀向较低压力方向绝热膨胀过程。当气井天然气进站压力降低而出站压力保持不变时，进出站压差降低使得J-T阀节流工艺不能满足生产要求，导致外输气露点不达标时，需要提高J-T阀前天然气压力。可以选择在单井站、集气站或处理站J-T阀前设置压缩机进行增压，确保处理站J-T阀前天然气有足够压力，满足天然气外输露点要求。克拉美丽气田处理站控制J-T阀节流后的制冷温度为–18℃。

9.1.3 低温分离脱水脱烃工艺

低温分离脱水脱烃工艺采用各种方法把高压天然气节流膨胀制冷，通过低温分离器从天然气中回收凝析液，降低天然气烃露点和水露点。克拉美丽气田采用J-T阀节流制冷方式脱水脱烃。

9.1.4 高效分离技术

克拉美丽气田结合生产实际和现役设备，提出了组合分离方案，即"重力沉降分离+高效聚结分离"工艺。在低温分离器处，天然气首先进入容器内部的重力沉降分离器，气体先经重力分离直径50μm以上的液滴，再经聚结分离元件分离2μm液滴，提高了低温分离器对小液滴的分离效果，实现气液高效分离，有效降低外输气烃、水露点。

高效聚结分离主要靠聚结滤芯来实现。为了适应凝析气田的气质特点，滤芯采用疏油疏水聚结材料，使用多层过滤介质，具有过滤微小颗粒、聚结液体成分的双重功能（图9.1）。含液气体进入聚结分离器后从外到内经过聚结滤芯，将气体中的细微液滴聚结成较大液滴，聚结液体从滤芯底部排出，从而避免了液沫夹带现象。同时，介质表面能量降低，可以防止聚结液体润湿介质，加速介质纤维上液体的排出；内层包裹的聚合物，起着排出聚结的液体污染物、防止气体夹带的作用。聚结出的大液滴顺着最外层的保护层流向集液区。最后，洁净、干燥的气体从聚结分离器出口排出。

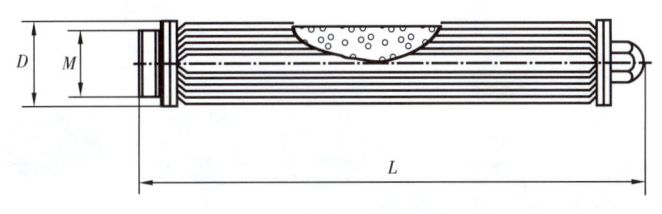

图 9.1　聚结滤芯结构示意图

克拉美丽气田选用 SRIP 聚结滤芯，它采用多层过滤疏油疏水聚结材料制成，聚丙烯作为内外支撑层，耐热增强聚丙烯为外罩及端盖，安装接头采用双 O 形硅橡胶密封圈密封，过滤精度为 2μm。其技术界限为：长度 1000mm 聚结滤芯的处理气量为 $2\times10^4 \sim 3\times10^4 m^3/d$（标况）；在压差 0.14MPa 下，对直径大于 1.58μm 的液滴分离效率为 100%；在压差 0.21MPa 下，对直径大于 1.85μm 的液滴分离效率为 98.71%；单独设置过滤分离器时，设备压降在 0.025MPa 以内。聚结装置滤芯数量的选择一方面考虑适合低温分离器气相出口的有限空间，另一方面考虑满足处理气量的要求。

9.2　天然气深冷处理工艺

目前，克拉美丽气田天然气深冷处理工艺主要包括分子筛吸附脱水、膨胀机制冷、部分干气回流工艺及液态乙烷储存、拉运技术。

9.2.1　分子筛吸附脱水工艺

克拉美丽气田使用 4A 分子筛作为脱水吸附剂。脱水采用三塔流程，当 A 塔处于吸附状态时，B 塔处于冷吹状态，C 塔处于热吹状态。预处理装置来气经进口分离器和过滤聚结器除去粉尘和液滴后进入吸附塔 A 进行吸附脱水，控制水露点不超过 −120℃。脱水后的干气经过深度脱固体杂质吸附塔进一步脱固体杂质至不超过 $0.01\mu g/m^3$ 进入粉尘过滤器，8%～10% 作为再生气，绝大部分进入深冷凝液回收装置。再生气进入再生气压缩机增压至 7.1～7.2MPa 然后进入 B 塔，对 B 塔进行冷吹降温，冷吹后的尾气经过再生气换热器换热至 150～160℃后，再由再生气加热器加热至 290℃进入吸附塔 C，对吸附塔 C 进行热吹，热吹后的尾气经过再生气换热器和余热回收换热器热量回收后降温至90℃，再由空冷器冷却至40~45℃进入再生气分离器，分出冷凝水后由再生气返回至吸附塔入口。再生气分离器分出的含油污水进入低压气压缩机入口分离器。具体如图9.2所示。

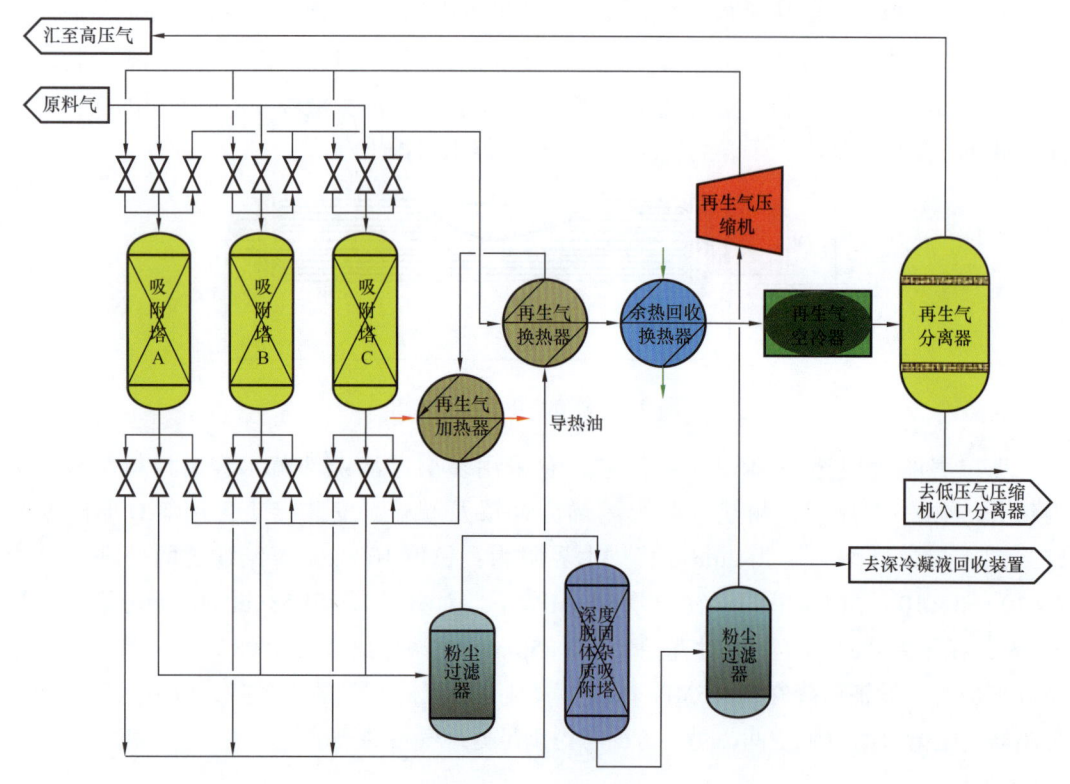

图9.2 分子筛脱水工艺流程

9.2.2 膨胀机制冷工艺

集气站来低压气采用螺杆压缩机增压至2.5MPa后与集气站来中压气汇合，采用往复机增压至7.1MPa，与集气站来高压气混合后进入生产分离器、湿气脱固体杂质、分子筛脱水装置，预冷后通过膨胀机膨胀制冷至-97℃、2.0MPa，经过凝液回收后干气由外输气压缩机增压至3.5~3.6MPa外输（图9.3）。此工艺条件下可使乙烷收率为95%，丙烷收率为99%。

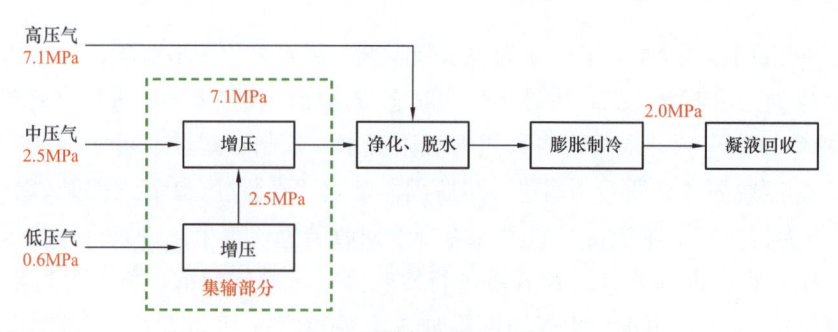

图9.3 膨胀机制冷工艺

9.2.3 RSV 凝液回收工艺

轻烃回收采用部分干气回流工艺（RSV），工艺原理如图 9.4 所示。净化后的天然气先通过多股流换热器（冷箱）预冷，进入低温分离器进行气液分离，大部分气相进入膨胀机制冷后进入脱甲烷塔，大部分液相直接去脱甲烷塔，少量的气相和液相混合后过冷进入脱甲烷塔的上部，脱甲烷顶气相经过冷凝回收后由外输气压缩机增压，增压后少量干气经过预冷、过冷液化后作为脱甲烷塔顶回流液，脱甲烷塔底液相直接进入下游分馏装置。

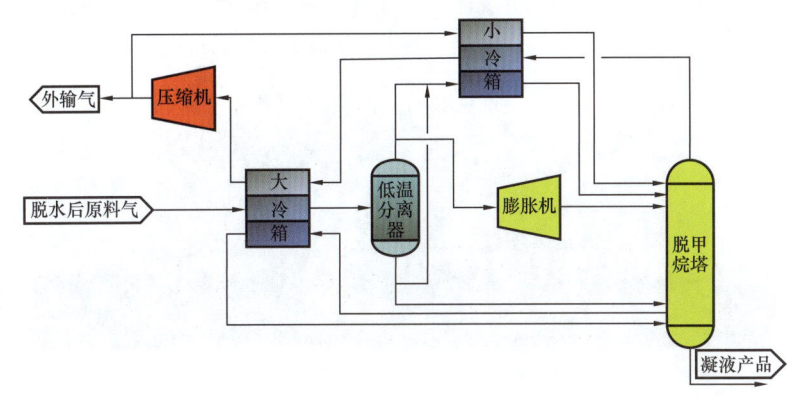

图 9.4　RSV 工艺原理

RSV 工艺由于采用部分干气液化后作为脱甲烷塔顶回流液，不仅回流液组成较贫，且降压后的甲烷发生闪蒸，形成了更低的塔顶温度，可以达到较高的乙烷收率。克拉美丽气田最适宜的干气回流比确定为 0.1。

9.2.4 液态乙烷储存、拉运技术

液态乙烷物理性质较为活泼，如压力低于饱和蒸气压，将引起气液分离，甚至可能导致系统温度急剧下降。根据乙烷特性研究了液态乙烷二次冷凝技术，脱甲烷塔底部天然气凝液进入脱乙烷塔进行精馏；脱乙烷塔顶部气相通过丙烷制冷橇换冷至 −20℃ 后，进入脱乙烷塔顶回流罐缓冲，回流罐中的凝液经过泵增压，一部分作为回流液返回脱乙烷塔中上部，控制塔顶温度；一部分去大冷箱进一步冷却，节流至 −70℃ 后进液态乙烷储罐储存（图 9.5）。

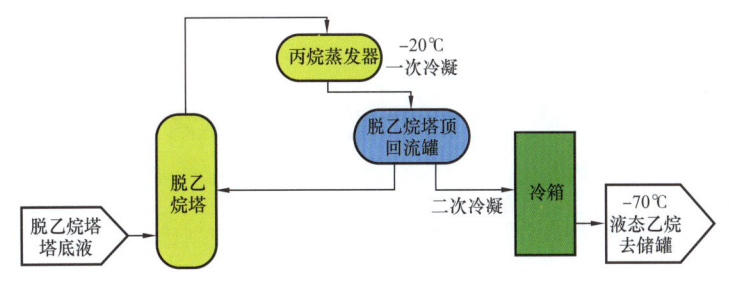

图 9.5　液态乙烷二次冷凝工艺

在101.325kPa下，液态乙烷饱和温度为–184℃。液态乙烷汽化为气体时，体积会迅速膨胀。在0℃、101.325kPa条件下，1L液体可汽化为525L气体。密闭容器内，因体积膨胀使压力升高，易引起容器超压爆炸。优选了"一母七子"子母罐（图9.6），子、母罐之间采用珠光砂+氮气填充隔热结构设计，实现液态乙烷低温、带压、大容积储存。

图9.6 子母罐现场图

液态乙烷采用专用槽车拉运，装车采用定量装车系统（图9.7），装车泵采用排量为60m³/h的离心型屏蔽泵（一用一备），配套设置3座闭式装车鹤管，计量用地磅。

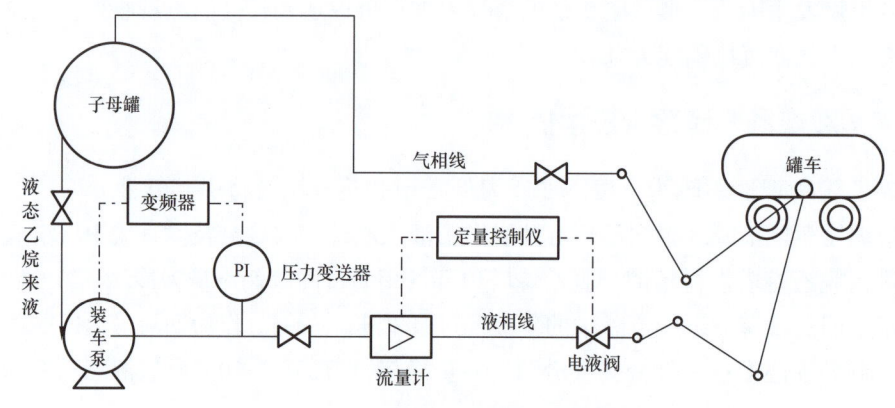

图9.7 定量装车系统工艺流程

9.3 凝析油稳定工艺

凝析油处理工艺采用闪蒸分离、分馏稳定的模式，控制饱和蒸气压为60～70kPa。图9.8为凝析油处理工艺流程。

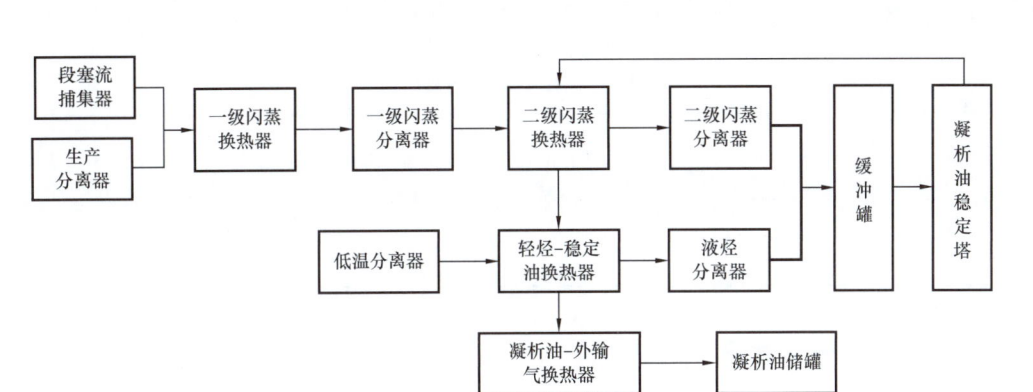

图 9.8　克拉美丽凝析油处理工艺

9.3.1　闪蒸分离工艺

段塞流捕集器、生产分离器分出的凝析油（7.0MPa、16℃）经一级闪蒸换热器加热节流后（3.5MPa、30℃，采用导热油换热）进入一级闪蒸分离器进行油水分离，分离出的凝析油进入二级闪蒸换热器加热至50℃，节流至2.0MPa后进入二级闪蒸分离器进行油气的二次分离，脱出的凝析油与液烃分离器来油混合，进缓冲罐缓冲后进入稳定塔的顶部。

9.3.2　分馏稳定工艺

凝析油稳定塔采用导热油作为加热介质，控制塔底温度160℃，控制塔顶压力稳定在0.60MPa。稳定塔顶部排出的富气去富气压缩机。塔底排出的高温稳定凝析油与一级闪蒸分离器来液、低温分离器来液、外输气换热后温度降至35℃，进入两座1000m³稳定凝析油储罐储存，通过装车泵提升后装车外运。

9.4　富气回收工艺

对气田产生的富气进行回收和利用，不仅可以减少天然气的排放，也增加了经济效益，一定程度上达到了保护环境、降本增效的目的。

9.4.1　富气特性

克拉美丽气田凝析油闪蒸、稳定过程中产生的富气组分复杂（表9.1），含C_3、C_{4+}成分，含水量高，气量不稳定，波动大；日均富气量$2.5 \times 10^4 m^3$，采用火炬放空燃烧，排放造成资源浪费和环境污染；同时由于富气中含有水，冬季气温较低时，在低压放空管线内凝结成冰，造成管线冻堵，既增加管理难度，又不利于安全生产。

根据HYSYS模拟分析，气田富气的露点远远达不到外输气烃、水露点标准及燃料气使用要求，因此富气必须经过处理才能回收利用，达到保护环境、降本增效的目的。

表 9.1 克拉美丽气田富气组分

组分	C_1	C_2	C_3	iC_4	nC_4	iC_5	nC_5	C_6	C_7	CO_2	N_2	其他组分
摩尔分数%	51.94	20.15	17.06	4.11	3.94	1.11	0.63	0.41	0.08	0	0.55	0.01

9.4.2 富气增压循环回收工艺

克拉美丽气田采用增压循环回收工艺技术，富气经增压后，与节流后低温气汇合进入低温分离器再处理。具体流程为液烃分离器、二级闪蒸分离器、凝析油缓冲罐和凝析油稳定塔来的富气（0.6MPa，35℃）进入压缩机进口分离器（0.5MPa）分离，然后进入压缩机增压至 3.5~4.0MPa。增压后的天然气经压缩机自带的空冷器冷却至 35℃ 进压缩机出口分离器，再输送至低温分离器进口。具体流程如图 9.9 所示。

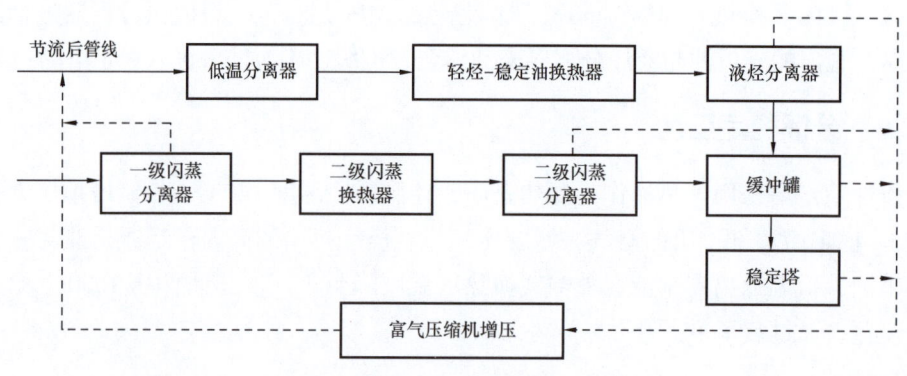

图 9.9 富气增压循环回收工艺流程

9.5 采出水处理技术

克拉美丽气田原采用的外排-防渗池处理采出水方式不满足环保新要求，且采出水量不断增加，需要对其进行统一处理。

9.5.1 "重力沉降 + 加压氮气气浮"技术

克拉美丽气田产出水不同于油田产出水，选择加压溶气气浮工艺进行处理。其原理是：在气浮装置进口加入药剂，利用管道混合器进行药剂的混合；向水中通入气体，并以微小气泡形式从水中析出进入气浮反应室，增加反应效果；微小气泡成为载体，使废水中的乳化油、微小悬浮颗粒等污染物质黏附在气泡上，随气泡一起上浮到水面，形成泡沫——气、水、颗粒（油）三相混合体；反应后的絮体大部分借助污水中释放的溶解气上浮至水面凝聚成浮渣，少部分下沉形成污泥；浮渣和污泥分别通过收渣设施及排泥设施排出罐外，通过收集泡沫或浮渣达到分离杂质、净化废水的目的。

9.5.1.1 气源选择

克拉美丽气田属于凝析气田，气田水中含有凝析油，在流动、输送中容易挥发，形成可燃气体。如用空气气源的气浮处理装置，则会造成可燃气体与空气混合，存在安全隐患。因此选定以氮气为气源的气浮处理装置，既可以满足现场气浮处理的工艺要求，也可以消除轻质油挥发带来的安全隐患。

9.5.1.2 溶气压力

加压溶气工艺，合理地选择溶气压力不仅可以降低电耗，减少运行成本，而且还可以提高水质。在气浮工艺中，一般认为选择压力范围在 0.25~0.44MPa 比较合理。通过试验装置，测得溶气压力与杂质去除率关系见表 9.2。

表 9.2 气浮在不同溶气压力下的去除率

溶气压力 MPa	来液含油量 mg/L	来液悬浮物含量 mg/L	气浮后含油量 mg/L	气浮后悬浮物含量 mg/L	油的去除率 %	悬浮物的去除率 %
0.20	51.27	86.70	12.05	16.00	68.79	81.55
0.22	46.86	112.00	8.32	8.70	81.43	92.23
0.25	49.97	94.00	10.51	6.00	87.99	93.62
0.30	57.54	111.30	8.25	8.00	86.10	92.81
0.34	46.22	84.70	7.22	2.80	93.94	96.69

从图 9.10 可以看出，随着溶气压力的增加，气浮出口油和悬浮物的去除效率逐渐增大，说明适当增加气浮溶气压力有利于提高气浮去除率。这是因为压力增加，水中溶解的气体更多，在常压下释放能获得更多微气泡；且溶气压力越大，产生的气泡半径越小，稳定时间越长。这些因素都很利于气泡对絮凝体的吸附，有利于提高气浮效率。因此，控制溶气压力在 0.35MPa。

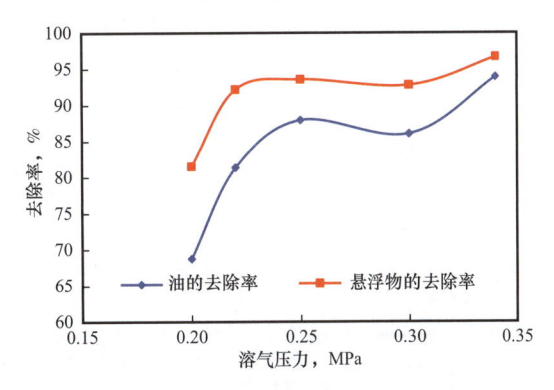

图 9.10 气浮去除率随溶气压力变化关系

9.5.1.3 现场应用

加压溶气气浮橇集气浮装置、溶气罐、溶气泵、制氮装置、气浮出水泵、配电柜、控制柜、阀件、管线等为一体，采用自动化操作。装置以氮气为气源、具有气体可循环回收利用、自动减压、自动补充氮气4项技术集成（图9.11）。

图 9.11 加压溶气气浮橇

滴西14井集气站三相分离器来水与滴西17井、滴西18井集气站的产出水进入两座200m³调储罐，进行水质水量调节预处理，来水经初步沉降后可除去大部分浮油。产出水经调储除油单元处理后，出水通过气浮提升泵提升进入气浮选单元。这一单元由1套30m³/h橇装气浮装置组成，在该单元按一定顺序和时间间隔连续加入絮凝剂、浮选剂，经反应、浮选，实现油、渣、水的分离。出水含油低于30mg/L、SS低于25mg/L、粒径中值不超过10μm，水质指标达到滴西27井等5口井注入水指标。产出水处理工艺流程如图9.12所示。

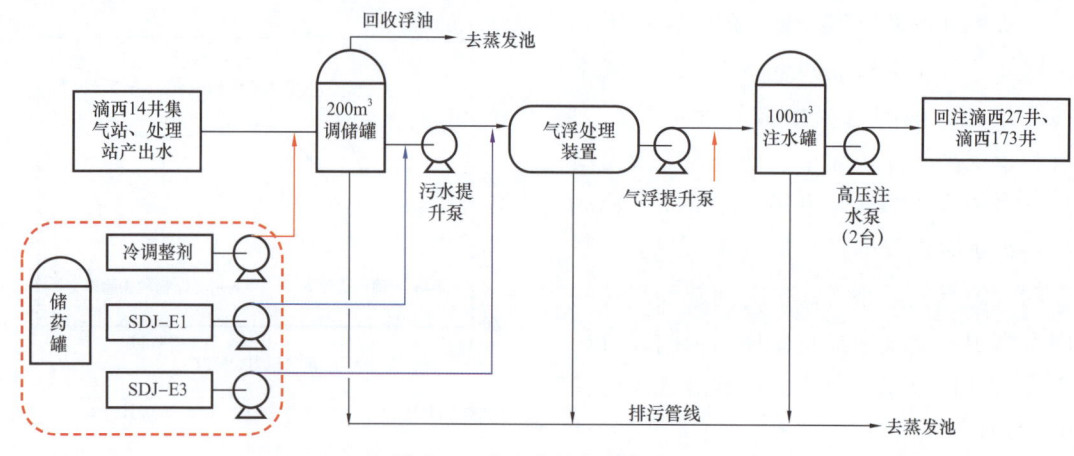

图 9.12 产出水处理工艺流程

同时也有一部分水经过滤提升泵提升进入橇装双滤料过滤器进行处理，出水水质指标达到滴西32井注水水质要求：含油不超过25mg/L、SS不超过15mg/L、粒径中值不超过8μm。过滤后的达标污水进入1座60m³注水罐。表9.3显示，在不同的来液量情况下，产出水处理效果均达到回注要求。

表9.3 不同来水量情况下工艺出水效果

处理量 m³	来液 pH 值	出水 pH 值	来液 含油 mg/L	来液 悬浮 mg/L	气浮出水 含油 mg/L	气浮出水 悬浮 mg/L	注水泵出水 含油 mg/L	注水泵出水 悬浮 mg/L
72	6.5	7	55.824	103	12.997	10.4	11.718	11.7
106	6.5	7	49.718	80.6	9.711	14	8.273	13.6
177	6	7	58.758	131.5	13.786	9.92	12.422	11.2
232	6	7	59.373	96	11.61	8.4	10.363	10.6
303	6	7.5	57.542	111.3	8.246	8	9.789	6.4
389	6	7.5	52.113	138.7	6.948	10.3	7.848	9.2
497	6	7.5	49.968	94	10.513	6	10.803	4.4
579	6	7.5	50.502	134	10.204	8.6	10.442	6.4

9.5.2 防盐防垢工艺

气井结盐结垢受压力、温度、离子类型、pH值、流速、水量、杂质和矿化度等多种因素的影响。克拉美丽气田结盐结垢的主要原因是：

（1）产出水矿化度差别很大，导致不同井的来水不配伍导致结垢。

（2）压力降低使垢析出。

（3）矿化度高，在重沸器、乙二醇再生塔高温下浓缩、过饱和形成盐垢，同时由于温度高，使得在常温下不结垢的钙等沉淀而结垢。

（4）产出水量大，结垢、结盐累积量大，结垢堵塞严重。

通过筛选评价，防垢剂次膦酸基聚丙烯酸和膦基马来酸–丙烯酸对硫酸钙和碳酸钙具有良好的防垢效果，且能防止铁垢和硅垢。在加量为10~30mg/L的情况下对$CaSO_4$和$CaCO_3$防垢率可达到91%以上；防钙垢剂产品使用温度变化区间广，可耐180℃高温；对管线的腐蚀作用也非常小。在加量为40mg/L下阻硅垢率为88.5%，阻铁垢率为88.2%。丙烯酸和2-丙烯酰胺基-2-甲基丙磺酸聚合物是良好的抑盐剂，最佳的复合抑盐剂配方是：m（AA）/m（AMPS）=7:3、单体浓度为28%、引发剂用量为0.2%、反应温度为70℃、反应时间4h，聚合物抑盐剂的最佳合成pH值为8，可使盐的增溶率达到18.1%。

现场试验表明，防垢剂产品有效加量为200mg/L、抑盐剂产品有效加量为1000mg/L时，防垢剂和抑盐剂使用效果良好。

9.6 天然气湿气脱汞工艺

克拉美丽气田原料气自检测出含汞后，历年检测结果显示，原料气中汞含量总体上呈上升趋势。截至 2015 年，气田原料气中汞含量达 136μg/m³。需对天然气湿气进行脱汞处理，使外输气符合管输天然气中关于汞含量的要求。

9.6.1 汞分布规律研究

9.6.1.1 汞分布模拟研究

天然气处理站主要包括天然气脱水脱烃单元、凝析油多级闪蒸及稳定单元、乙二醇再生单元等，为便于分析对比气相处理单元汞分布，利用 VMGsim 分析方法模拟计算工况。根据模拟结果，气相模拟计算与取样检测分析结果对比情况见表 9.4，液相对比情况见表 9.5。

表 9.4 克拉美丽处理站气相模拟与检测分析结果对比

序号	采样点描述	检测汞含量值，μg/m³	模拟计算值，μg/m³	备注
1	处理站原料气	118	118	初始一致
2	处理站 1# 装置节流前	89.4	92	吻合度高
3	处理站 1# 装置节流后	57.2	60	吻合度高
4	1# 装置低温分离器后	19.2	21	吻合度高
5	处理站凝析油稳定塔出口	680	685	吻合度高
6	处理站压缩机出口分离器	354	362	吻合度高
7	处理站 2# 装置节流前原料气	95.3	97	吻合度高
8	处理站 2# 装置节流后低温气	61.7	63	吻合度高
9	处理站 2# 装置低温分离器后	27.1	29	吻合度高

表 9.5 克拉美丽处理站液相模拟与检测分析结果对比

序号	采样点描述	检测汞含量值，μg/m³	模拟计算值，μg/m³	备注
1	1# 装置段塞油水混合样	114.2	114.2	初始一致
2	1# 装置凝析油储罐油样	210.3	231	吻合度高
3	乙二醇再生后贫液	360.5	373	吻合度高
4	1# 装置液烃分离器乙二醇富液	776.0	784	吻合度高

9.6.1.2 汞分布规律分析

1. 天然气脱水脱烃工艺汞分布规律

按照产气量 $217×10^4 m^3/d$，原料气汞浓度为 $118\mu g/m^3$，汞的质量流量为 10.66g/h，压缩机循环富气汞流量为 0.38g/h，根据模拟结果，汞的分布规律如下：

原料气（汞流量 10.66g/h）和增压富气（汞流量 0.38g/h）混合后进入到低温分离器进行气液分离，分离出的气相经复热后去外输，分离出的液相进入到液烃分离器，各分支系统物流汞含量情况见图 9.13 和表 9.6。

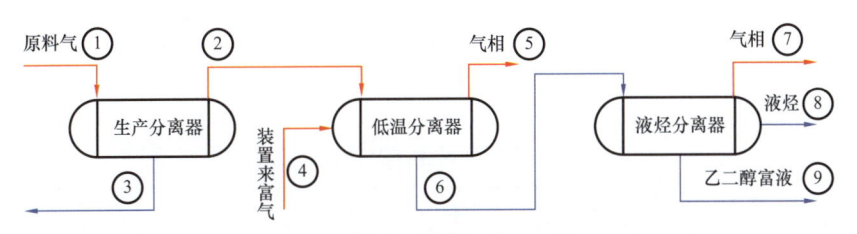

图 9.13 脱水脱烃单元汞分布

表 9.6 脱水脱烃单元汞分布规律

位置	流体相态	气量/液量，kg/h	压力，MPa	温度，℃	汞含量，g/h
①	气液	—	7.8	26	2.11
②	气相	74210	—	—	0.66
③	液相	8559	—	—	1.45
④	气液	922	4.0	—	0.38
⑤	气相	73815	3.9	−13.5	8.25
⑥	液相	317.8	—	—	2.79
⑦	气相	85	1.2	20	0.06
⑧	液相	70.9	—	—	1.54
⑨	液相	161.8	—	—	1.18

低温分离器气、液相汞流量分别为 8.25g/h（总量的 66.05%）、2.79g/h（总量的 22.34%）；液烃分离器气、油、水相汞流量分别为 0.06g/h（总量的 0.48%）、1.54g/h（总量的 12.33%）、1.18g/h（总量的 9.45%）。说明低温分离器中大部分汞（66.05%）进入到气相中，少部分（22.34%）汞进入到液相系统，低温分离法对汞分离效果明显。

2. 乙二醇再生工艺汞分布规律

天然气处理装置中注入乙二醇抑制剂的总量为 118L/h，乙二醇富液模拟计算总量为 209kg/h，在操作工况下富液中的汞流量为 1.18g/h，根据模拟结果，乙二醇富液中的汞将会进入到各分支物流中，各分支汞含量及比例情况见图 9.14 和表 9.7。

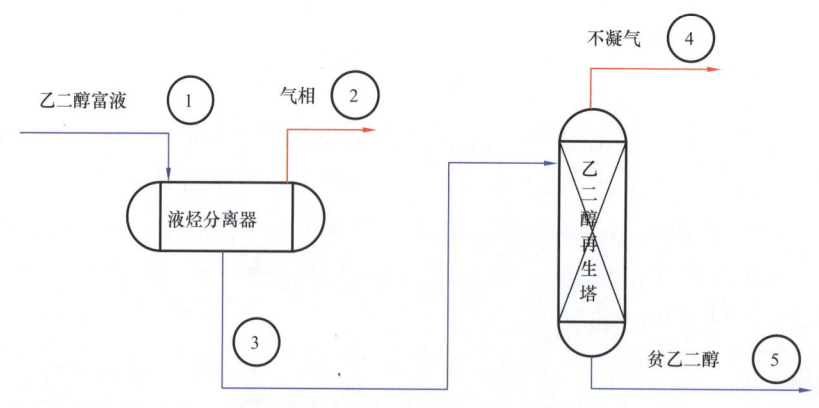

图 9.14 乙二醇再生工艺汞分布

表 9.7 乙二醇再生工艺汞分布规律

位置	流体相态	气量/液量，kg/h	压力，MPa	温度，℃	汞含量，g/h
①	液相	209.5	—	—	1.18
②	气相	0.001	常压	54	0.00005
③	液相	209.5	—	—	1.18
④	气液	30.5	0.01	110	1.07
⑤	气相	179.0	—	—	0.11

（1）汞将进入到富液罐气相和液相、再生塔塔顶蒸气和塔底贫液，由于富液罐闪蒸气量较小，气相携带的量很低，但浓度较高，主要集中在乙二醇富液中，再生塔顶蒸气和塔底贫液中的汞流量分别为 1.07g/h、0.11g/h。

（2）乙二醇富液再生过程中绝大多数汞（1.07g/h）通过塔顶排放，占总量的 90.68%，排放汞浓度严重超标，需进行脱汞处理，而再生贫液中含汞量较少，占总量的 9.32%，说明乙二醇再生循环过程中汞累积而造成浓度提高的可能性较低。

9.6.2 湿气脱汞工艺

9.6.2.1 天然气湿气脱汞工艺

天然气质量标准没有对商品天然气中汞的含量做明确规定，当天然气中汞的含量低于 $30\mu g/m^3$ 时，对设备、人身安全、环境造成危害极小。根据汞的危害性，参照国外相关规定，中国石油内部规定管输商品天然气中汞含量要求小于 $28\mu g/m^3$。

天然气处理站采用注乙二醇防冻、节流制冷低温分离的脱水脱烃工艺，吸水后的乙二醇溶液需提浓后方可循环使用，再生提浓排放的不凝气汞浓度需符合 GB 16297—1996《大气污染物综合排放标准》的规定，排放浓度要求小于 15μg/m³。

目前，天然气脱汞工艺主要有化学吸附法、溶液吸收法、低温分离法、离子交换法和膜分离法等。其中，化学吸附脱汞工艺在经济性、脱汞效果和环保等方面都优于其他脱汞工艺，其性能特点对比见表 9.8。

表 9.8 不同脱汞工艺特点分析

脱汞方法	脱汞原理	脱汞深度	工艺特点
化学吸附法（不可再生）	利用载硫活性炭或负载型金属硫化物及氧化物吸附介质中的汞，吸附剂饱和后需进行更换	0.01μg/m³	操作简单，不需再生及配套工艺，适应性强，广泛应用
化学吸附法（可再生）	利用载银活性炭或载银分子筛吸附介质中的汞，吸附剂饱和后通过加热后获得再生		脱汞效果好，脱汞同时脱水，可再生重复使用，能耗高、投资高
低温分离法	利用汞随温度降低而析出的特性，节流制冷过程中常需注入乙二醇，通过低温分离器将含汞醇烃混合液分离出来	<10μg/m³	脱汞效率取决低温分离温度、压力等，脱汞深度有限，汞进入液烃、污水、闪蒸气造成二次污染；含汞设备、管线清汞困难
溶液吸收法	先将汞离子化，然后与复合剂或强氧化剂作用生产易溶性汞复合物，再将易溶性汞复合物溶于溶剂，达到脱汞目的	0.25μg/m³	吸收溶液腐蚀性强，饱和吸收容量较低。天然气工业尚无应用
离子交换树脂法	采用含油颗粒状或球状的特种脱汞专用阴离子树脂床与天然气接触，从而将汞进行脱除	0.25μg/m³	处理量有限，不能用于大规模天然气脱汞，技术不成熟
膜分离法	吸附溶液通过薄膜中空纤维的管腔流动，将汞氧化，使得膜两边的单质汞浓度存在差异，产生传质推动力，汞不断通过膜孔隙进入溶液，达到脱汞的目的	>1μg/m³	对操作条件要求苛刻，深度不够，处理能力有限，过程不能有液态物质，膜脱汞尚处于开发阶段

天然气脱汞工艺中低温分离法脱除的汞将进入液烃、污水中，造成二次污染，更增加了处理难度；溶液吸收法是以铬酸和酸性高锰酸钾为氧化剂将天然气中的单质汞氧化脱除，其脱汞效果差，吸收溶液腐蚀性强，饱和吸收容量较低，脱除的汞进入吸收溶液也会造成二次污染；离子交换树脂法主要用于液体脱汞，用于天然气脱汞目前技术还很不成熟，处理量有限，很少在工业装置上使用；膜分离法的脱汞深度低，仅可达到 1μg/m³，处理能力也有限，而且要求原料气压力不能太高、不能有液态物质存在等，应用范围较窄。而吸附法在经济性、脱汞效果和环保等方面都优于其他脱汞方法，技术发展也较为成熟，在国内外天然气处理装置得到了广泛应用。因此，克拉美丽气田天然气脱汞采用化学吸附法脱汞工艺。

化学吸附法按照脱汞剂是否可再生，将脱汞工艺分为不可再生脱汞工艺和可再生脱汞工艺，两种工艺的优缺点对比见表 9.9。

表 9.9　不可再生与可再生脱汞工艺优缺点对比

优缺点	不可再生脱汞工艺	可再生脱汞工艺
优点	① 流程简单，操作管理方便； ② 脱汞深度可以达到 0.01μg/m³； ③ 技术成熟，脱汞剂品种多； ④ 脱汞剂价格相对较低； ⑤ 可用于天然气凝液或凝析油脱汞	① 脱汞深度可以达到 0.01μg/m³； ② 对原料气操作条件的适应性强； ③ 吸附剂可以循环再生利用，使用寿命长； ④ 可用于天然气凝液或凝析油脱汞； ⑤ 可与分子筛脱水装置联合使用，压降低
缺点	① 脱汞剂需要定期更换； ② 对原料气的适应性相对较差； ③ 废弃吸附脱汞剂回收处置成本高	① 流程复杂，再生能耗高，改造难度大； ② 需要再串接一个不可再生脱汞塔吸附再生气中的汞，冷凝水中的汞需要另行处理； ③ 脱汞剂价格昂贵；生产商仅 1 家，脱汞剂无选择性

可再生脱汞工艺的重要优势是脱汞吸附剂能够再生使用，可与分子筛脱水装置组成复合床层实现同时脱水、脱汞，分子筛装置改造中只需用脱汞吸附剂替换部分分子筛即可，不需额外增加设备，比较适合采用分子筛脱水装置的天然气处理厂。可再生脱汞吸附剂是以银为活性组分，因而吸附剂价格极贵，一次性投资大，再生气及冷凝水中的汞需要进行单独处理，操作工艺相对复杂，脱汞吸附剂专有性强，国内外生产商仅 1 家，且国内目前尚无可再生脱汞工程应用实例。结合克拉美丽气田现有的节流制冷、低温分离法脱水脱烃工艺情况，采用不可再生脱汞吸附工艺效果较好。

9.6.2.2　天然气脱汞装置位置选择

天然气处理站采用注乙二醇防冻、J-T 阀节流膨胀制冷、低温分离的脱水脱烃工艺，两列处理装置并列运行，为了降低汞对下游设备的污染，脱汞设施尽可能靠近原料气入口设置（即段塞流捕集器出口）。由于克拉美丽气田各集气站虽采取了集中分水工艺，集气站来气含水量相对较低，但集气站油气混输过程中因沙漠地形起伏会导致段塞流，而段塞流捕集器是一种粗分离设施。为避免气相携带的凝析油影响吸附剂使用寿命，经综合考虑，确定将脱汞装置设置在生产分离器出口端（即一级注醇器的前端），具体设置流程如图 9.15 所示。

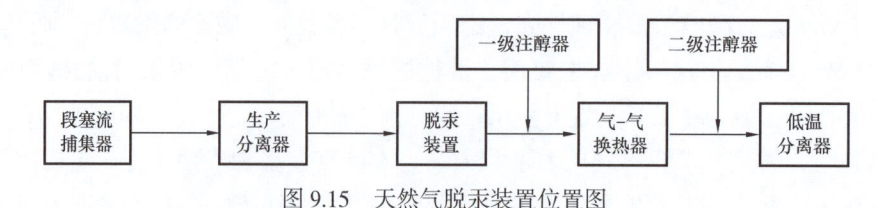

图 9.15　天然气脱汞装置位置图

9.6.2.3　天然气脱汞组合工艺

天然气脱汞工艺中，起关键作用的是吸附剂性能，其影响因素较多，主要有：原料天然气的组成（汞含量、水含量、重烃含量、游离液体、固体颗粒）、温度、压力、接触时间等。因涉及因素较多，故很难精确依据脱汞剂的有效脱汞容量进行设计，为了保证脱汞剂的使用寿命，结合脱汞剂的性能特点对原料气采用高效聚结 + 双塔吸附流程组合工艺。

1. 高效聚结过滤分离游离液体、固体颗粒

湿气不可再生脱汞吸附剂不允许存在游离水、游离液烃、雾沫等，这些游离液体进入脱汞装置后将附着在脱汞吸附剂上，堵塞吸附剂孔，严重降低脱汞吸附剂的脱汞性能，一般要求原料气游离水含量小于 20mg/m³，液态烃含量小于 5mg/m³，为此脱汞装置之前需设置气–液聚结过滤器，将游离液体除去，确保脱汞吸附剂的使用效果和使用寿命。

聚结过滤分离器选用立式，采用"高效离心管束 + 高效聚结滤芯"多级分离原理，过滤器的入口设置高效离心管束，对气体中夹带的较多液滴和固体微粒进行初级分离，分离器末端设置高效聚结滤芯，捕集极其微小的液滴和固体微粒，从而实现精细分离，分离器可以分离出直径为 0.5~10μm 的液滴，效率达到 99.9%；0.3~0.6μm 的液滴分离效率达 99.2%，使气相出口水含量低于 0.1 mg/m³，确保脱汞剂使用寿命。

原料天然气中的固体颗粒进入脱汞装置后将附着在脱汞吸附剂上，堵塞吸附剂孔，影响使用效果和使用寿命，应保证原料天然气固体颗粒含量低于 10mg/m³。因此可选用卧式粉尘过滤分离器，采用高效聚结滤芯，捕集天然气经吸附剂床层夹带的少量固体颗粒、粉尘。装置可以分离出直径为 3μm 的固体颗粒，效率达到 100%；0.3~3μm 的固体颗粒分离效率达 99%，确保净化后的天然气不含杂质。

2. 吸附流程

为了防止生产分离器来气可能夹带的游离水影响脱汞剂使用效果和寿命，在脱汞塔的入口设置气液过滤聚结器，进一步过滤掉原料气中的液滴。原料气经过滤分离后进入到脱汞塔，原料气中的汞与脱汞剂接触发生反应，脱汞后的天然气进入下游处理设备。天然气流经吸附剂床层时可能会夹带少量固体颗粒和粉尘，为防止吸附床中的粉尘携带至下游设备，在脱汞塔出口设置粉尘过滤器。

1）双塔吸附流程

双塔吸附工艺流程如图 9.16 所示。采取串联或并联的运行方式，串联运行时吸附剂更换周期见表 9.10。

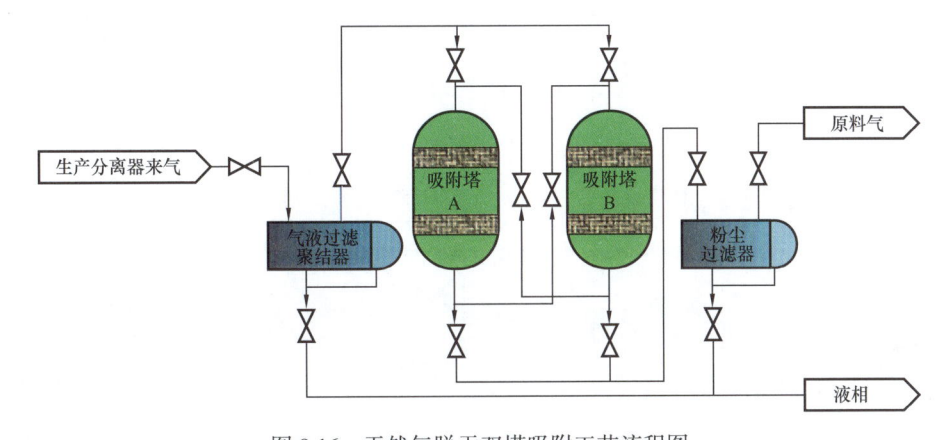

图 9.16 天然气脱汞双塔吸附工艺流程图

表 9.10　双塔流程串联运行时序及吸附剂更换周期

名称	第 1~3 年	第 3 年末	第 4~5 年	第 5 年末	第 6~7 年	第 7 年末
A 塔	前置	更换吸附剂	后置	不更换	前置	更换吸附剂
B 塔	后置	不更换	前置	更换吸附剂	后置	不更换

投运之前，A、B 两座吸附塔进行初次装填，原料气含汞量 136μg/m³ 时吸附剂的使用寿命一般为 2~3 年。假设按照 A 塔前置、B 塔后置运行方式，第 3 年末 A 塔达到了饱和吸附，此时更换 A 塔吸附剂，将 B 塔调整为前置，A 塔调整为后置，运行 1.5~2 年后，第 5 年末 B 塔达到了饱和吸附，更换 B 塔吸附剂，将 A 塔调整为前置，B 塔调整为后置，如此往复交替运行。

2）单塔吸附流程

单塔吸附工艺流程如图 9.17 所示。

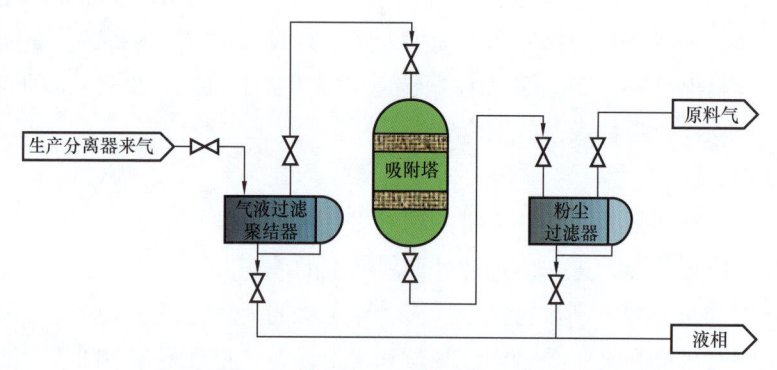

图 9.17　天然气脱汞单塔吸附工艺流程图

3）吸附流程比选

天然气脱汞单塔流程和双塔流程工程投资及运行成本对比见表 9.11。

表 9.11　双塔流程及单塔流程工程投资及运行成本对比

脱汞剂参数	DKT-813		AxTrap273		GB-562S	
	双塔流程	单塔流程	双塔流程	单塔流程	双塔流程	单塔流程
1. 工程费用，万元	1674.77	1542.84	1674.77	1542.84	1642.1	1492.9
①工艺部分	1557.27	1435.94	1557.27	1435.94	1524.6	1386
②仪表部分	114.5	104.9	114.5	104.9	114.5	104.9
③电气部分	3	2	3	2	3	2
2. 脱汞剂消耗及处置费（12 年），万元	2340	2600	1975	2300	1942	2100
3. 总费用，万元	4014.77	4142.84	3649.77	3842.84	3584.1	3592.9

由于吸附剂的吸附特性，单塔吸附流程中当吸附塔出口汞含量超标时（已经发生汞穿透），仍然有部分吸附剂容量无法达到饱和吸附（有20%~25%吸附剂未达到饱和吸附），为充分利用吸附剂容量，降低生产成本，采用双塔吸附流程。

双塔流程在实际工程应用中较为灵活，能够根据实际生产进行串联或并联运行，保证脱汞精度，对原料气含汞量变化适应性强，提高了吸附剂利用率，可实现不停产吸附剂更换。另外，双塔流程装填时A塔、B塔可采用进口脱汞剂和国产脱汞剂混合装填方式，便于进口与国产吸附剂性能对比，为脱汞剂国产化奠定基础。

9.6.2.4 乙二醇不凝气吸附工艺

由于乙二醇再生塔塔顶排放气组成主要为水蒸气，若单独增设脱汞设施，国内外脱汞剂性能均无法满足要求，因此，需对乙二醇再生系统增设空冷器和分液罐，通过冷凝降低塔顶不凝气含水量，冷凝液进入密闭排污系统与污水一并进行集中处理。

根据模拟计算，增设空冷器和分液罐之前水蒸气排放量约1200m³/d，汞浓度范围约4692μg/m³，经空冷分离出大部分的冷凝液后塔顶不凝气量约为500m³/d，汞浓度约3100μg/m³，新增脱汞设施后不凝气排放浓度小于15μg/m³。

通过改造，有效降低了塔顶不凝气的含水量，同时还降低了不凝气的汞排放浓度，为单独增设化学吸附脱汞设施创造了条件，软件模拟乙二醇再生塔顶不凝气冷却前后组成变化情况（表9.12）。

表9.12 塔顶不凝气冷却前后组成变化

组成	摩尔分数（冷却前），%	摩尔分数（冷却后），%
甲烷	0.52	25.8
乙烷	0.26	6.32
丙烷	0.08	0.15
异丁烷	0.08	0.34
二氧化碳	10.2	21.63
氮气	3.6	25.6
乙二醇	2.09	0.01
水蒸气	83.17	20.15

冷却后不凝气仍然含有20.15%的水蒸气，由于不凝气气量少、压力低、饱和水含量高、操作温度高，进塔吸附时，可能会由于温度的降低冷凝出少量的液态水而影响吸附效果。因此，吸附塔结构设计考虑将分离、吸附功能进行有机集成，不凝气采取底进顶出，冷凝液态水进入到底部储液腔，并在吸附剂前端选用耐液态水、价格便宜、具有干燥气体功能的活性氧化铝作为保护段，保证吸附剂的吸附效果和使用寿命。

9.6.2.5 现场应用

1. 天然气脱汞工艺

结合现有的节流制冷、低温分离脱水脱烃工艺，天然气选用不可再生脱汞吸附工艺。为了降低汞对下游设备的污染，避免气相携带的凝析油影响吸附剂使用寿命，脱汞装置进口选择生产分离器气相出口端（即一级注醇器前端），生产分离器来气经高效聚结过滤分离器，除去气相中携带的微小液滴，气液分离后进入脱固体吸附塔，利用装填在吸附塔内的吸附剂与原料气中的固体杂质进行化学反应并将其脱除，然后经粉尘过滤分离器进行气固分离，脱汞后的天然气进入气-气换热器，处理后的外输天然气需满足管输商品天然气中汞含量小于 $28\mu g/m^3$ 要求。具体工艺流程如图 9.18 所示，脱汞橇参数见表 9.13。

图 9.18 天然气脱汞工艺流程

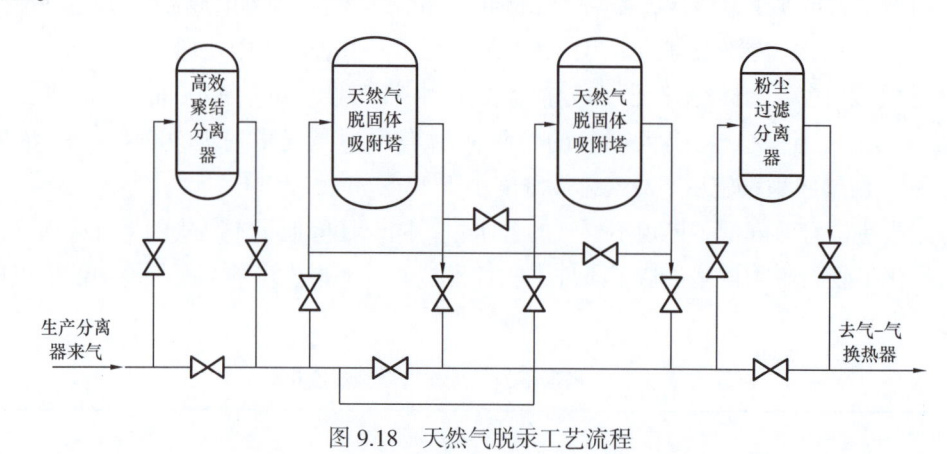

表 9.13 天然气脱汞橇基本参数表

参数名称	参数值
原料气量（标况），$10^4 m^3/d$	150
含液量，m^3/h	0.01~0.5
工作压力，MPa	4.0~9.0
设计压力，MPa	9.5
工作温度，℃	20~30
设计温度，℃	50
允许压降，kPa	≤50
操作弹性，%	40~120

2. 乙二醇再生不凝气脱汞工艺

乙二醇再生过程中产生的不凝气经空冷器和分液罐，将塔顶不凝气冷却至50~60℃，大部分水被冷凝分离进入污水储罐储存。乙二醇富液罐原为敞口罐，有少量闪蒸气就地排放，排放汞浓度较高。此后引入氮气密封避免就地排放，将少量闪蒸气引入不凝气脱固体吸附罐与再生不凝气一并脱汞后进行排放，氮气从就近氮气总管进行引接，经处理后的乙二醇不凝气需符合国家标准 GB 16297—1996《大气污染物综合排放标准》中汞排放浓度小于 15μg/m³ 的规定。具体工艺流程如图 9.19 所示，脱汞橇参数见表 9.14。

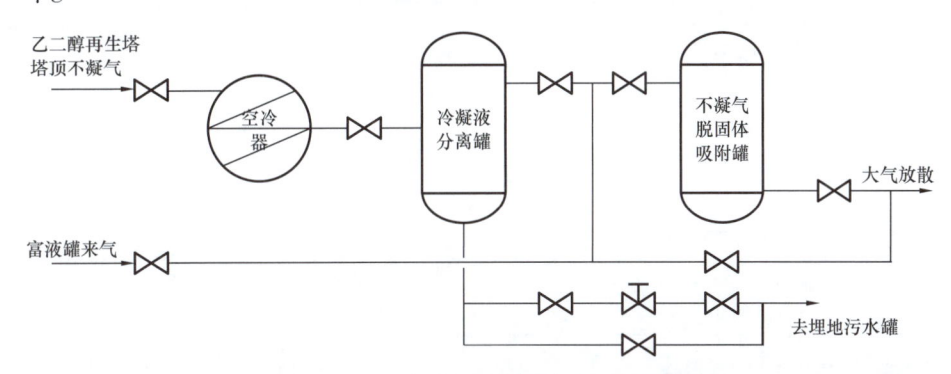

图 9.19 乙二醇再生不凝气脱汞工艺流程图

表 9.14 乙二醇不凝气脱汞橇基本参数表

参数名称	参数值	参数名称	参数值
不凝气量（标况），10⁴m³/d	1600	允许压降，kPa	≤30
操作压力，MPa	30～60	操作弹性，%	40～120
操作温度，℃	90～120	—	—

9.6.3 脱汞剂评价与优选

9.6.3.1 载硫活性炭脱汞剂

1. 反应原理

活性炭是经过活化处理的无定型碳，一般为粉状、粒状，有强吸附能力，有大量的细孔，比表面积很大，脱汞活性炭吸附剂仅仅是作为一种载体，使反应物通过浸渍、沉淀等工艺均匀地分布其中，增加反应物质的比表面积，改善反应物质活性。载硫活性炭脱汞剂通过单质硫与汞反应形成 HgS，达到脱汞的目的，脱汞原理反应式如下：

$$Hg+S \longleftrightarrow HgS$$

上述反应式是一个可逆反应，它的反应方向和速率受热力学平衡的限制。由于单质硫和汞的反应速度很快，气相进料中大量汞会被载硫活性炭中的硫吸附，因此进料压力和汞浓度的变化对产品气汞浓度影响较小。目前，国内外有多家公司可以提供载硫活性炭脱汞剂，主要有美国 Calgon Carbon 公司生产的 HGR 系列、南京正森化工实业有限生产的

ZS-08型及四川省达科特能源科技股份有限公司生产的DKT-618型等，载硫活性炭脱汞剂特性见表9.15。南京正森化工实业有限生产的ZS-08型已在中国石油化工集团有限公司西北油田分公司雅克拉气田和中国海洋石油集团有限公司渤海终端龙口处理厂上应用，使用效果良好。

表9.15 载硫活性炭脱汞剂特性表

脱汞剂参数	HGR4×10	ZS-08
外形	颗粒状	颗粒状
粒径，mm	1.7～4.75	1.5、3、4
堆密度，kg/m³	560	650
载硫量，%	10～15	13～20
孔容，mL/g	—	0.7～0.9
脱汞深度，μg/m³	0.01	0.01

2. 脱汞效果影响因素

影响脱汞剂脱汞效果的主要因素有原料气的温度、压力及天然气中含水量等。以HGR载硫活性炭脱汞系统为例分析其对脱汞效果的影响。

（1）温度的影响。气体温度超过50℃时，将降低HGR载硫活性炭的脱汞效率，导致处理后的天然气中含有较高浓度的汞流出。温度在50℃以上时，天然气中汞脱除浓度在0.01～0.1μg/m³；气体处理温度低于50℃时，处理后的气体汞含量可低于0.01μg/m³，吸附床层的操作温度一般不超过70℃。温度变化对脱汞效果影响如图9.20所示。

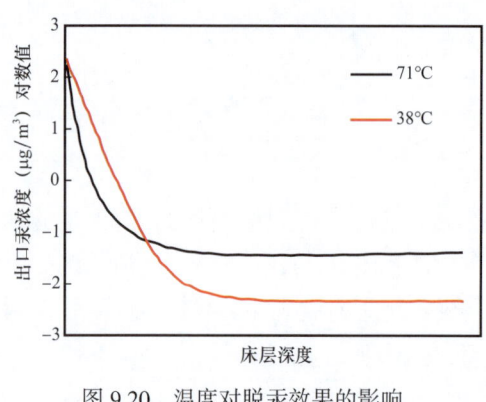

图9.20 温度对脱汞效果的影响

（2）压力的影响。原料气的压力变化对脱汞剂脱汞效率影响不大。在装置操作范围内4.24～5.62MPa压力变化对脱汞效果影响如图9.21所示。

（3）含水量的影响。随着天然气中含水量的增加，脱汞剂脱汞效果降低。当天然气含水量为饱和含水量的50%～100%时，脱汞后天然气中汞含量为0.01～0.1μg/m³；当天然气含水量低于50%时，脱汞后天然气中汞含量小于0.01μg/m³，含水量变化对脱汞效果影响如图9.22所示。

载硫活性炭吸附剂适用于干气脱汞，应用技术成熟，已有专业化的脱汞剂和吸附设备，更换脱汞剂费用低，对流量、温度等适用范围宽，可根据原料气的实际汞浓度选择多套脱汞塔串联或并联使用。载硫活性炭作为最初使用的脱汞吸附剂，在过去几十年内获得

图 9.21　压力对脱汞效果的影响　　　图 9.22　含水量对脱汞效果的影响

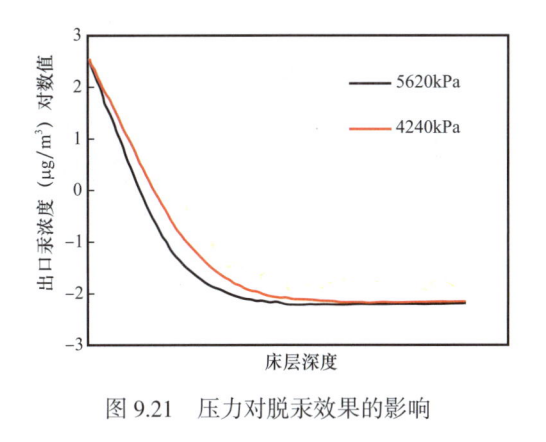

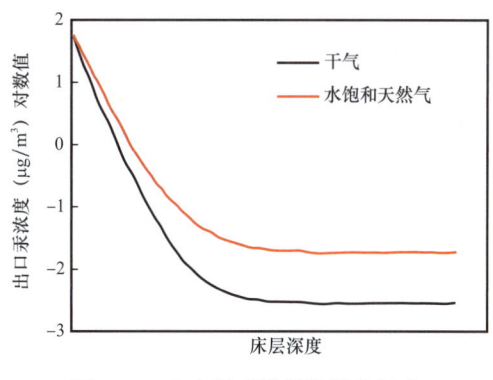

了较大范围的应用，随着载金属硫化物氧化铝的成功开发与推广应用，天然气处理厂倾向于将失去脱汞活性的载硫活性炭替换为载金属硫化物氧化铝。

9.6.3.2　负载型金属硫化物氧化铝脱汞剂

负载型金属硫化物是无机骨架与金属硫化物的结合体，无机骨架通常采用铜或锌等，金属硫化物与汞发生化学反应形成 HgS，而达到脱汞的目的。金属硫化物脱除气相中单质汞的效率较高，其脱汞原理反应式为：

$$Hg + M_xS_y \longrightarrow M_xS_{y-1} + HgS$$

当进料气中同时有 H_2S 时，脱汞剂可以选择负载型金属氧化物，金属氧化物吸收 H_2S 后，就活化成了脱汞用的金属硫化物，金属氧化物脱硫反应式为：

$$MO + H_2S \longrightarrow MS + H_2O$$

负载型金属硫化物通常为球粒型，其直径在 0.9～4mm，球粒直径越小其脱汞效率越高，但压降越大。负载型金属硫化物适用于处理含水烃类气相，法国 Axens 公司（AxTrap 系列脱汞吸附剂）、美国 UOP 公司（GB 系列脱汞吸附剂）、英国 Johnson Matthey Catalysts（PURASPEC 1157 和 PURASPEC 1163）及国内四川达科特能源科技股份有限公司均有生产。该类型脱汞剂颗粒强度高，可用于干气和湿气脱汞，属于不可再生脱汞剂，工业应用多，进口价格相对较高，国内外典型负载型金属硫化物脱汞剂特性见表 9.16。

表 9.16　负载型金属硫化物脱汞剂特性

脱汞剂参数	DKT-813	AxTrap273	GB-562S
外形	球状	球状	球状
粒径，mm	1.8～2.8	1.4～2.8	2.36～4
堆密度，kg/m³	600	540～580	931～1041

续表

脱汞剂参数	DKT-813	AxTrap273	GB-562S
载硫量（质量分数），%	5～6	5.5	—
反应物/载体	CuS/Al$_2$O$_3$	CuS/Al$_2$O$_3$	CuS/Al$_2$O$_3$
干气吸附能力	≥0.06kg（Hg）/kg	—	—
湿气吸附能力	≥0.04kg（Hg）/kg		
脱汞深度	≤0.01μg/m^3	≤0.01μg/m^3	≤0.01μg/m^3
适用条件	适用于天然气脱汞	适用于天然气、凝析油、LPG脱汞	不含硫化氢的天然气脱汞

9.6.3.3 脱汞剂选择

根据上述内容，载硫活性炭脱汞剂和负载型金属硫化物、金属氧化物脱汞剂主要性能对比情况见表9.17。

表9.17 不可再生型天然气脱汞吸附剂对比表

项目	载硫活性炭	负载型金属硫化物氧化铝
载体	活性炭	氧化铝
载流率（质量分数），%	10～20	5～6
价格	便宜	稍贵
硫利用率	较低	较高
脱汞活性	吸汞速率较慢，传质区长度较长，动态汞吸附量小	吸汞速率较快，传质区长度较短，动态汞吸附量大
硫溶解损失	活性炭对烃，尤其是重烃的亲和力较强，会发生中孔毛细凝聚，在孔中产生的液烃会导致硫溶解损失，极大降低脱汞活性	对烃的亲和力极小，硫以金属硫化物的形式存在，结合力强，无硫溶解损失
原料气饱和水适应性	受饱和水影响较大，脱汞性能明显变差	受饱和水影响较小，脱汞性能稍微变差
适用范围	脱水后的干气	湿天然气、凝析油、LPG

通过对不同类型吸附剂性能特点、现场应用情况及适用范围的介绍，载硫活性炭价格较为便宜，但仅能用于干气脱汞，负载型硫化物或金属氧化物吸附剂由于结构坚固、性能稳定，可以用于湿气、凝析油脱汞场合。根据汞分布规律，对进站原料气脱汞（即湿气脱汞）可避免对下游设备的汞污染。因此，针对克拉美丽处理站天然气脱汞剂选用负载型金属硫化物氧化铝脱汞。

9.6.3.4 现场应用

1. 天然气脱汞效果

两座脱汞橇吸附塔 A 均装填法国 AxTrap273 型吸附剂，吸附塔 B 装填四川达科特 DKT-813 型吸附剂，单塔装填量均为 6.3m³，且装填高度保持一致。对天然气脱汞吸附塔分别采取串联、单塔运行方式进行运行，验证天然气脱汞装置在不同工况下的运行效果。脱汞吸附剂装填情况见表 9.18，1# 和 2# 天然气脱汞装置不同工况下主要工艺节点参数统计见表 9.19 和表 9.20。

表 9.18 脱汞吸附剂装填情况

脱汞剂参数	AxTrap273		DKT-813	
脱汞剂总量，m³	12.6		12.6	
瓷球总量	3/4in	1.56m³	3/4in	1.56m³
	1/4in	1.56m³	1/4in	1.56m³
吸附塔直径，m	1.8		1.8	
床层高度，m	2.4		2.4	
瓷球装填高度，m	0.6		0.6	

表 9.19 1# 天然气脱汞装置不同工况下主要工艺节点参数统计

工艺节点名称	设计参数	操作参数	实际运行参数			
			串联（A-B）	串联（B-A）	单塔（A）	单塔（B）
原料气量，10⁴m³/d	150	60~150	137.5~150.2	145.1~151.7	141.1~148.9	144.2~150.7
高效聚结过滤分离器压力，MPa	9.5	7.4~8.5	7.74~7.81	7.78~7.82	7.75~7.82	7.75~7.8
高效聚结过滤分离器温度，℃	50	20~30	24~27	24	23~25	24~25
天然气脱固体吸附塔压力，MPa	9.5	7.4~8.5	7.71~7.8	7.73~7.79	7.71~7.78	7.72~7.77
天然气脱固体吸附塔温度，℃	50	20~30	24~27	24	23~25	24~25
粉尘过滤分离器压力 MPa	9.5	7.4~8.5	7.69~7.8	7.72~7.76	7.7~7.77	7.71~7.76
粉尘过滤分离器温度，℃	50	20~30	24~27	23~24	23~25	24~25
装置压降，kPa	≤50	≤50	30~40	40~50	40~50	40~50

表 9.20　2# 天然气脱汞装置不同工况下主要工艺节点参数统计

工艺节点名称	设计参数	操作参数	实际运行参数			
			串联（A–B）	串联（B–A）	单塔（A）	单塔（B）
原料气量，$10^4 m^3/d$	150	60～150	114.6～148.2	131.5～151.2	127.3～148.2	118.4～154.6
高效聚结过滤分离器压力，MPa	9.5	7.4～8.5	7.76～7.8	7.79～7.81	7.77～7.79	7.76～7.8
高效聚结过滤分离器温度，℃	50	20～30	24～27	24～25	24～25	23～25
天然气脱固体吸附塔压力，MPa	9.5	7.4～8.5	7.75～7.8	7.76～7.79	7.75～7.77	7.74～7.78
天然气脱固体吸附塔温度，℃	50	20～30	24～27	24～25	24～25	23～25
粉尘过滤分离器压力，MPa	9.5	7.4～8.5	7.7～7.76	7.75～7.76	7.74～7.76	7.74～7.77
粉尘过滤分离器温度，℃	50	20～30	24～27	24	24～25	23～25
装置压降，kPa	≤50	≤50	30～40	30～50	20～40	20～40

两座脱汞装置各工艺节点参数满足操作参数设计要求，在串联、单塔运行工况下，其影响吸附剂使用性能关键指标装置压降均未超出设计值（≤50kPa），表明脱汞吸附剂性能发挥正常。

通过表 9.21 和表 9.22 可以得到有关于脱汞吸附剂性能以下结论：

（1）目前原料气汞含量为 50～100μg/m³，增加脱汞装置后，在四种不同工况下，天然气经吸附塔后汞含量均有明显下降，达到脱除效果，且满足小于 28μg/m³ 要求。

（2）四种不同工况下，进口和国产脱汞吸附剂脱汞效果相当，吸附塔出口汞含量均小于 65ng/m³。

表 9.21　1# 天然气脱汞装置吸附剂性能情况

工况条件	工作压力 MPa	工作温度 ℃	处理气量（标况）$10^4 m^3/d$	高效聚结分离器		吸附塔 出口汞含量 ng/m³	1# 外输气汞含量 ng/m³
				进口汞含量 μg/m³	出口汞含量 μg/m³		
设计	7.4～8.5	20～30	60～150	—	—	≤28000	≤28000
串联（A～B）	7.74～7.81	24～27	137.5～150.2	61～96	45～83	A 塔：3～12 B 塔：2～31	6.2～11.3
串联（B～A）	7.78～7.82	24	145.1～151.7	55.4～71.3	54.2～65.2	A 塔：17～53 B 塔：12～30	4.3～89
单塔（A）	7.75～7.82	23～25	141.1～148.9	63～85	50～70	9～24	2.2～220
单塔（B）	7.75～7.8	24～25	144.2～150.7	59～80	45～66	23～62	70～150

表 9.22 2# 天然气脱汞装置吸附剂性能情况

工况条件	工作压力 MPa	工作温度 ℃	处理气量（标况）$10^4 m^3/d$	高效聚结分离器 进口汞含量 $\mu g/m^3$	高效聚结分离器 出口汞含量 $\mu g/m^3$	吸附塔 出口汞含量 ng/m^3	2# 外输气汞含量 ng/m^3
设计	7.4～8.5	20～30	60～150	—	—	≤28000	≤28000
串联（A~B）	7.76～7.8	24～27	114.6～148.2	55～81	45～88	A塔：3～48 B塔：2～39	8.3～19.5
串联（B~A）	7.79～7.81	24～25	131.5～151.2	54.2～76.5	50.7～73.1	A塔：23～27 B塔：18～21	9.7～120
单塔（A）	7.77～7.79	24～25	127.3～148.2	75～85	60～79	15～60	1.9～120
单塔（B）	7.76～7.8	23～25	118.4～154.6	74～89	35～77	7～15	108～170

2. 乙二醇再生不凝气脱汞效果

对乙二醇不凝气脱汞橇运行情况进行连续监测，检验乙二醇再生不凝气脱汞装置运行效果。不同工况下其主要工艺节点实际运行参数见表 9.23。

表 9.23 乙二醇再生不凝气脱汞装置主要工艺节点参数统计

工艺节点名称	设计参数	操作参数	实际运行参数
不凝气量（标况），m^3/d	1600	640～1920	—
不凝气空冷器压力，kPa	300	30～60	0.8
不凝气空冷器进口温度，℃	120	90～120	94～98
不凝气空冷器出口温度，℃	<60	<60	18～53.7
冷凝液分液罐压力，kPa	300	30～60	0.5
冷凝液分液罐温度，℃	80	<60	18～52
不凝气脱固体吸附罐压力，kPa	300	30～60	0.2
不凝气脱固体吸附罐温度，℃	80	<60	11～44
装置压降，kPa	≤30	—	0.1～0.6

实际运行中，除装置各容器压力值未达到设计要求范围外，其他工艺节点参数均在设计操作参数范围内。由图 9.23 可知，整橇的压降波动范围为 0.16～0.6kPa，远远低于设计压降值 30kPa。脱汞装置安装前，乙二醇再生塔顶直接外排的不凝气含汞量达到 5332$\mu g/m^3$；安装后，再生塔产生的不凝气经冷却吸附后无蒸气外排，测试周围空气中汞含量为 5～10ng/m^3，远小于 15$\mu g/m^3$ 要求，装置脱汞能力达到预期效果。

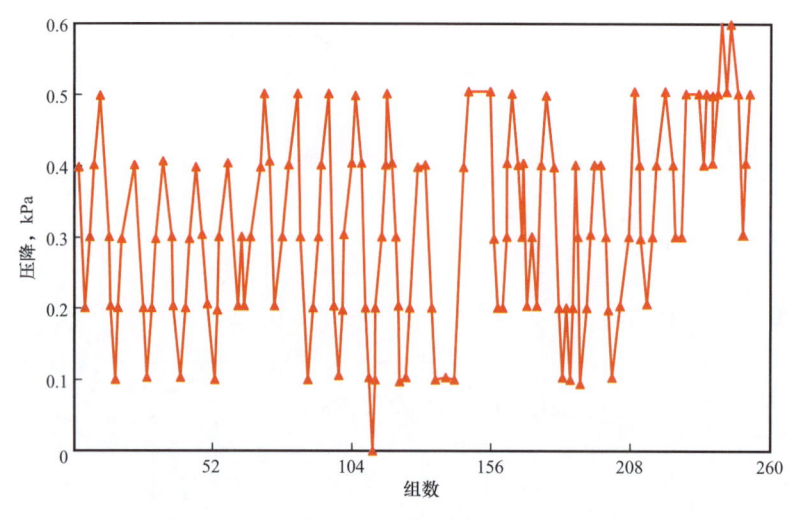

图 9.23　乙二醇再生不凝气脱汞装置压降趋势图

9.6.4　汞检测与防护

9.6.4.1　检测仪器

1. 检测方法

天然气中汞的检测方法主要为冷原子吸收法（CVAA）及冷原子荧光光谱法（CVAF）。2003 年，国际标准化组织（ISO）制定了天然气中汞含量的测定标准，包括 ISO 6978-1：2003《天然气　汞的测定　第 1 部分：用碘化学吸附法对汞的采样》和 ISO 6978-2：2003《天然气　汞含量的测定　第 2 部分：金 - 铂合金汞齐化取样法》。2008 年和 2010 年，我国也采用此两项标准，制定了天然气中汞含量的测定标准。现行有效标准为 GB/T 16781.1—2017《天然气　汞含量的测定　第 1 部分：碘化学吸附取样法》和 GB/T 16781.2—2010《天然气　汞含量的测定　第 2 部分：金 - 铂合金汞齐化取样法》。

碘化学吸附取样法规定了碘浸渍硅胶化学取样阀测定天然气中汞含量的方法，取样压力最高达 40MPa，测定天然气中汞含量范围为 $0.1 \sim 5000 \mu g/m^3$，需要用氢氧化钾溶液和还原溶液对样品进行处理；汞齐化取样法适用于不含凝析油产物的粗天然气取样，测定大气压下天然气汞含量范围 $0.01 \sim 100 \mu g/m^3$ 和高压下（最高压力为 8MPa）汞含量范围 $0.001 \sim 1 \mu g/m^3$，适合实验室操作，检测方法极为烦琐。天然气中汞含量检测的难点在于汞具有较强的吸附性和冷凝特性。

克拉美丽气田采用碘化学吸附取样法现场进行天然气中含汞量检测。

2. 检测仪器选用

国内外许多检测设备制造厂家推出了多种测汞仪，其测量原理和方法都不相同，但是大多数测汞仪都需要对样品进行前处理才能对汞含量进行测定。国内研发的汞检测仪主要为原子荧光光谱仪、原子吸收分光光度计，生产厂家有北京瑞利分析仪器公司、北京海光仪器公司等。国外的汞检测仪器有俄罗斯 LUMEX 公司生产的 RA-915+ 汞分析仪、德国 MERCURY INSTRUMENTS 公司的一系列汞分析仪、意大利 Milestone 公司的 DMA-80 测汞仪、美国 Leeman Labs 公司 Hydra Ⅱ AA 型全自动汞分析仪等。

目前，以俄罗斯 LUMEX 公司生产的 RA-915+ 塞曼效应汞分析仪应用较多，可以在完全不需要样品预处理和汞吸附富集的情况下，对凝析油、气体样品直接进行总汞测定。RA-915+ 汞分析仪采用原子吸收原理和赛曼效应高频调制偏振光技术，具有快速检测、精度高、操作方便等特点，搭配 RP-91NG 专用天然气检测附件，可直接快速检测天然气、煤层气等样品中的汞浓度，可在实验室及现场使用。

为满足生产需要，在处理站内增设汞分析检测仪 1 套（配备天然气、凝析油附加装置，可直接对天然气、凝析油进行检测分析），为满足巡检及检修需要，另单独再配备便携式汞蒸气检测仪 2 台。汞分析检测仪主要技术指标见表 9.24，便携式汞检测仪技术指标见表 9.25。

表 9.24 分析检测仪技术指标

序号	流体	项目	技术指标
1	天然气	检测原理	高频塞曼背景校正原子吸收光谱法原理
2		检出限	0.2ng/m³
3		检测范围	0.0005～20000μg/m³
4		载气与药剂使用	接检测，无需载气和化学药剂
5		操作性能	自带数据分析与处理，数据具备上传
6		供电情况	内置锂电池，续航时间 8h；可采用 220V（AC）电源
1	凝析油	检测原理	高频塞曼背景校正原子吸收光谱法原理
2		检出限	0.1×10^{-9}
3		检测范围	$0.1 \times 10^{-9} \sim 10000 \times 10^{-9}$
4		载气与药剂使用	空气，自带空气过滤系统
5		供电情况	无须对样品预处理，自带数据分析与处理
6		操作性能	220V（AC）/50Hz
7		环境温度	10～36℃

表 9.25 便携式检测仪技术指标

序号	项目	技术指标
1	检测原理	高频塞曼背景校正原子吸收光谱法原理
2	检出限	0.1μg/m³
3	检测范围	0.1～2000μg/m³

续表

序号	项目	技术指标
4	载气与药剂使用	直接检测，无须任何化学药剂和载气
5	操作性能	无须进行样品预处理，连续监测，实时分析，自带显示和操作单元，具备连接电脑操作
6	供电情况	240/110V（AC），50/60Hz；12V（DC）；内置锂电池，续航时间12h；可采用220V（AC）电源

9.6.4.2 防护设备

天然气集输处理过程中由于冷凝作用、吸附和碰撞聚结等原因，部分汞仍会留存于分离设备、管线中，设备定期检修、清洗过程中将会产生汞蒸气。GBZ 2.1—2019《工作场所有害因素职业接触限值 第1部分：化学有害因素》规定汞的职业接触限值为$20\mu g/m^3$。作业环境汞浓度高于此值，需要使用完整的个人防护装备。个体防护装备的配备总体符合GB/T 11651—2008《个体防护装备选用规范》有关规定，呼吸防护用品应按GB/T 39800—2020《个体防护装备配备规范》选用。汞防护方案有过滤式汞防护、气瓶式汞防护与外接送风式汞防护，三套汞防护设备各有特点。

1. 气瓶式汞防护

气瓶式汞防护措施采用正压式空气呼吸器防护装备，为人体的呼吸、身体、手部和脚部等四个方面提供了防护。气瓶式汞防护措施可以防护汞浓度高于$20000\mu g/m^3$的气体，能够很好地防护高浓度的汞蒸气，防护时间较长，不用设送风管线，但装备过重，费用比较高。作业人员可在含汞空间长时间工作时或高浓度的汞蒸气泄漏处理时使用该措施，同时该装备也可作为高浓度汞蒸气泄漏时的逃生装备。

2. 过滤式汞防护

过滤式汞防护措施采用过滤式防护装备，为人体的呼吸、身体、手部和脚部等四个方面提供了防护。过滤式汞防护方案的最高防护汞浓度为$2000\mu g/m^3$，不需外部连接设备，装备轻便，费用较少，但防护时间较短。作业人员可在含汞空间短时间工作或泄漏事故应急等情况下使用该防护装备。

3. 外接送风式汞防护

外接送风式汞防护方案采用正压式双管供气防护装备，为人体的呼吸、身体、手部和脚部等四个方面提供了防护。外接送风式汞防护措施可以用于汞浓度不高于$20000\mu g/m^3$的气体，能够很好地防护高浓度的汞蒸气，供气时间长，延长了气田工作人员在含汞环境下的作业时间；但需要外部装备供气，使用人员携带长管进入狭小空间作业不方便。根据各防护措施的特点和含汞天然气处理装置压力容器检修清洗作业防护措施规范，结合克拉美丽气田实际生产及检修情况，防护设施配备情况见表9.26。

表 9.26　防护设施配备表

序号	名称	单位	数量	备注
1	正压式空气呼吸器（C850）	套	4	
2	电动送风式长管呼吸器	套	4	双人使用
3	重型防化服（RFH01）	套	6	
4	防毒全面具（TF6）	套	6	
5	防化手套	套	6	
6	防化靴	套	6	

9.6.5　汞污染容器化学清洗技术

采用水蒸气法清洗容器过程中，汞随着水蒸气挥发进入大气，污染作业环境和大气环境，给作业过程带来安全隐患。使用碘－碘化钾溶液清洗时，气态单质汞得到了清除，但液态单质汞在清洗后继续挥发。为此，克拉美丽气田开展了含汞容器化学清洗法研究，特别是液态汞的去除研究，以实现安全、高效脱除容器汞污染物，确保人员操作安全。

9.6.5.1　气态汞的脱除配方

以汞浓度 $3105\mu g/m^3$ 为进口浓度，对重铬酸钾、高锰酸钾、过硫酸钠、次氯酸钠、双氧水、氯化铜、碘－碘化钾溶液、硫化钠和载硫活性炭中进行筛选评价，选择了高锰酸钾、碘－碘化钾溶液作为脱汞剂。评价了 pH 值、加量、停留时间，以及汞浓度对高锰酸钾脱汞效果的影响，通过高锰酸钾与过硫酸钠混合提高了脱汞效果。通过对高锰酸钾＋过硫酸钠的混合溶液、碘－碘化钾溶液两种脱汞剂对汞脱除的影响进行研究，得出较低温度有利于汞脱除的结论。同时，对汞脱除吸收液的量和汞脱除反应液与汞蒸气接触时间对汞脱除率的影响进行了评价。

通过研究，得到气态脱汞剂的最优配方为：碘化钾/碘浓度 3.31%/0.6%。新配方较气田原来使用的配方（碘化钾/碘浓度 300mmol/L/0.6% 及 4.98%/0.6%）节约碘化钾用量 30%，降低了生产成本。

9.6.5.2　液态汞氧化清洗剂配方

通过在 1.0% 硫水溶液、1.0% 的硫 PAM 水溶液、固体粉末状硫、3.95% 高锰酸钾（pH≥12）、碘 0.6%＋碘化钾 4.96%、0.6% 碘＋水、碘粒、3.0% 硫化钠、3.0% 过硫酸铵、碘 0.6%＋碘化钾 4.96%＋洗油剂、4.0% 高锰酸钾+10.0% 硫酸、2.5% 次氯酸钠、5.0% 双氧水、5.0% 重铬酸钾和 5.0% 多硫化钠共 15 种介质中加入直径 5mm 液态汞氧化实验研究，最终选择 3.95% 高锰酸钾溶液（pH≥12）为液态汞氧化清洗剂配方。

9.6.5.3 含汞容器清洗工艺

将含汞容器中的气态汞通过热氮气置换并单独脱除，液态汞用高锰酸钾化学清洗剂浸泡和多次鼓气搅拌的工艺除去，容器内污泥和凝析油用清洗剂清洗，气态脱汞剂、液态汞化学脱汞清洗剂和清洗油泥分别脱汞，此工艺属国内首创。

经过 3 次现场试验，对克拉美丽气田里汞含量大于 3000μg/m³ 的 2# 低温分离器脱汞最终采用"热氮气置换—气态汞碘/碘化钾（0.9%/4.965%）脱汞—喷射清洗罐内污油—3.96% 高锰酸钾（pH≥12）浸泡脱除液态汞—鼓气搅拌—高锰酸钾再浸泡—鼓气搅拌—清水冲洗"工艺。施工后汞脱除罐排放口检测后平均汞含量为 1.48mg/m³；2# 低温分离器经过高锰酸钾氧化脱汞后，放置 24.5h，汞含量 4.2～15.8μg/m³；平均 9.992μg/m³；容器排污口汞含量 10.4～15.8μg/m³，平均 10.125μg/m³，汞不再挥发，清洗达标。满足 GB 16297—1996《大气污染物综合排放标准》规定的汞的最高允许排放浓度 12mg/m³ 和 GBZ 2.1—2019《工作场所有害因素职业接触限值 第 1 部分：化学有害因素》规定时间加权平均容许浓度 20μg/m³ 要求。

9.7 节能提效

克拉美丽气田天然气处理站存在热媒炉排烟温度较高、热损失较大导致热效率未有效利用等情况。为此进行了节能提效技术研究，以节约能耗，减少燃料气消耗和电力消耗。

9.7.1 能效评价技术

评价技术主要分为三个方面：

（1）能耗数据核算。气田地面工艺运行数据是能效评价体系的第一层面，也是更深层能效评价的基础。通过计量、理论建模、软件模拟等方法获得气田主要生产数据与主要能耗数据，直观反映气田能耗的基本情况，主要包括进入及流出生产系统的各类物流及其数量、各类能流及其数量等基础数据。

（2）能耗指标评价。在气田工艺能耗现状的基础之上，通过分析对比产出、能耗、排放之间的比例与关系，进一步评价工艺能量利用效果，提出气田地面工艺各系统的能效指标与能耗评价方法。

（3）系统能效评估。基于夹点技术和㶲分析理论，分析评价地面工艺系统的能量利用效率、节能效果及优化方向。

基于能效评价技术，克拉美丽气田开展能效分析评估，得出地面工艺系统的能量利用效率、节能效果及优化方向。

9.7.1.1 能耗数据核算

结合气田实际生产数据，利用 HYSYS 软件对克拉美丽气田地面工艺流程进行整体模拟，以获得能量交换中各物流、能流的具体数据，方便各工艺环节能效情况分析。通过模拟可知，克拉美丽气田集输、处理系统总耗热 1800.43kW，总耗冷 243.64kW，总耗功 102.13kW，克拉美丽气田集输系统能耗占比为 75.3%，即井口、集气站加热炉所需加热物流量最大，是气田地面处理系统中耗能最大的工艺环节之一，节能优化潜力大（表 9.27）。

表 9.27 克拉美丽气田能耗数据统计表

	对象	数值
耗热	井口水套炉耗热，kW	907.30
	集气站水套炉耗热，kW	449.38
	凝析油稳定塔耗热，kW	300.2
	轻烃导热油耗热，kW	62.15（一闪）
	闪蒸稳定器耗热，kW	45.30
	乙二醇再生塔耗热，kW	36.10
	处理系统总耗热，kW	443.75
	集输系统总耗热，kW	1356.68
耗功	压缩机耗功，kW	101.83
	注醇泵耗功，kW	0.30
	集输系统总耗功，kW	102.13
耗冷	高温凝析油管道散热，kW	40.81
	压缩机出口气体冷却，kW	202.83
	集输系统总耗冷，kW	243.64
	总计，kW	2146.2

9.7.1.2 能效指标评价

根据建立的能耗评价指标及计算方法，计算得出能量利用各项评价指标（表 9.28）。

表 9.28 克拉美丽气田评价指标统计表

指标	符号	单位	含义	数值
油气生产综合能耗（效）	Q_q	MJ/10^4m^3	得到 1m^3 外输气实际能耗量	2976.32
	Q_z	MJ/10^4m^3	得到 1m^3 外输气理论能耗量	770.0
	Q_{zd}	kJ/(kW·h)	得到 1kW·h 电的能耗量	14.10
	N	1	单位能量投入所得的收益	0.6552

续表

指标	符号	单位	含义	数值
天然气生产综合能耗（效）	Q_g	MJ/10^{4}m^3	得到1m^{3}子系统天然气的能耗量	613.2
	Q_{gd}	kJ/(kW·h)	得到1kW·h电的能耗量	5.30
	N_g	1	单位能量投入所得的收益	0.8942
凝析油生产综合能耗（效）	Q_l	MJ/t	得到1t成品凝析油的能耗量	175.00
	Q_{ld}	kJ/(kW·h)	得到1kW·h电的能耗量	1400
	N_l	1	单位能量投入所得的收益	0.8364
富气处理综合能耗（效）	Q_f	MJ/10^{4}m^3	得到1m^{3}压缩机外交气的能耗	4443.6
	Q_{fd}	kJ/(kW·h)	得到1kW·h电的能耗量	134.4
	N_f	1	单位能量投入所得的收益	0.7935
乙二醇再生综合能耗（效）	Q_e	MJ/kg	得到1kg乙二醇贫液的能耗量	1.55
	N_e	1	单位能量投入所得的收益	0.5493

9.7.1.3 系统能效评估

基于换热网络模型，计算得出换热器（包含放空物流、空冷物流）物流数据，包括物流目标温度、换热器对数平均温差、换热器参数 K_A、换热器两侧物流压差、物流热容流率、㶲损失等参数。其中，㶲损失率为换热器中㶲损失与交换热量的比值，对于放空物流的热量流失与空冷等散热，其㶲损失率为100%（表9.29、表9.30）。

表9.29 克拉美丽气田处理站各换热器热交换量数据统计

换热器名称	换热量 （HYSYS输出值）	换热量 kW	K_A kW/℃	物流压差 MPa
一期气气换热器	1552460	431.24	30.024	3.29
二期气气换热器	2753766	764.93	53.257	3.29
一期二闪预热器	136110	37.808	0.8513	4.33
二期二闪预热器	241515	67.087	1.5105	4.33
一期轻烃稳定油换热器	148938	41.372	0.8602	1.02
二期轻烃稳定油换热器	260393	72.331	1.504	1.02
一期油气换热器	181043	50.29	3.1135	4.08
二期油气换热器	325128	90.313	5.5914	4.08
凝析油稳定塔重沸器	1080673	300.19	3.6939	0.099

续表

换热器名称	换热量（HYSYS输出值）	换热量 kW	K_A kW/℃	物流压差 MPa
一期一闪预热器	80636.8	22.399	0.1188	7.589
二期一闪预热器	143083	39.745	0.2071	7.589
双波纹板换热器	129972	36.103	0.3114	0
压缩后富气空冷器	730163	202.82	5.77	4.699
放空烟气	430594	119.61	—	—
放空水蒸气	146940	40.817	—	—
一级空气预热器	43636	12.121	0.2606	0
二级空气预热器	86787	24.107	0.6157	0

表9.30 克拉美丽气田处理站各换热器热容流率、㶲损失数据统计

换热器名称	冷流热容流率，kJ/s	热流热容流率，kJ/s	㶲损失，kJ	㶲损失率，kJ
一期气气换热器	15.9482	18.142	23.322	5.41
二期气气换热器	28.289	32.181	41.368	5.41
一期二闪预热器	1.98991	1.6932	4.2845	11.33
二期二闪预热器	3.53092	3.0044	7.6025	11.33
一期轻烃稳定油换热器	0.74276	1.6054	6.1788	14.94
二期轻烃稳定油换热器	1.29859	2.8068	10.803	14.94
一期油气换热器	14.9228	1.5012	3.4212	6.80
二期油气换热器	26.7992	2.6959	6.1441	6.80
凝析油稳定塔重沸器	10.2243	2.8535	47.979	15.98
一期一闪预热器	2.09337	2.0179	8.2698	36.92
二期一闪预热器	3.7145	9.033	14.834	37.32
双波纹板换热器	30.0862	1.8052	7.6303	21.14
压缩后富气空冷器	23.3667	2.5674	26.846	13.24
放空烟气	0	0	119.61	100
放空水蒸气	0	0	40.817	100
一级空气预热器	0.15151	1.0449	1.5019	12.39
二级空气预热器	0.15553	0.1786	1.2785	53.03

一般情况下，若换热器对数温差或热容流率偏差过大，则㶲损失较大，表明该换热器的物流配比不适当。通过比对各换热器的对数温差、㶲损失率、热容流率偏差可找到系统

换热网络的薄弱点，为换热网络优化提供依据。由表 9.30 可知，轻烃稳定油换热器、一级闪蒸换热器温差较大，㶲损失率较高。热媒炉烟气及乙二醇再生塔放空蒸气㶲损失大，且未回收。因乙二醇再生塔放空蒸气已接入乙二醇脱固体杂质装置冷凝处理，因此处理系统未利用且可回收的余热主要有两部分：

（1）未经回收余热的高温废料。主要由热媒炉的高温排烟，其中热媒炉排烟烟气由 270℃降至 150℃可回收 33.17kW 热量（当下耗气量）。

（2）用公共冷源冷却的高温物流。主要为压缩机空冷，压缩机级间冷却散热量由 95~115℃降至室温可回收约 202kW 热量（一级 136kW，二级 66kW）。

将两处可回收余热的冷、热物流与公用热绘制在温焓图上，可得气田地面处理工艺 T–H 关系曲线，如图 9.24 所示。图中红色折线段为热物流，蓝色折线段为冷物流，夹点温差为 13.2℃，夹点温度为 3.12℃，理论最小公用热 31.99kW，最小公用冷为 0kW。

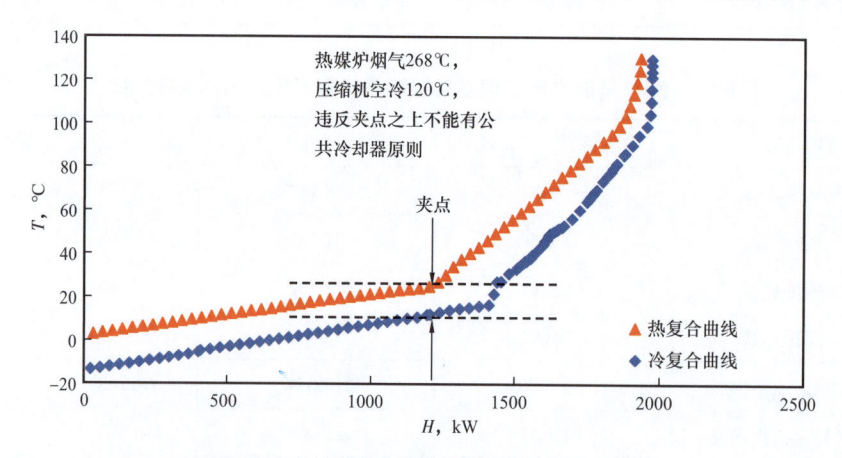

图 9.24 克拉美丽气田地面处理工艺 T–H 图

通过以上分析，得到克拉美丽气田能效评价结果（表 9.31）。

表 9.31 克拉美丽气田能效评价结果

名称	耗能点	评价方法	评价内容	评价结论
集输系统	加热炉	HYSYS 模拟	耗能量	集输系统能耗（1356.7kW）占气田总能耗 75%，加热炉自用气热能转化效率为 25.8%，整体能耗高、能效水平较低，采取工艺优化、设备节能技改等措施降低能耗、提升系统效率
处理系统	换热器、热媒炉、压缩机	夹点、㶲分析	换热网络 H–T 图、㶲损失、㶲损失率	1. 自耗气热量 2976.32MJ/（10^4m^3），整体能耗低于国内平均水平 6005MJ/（10^4m^3）； 2. 轻烃稳定油换热器、一级闪蒸换热器、热媒炉㶲损失高，换热不合理，理论上可采取梯级利用提高能量利用率； 3. 热媒炉、压缩机烟气㶲损失率 100%，采取余热回收方式实现能量利用

9.7.2 加热炉综合提效技术

9.7.2.1 井口加热炉高效燃烧及控制技术

燃烧器作为加热炉最重要的部件，其作用是将油气或其他燃料变为火焰和高温烟气在炉内进行热交换。当加热炉结构确定之后，加热炉运行状况将主要取决于燃烧器的性能和燃烧器与加热炉的匹配状况。因此燃烧器的性能及其调节决定加热炉运行是否高效、经济和节能。

对现有加热炉自动系统改造主要通过控制过剩空气系数，主要有3种方法：

（1）加热炉燃烧器更新改造，使用先进的全自动比例调节式燃烧器。

（2）比调式调节燃烧器升级改造。

（3）烟气在线监测。

针对井口潘氏燃烧器自动化程度低、无法精细调节配风，优选采用全自动电子比调式燃烧器，实现空气/燃料比的自动跟踪调节，使空气系数在合理范围内，确保加热炉运行最佳工况。

与大气式燃烧器相比，全自动电子比例调节式燃烧器可实现以下功能：

（1）燃烧过程电子比例调节。通过空气与燃气的固化曲线，合理调节燃气和风门挡板驱动，使空气过量系数更合理。调节比可达1∶7，对加热炉负荷波动适应性较强，燃烧工况自动调节保证加热炉运行的最佳工况。

（2）燃气压力检测，助燃空气温度自动补偿。

（3）燃烧器自动点火、火焰监测、熄火保护及故障显示。实时监测加热炉报警系统的报警状况。

（4）燃烧器在线动态检测各执行元件（安全检测）。

（5）实时监控加热炉运行参数。

（6）增加燃气检漏装置，点火过程更加安全。

（7）自动启停炉控制系统。

该技术可应用于150～5000kW加热炉，平均提高加热炉热效率5.5%，同时可大幅提升加热炉的自控水平，实现无人值守。

9.7.2.2 加热工艺优化

针对加热炉低负荷运行问题，实施加热工艺优化。将所有加热炉进出口汇管并联，利用热水循环泵强制使热水在各炉内循环。设定各炉温度参数，根据实际工况自动启停燃烧器，炉水循环满足不同单井加热要求，提高运行负荷率、热效率，减少燃气消耗。同时在循环水路上串接多组暖气片提高锅炉操作间温度，满足燃烧器工作要求。加热工艺由独立加热改为集中供热，核减加热炉运行台数。工艺优化后可使加热炉负荷提高至

80%～90%，冬季运行两台燃烧器可满足全部负荷需求，夏季由于产量低和无采暖负荷，只需启动一台燃烧器（图9.25）。

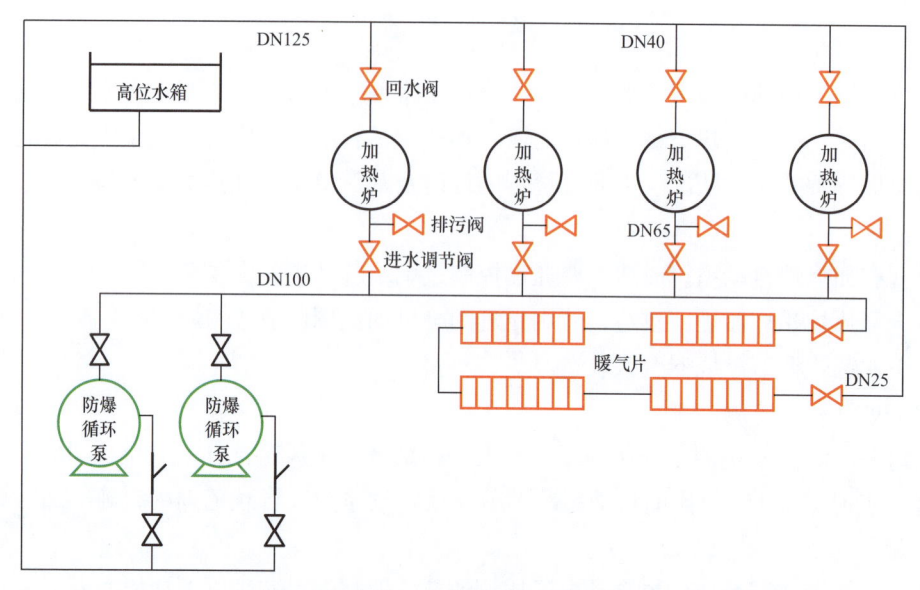

图9.25 加热工艺优化改造流程示意图

9.7.3 余热回收利用技术

烟气热量主要由烟气显热和水蒸气凝结潜热组成，显热量取决于排烟温度，潜热量取决于水蒸气凝结成水的比例。烟气中水蒸气在冷凝过程时释放大量热量，冷凝率越高，热效率提升越明显，表明烟气潜热对热效率影响较大（图9.26）。当排烟温度降至露点温度（60℃）以下，水蒸气冷凝率升高，显热和潜热越多，烟气热能利用率越高（图9.27）。

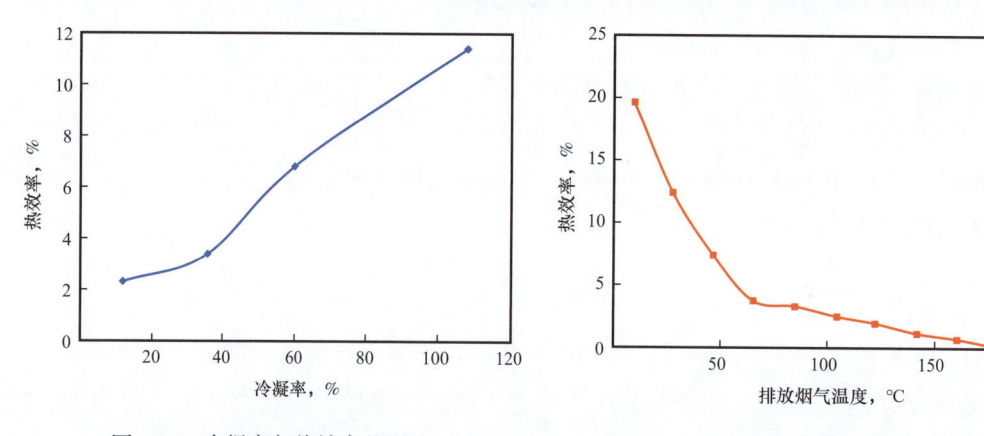

图9.26 冷凝率与热效率的影响

图9.27 排放烟气温度与热效率的影响

站区热媒炉排烟温度约270℃，燃气量100m³/h，回收后排烟温度按100℃、80℃、60℃、40℃分别核算，热效率提升情况见表9.32。

表 9.32　热媒炉烟气余热对热效率影响核算

排烟温度，℃		进炉空气温度，℃		可回收余热量 kW	热效率提升 %
回收前	回收后	回收前	回收后		
270	100	5	107.8	70.7	2.5
270	80	5	119.9	79	3.1
270	60	5	132.0	87.3	4.3
270	40	5	144.1	95.6	7

热媒炉烟气余热利用技术主要是通过热风换热器回收排烟显热和燃气燃烧产生的水蒸气凝结潜热，降低排烟温度，燃烧器使用热空气助燃以提高热媒炉热效率，达到节能减排、提高燃烧器效率目的。在热媒炉上应用烟气余热技术，可有效降低热媒炉排烟温度60～80℃，提高热媒炉热效率（图9.28）。

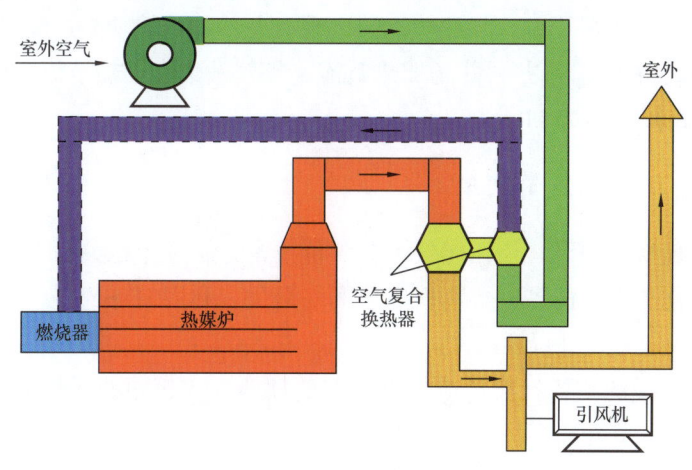

图 9.28　热媒炉烟气余热回收系统工艺

9.7.4　热能能量运行优化技术

9.7.4.1　集输系统热能优化

克拉美丽气田滴西14井、滴西18井集气站采用多井式加热炉集中加热节流工艺，经模拟核算16口重复加热单井进集气站实际温度为21～31℃，水合物形成温度为18.7～21.5℃，高于水合物形成温度6～11℃，超出GB 50349—2015《气田集输设计规范》中3～5℃的要求。

根据气田参数控制要求，单井进站压力7.4～8.5MPa，温度22～25℃，利用HYSYS软件对16口生产井井口加热炉功率进行复核，结果见表9.33。

表 9.33 各单井加热炉功率计算值与实际对比统计

井号	计算功率 kW	实际功率 kW	进站温度 ℃	井号	计算功率 kW	实际功率 kW	进站温度 ℃
滴西 14 井	62.5	125	25.0	滴西 182 井	90.7	120	24.42
滴 403 井	83.7	180	24.76	滴西 185 井	46.6	175	23.55
DX1414 井	77.9	315	24.25	滴西 186 井	58.2	175	25.39
DX1421 井	65.2	315	24.16	DX1812 井	34.9	180	24.15
DX1426 井	40.7	175	24.07	DX1823 井	80.3	180	24.57
DX1428 井	42.2	175	24.33	DX1824 井	44.2	315	24.63
DXHW142 井	86.1	175	25.56	DX1830 井	64.0	80	24.71
DXHW144 井	95.4	315	24.31	DX1851 井	114.0	175	24.60

由表 9.33 可知，仅采用井口加热炉加热，现有井口加热炉功率可满足 16 口生产井正常生产需要。因此将 16 口气井"井场加热节流+集气站集中加热节流工艺"优化为井场加热节流工艺，核减加热炉 11 台。

9.7.4.2 处理系统能量优化

搭建处理系统换热网络，依托能效综合评价技术，综合考虑关联工艺、能耗、产量、经济等因素，优化工艺、调整参数实现换热网络最优。利用 HYSYS 软件对处理系统主要耗能单元凝析油稳定系统进行模拟。

凝析油处理流程的主要耗能环节是重沸器的耗热，在相同的耗热下，凝析油产量越多，经济性越高。从节能和经济性的角度考虑，开展一级闪蒸温度压力、二级闪蒸温度压力，以及凝析油的进塔温度等参数对凝析油产量和重沸器耗热的影响进行分析，找到节能方向，提出合理参数及流程优化方案。

1. 一级闪蒸对凝析油产量和重沸器耗热的影响

图 9.29 表明，随着一级闪蒸压力升高，凝析油产量和重沸器耗热小幅度下降。同时，一级闪蒸压力 3.7MPa 时，随着压力上升，凝析油产量和重沸器耗热变化发生突变。

2. 二级闪蒸对凝析油产量和重沸器耗热的影响

如图 9.30 所示，随着二级闪蒸压力升高，凝析油产量和重沸器耗热均增加，且两者变化趋势基本一致。图 9.31 表明随着二级闪蒸温度升高，凝析油产量和重沸器耗热均减少，重沸器耗热减小速率较快。

3. 凝析油稳定塔进口物流参数影响分析

图 9.32 表明，随着凝析油进塔温度升高，凝析油产量和重沸器耗热均减少，重沸器耗热减小速率较快。

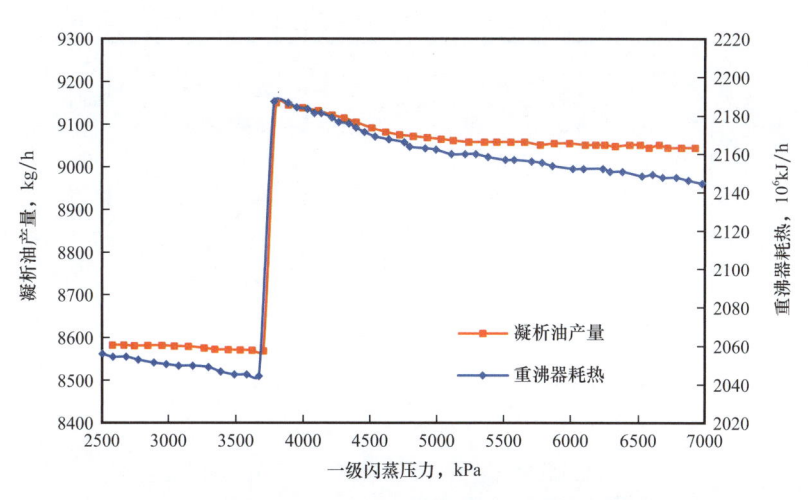

图 9.29　一级闪蒸压力变化对凝析油产量、重沸器耗热的影响

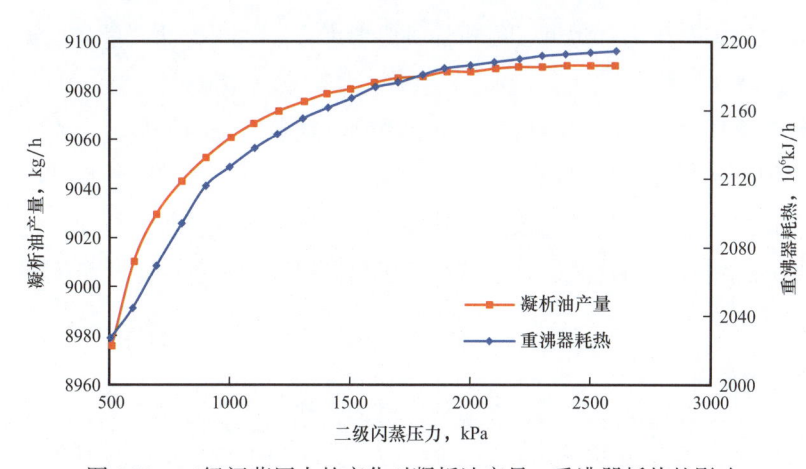

图 9.30　二级闪蒸压力的变化对凝析油产量、重沸器耗热的影响

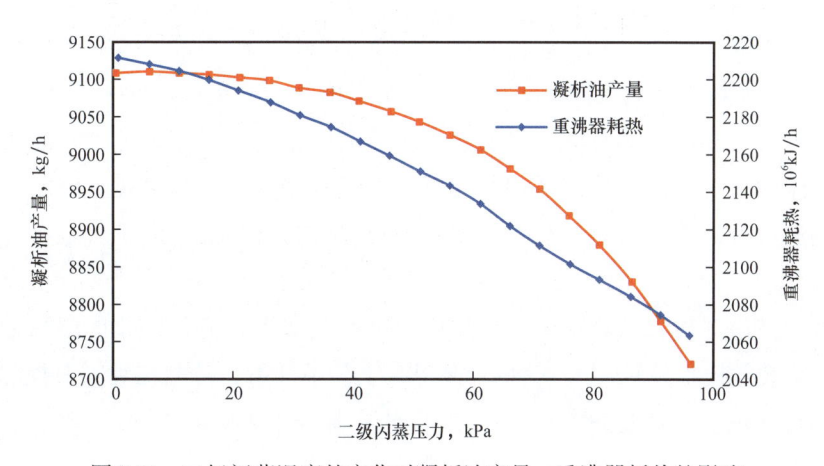

图 9.31　二级闪蒸温度的变化对凝析油产量、重沸器耗热的影响

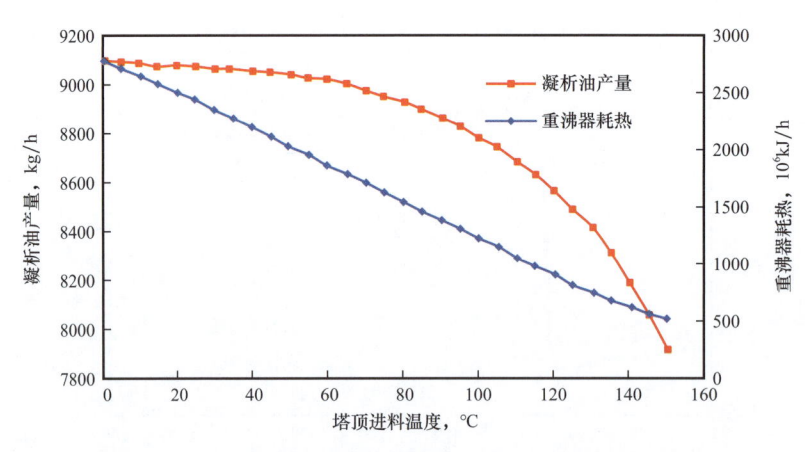

图 9.32　凝析油进塔温度对凝析油产量、重沸器耗热的影响

通过模拟分析可知：

（1）随着二级闪蒸压力和温度、凝析油进塔温度升高，凝析油产量和重沸器耗热均有所减小。

（2）二级闪蒸压力升高时，凝析油产量和重沸器耗热变化趋势基本一致。

（3）二级闪蒸和凝析油进塔温度升高时，凝析油产量和重沸器耗热均减少，重沸器耗热减小速率较快。因此合理控制二级闪蒸和凝析油进塔温参数范围，可使凝析油产量较高且重沸器耗热较低，产量与耗热综合经济性最优化。可据此从参数优化和流程优化两方面提出解决方案。

1）参数优化方案

由能效分析可知，凝析油进塔温度对稳定塔的耗热和产量影响最大，进塔温度高低由二级闪蒸温度决定，通过调节凝析油闪蒸换热器冷流出口温度，可实现凝析油产量及耗热间优化。

2）流程优化方案

参数优化只能将二级闪蒸温度提高至 70℃（此时凝析油进塔温度为 57℃），若达到更高温度，凝析油闪蒸换热器不能满足换热要求，需优化流程解决，优化方案如图 9.33 所示。优化后流程为：凝析油稳定塔前加预热器，提高凝析油进塔温度，凝析油稳定塔底高温油预热进塔凝析油，再进凝析油闪蒸换热器换热，最后经凝析油轻烃换热器换热后进罐。

以凝析油进塔温度每 5℃变化量为阶梯，对参数优化和流程优化的凝析油产量、耗热及综合经济效益模拟计算（表 9.34）。在现有工艺条件下，控制二级闪蒸换热后温度为 50℃时，凝析油进稳定塔温度 36~40℃，此时重沸器耗热降低 28kW，凝析油产量增加 1.86t，经济效益增加 7434 元 /d，综合效益最优。

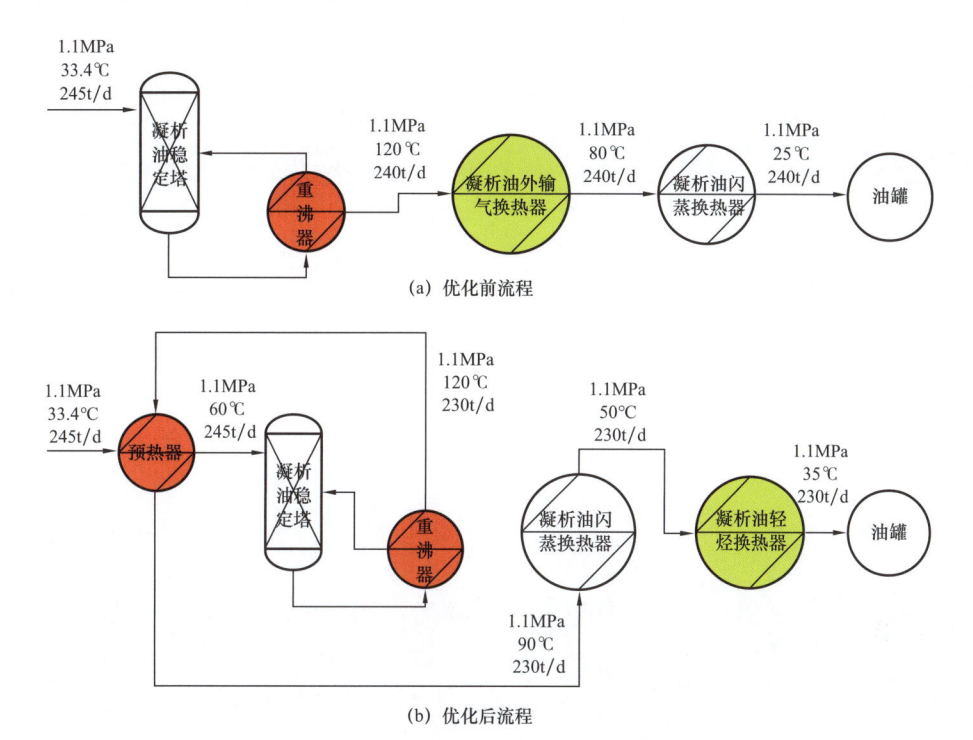

图 9.33　凝析油处理环节流程优化方案

表 9.34　凝析油稳定参数优化和流程优化经济效益模拟

名称	二闪换热后温度 ℃	凝析油进塔温度 ℃	重沸器耗热 kW	凝析油总产量 t/d	天然气总产量 $10^4 m^3/d$	压缩机外交气量 m^3/d	压缩机耗功 kW	闪蒸稳定器耗热 kW	凝析油蒸汽压 kPa	外漏气露点 ℃	经济效益（折成气价，不计放空），元/d
优化前	43	31～35	660	234.9	252.9	24197.7	106	51	64.4	-13	3183516.36
参数优化调整	50	36～40	632	236.7	252.8	23726.2	109	31	68.68	-13	3190950.61
	55	39～44	608	236.65	252.81	23370.4	111	33	69.39	-13	3190321.32
	60	43～47	585	236.1	252.77	23002.6	112	38	68.44	-13	3187832.88
	65	46～51	561	235.99	252.73	22627.8	114	40	69.2	-13	3187012.87
	70	50～55	538	235.35	252.69	22243.2	116	45	68.33	-13	3184034.31
	75	53～59	514	235.22	252.66	21850.9	119	47	69.03	-13	3183160.24
流程优化调整	43	60	500	235.77	252.71	22414.4	113	41	69.38	-13	3186089.65
		65	470	235.07	252.67	22023.7	115	47	38.42	-13	3182835.41
		70	439	234.9	252.63	21616.1	117	49	69.14	-13	3181863.34
		75	408	234.06	252.59	21193.3	119	56	68.2	-13	3178015.03
	60	60	496	235.16	252.68	22099	116	46	68.34	-13	3183207.67
		65	467	235.01	252.65	21754.9	118	48	68.96	-13	3182327.44
		70	436	234.86	252.61	21391.3	119	50	69.63	-13	3181470.02

第 10 章

信息自动化技术

　　为了实现克拉美丽气田自动化、数字化、信息化、智能化于一体的生产全过程，建设了一套以工业控制计算机及通信网络技术为核心的监控与数据采集系统与安防监控中心，完善生产数据的采集、存储、管理和利用；还构建了"一个中心、两大体系、七大系统"总体功能框架的新疆油田地面建设工程数字化管理平台，包括项目综合管理系统、可视化云协同系统、数字化工厂移交系统、三维看板系统、生产运维系统、虚拟仿真培训系统与完整性管理系统七个子系统。气田整体的自动化建设有利于后续管理者及时调整生产，从而降低成本，提升效益，达到的"统一平台，信息共享、多级监控、分散控制"的管理水平。

10.1 数据采集系统

克拉美丽气田通过融合工业化、信息化系统，将现场生产管理由传统的经验管理、人工巡检，转变为智能管理、电子巡井。其中，采气一厂处理站、集气站及已布设物联网设备的单井等各项生产数据可通过 OPC 和通信服务器采集，并实现基层单位的生产数据上传至采气一厂生产管理中心。采气井场、集气站已实现气田监控中心集中监控管理的"无人值守，定期巡检"模式。已布设物联网设备的采气井和集气站已实现"无人值守、故障巡检"管理模式。部分生产数据无法远传采用现场读取，安排人员定时巡检，人工记录现场仪表数据。

生产数据采集主要分为压力、温度、流量、液位、气体和露点等六类检测。

10.1.1 压力检测仪表

共有压力检测设备 4669 块，其中包括就地压力表 3094 块，就地差压表 64 块，压力变送器 1405 块，差压变送器 106 块。

10.1.1.1 弹簧管压力表

就地压力表内敏感元件（波登管、膜盒、波纹管）的弹性形变，由表内机芯转换机构将传导至指针，引起指针转动来显示压力。就地差压表采用双波纹管结构，即两只波纹管分别安装在"工"字形支架并与表壳上的低压接头相连，齿轮传动结构直接安装在支架的固定端，并通过拉杆与支架的活动端相连接；度盘则直接固定在齿轮传动机构上。当施加不同压力（一般高压端高于低压端）时，两波纹管作用在活动支架上的力不相等，并分别产生位移，两齿轮传动机构将其传动并放大，由指针偏转后指示出差压值。

10.1.1.2 压力变送器

压力变送器感受压力的电器元件一般为电阻应变片，电阻应变片是一种将被测件上的压力转换成电信号的敏感器件。电阻应变片以金属电阻应变片和半导体应变片两种较为常用。金属电阻应变片又有丝状应变片和金属箔状应变片两种。通常是将应变片通过特殊的黏合剂紧密地黏合在产生力学应变基体上，当基体受力发生应力变化时，电阻应变片也一起产生形变，使应变片的阻值发生改变，从而使加在电阻上的电压发生变化。

差压变送器测量的结果是压强差，被测介质的两种压力通入高、低压力室，作用在 δ 元件（即敏感元件）的两侧隔离膜片上，通过隔离片和元件内的填充液传送到测量膜片两侧，测量膜片与两侧绝缘片上的电极各组成一个电容器，利用差动电容检测原理将差压转换为电信号。对结晶、易堵塞、黏稠及腐蚀性的介质可选用法兰式变送器，对精度要求高的选用智能型压力或差压变送器，与介质直接接触的材质根据特性采取隔离措施。

10.1.1.3 仪表选型

压力检测仪表选用满足 GB/T 50892—2013《油气田及管道工程仪表控制系统设计规范》，一般测量用压力表选用 1.6 级或 2.5 级，精密测量用压力表不低于 0.4 级。

10.1.2 温度检测仪表

共有温度检测设备约 2480 块，其中就地温度计 1280 块，温度变送器约 1200 块。

10.1.2.1 双金属温度计

就地温度计基本为双金属温度计，双金属温度计将两种线膨胀系数不同的金属组合在一起，一端固定，当温度变化时，两种金属热膨胀不同，带动指针偏转以指示温度。主要用于测量 –80～500℃介质。

10.1.2.2 温度变送器

温度变送器采用热电偶、热电阻作为测温元件。从测温元件输出信号送到变送器模块，经过稳压滤波、运算放大、非线性校正、V/I 转换、恒流及反向保护等电路处理后，转换成与温度呈线性关系的 4～20mA 电流信号输出。测量 –200～1800℃的介质且无剧烈振动的场合选用热电偶，测量 –200～650℃的介质且无剧烈振动的场合选用热电阻，当测量点处振动较大采用耐振仪器。

10.1.2.3 仪表选型

温度检测仪表选用满足 GB/T 50892—2013《油气田及管道工程仪表控制系统设计规范》，一般工业用温度计选用 1.0 级或 1.5 级，精密测量温度计选用 0.5 级或 0.25 级。

10.1.3 流量检测仪表

共有流量计约 280 块，主要有旋进旋涡流量计 106 台、蜗街流量计 77 台，电磁流量计 56 块以及其他类流量计约 41 台。

10.1.3.1 旋进旋涡流量计

旋进旋涡流量计的工作原理是：当流体通过由螺旋形叶片组成的旋涡发生器后，流体被迫绕着发生体轴剧烈旋转，形成旋涡。当流体进入扩散段时，旋涡流受到回流的作用，开始作二次旋转，形成陀螺式的涡流进动现象。该进动频率与流量大小成正比，不受流体物理性质和密度的影响。检测元件测得流体二次旋转进动频率，即可获得流量数据。该流量计可用于洁净、单相流、黏度不高的介质，含有颗粒脏污物时应在上游安装过滤器。

10.1.3.2 涡街流量计

涡街流量计在流体中设置三角柱形旋涡发生体，从旋涡发生体两侧交替产生有规则的旋涡，称为卡门旋涡。旋涡列在旋涡发生体下游非对称地排列，涡街流量计根据卡门涡街原理来测量气体、蒸气或液体的体积流量。该流量计可用于液体、气体、蒸气的流量测量。

10.1.3.3 电磁流量计

电磁流量计是应用法拉第电磁感应定律，根据导电流体通过外加磁场时感生的电动势来测量导电流体的流量。用于导电液体、液固两相、脏污流介质的流量测量。

10.1.3.4 孔板流量计

孔板流量计是集流量、温度、压力检测功能于一体，并能进行温度、压力自动补偿的新一代流量计，该装置有一个多孔圆盘节流整流器，安装在管道截面上。当流体流过孔板时，产生一定的压力损失，该压力差与管内的流量成一定比例的线性关系，流量越大，压力差就越大。通过导压管将差压信号传递给差压变送器，智能差压变送器将差压信号及流体温/压信号进行自动补偿和智能变送。

10.1.3.5 质量流量计

科氏力是对旋转体系中进行直线运动的质点由于惯性相对于旋转体系产生的直线运动的偏移的一种描述。被测量的流体通过一个振动中的测量管，流体在管道中的流动相当于直线运动，测量管的振动会产生一个角速度，由于振动是受到外加电磁场驱动的有固定的频率，因而流体在管道中受到的科氏力仅与其质量和运动速度有关，而质量和运动速度即流速的乘积就是需要测量的质量流量。

10.1.3.6 仪表选型

流量检测仪表选用满足 GB/T 50892—2013《油气田及管道工程仪表控制系统设计规范》。

10.1.4 液位检测

共有液位计约 622 个，其中现场读数液位计约 360 个，远传液位计 262 个，远传液位计主要种类有磁翻板液位计、射频导纳液位计、电动浮筒液位计、雷达液位计、伺服液位计。

10.1.4.1 磁翻板液位计

磁翻板液位计根据浮力原理和磁性耦合作用，当被测容器中的液位升降时，液位计本体管中的磁性浮子也随之升降，浮子内的永久磁钢通过磁耦合传递到磁翻柱指示器，驱动红、白翻柱翻转，指示器的红白交界处为容器内部液位的实际高度，从而实现液位清晰的指示。

10.1.4.2 射频导纳液位计

射频导纳液位计中的脉冲卡可以把物位变化转换为脉冲信号送给控制仪表，控制仪表经运算处理后转换为工程量显示出来，从而实现了物位的连续测量，可测得油水分界处液位高度。它可用于腐蚀性、黏稠性液体、易挂料的颗粒状、粉粒状料面的测量。

10.1.4.3 电浮筒液位计

电动浮筒液位变送器是根据阿基米德定律进行液位测量的仪表，可用来测量液位、界位和密度。检测部分由浮筒、浮筒室、连杆组件等部分组成，转换部分由杠杆系统、传感器等组成，变送器部分由 A/D、D/A 转换、微处理器及信号输出电路等部分组成。

10.1.4.4 雷达液位计

雷达液位计是利用超高频电磁波经天线向被探测容器的液面发射，当电磁波碰到液面后反射回来，仪表检测出发射波及回波的时差，从而计算出液面的高度。

10.1.4.5 伺服液位计

伺服液位计的丈量是依据浮力平衡原理规划的。固定在驱动电机的内磁铁轮与通过精密加匿报轮鼓（即外磁铁轮）之间完成磁偶合，使得轮鼓和驱动电组织同步旋转，而内磁与轮鼓（外磁铁轮）之间被外壳完全阻隔。浮子通过丈量钢丝被送到罐内。当罐内液位（界面或相对密度）改变时，因为浮子的分量随改变的液位而改变，浮子改变的分量使得轮鼓（外磁铁轮）与内磁铁轮之间构成耦合差。将该信号送入微处理器进行核算判断后，给伺服电机发出操控指令，使得罐内浮子一直随液位高度的改变而改变。调整浮子上下移动重新达到平衡点，由光电组件读出液位高度。

10.1.4.6 仪表选型

液位检测仪表选用满足 GB/T 50892—2013《油气田及管道工程仪表控制系统设计规范》。

10.1.5 气体检测

共有气体检测仪器 257 台，其中可燃气体检测报警器 237 台，综合性有毒气体检测仪 12 台，专用一氧化碳报警器 6 台，甲醇气体探测器 2 台。

气体报警器即气体泄漏检测报警器是区域安全监视器中的一种预防性报警器。主要用于检测空气中的可燃气体当工业环境中可燃气体报警器检测到可燃气体浓度达到爆炸下限或上限的临界点时，可燃气体报警器就会发出报警信号，以提醒工作人员采取安全措施，并驱动排风、切断、喷淋系统，防止发生爆炸、火灾、中毒事故，从而保障安全生产。

10.1.6 露点检测

采用微量水分析仪进行检测，分析仪可以测量氦、氩、氖、氙、氮、氧、氢、氮、一氧化氮、一氧化碳、二氧化碳、烷烃、天然气、制冷剂、空气，以及特种气体，测量水含量（体积分数）可从 1×10^{-6}～2500×10^{-6}。数据输出可采用质量分数（ppmw）、体积分数（ppmv）、露点摄氏温度、露点华氏温度、lb/mmscf 和 mg/m^3（标况）作为单位。装置核心部分是对水分敏感的石英晶体微平衡（QCM）传感器。QCM 水分传感器为一石英晶体振荡器，其中的石英晶体表面涂有吸湿涂层。该涂层选择性可逆吸收样品气流中的水分。当该晶体暴露于含气态水分的气流中时，吸湿涂层吸收气流中的水分，导致涂层质量改变并通过传感器的固有振动频率的改变被检测出来。QCM 传感器交互暴露于样品气体和干燥的参比气体中，所测得的振动频率改变即是样品水分含量的代表，所以样品的水分可以通过频率改变测得。

10.2 数据传输系统

10.2.1 整体网络传输架构

克拉美丽作业区整体网络采用标准三级网络架构：核心层、汇聚层、接入层。

核心层交换机需具备高转发性能和路由能力，以及万兆接入能力；汇聚层交换机部署在各作业区联合站，具有较强的转发性能和接入能力；接入层交换机部署在站库作为生产、办公和视频终端的接入，需具备远程管理和基本认证功能。作业区采用双上联的口字型结构汇聚至厂核心。

现有业务类型主要有三类：办公业务、工控业务和视频业务（含工控视频和安防视频）。建设统一的安全中心实现业务间的流量分析、安全防护和策略互访需求。各相同业务可在作业区内部直接互通，不同业务间访问需通过安全中心交互区防火墙进行策略访问，作业区内部不同业务间不能直接访问，以加强网络安全整体防护。安全中心建设目前已经基本完成，具备网络安全防护功能。

为满足工控网络安全要求，需要实现不同业务间的强逻辑隔离。实现业务间强逻辑隔离功能要求所有汇聚交换机和核心交换机必须支持 MPLS 功能，而现网各单位绝大部分网络设备基本都不支持 MPLS 功能，需对现有的核心交换机和汇聚交换机进行替换以支持 MPLS 功能，同时将接入层站点不可远程管理的交换机或 HUB 替换为可网管的接入交换机。整体网络架构如图 10.1 所示。

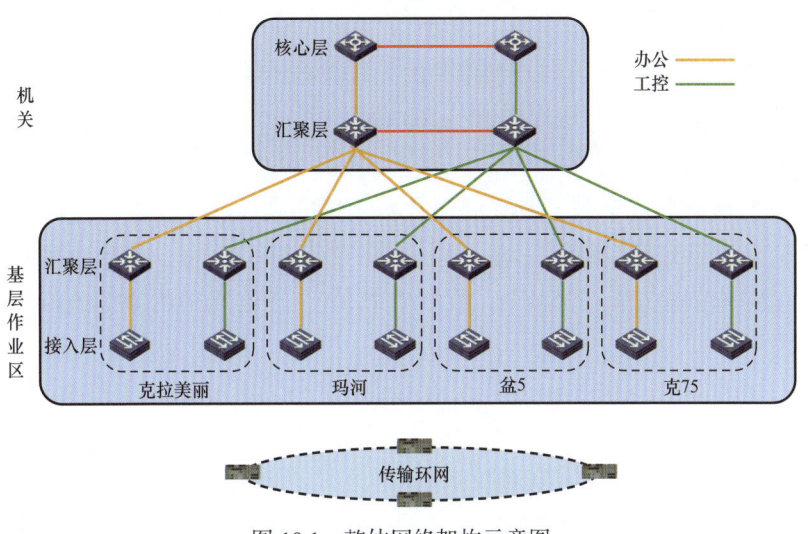

图 10.1　整体网络架构示意图

10.2.2　数据传输方式

克拉美丽作业区构建了"有线+无线，长距离+短距离"的异构混合传输方式，无线网络主要用于满足偏远单井数据传输需求和区域覆盖，有线光缆主要用于满足集中单井大中型站场数据远传和骨干网络传输。

各气田数据传输方式主要分为有线传输与无线传输。其中有线传输应用主要是光纤通信和硬线连接通信，无线传输应用主要是无线网桥通信和数传电台通信。

10.2.2.1　有线传输

1. 光纤通信

光纤通信技术是实现智能化通信工程的先决条件，克拉美丽气田目前光纤通信主要集中在现场采集单井生产数据与视频监控方面，参数通过光信号传输至集气站或处理站，实现单井、设备的集中监控。单井采用的 G.652A 单模光纤，百兆带宽，光纤总长度达 118km。集气站或处理站采用 G.652B 单模光纤，千兆带宽，光纤总长度达 97km。

2. 硬线连接通信

硬线连接通信是通过 4～20mA 通信线缆直接与继电器、控制器等相连接，实现监控的一种通信方式。该方式可靠性高，查找问题相对简单。目前主要应用在克 75 井及克 82 井等距离处理站较近的井场，线路总长 0.3km。

10.2.2.2　无线传输

1. 无线网桥通信

无线网桥利用 WLAN 无线传输方式实现在两个或多个网络之间搭起通信的桥梁。主要应用在克拉美丽气田滴西 14 井区、滴西 17 井区、滴西 18 井区，以及克 75 气田 82 西井区，实现 31 口中继点型或万向点型单井的无线数据传输。实际数据速率 133.3kbps，最高可达 4Mbps，等效全向辐射功率在 10～16dBm。

2. 数传电台通信

数传电台是指借助 DSP 技术和无线电技术实现的高性能专业数据传输电台，应用在点多而分散，未建设光纤线路的井场。目前在用数传电台 28 台，型号为 MDS2710，采用 Rs232 接口，频率范围 220～235MHz，载波功率 5W，传输速率达 19.2kbp/s，收发转换时间小于 10ms。

10.2.2.3　4G

采用三大运营商之一的中国联通服务。

10.2.3　数据通信协议

10.2.3.1　WirelessHART

RTU 系统采用 ControlWave RTU 系统，通过电台将井口监测数据传送至集气站上位系统。井口数据采集及传输采用无线仪表。现场无线仪表之间的通信网络，采用 WirelessHART 无线技术，具有自组织全网格拓扑结构（Mesh Topology），集成工业级的安全措施，采用功能强大的冗余通信方式。无线网络自我组织、自我适应、自我修复，数据传输可靠性大于 99%。由于采用 Mesh 结构，无线网关具备网络管理功能，因此，在通信路径被干扰时，网络无线设备能够自动重新选择其他冗余路径进行通信。现场设备之间的无线通信的物理层协议，采用 2.4GHz 的 ISM 公用频段，应用直接序列扩频技术（DSSS）克服无线网络干扰，无线通信的链路层（Link Layer）符合 IEEE802.15.4 工业无线通信标准，应用层符合 WirelessHART 协议，数据包采用 AES–128 位的行业标准加密技术，以保证现场设备之间的通信安全。艾默生 ControlWave RTU 的无线接口卡 IEC62591 直接安装于 RAS 控制器机架内，无线现场连接模块（Field Link）作为天线通过馈线接入 IEC62591 卡件。通过这种一体化的接入方式，WirelessHART 智能无线仪表无缝集成入 RTU 内，就如 RTU 自带的 I/O 模块，并且可以通过控制器的转送，连接 AMS。现场数据进入 RTU 控制器，就像其他本地数据点一样被访问和读取。无线仪表数据传输模型如图 10.2 所示。

10.2.3.2　Modbus/TCP 协议

Modbus 是用来连接监控计算机和远程终端控制系统（RTU）的协议，通过此协议，控制器相互之间、控制器经由网络和其他设备之间可以通信。目前克拉美丽气田已有 247 台 RTU 和 PLC 应用在各大作业区。PLC 和 RTU 通过 485 总线跟 DTU 或服务器相连，DTU 通过运营商 4G 网络和 Internet 与前置机服务器建立通信，并保持永远在线状态。前置机

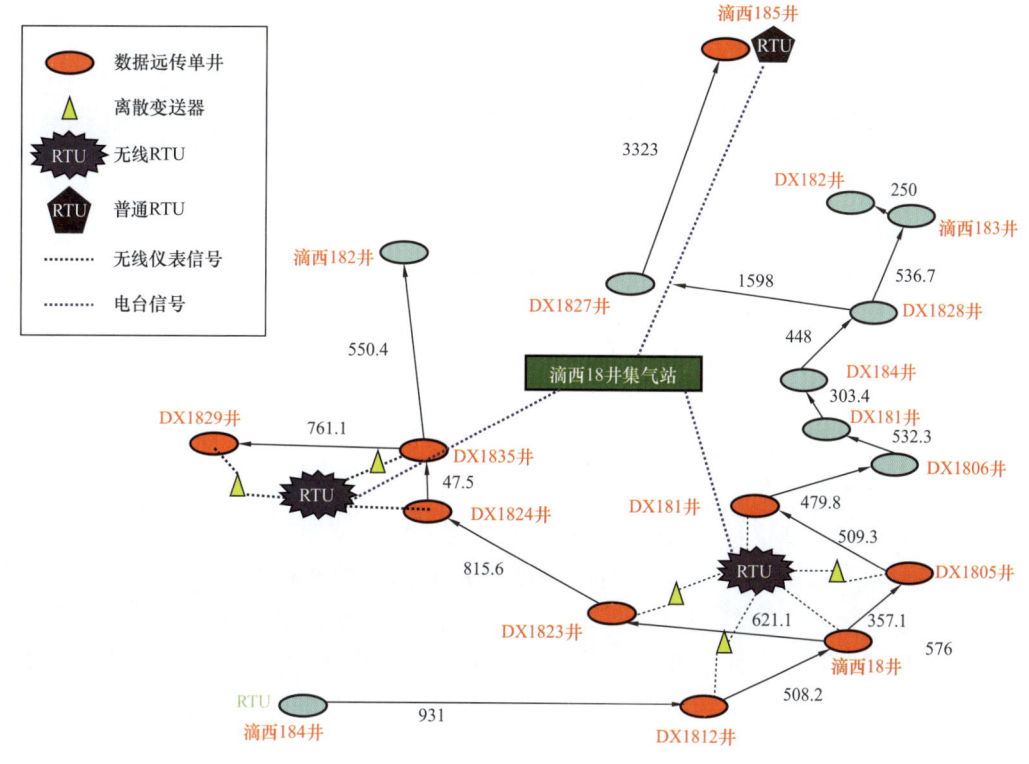

图 10.2　气井无线仪表数据传输分布图

服务器运行程序，将 PLC 和 RTU 参数据采集入数据库。用户通过访问数据库对 PLC 和 RTU 参数进行实时监测，并能下达指令给 PLC 和 RTU，控制设备的启停。

10.2.3.3　EtherNet/IP 协议

Ethernet/IP（工业以太网协议）为了提高设备间的互操作性，采用了 ControlNet 和 DeviceNet 控制网络中相同的 CIP，CIP 一方面提供实时 I/O 通信，一方面实现信息的对等传输，其控制部分用来实现实时 I/O 通信，信息部分则用来实现非实时的信息交换。天然气处理站 ESD 系统通过以太网接口向集气站 PLC 发送 ESD 停车命令，保证整个气田同步停车。

10.2.3.4　OPC 协议

OPC（OLE for Process Control）用于过程控制的 OLE，OPC 包括一整套接口、属性和方法的标准集，用于过程控制和制造业自动化系统。OPC 独立于平台，确保来自多个厂商的设备之间信息的无缝传输。它定义了客户端与服务器之间以及服务器与服务器之间的接口，比如访问实时数据、监控报警和事件、访问历史数据和其他应用程序等。天然气处理站 ESD 系统与各橇体及装置控制系统均配置了 OPC 接口。

10.3 控制系统

10.3.1 控制系统整体架构

目前克拉美丽作业区有采气井99口（剔除停关井）。集气站5座：滴西14井集气站（与克拉美丽天然气处理站合建）、滴西17井集气站、滴西18井集气站、滴西185井集气站和滴405井集气站；天然气处理站2座：克拉美丽天然气处理站和滴西10井处理站；采气站1座：滴西12井采气站。已布设物联网设备的采气井91口，气井智能化采集覆盖率97%，站场智能化采集覆盖率100%。

克拉美丽作业区气田自动化系统始建于2007—2008年，气田采用先进的计算机及通信网络技术对生产过程进行集中监测、控制和调度管理。系统由气田SCADA系统、采气井口RTU、集气站DCS系统，以及天然气站DCS系统、ESD系统组成，各系统间的数据传输采用光纤或数传电台通信方式。系统数据可通过OPC和通信服务器，实现克拉美丽气田的生产数据上传至采气一厂生产管理中心，数据采集架构如图10.3所示。

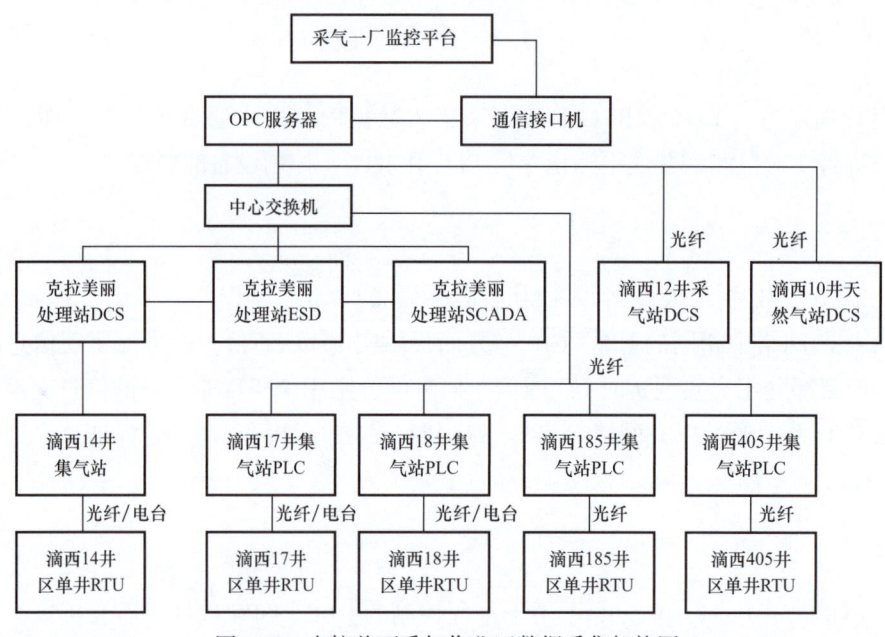

图10.3 克拉美丽采气作业区数据采集架构图

10.3.2 远程控制终端（RTU）

RTU主要控制内容为井口油压、套压、环空压力、井温、外输压力、外输温度、一级节流后压力、一级节流后温度、进站压力、进站温度、火焰状态、加热炉液位、可燃气体浓度、紧急切断阀状态与远程关井控制等。具备常规连续过程控制、逻辑控制、批量控制和计算功能。RTU 内部的数据存储器具有持续保持的性能，在 RTU 掉电或出现故障的情况下，历史数据存储保持的持续时间不短于 180d。通过显示器给操作员提供监视、控制、维护和处理事故的人机界面，可以调出和显示系统中的信息、画面。画面种类包括菜单画面、组画面、报警画面、故障画面、进入画面方式等。过程量报警功能包括设定点超限报警和开 / 停报警，组态时制定报警后过程量的颜色，同时声音提示，报警点闪烁。控制器系统内部自诊断的结果显示在 RTU 诊断画面上，如诊断出故障，故障状态闪烁，通知有关人员进行维护。过程量报警和系统诊断故障都在操作员画面上提示，数据通过 MODBUS TCP/IP 进行上传。

控制器是面向工业现场信号采集和现场设备控制的通用可编程控制器。采用先进的 MCU，不仅能完成逻辑、定时、计数控制，还能实现数据处理、高速计数、模拟量控制、PID、RTD、TC、通信联网等功能（图 10.4）。

RTU 采用一个或多个远程 I/O 现场采集控制子系统，用一个或多个控制系统完成本地采集控制及远程现场 I/O 采集控制子系统通信，采用一个或多个用户图形界面工作站，系统节点间提供通信的控制网络。

图 10.4　RTU 现场设备图

10.3.3　可编程逻辑控制系统（PLC）

可编程序控制器系统中的主要功能部件包括：传感器和执行机构的接口功能，通信功能，人机接口功能，编程、调试、检测和文件编制功能，以及电源功能等。这些功能相互通信，传递所要控制的机械 / 过程的信号。传感器和执行机构的接口功能是把从机械或过程获得的输入信号或数据转换成合适的信号电平以供处理；把来自信号处理功能的输出信号或数据转换成合适的信号电平，以驱动执行机构或显示器。接口功能的输入 / 输出信号可来自特殊模块，如 PID 模块、模糊控制模块、高速计数器模块等。通信功能可提供与其他系统如其他 PLC 系统、控制器、计算机等进行的数据交换。人机接口功能可提供操作员与信号处理功能和机械 / 过程之间的信息交互作用。编程、调试、检测和文件编制功能可提供应用程序的生产、装载、监视、检测、调试，以及应用程序文件的编制和存档。电源功能可提供 PLC 系统电源与主电源的转换和隔离。可编程序逻辑控制器关键参数见表 10.1。实际应用如图 10.5 所示。

表 10.1 技术指标

特性		CPU 221	CPU222	CPU224	CPU224XP CPU224XPsi	CPU226
程序存储器	带运行模式下编辑	4096bps	4096bps	8192bps	12288bps	16384bps
	不带运行模式下编辑	4096bps	4096bps	12288bps	16384bps	24576bps
数据存储器		2048bps	2048bps	8192bps	10240bps	10240bps
掉电保护时间		50h	50h	100h	100h	100h
本机 I/O	数字量	6 输入/ 4 输出	8 输入/ 6 输出	14 输入/ 10 输出	14 输入/ 10 输出	24 输入/ 16 输出
	模拟量	—	—	—	2 输入/1 输出	—
扩展模块数量		0 个模块	2 个模块	7 个模块	7 个模块	7 个模块
高速计数器	单相	4 路 30kHz	4 路 30kHz	6 路 30kHz	4 路 30kHz, 2 路 200kHz	6 路 30kHz
	两相	2 路 20kHz	2 路 20kHz	4 路 20kHz	3 路 20kHz, 1 路 100kHz	4 路 20kHz
脉冲输出（DC）		2 路 20kHz	2 路 20kHz	2 路 20kHz	2 路 100kHz	2 路 20kHz
模拟电位器		1	1	2	2	2
实时时钟		卡	卡	内置	内置	内置
通信口		1 S-485	1 S-485	1 S-485	2 S-485	2 S-485
浮点数运算		是				
数字 I/O 映像大小		256（128 输入/128 输出）				
布尔型执行速度		0.22ms/ 指令				

图 10.5 PLC 现场设备图

10.3.4 集散控制系统（DCS）

克拉美丽气田 DCS 系统采用 CENTUM-VP 系统和 ProSafe-RS 工业安全系统。处理站与集气站系统配置为 1 台工程师站兼操作员站，2 台操作员站、1 台打印机和 1 台 OPC 服务器，对整个装置进行集中监控。工程师站主要用于系统管理和组态维护及修改，也可以作为操作员站使用，系统数据库容量为 8000 个工位号，选用横河电机推荐的 DELL 工作站作为工程师站和操作员站，操作员站和工程师配有专用 V net／IP 通信卡。系统结构如图 10.6 所示。

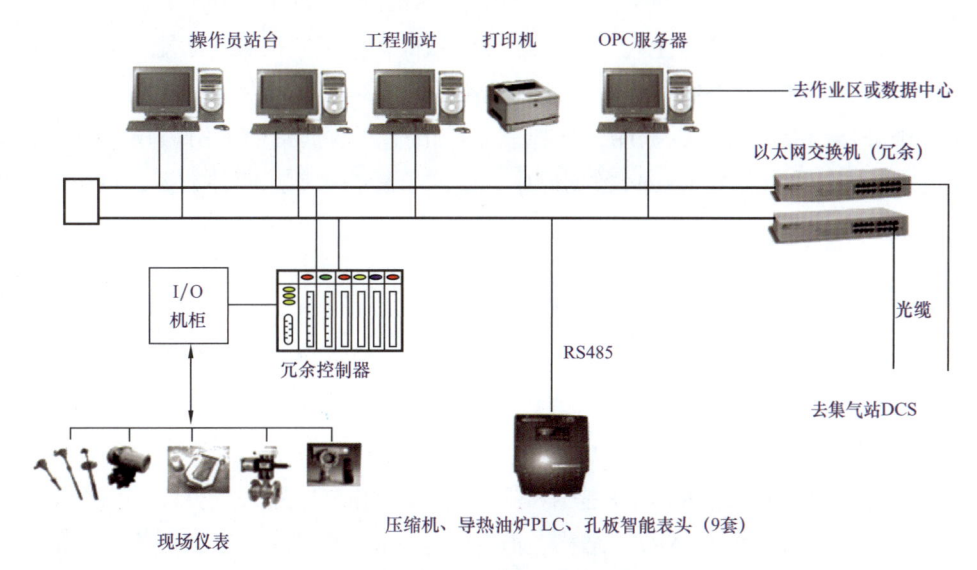

图 10.6 处理站 DCS 系统结构图

10.3.4.1 现场控制站

现场控制站配备一台双重冗余的现场控制器。控制 FCS 是高可靠、高性能的双重化现场控制站，内存为 32M，具有 4 个 CPU 冗余容错。电源卡双重化，两侧电源卡分别接入市电和 UPS 电源，并同时工作，一路电源坏掉不会影响系统控制。ESB-BUS 双重化，ESB-BUS 的通信数率为 128MB/s，所选控制站通过 CE 认证。控制器除冗余电源卡、CPU 卡、EC401 通信卡外，还可带 6 个 I/O 卡件。系统配置 10 个本地节点，每个节点上可插入 I/O 卡件 8 块。

4～20mA 模拟量 I/O 卡为 16 点卡，RTD 输入卡为 16 点卡，TC 输入卡为 16 点卡，数字量 I/O 卡为 32 点卡。所有输入输出卡件均配有专用端子板，数字量卡件配有专用继电器端子板，方便现场接线。

10.3.4.2 通信连接

系统配有双重化的实时数据网 V net/IP 和 Ethernet 网。V 网采用 IEEE802.3 令牌传输协议，速率为 1Gbps，内部 ESB 总线通信速率为 128Mbps。Ethernet 网上可进行 OPC 通信，实现装置实时数据以 OPC 方式连入工厂现有的实时数据网。用于 OPC 通信的软硬件由供货方配套齐全。V net/IP 网传输介质采用双绞线及光缆连接，网络设备采用千兆二层光交换机，省掉了许多中间设备，增加了网络结构的可靠性。

10.3.4.3 OPC 服务器

OPC 服务器配置有三块网卡，其中两块用于 DCS/ESD 系统的冗余网络连接，属控制系统的内部网络，第三块网卡通过单独的路由和作业区或数据中心的交换机连接，通过

OPC 的方式将控制系统的数据上传。OPC 服务器软件提供了数据服务功能，允许监控数据的浏览，但不允许对控制系统操作，已达到控制系统网络和其他网络的隔离。

OPC 服务器内装 Oracle 数据库，把控制系统的生产数据按照油田公司的自动化生产数据的定义标准转换存储在 Oracle 数据库中，生成了静态和动态两种数据，供生产管理指挥系统使用。

10.3.4.4　DCS 系统软件配置

处理站与集气站采用 CENTUM-CS 3000 大规模集散控制系统。系统选用了新一代的生产综合控制系统 CENTUM-CS 3000（R3.08 版），该系统是相对 CENTUM-CS 系统而开发的 Windows XP 环境下的控制系统，它继承了 CENTUM-CS 系统的高可靠性和高性能的优点，同时具有了中文版 Windows XP 操作系统的开放性和友好的人机界面。该系统在网络结构上由 V-Net 结构变为 V-Net/IP 结构，既保证了 Vnet 网络的稳定和可靠，功能上又与以太网兼容。

10.3.4.5　DCS 系统特点

（1）可靠的双冗余结构：一旦正在工作的总线出现故障，可迅速切换到另外一条线上，保证各类信息传输的安全性。

（2）操作站采用星形拓扑结构，任何一个站出现问题不会影响其他操作站的运行。

（3）操作站的 LCD 显示器、操作员键盘、鼠标为操作人员提供了监视运行状态、控制生产过程、维护设备和处理事故的人机接口，其硬件、软件应具有高可靠性和容错性，并应具有快速自恢复功能，而且操作站具有完善的报警功能，对过程变量和系统故障报警有明显区别，能对过程变量报警任意分级、分区、分组，区别第一事故报警、记录报警顺序，时间精确到秒。

（4）软件操作环境能适应过程控制的操作需要，可访问和调用工艺流程图、过程参数、数据记录、参数报警，以及各种可用参数，并能有效地调整控制回路的输出和设定参数。能对网络上任一控制器的数据进行存取，对网络上的数据资源，能分成不同的操作区域或数据集合，可以根据需要进行监视、控制等不同操作。操作站具备不同级别和区域的操作权限，不同级别的人员有不同的操作权限，不同岗位的操作员所能操作的区域或数据集合是不同的。

（5）操作站可以运行组态软件或用作工程师站的仿真终端，并配有多种键盘操作形式，使其进入工程师组态环境，并可对网络上的设备进行诊断和数据维护。操作站的数据存放格式是通用的，其数据库及数据库管理系统是标准的和商品化的。系统满足所有数据的记录需要，可由用户任意选定记录的参数、采样时间，并可对记录长度、数据进行编排处理和随时调用。硬盘上的永久记录能转存到其他存储设备上。

10.3.5 紧急停车系统（ESD）

ESD 系统组成可分为三部分：传感器单元，逻辑运算单元，最终执行器单元。

（1）传感器单元：采用多台仪表或系统，将控制功能与安全联锁功能隔离，即传感器分开独立配置的原则，做到安全仪表系统与过程控制系统的实体分离。

（2）逻辑运算单元：由输入模块、控制模块、诊断回路、输出模块四部分组成。依据逻辑运算单元自动进行周期性故障诊断，基于自诊断测试的安全仪表系统具有特殊的硬件设计，借助于安全性诊断测试技术保证安全性。逻辑运算单元可以实现在线诊断 SIS 的故障。SIS 故障有两种：显性故障（安全故障）和隐性故障（危险性故障）。显性故障（如系统断路等），由于故障出现使数据产生变化，通过比较可立即检测出，系统自动产生矫正作用，进入安全状态。显性故障不影响系统安全性，仅影响系统可用性，又称为无损害故障。隐性故障（如 I/O 短路等），开始不影响到数据，仅能通过自动测试程序方可检测出，它不会使正常得电的元件失电，又称为危险故障（Fail to Danger，FTD），系统不能产生动作进入安全状态。隐性故障影响系统的安全性，隐性故障的检测和处理是 SIS 系统的重要内容。

（3）最终执行元件：切断阀、放空阀是安全仪表系统中危险性最高的设备。由于安全仪表系统在正常工况时是静态的、被动的，系统输出不变，最终执行元件一直保持在原有的状态，很难确认最终执行元件是否有危险故障。在正常工况时，过程控制系统是动态的、主动的，控制阀动作随控制信号的变化而变化，不会长期停留在某一位置，因此要选择符合安全度等级要求的控制阀及配套的电磁阀作为安全仪表系统的最终执行元件。

10.3.5.1 系统硬件结构

ESD 系统采用 Prosafe-RS 工业安全系统，由天然气处理站 ESD 紧急停车系统、天然气处理站 DCS 控制系统、集气站 DCS 控制系统、单井井口 RTU 远程控制终端组成，其中天然气处理站由处理站进站紧急切断阀、处理站进站放空阀、处理站出站紧急切断阀和处理站出站放空阀组成，集气站由集气站进站紧急切断阀、集气站出站紧急切断阀、集气站出站放空阀组成，单井控制井口紧急切断阀。

ProSafe-RS 工业安全系统是由安全控制站（SCS）、安全工程师站（SENG）和实时控制网络 V net 或 V net/IP 组成。V net 或 V net/IP 用于连接 SCS 和 SENG，SCS 用于实现安全保护控制，SENG 用于系统组态、系统维护和 SOE 记录的查看。ProSafe-RS 可以与 Centum CS3000 系统完全集成，Centum CS3000 系统的操作员站 HIS 可以用来操作和监视 SCS，结构如图 10.7 所示。

SCS 由安全控制单元（CPU 节点单元）和安全节点单元（I/O 节点单元）组成。CPU 节点单元和 I/O 节点单元通过 ESB 总线连接，ESB 总线的通信数率为 128MB。I/O 卡可以插在 CPU 节点单元和 I/O 节点单元中。

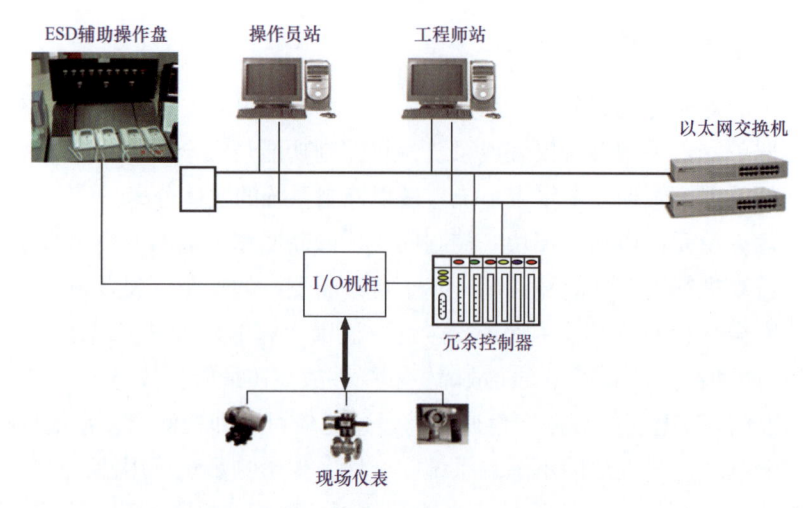

图 10.7　ESD 系统结构示意图

系统中每块 CPU 卡和 I/O 卡内部电路都是冗余的（1oo2D），因此，当 CPU 和 I/O 卡冗余时，系统将提供 1oo2D 的冗余（1oo2DR）。系统在非冗余的 CPU 卡和非冗余的 I/O 卡的配置的情况下，系统的安全级别就已经达到 SIL3 级，安全完整性等级见表 10.2，因此当冗余对中的一块卡故障时，系统的安全级别不会因此降低，系统始终保持 SIL3 的安全等级。Prosafe-RS 安全系统为故障安全型，容错率高，带深度自诊断功能，整个系统的自诊断率为 99.9%。

表 10.2　安全完整性等级表

安全完整性等级	年故障概率（PFD）	风险消减系数
SIL4	$10^{-5}\sim10^{-4}$	100000～10000
SIL3	$10^{-4}\sim10^{-3}$	10000～1000
SIL2	$10^{-3}\sim10^{-2}$	1000～100
SIL1	$10^{-2}\sim10^{-1}$	100～10

10.3.5.2　系统软件结构

整个 ESD 系统由 1 对冗余的控制器、4 对 SAI143（AI 卡）、3 对 SDV144（DI 卡）和 3 对 SDV531（DO 卡）组成，所有的 I/O 卡件安装在 1 个 CPU 单元中和 2 个 SNB 节点单元中。I/O 卡通过中间端子柜与现场的 I/O 点相连。

ESD 与 DCS 为无缝集成的形式，通过 V net/IP 与 DCS 直接连接，集成后的系统可以在 DCS 的操作员站上查看到任何 ESD 系统的信息，包括系统报警、过程报警、系统状态、旁路开关状态等，并且通过 DCS 的操作员站可以对 ESD 系统进行操作，对于维护和防止误操作有很大的帮助。通过无缝集成的形式，有利于对整个系统进行监视、操作、维护，使整个系统（包括 DCS）处于一个网络中，不用再通过 MODBUS 的通信来进行数据的显示。这样不但显示的数据量更全，而且通信数率快、通信量大，不用考虑通信负荷大所带来的问题，而且在工程实施上更加简单、方便，同一网络还可实现整个系统的时间同步而不需要外置 GPS，解决了 DCS 与 ESD 因为不在一个网络上而导致时间不能同步的问题。整个系统配有一个系统机柜，用于安装控制器和 I/O 卡件；一个辅助机柜，用于安装中间端子和继电器；配有一个工程师站，用来对 ESD 进行组态、维护及 SOE 记录的查看，SOE 站的记录时间为 1ms；配有一个辅助操作台用来进行手动紧急停车、装置运行状态显示和旁路切换操作。

10.3.5.3 系统操作、连锁

1. 全站自动停车及复位

当系统检测到天然气处理站进出站压力异常时，系统自动触发全站停车，执行设备执行其相应动作，界面安全信息中会显示 ESD 监控点异常信息，给出红色闪烁报警提示，并伴以声音报警。

当危险情况解除后，软件画面报警停止，声音报警关闭。此时操作员需要通过全站复位按钮或软件界面复位按钮操作解除全站停车联锁，系统接收到复位信息后恢复全站停车联锁前的状态。

2. 全站手动停车及复位

当操作人员发现危险情况需要手动进行全站停车时，在操作面板全站锁孔内插入钥匙，获得全站停车权限。在全站权限指示灯亮后按下全站停车按钮，系统发出全站停车信号，执行设备执行其相应动作。

当需要恢复生产或危险情况已经解除的情况下，首先弹起停车按钮，按钮指示灯灭，按下全站停车复位按钮，系统发出解除停车联锁信号，执行设备恢复到停车前状态，钥匙拔出，权限指示灯灭。另外，全气田复位只负责将气处理站的阀状态恢复到生产前，集气站与井口的阀状态需在全气田复位后，在 DCS 系统上手动对各阀复位。

3. 集气站手动停车及复位

集气站停车在 DCS 系统和 ESD 系统都可进行，可在天然气处理站进行，也可在集气站进行。

当需要进行集气站停车时，在操作面板上相应锁孔内插入钥匙，获得停车权限。在停车权限指示灯亮后按下停车按钮，系统发出集气站停车信号，执行设备执行其相应动作。当需要解除关井信号时，弹起点火按钮，按钮指示灯灭，钥匙拔出，权限指示灯灭。

4. 集气管线放空和外输管线放空

在发出全站停车指令后，操作人员需根据现场需要有选择地进行集气管线放空和外输管线放空。当需要集气管线放空或者外输管线放空时，软件界面上单击对应按钮，在弹出

的确认画面后确认，按照面板提示单击放空，系统发出放空信号，执行设备执行其相应动作。当需要复位放空阀状态时，在对应的弹出面板上单击复位，对应的放空阀和注醇阀恢复到生产状态。

5. 关单井

关井操作在 ESD 系统中进行，可在天然气处理站进行。当需要手动关单井时，在操作面板上相应锁孔内插入钥匙，获得关井权限。在关井权限指示灯亮后按下停车按钮，系统发出关井信号，井口切断阀关闭，关井信号 10s 后会自动解除。井口切断阀的复位需要人工到现场手动打开阀。

10.3.5.4 系统特点

ESD 系统独立于 DCS 和其他系统，并与 DCS 进行通信，具有完善的诊断测试功能，它用于监视天然气生产装置的运行状况，对出现异常工况迅速进行处理，使故障发生的可能性降到最低，使人和装置处于安全状态。ESD 是静态系统，在正常工况下，它始终监视装置的运行，系统输出不变，对生产过程不产生影响；在异常工况下，它将按着预先设计的策略进行逻辑运算，使生产装置安全停车，ESD 系统对生产过程的关联参数及过程工况进行连续监视，检测其相对于预定安全限定值的变化，当所监测的过程变量超过其安全限定值时，ESD 系统立即取代过程控制系统进行操作，按预置的安全逻辑顺序动作，将过程设置成安全的非正常操作状态。ESD 系统可保护生产、设备、人员和周边环境的安全，它是生产过程最关键、最稳固的最后一道安全防线，在生产装置中所起的作用是其他系统所不能替代的。

10.3.6 安全仪表系统

10.3.6.1 外输气压缩机

压缩机组 PLC 控制器具备压缩机组手 / 自动启停控制、紧急停机控制等功能，主要功能具体包括：主、辅电机的配电、控制与保护；橇内仪器仪表、智能设备、执行机构的信号采集和控制；压缩机组的逻辑控制、联锁保护、报警及紧急停机，人机交互等。它支持站控系统接入功能。PLC 控制器与站控 DCS 系统接入接口为标准 RS-485 接口，MODBUS 通信协议，RTU 编码；紧急停机信号为常闭开关量，干触电信号，触电容量为 24V（DC）5A。

每台压缩机控制器应完成对应压缩机启停机、自动排污，以及控制排气程控阀组、冷却循环水泵、预润滑油泵电机、润滑油加热器等，并完成相应逻辑、联锁及保护控制和报警。

PLC 程序自动巡检进气压力、排气压力、排气温度等，并运算是否异常，激发报警时在触摸屏显示状态，并输出声光报警。

当出现各级进排气压力、排气温度、润滑油温度、燃气泄漏超设定值等，润滑油压力过低、末排压力过高、电机过载、震动超标或无油流等，事故停机被激活，以及压缩机自动卸荷停机等，PLC 程序应显示信息并输出声光报警。故障停机必须现场复位。压缩机控制点参数见表 10.3。

表 10.3　压缩机控制点表

序号	检测项目	信号/电气参数	报警	显示	控制	报警	停车
1	进气压力	AI：4～20mA（DC）	H/L	√		√	
			HH/LL	√	√	√	√
2	各级排气压力	AI：4～20mA（DC）	H/L	√	√	√	
			HH	√	√	√	√
3	润滑油压力	AI：4～20mA（DC）	L	√	√	√	
4	进气温度	AI：4～20mA（DC）	H	√		√	
5	各级排气温度	AI：4～20mA（DC）	H	√	√	√	
6	润滑油温度	AI：4～20mA（DC）	H	√		√	
7	润滑油罐高低液位	AI：4～20mA（DC）	H/L	√			
8	曲轴箱润滑油液位	AI：4～20mA（DC）	L	√			
9	曲轴箱润滑油温度	AI：4～20mA（DC）	L	√			
10	电机绕阻温度	AI：4～20mA（DC）	HH	√		√	√
11	电机前后轴承温度	AI：4～20mA（DC）	HH	√		√	√
12	振动变送器	AI：4～20mA（DC）	HH	√		√	√
13	进气气动阀门	DO：继电器输出		√			√
14	程序控制阀门	DO：继电器输出		√		√	√
15	各级分离罐排污阀	DO：继电器输出		√			√
16	电动机运行状态	DI：高电平/0V			√		√
17	电机电流						

10.3.6.2　有机热载体加热炉

有机热载体加热炉采用 PLC 控制，单炉对单 PLC 并应自成系统，实现全自动控制，可根据被加热介质温度编号，自动调节有机热载体加热炉的热负荷。加热炉具备完善的点火程序控制和炉膛熄火保护装置，具有多种非正常情况的报警和停炉安全保护功能，具备紧急停车按钮，在下列情况下能自动停炉：炉膛温度超过允许值时、炉膛熄火时、排烟温度超过允许值时、燃烧器发生故障时、膨胀罐低低液位报警停泵时、入口流量低低报警时、出口温度高高报警时、循环泵故障报警的。

PLC 与站控系统连接的通信接口为 RS485 口，将系统的运行参数、状态、报警信号等数据上传至中心控制室，并接受中心控制室的紧急停炉等信号。

有机热载体加热炉以导热油出炉温度为控制参数，通过燃烧控制系统中的负荷调节系统来实现系统负荷的自动调节，即通过 PID 调节器调节燃料和助燃风量，达到最佳燃烧，保持导热油出炉温度稳定在 ±2℃之内。控制温度上升速度不可过快，一般不超过 10℃/h，当温升梯度超过一定限制后，温控系统应报警并具备调节功能。

10.3.6.3 自动点火

自动点火 PLC 控制系统具有标准的 RS485 接口和以太网接口，RS485 接口使用 MODBUS RTU 通信协议与远程上位机进行数据交互和传输，以太网接口使用 TCP/IP 协议进行传输；主要监测流量信号、火焰信号、控制电磁阀动作。

10.3.6.4 火灾/气体报警控制系统

天然气处理站深冷工艺装置区中的火灾及气体报警监控系统采用报警控制器模块化设计（机柜式），接收可燃/有毒气体检测、火焰检测及罐区、装置区及压缩机房火灾手动报警按钮信号，完成压缩机房轴流风机联锁功能。信号上传至天然气处理站 DCS 系统上进行监控，并在报警控制站上进行显示。

火灾/气体报警控制系统由现场检测仪表、报警控制器、报警操作站等组成。选用获得"CCCF"认证或 UL 认证的产品，且设备应带有认证机构标识。系统对区域可能出现的可燃气体泄漏进行浓度检测，探测安装区域可能发生的火灾，并进行报警；它与声光报警系统相连，触发声光报警，报警信号发出后应予以保持，经人工确认后采取手动消除报警。

对液化气球罐设置光纤光栅火灾探测报警系统。系统由光纤光栅温度探测器、光纤光栅信号处理器、连接光缆等三大部分组成。在液化气球罐上半部设置无电检测的光纤感温火灾探测器，通过光纤将信号传输至现场机柜间的光纤光栅信号处理器中进行处理，并将报警信号和温度信号上传至天然气处理站的 DCS 系统，实现与工业电视监控系统的联动，经人工确认后启动相应的消防设施，以达到火灾自动监测、预警、报警的目的，确保装置生产安全。

10.3.7 视频监控系统

生产监控系统架构如图 10.8 所示，系统采用三级架构管理模式进行实时监控，一级为采气一厂安防综合管理平台/油田公司安防监控平台；二级为克拉美丽气田监控中心，对天然气处理站及各集气站点的工业电视及围墙视频图像、周界报警地图及报警信息在气田控制中心集中显示、报警、控制；三级为站场级监控。

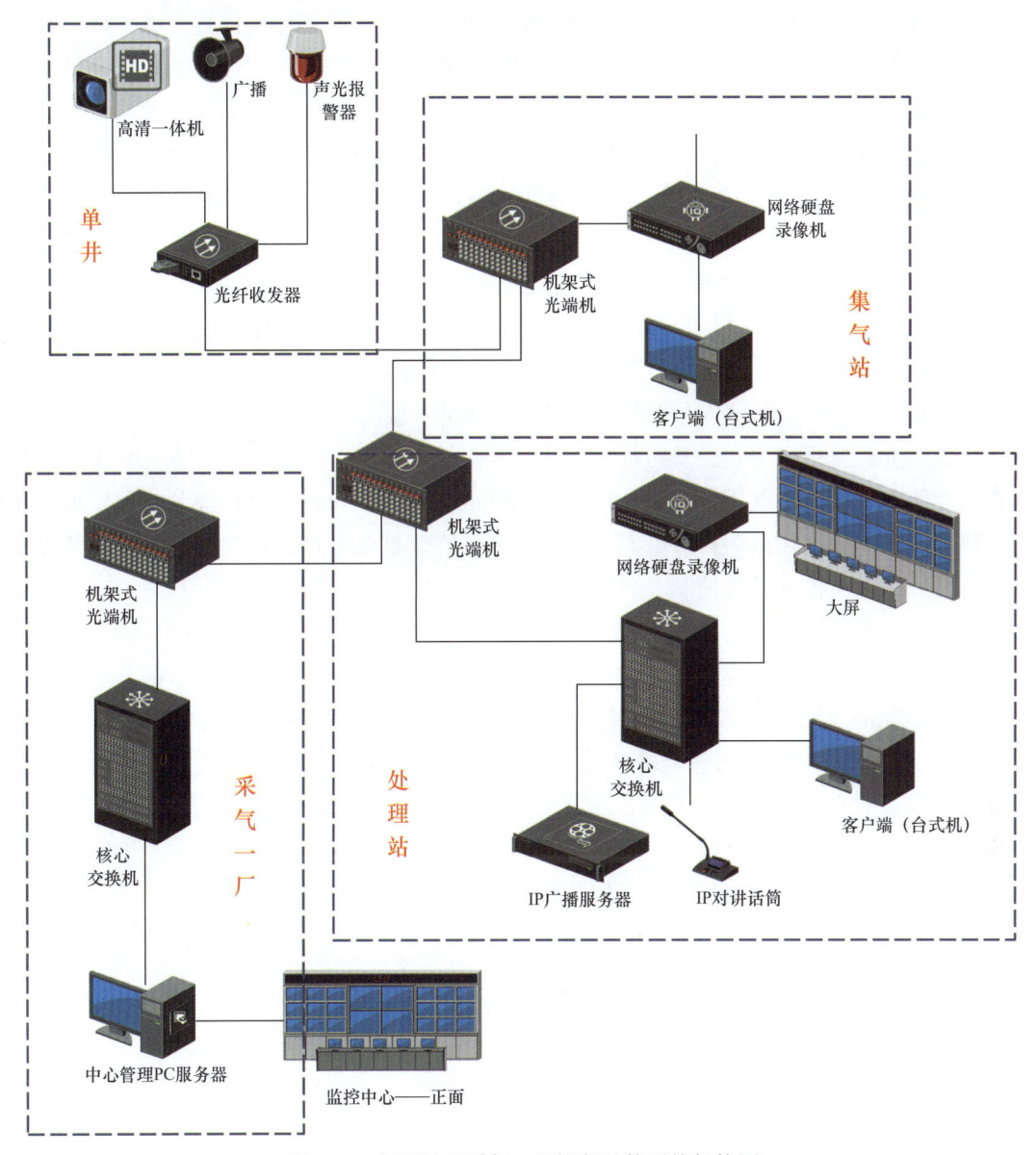

图 10.8 新疆油田采气一厂视频监控系统架构图

克拉美丽天然气处理站的生产监控信息采集结合了站场布局及智能分析需要，考虑系统兼容性及技术适用性，摄像机采集到的图像通过光缆/以太网线传输至设置在天然气处理站气田控制中心内的嵌入式网络硬盘录像机显示和存储，同时传输至视频智能分析服务器实现视频周界警戒及入侵检测功能。在监控画面设置虚拟电子警戒线，在摄像机监视的场景范围内，根据监控需要设置警戒区域，自动识别监控区域内的运动目标及其行为，一且发现有满足预设警戒条件的非法入侵行为，系统自动报警，同时标识出其运动轨迹。在天然气处理站门卫值班室设置报警监控客户端，安保人员负责对站场图像进行集中监控管理。周界视频监控传输网络采用工业级环形以太网（沿站场周界环网部署）或光纤收发器（点对点），视频监控网络采用环网拓扑模式具备自愈功能，保障视频传输稳定可靠性。远距离传输（超过100m）采用光缆、光纤收发器、工业级环网型交换机等光传输设备，近距离传输采用以太网双绞线。摄像机布置方式为：沿站区围墙每隔40～55m设置一台网络高清定向枪型摄像机，主要采用单杆单机首尾相接的布置方式，确保监控区域首尾相接，周界无死角全覆盖监控并实时采集各自监视点的图像。99座井场的IP音柱信号通过本工程新建光缆传输至所属集气站（天然气处理站）的已建IP广播服务器，天然气处理站或集气站的已建IP话筒可对每座井场进行喊话。IP网络广播系统主要由IP对讲寻呼话筒、IP广播主机服务器、IP音柱三部分构成。在网络高清视频系统的基础上，在周界摄像机立杆同时设置IP网络广播音柱。当有可疑人员入侵时，可实现站区广播喊话，对非法入侵人员起到威慑作用，并及时提醒站内工作人员实施相应防备处置措施。IP主机服务器设置在天然气处理站气田控制中心。在天然气处理站大门口及本单位办公室区域大门建设车辆电动阻车器，用以阻挡外部车辆非法闯入，在天然气处理站进出大门设置门禁控制系统的方式对人员出入进行控制。

井口生产监控信息采集是为了保证井口生产过程的安全，及时发现闲杂可疑人员，避免对该区域的安全生产构成威胁。在每座井场围墙角落处增设1套高清网络定向枪机VE-101，安装在6m监控立杆顶部，对井口生产区域（采气树、加热炉等设备）进行实时监控。99座井场的视频画面通过光缆传输至所属集气站NVR（NVR根据单井所属的五座集气站，分别设置在克拉美丽处理站、滴西17井集气站、滴西18井集气站、滴西185井集气站、滴405井集气站的已建控制室机柜间）进行集中存储，并利用集气站至天然气处理厂光通信链路，实现天然气处理厂视频监控系统对井场画面的远程调用。

10.4 信息化应用系统

10.4.1 分布式数据库

10.4.1.1 技术架构

系统采用典型的多层分布式体系结构，遵循SOA架构体系，系统基于B/S模式开发，支持restful接口规范，采用统一的基于J2EE的软件平台和全程建模、基于组件分层开发的技术路线，并支持大颗粒构件的复用，技术架构如图10.9所示。

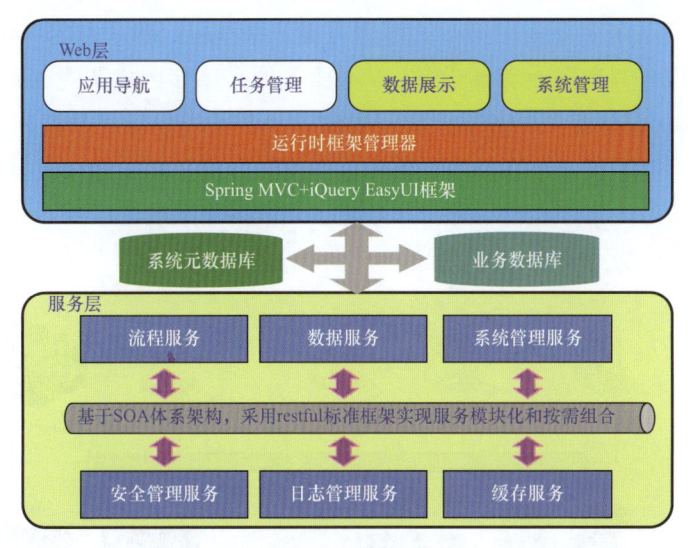

图 10.9 技术架构

系统服务层基于模块化技术构建，为业务服务提供开放和集成标准，实现各类服务的统一访问。平台为业务服务提供安全管理、数据访问、日志、流程等基础服务，提供统一的权限、用户、日志管理和数据访问接口。

系统 Web 层采用组件化管理方式，前端展示基于 JQueryEasyUI 和 SpringMVC 技术构建 Web 展示端框架，统一对平台风格、组件、模板进行规范，达到最大程序的资源共享。

10.4.1.2 数据架构

自动化数据资源建设是本项目建设的核心和基础。其目标是使数据成为采气一厂的资产，通过采集工具对现场自动化数据的采集、抽取、转存，逐步建成采气一厂生产数据体系，为生产数据管理系统相关报表提供数据支持服务，数据架构如图 10.10 所示。

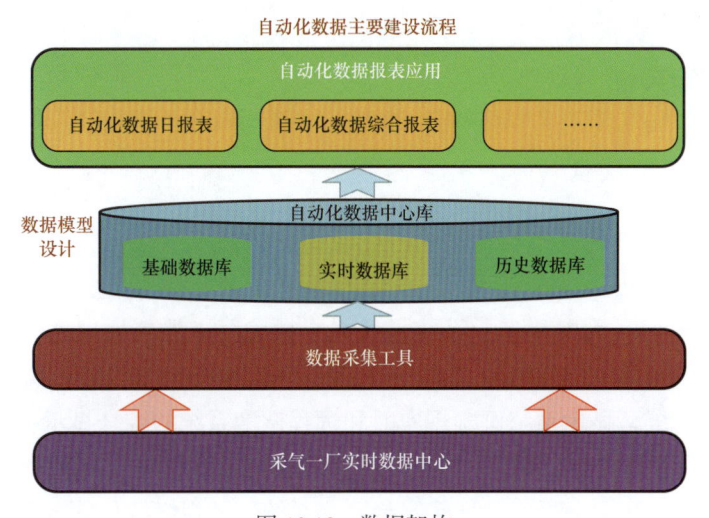

图 10.10 数据架构

生产数据管理系统主要采用集中式部署方案。采气一厂机关部署 Web 服务器、应用服务器、数据库服务器和磁盘存储设备；Web 服务器采用多台机架式 Server，应用服务器采用多台 PC Server 或者虚拟服务器，实现群集、负载均衡访问；数据库服务器采用双机热备，部署磁盘存储设备，网络资源设备数据、逻辑数据及相关运行数据在自动化中心库集中存储。主流的备份软件和自动磁带库系统实现数据库系统、应用系统的及时备份。其总部硬件详细配置结构图如图 10.11 所示。

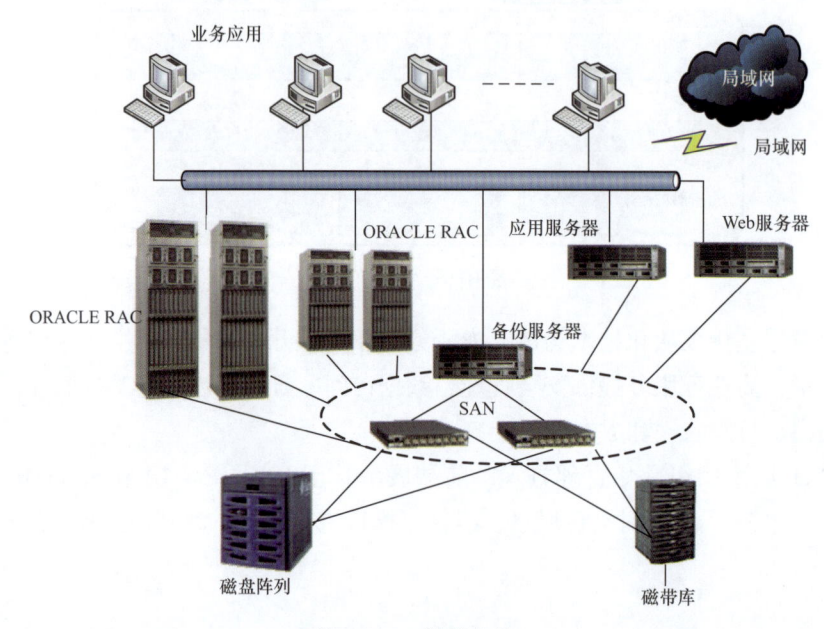

图 10.11 部署架构

为了确保生产数据完整性、安全性及应用的不间断稳定性，考虑了灾备系统，目标是实现应用系统的 7×24h 稳定运行、数据任何情况下不丢失、系统出故障时能够以本地和同城异地两种方式快速恢复系统运行。

10.4.2 应用系统

10.4.2.1 远程监控

克拉美丽天然气处理站气田控制中心建设的安防监控中心系统主要由大屏幕显示系统、视频监控系统、出入口控制系统、一键报警系统及各类应用服务器和与之配套的供电、网络等部分组成。大屏幕显示系统设置在克拉美丽天然气处理站气田控制中心，由 LED 液晶大屏幕电视墙（55in LED 背光光源，按 3×6 块布置）、管理计算机及相应的配套设备组成。通过大屏幕显示系统可实现实时和远程调度系统的综合显示；实现站场视频图像的 24h 实时监控、集中管理（图 10.12）；大屏幕显示系统具有指挥调度等功能。在安防监控中心内设置应用服务器，建立多平台、多系统下的视频统一管理平台，负责整个集气站监控系统的数据管理、组织结构管理、权限管理、角色分配,以及整个系统的数据交互,能够通过安防监控中心对各站场所有视频监控系统内的视频服务器、站场视频监控主机、客户端及前端设备进行统一有序的调配、管理、维护。

图 10.12 监控视频展示

10.4.2.2 克拉美丽采气作业区报表

1. 浅冷装置记录参数表

装置记录参数表界面可支持修改、审核、批量审核、显示点位、选择显示字段等操作,图 10.13 为浅冷装置记录参数表界面,图 10.14 为换热器记录表界面。

图 10.13 浅冷装置记录参数表界面

图 10.14 换热器记录表界面

2. 生产日报

生产日报界面可以支持修改、审核、批量审核、显示点位、选择显示字段等操作,如图 10.15 所示。

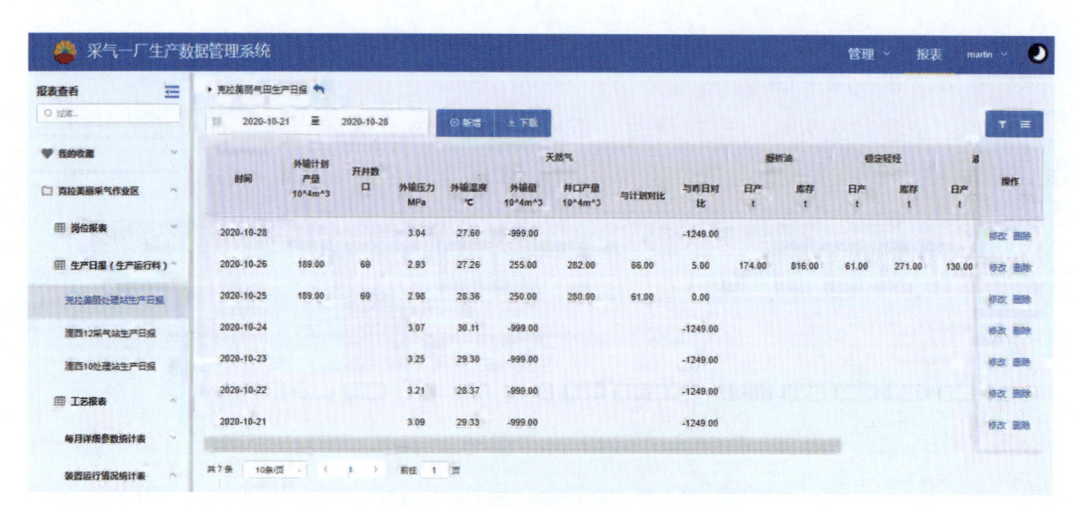

图 10.15 克拉美丽处理站生产日报

3. 工艺报表

工艺报表界面如图 10.16 所示,可以展示深冷装置运行情况、各项工艺运行参数等。

10.4.2.3 设备管理系统

设备管理系统以系统基础管理、设备管理、运维管理、备品备件管理、IOT 采集和报

图 10.16　工艺报表——克拉美丽深冷装置运行情况

表管理等主要核心功能模块（表 10.4）组成。系统基础管理模块主要是提供保证系统平稳运行所需的关键设置；设备管理模块主要是实现采气一厂存量动设备和新近移交动设备的全生命周期管理；备品备件管理模块为企业设备正常运行提供备件保障。设备管理系统通过与物联网系统的对接，能够实时掌握设备运行状态。

表 10.4　系统模块和功能

模块名称	功能名称	说明
基础管理	系统参数设置	设置系统开放的参数
	组织架构管理	管理企业的组织架构
	用户管理	管理系统中所有用户信息，包括个人信息维护
	权限管理	管理用户可以操作系统的权限
	日志管理	管理用户在系统中的操作日志
设备管理	设备属性定义	定义所有类型设备的属性信息
	PBS 管理	定于用于管理的 PBS 架构
	存量设备管理	提供管理存量设备的功能，包括批量导入、手动录入、编辑设备信息、管理关联资料、备件
	数字化设备管理	提供管理数字化移交的设备信息，包括维护设备信息、管理关联资料、备件、二维码等
	设备台账	形成设备从采购到报废的全生命周期的台账信息

续表

模块名称	功能名称	说明
运维管理	点检计划/任务/记录管理	管理点巡检的计划发布、任务下发和执行、记录的跟踪
	维保计划/任务/记录管理	管理巡检的计划发布、任务下发和执行、记录的跟踪
	临时工单上报/确认/派发/执行	包括设备故障上报、问题确认和工单派发、工单的执行和跟踪
备品备件管理	备品备件档案	管理备品备件的基本档案信息,包括库存预警量、适用设备类型、物资编码、负责人等
	备品备件出入库	包括手动批量出入库、批量出入库
	备件领/使用	使用者发起领用申请,库管人员根据实际情况进行出库
	备件归还/确认	使用者归还多余备件,库管人员进行确认
	备件盘点	库管人员根据管理需求进行盘点,系统自动计算盈亏
IOT采集和报表管理	报表定制	提供灵活的报表定制功能
	报表展现	通过丰富的图形、表格等形式展现报表内容,并可以导出和打印报表
	设备运行数据管理	管理与采气一厂生产数据采集系统对接的设备运行数据
知识库	工艺流程管理	管理设备的工艺流程信息
	故障库管理	管理所有设备的故障信息,并为解决新的故障信息推送方案
	操作步骤管理	管理点巡检和设备维保的操作步骤
	文档管理	为用户提供文档的管理功能,包括上传、浏览、下载、升版等
	文档共享	提供文档的共享功能,实现文档在设备部门间的共享

10.4.2.4 探井、评价井综合信息查询系统

该系统包含油气勘探与油藏评价两大模块,包含油气研究各类静态及动态数据,基本涵盖了所有探井、评价井井位设计、部署方案、坐标信息、钻井日志、录井资料、测井解释、试油日志、试采动态、各类地质总结、储量成果及岩性化验分析数据等。系统不仅可以提供单井实际工序的进展,而且又可查询和下载历史数据及研究成果,如图10.17、图10.18所示。

10.4.2.5 天然气动态分析系统

该系统以油田公司 A2 数据库及采气一厂日月报数据库为基础,与 EPDM 模型进行对接,充分采用新疆油田公司 A2 系统中的油气生产、开发静态、分析化验、开发试井、生产测井等业务数据,实现数据查询、生产对比、统计分析、曲线图形展示、气井生产异常的预警分析,以及各类图件成果的上传、下载和在线浏览,如图 10.19 所示。

图 10.17　综合信息查询系统界面

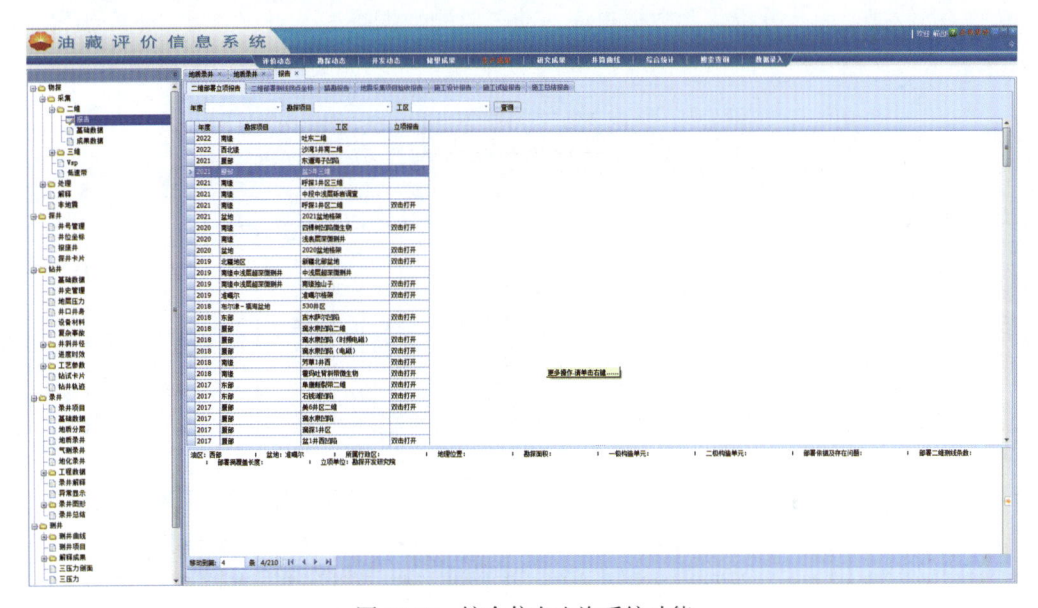

图 10.18　综合信息查询系统功能

系统主要提供生产数据与动态监测数据的查询和下载功能，包含单井、自定义井组、区块、处理站，以及气田的日、月、年等生产数据（图 10.19）和单井流体、测试动态监测数据。另外系统还提供图形显示，可实现免下载数据即可进行实时数据统计（图 10.20）。该系统可快速查找对比单井、气藏、气田及处理站的产量变化情况；同时将生产数据与动态监测数据两个模块数据整合在一起，可更好地对单井多项数据进行查询，提高单井分析诊断效率。

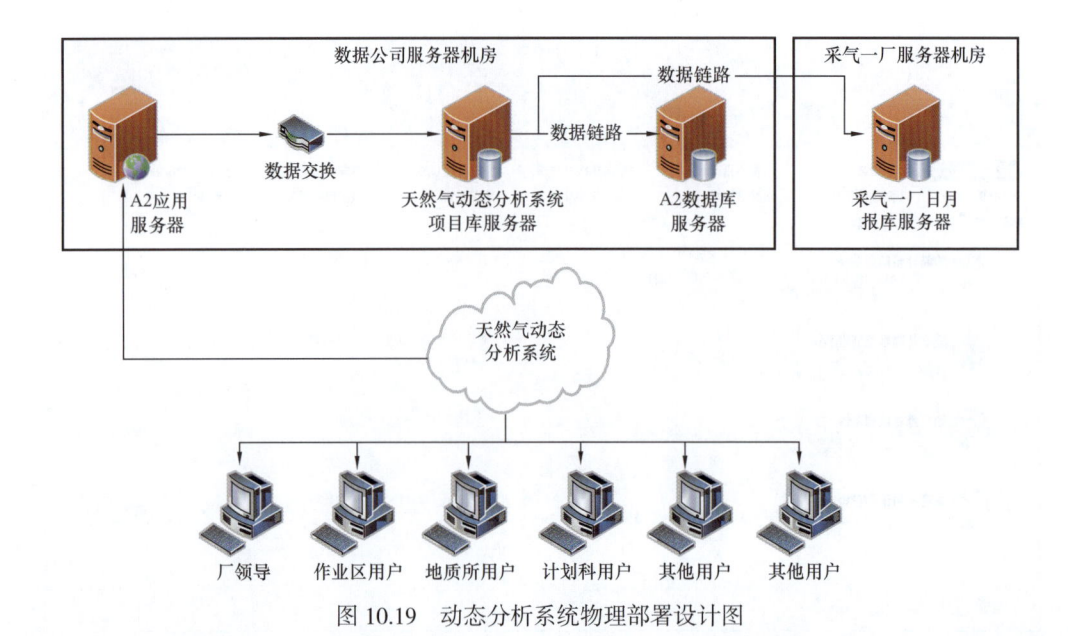

图 10.19　动态分析系统物理部署设计图

系统包括数据查询、动态分析、曲线图形三大部分内容，具体可细分为开发静态数据查询、生产数据查询、分析化验数据查询、动态监测数据查询、对比分析、生产预警、曲线图形展示、文档管理、通用查询等共 96 个功能模块，功能架构如图 10.20 所示。

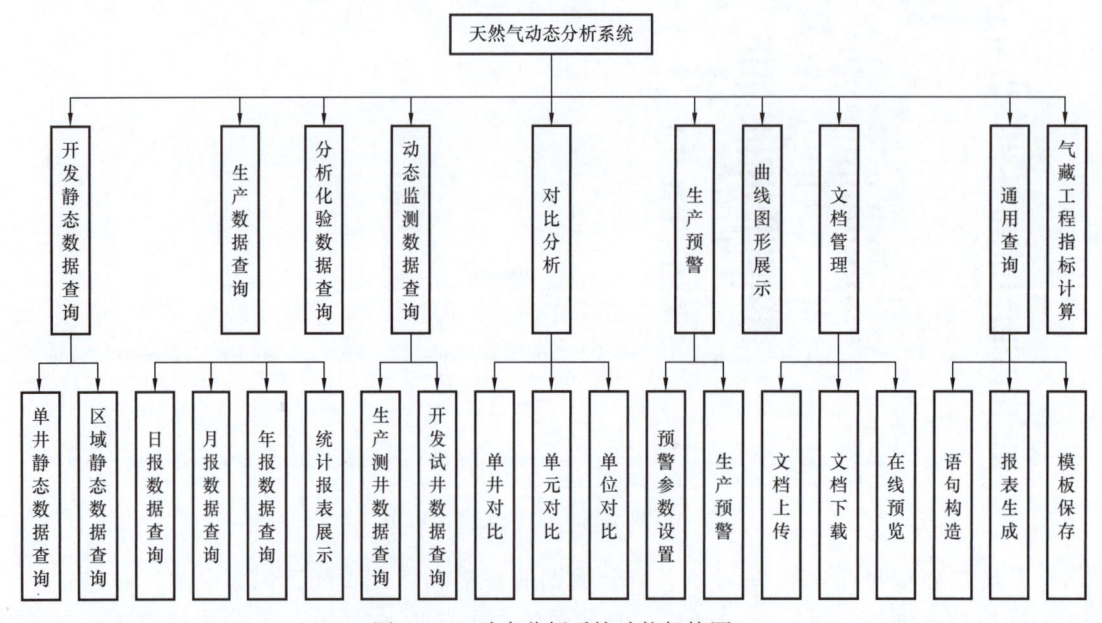

图 10.20　动态分析系统功能架构图

1. 数据查询

数据查询主要包括生产数据查询、动态监测数据查询与通用查询，可形成可视化报表定制组件和统一汇总算法等成果，包括开发静态数据查询 23 个、动态监测数据查询（分析化验、开发试井、生产测井）12个、生产数据查询23个、通用查询1个，共59个功能模块（图10.21）。

图 10.21　生产数据 – 日报数据 – 采气井日数据查询图

系统将开发静态、动态监测、分析化验、单井、区块动态数据集成，缩短了地质科研人员在各系统之间的查询时间，大大提高了数据的利用率。

2. 动态分析

针对动态分析的需求，研发对比分析及生产预警功能，实现日月度数据的各类指标对比，并针对异常指标进行预警，形成图示化的对比及预警展示，包括对比分析模块9个、生产预警模块2个、气藏工程指标计算模块8个，合计19个功能模块（图10.22）。

图 10.22　对比分析 – 单井对比分析 – 单井日数据对比分析示例图

系统通过对比分析结果进行措施效果分析，挖潜影响因素，从而实现气藏动态定性、定向、定量分析，提升了气藏开发管理的水平。

3. 曲线图形

曲线图形模块实现各类曲线及图形的展示，形成通用的可视化曲线定制组件、开采现状图组件及文档管理服务等成果，包括曲线图形展示模块16个与文档管理模块2个，共

18个功能模块，包括运行曲线、综合开发曲线、对比曲线、构成曲线等，曲线主要包括指标展示设置、图表样式设置、字体调整、线条调整、标签设置、数据加密抽稀设置、数据位数调整、边距调整、图表类型选择、曲线模板、导出及打印等功能（图10.23）。

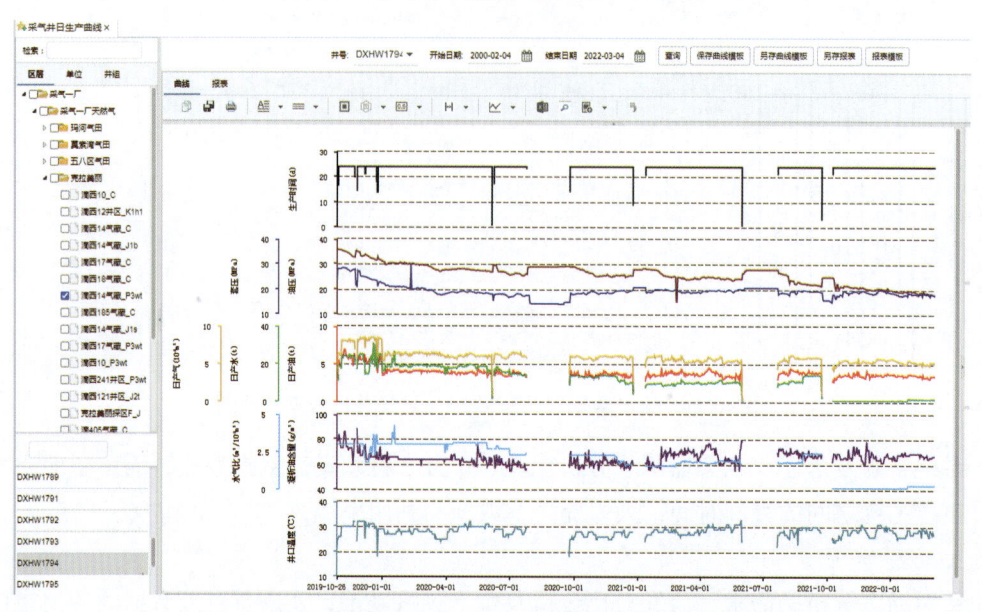

图 10.23　曲线图形 – 单井曲线 – 采气井日生产曲线示例图

本系统建立灵活的报表、曲线自定义及设置功能，将所有曲线的属性、方法、模板等功能以菜单的方式进行展示，用户可根据要求非常方便地设置曲线要展示的指标及样式，解决技术人员日常各类报表及曲线的统计及绘制，减少烦琐的手工工作，极大地提升了工作效率。

10.4.2.6　综合井史系统

系统架构基于工业界成熟的SOA体系架构，当前及今后系统通过统一的SOAP协议实现应用无缝整合和数据高效通信。系统采用.NET技术开发，基于B/S架构的查询平台，用Ajax异步数据传输方式，通过Web Service接口，JSON数据格式获取业务层数据，用户在本机只需浏览器就可以访问系统，查询各专业数据。综合井史系统建立了一套以气井全生命周期为主轴的井史数据查询系统，详细记录了气井从钻井、录井、试油、生产、测试、修井到报废的整个过程，包括完井静态、开发动态、动态监测、措施维修和报废封井等各类资料，为全面掌握油气水井生产现状和历史情况，准确分析和预测油气水井生产情况提供准确可靠的数据资料，为各种设计方案、措施作业提供数据支撑。

1. 井史综合查询

井史查询功能主要实现各作业区、区层、井别、井型、井号等相关分类查询，涉及6类信息40张表，可提升井史数据查询的基础数据维护的便捷性（图10.24、图10.25）。

第10章 信息自动化技术

序号	分类	数据表	序号	分类	数据表
1	基础信息	钻井完井信息	21	分析化验	PVT取样分析数据表
2	基础信息	钻头程序	22	试井与生产测井	复压压降试井成果数据表
3	基础信息	钻井液使用情况	23	试井与生产测井	梯度压力试井成果数据表
4	基础信息	套管接箍数据表	24	试井与生产测井	气井系统试井成果数据表
5	基础信息	固井数据表	25	试井与生产测井	水井系统试井成果数据表
6	基础信息	井漏显示统计数据表	26	试井与生产测井	产出剖面试井成果数据表
7	基础信息	井斜数据表	27	试井与生产测井	饱和度测井成果数据表
8	基础信息	油管结构数据表	28	试井与生产测井	含工程测井成果数据表
9	基础信息	井口装置数据表	29	生产数据	采出井生产月度综合表
10	基础信息	气层主要参数	30	生产数据	注水井生产月度综合表
11	基础信息	地质分层数据表	31	生产数据	抽油井月度综合表
12	基础信息	取芯数据表	32	修井	修井记录
13	基础信息	射孔数据表	33	修井	作业日报记录
14	基础信息	试油测试成果综合数据表	34	修井	例行洗井记录
15	基础信息	酸化数据表	35	修井	井身结构基础数据
16	基础信息	压裂数据表	36	修井	井身结构主管件数据表
17	基础信息	历次措施效果统计表	37	修井	井身结构油管相关件数据管
18	分析化验	凝析油物理性质分析数据表	38	其它	特殊测井
19	分析化验	天然气性质分析数据表	39	其它	气井大事记
20	分析化验	气田水分析数据表	40	其它	气井报废永久封闭数据

图10.24 综合井史数据库界面

图10.25 综合井史信息查询界面

2. 数据录入导出

数据录入功能可实现按需求录入数据表中的相应字段，并进行保存上载（图10.26）。

报表导出功能可实现将某口气井的基础信息、分析化验、试井与生产测井、生产数据、修井、其他等分项里的所有数据全部导出至Excel（图10.27）。

3. 生成井身结构图

由钻井、完井、修井数据生成动态可编辑、标准、美观的井身结构图，具备油管、套管、井内工具（桥塞、注灰等）满足修井作业的井深结构设计参数编辑模块（图10.28）。

图 10.26 综合井史数据录入界面

图 10.27 综合井史数据导出界面

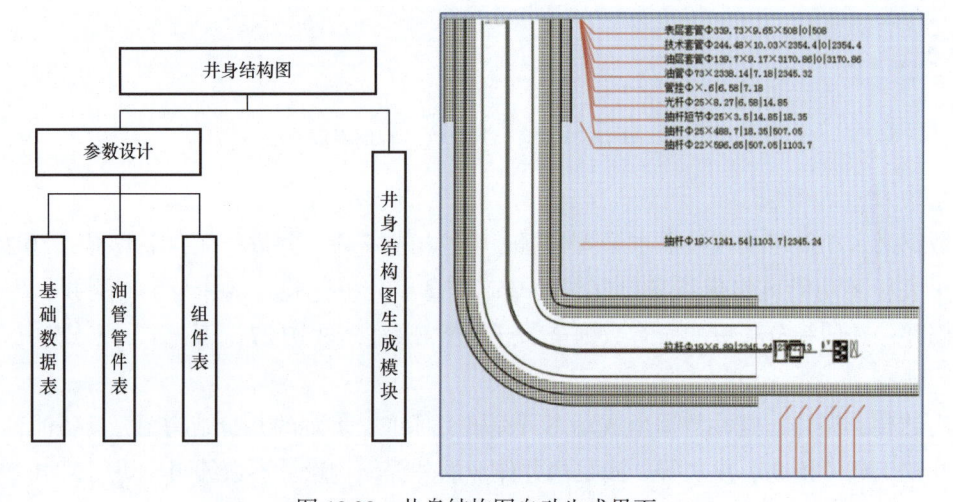

图 10.28 井身结构图自动生成界面

🐋 10.4.3 数字化管理平台

新疆油田地面建设工程数字化管理平台构建了"一个中心、两大体系、七大系统"总体功能框架,"两个体系"包含标准体系和安全体系,"一个中心"是指统一的数据中心。如图 10.29 所示,项目综合管理系统、可视化云协同系统、数字化工厂移交系统、三维看板系统、生产运维系统等子系统已完成建设运行。

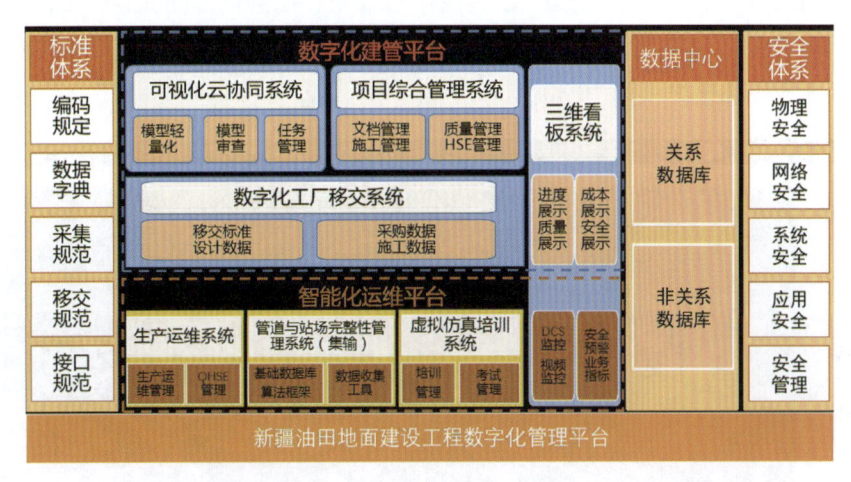

图 10.29 新疆油田地面建设工程数字化管理平台总体功能框架图

10.4.3.1 项目综合管理系统

项目综合管理系统的功能包含文档管理、施工管理、质量管理和 HSE 管理四个模块。

(1)文档管理:建立完整、统一的文档管理系统功能,并且根据业务需要,与费用管理、立项管理、合同管理、采购管理、HSE 管理、质保管理等模块进行关联。在此模块中可以实现文档的上传下载、查阅修改、审批流转、跟踪记录等功能。

(2)施工管理:自项目施工准备至项目交工验收阶段现场施工生产的管理,主要以对施工过程中核心业务流为主。施工管理旨在通过规范的组织形式、手段和方法,协调解决对影响项目施工活动的各种问题,使施工生产组织活动在符合 HSE、质量、进度、投资、合同、信息等控制目标要求的前提下,确保项目建设满足设计技术文件、法律、法规、施工规范和验收标准的要求,以保证建设工程项目各项管理目标持续、有序、高效的实现。

(3)质量管理:包括质量管理策划、质量管理体系、过程质量管理、专业质量管理、质量监察和质量监督、统计分析等主要工作内容,实现对质量管理活动全过程管理,为各个项目的质量管理提供统一的规范、标准和体系文件。保证公司的质量管理体系在各个职能部门和项目部的执行。同时汇总各个项目的质量管理数据,进行查询统计分析。

(4)HSE 管理:主要集中展示安全管理方面的各项规章制度、管理程序、标准等文档;审查承包商进场安全准备情况,了解承包单位在工程实施过程中涉及的各种安全事务,为安全监督做好准备;为现场安全检查和安全整改记录详细的信息,并进行查询和统计,包括：安全问题通知单、安全观察卡、文档管理、安全检查和整改、承办商管理和劳保用品管理。

10.4.3.2 可视化云协同系统

实现三维模型及相关二维文档在线协同审查，使项目相关方（建设方、设计、施工等）提前参与设计审查，共享信息，以提高审查效率，做到问题可追溯，减少施工返工。系统包含任务协同、文档管理、版本控制、计划管理、二三维审阅、文件关联、属性查看、消息管理等功能模块（图10.30）。

图 10.30 可视化云协同系统

（1）任务协同：建立分发体系，允许将任务分配给其他用户，同时也可以将任务移交给其他用户，并进行状态跟踪直至任务关闭。

（2）文档管理：平台能提供项目文档和公司文档管理功能，所有文档需要先放入到公司文档，然后经过审核批准后可以发布到项目文档中，以确保文档的正确性和唯一性。

（3）版本控制：平台提供文档版本控制功能，确保所有参与人员看到的是同一版本的文件，并能随时查看旧有版本文档。

（4）计划管理：项目计划能由项目经理编制后作为任务分配给相关执行人去处理并进行持续跟踪。

（5）二、三维审阅：对三维模型和二维文件添加红线批注，增加评论并将评论转换成任务，以供设计人员修改模型或进一步沟通。

（6）文件关联：提供文件关联功能，可将文件关联到模型对象上，方便其他人员查询。可实现在项目进行过程中收集数据，为数字化移交打开坚实的基础。

（7）属性查看：查看三维模型中储存的工程属性。

（8）消息管理：支持消息管理，消息包括计划进度、文档消息和工程协同消息。点击系统的相关标记，能弹出新的网页并进入消息中心。支持按照项目来选择或者消息的状态来筛选，支持批量操作。

10.4.3.3 数字化工厂移交系统

实现对项目从可研到试运阶段模型、数据和文件资料进行同步移交，并对数据关联和数据一致性进行校验，为工厂后期可视化运行管理提供高质量的数据资产。系统包含文档管理、版本控制、数据编辑与挂载、文件关联、检索查询、PBS 管理、类库管理等功能模块（图 10.31）。

图 10.31　数字化工厂移交系统——二三维跳转

（1）文档管理：提供项目文档和公司文档管理功能，所有文档需要先放入公司文档，经过审核批准后可以发布到项目文档中，以确保文档的正确性和唯一性。

（2）版本控制：提供文档版本控制功能，确保所有参与人员看到的是同一版本的文件，并能随时查看旧有版本文档。

（3）数据编辑与挂载：用户可以对每个对象设置并增加资产类型及相应的属性集（设计信息、调试信息、施工信息，运维信息等）。对于大批量资产属性数据，可以通过导出 Excel 表单，在 Excel 表单中批量输入，然后再导入的方式来提高数据输入的效率。

（4）文件关联：创建工程对象到文档图纸之间的关联，从三维模型导航到相应的图纸、资料或数据。

（5）检索查询：对工程对象、文档等进行精确的检索查询操作。

（6）PBS 管理：根据项目需求自行定义模型层次结构，用于重构模型。可自行创建一个 PBS 节点。可对已经创建的 PBS 节点进行编辑操作。可对已经创建的 PBS 节点进行删除操作。可对已经创建的 PBS 节点进行检索操作。

（7）类库管理：定义当前工厂相关的类，并指定其父类及相关属性，子类可以自动继承父类的属性。

10.4.3.4　三维看板系统

对工厂模型建造和运维数据进行集中展示和统计分析（图 10.32 至图 10.34），可看出，该模块可对现场施工进度、人员、车辆、机具及后期运维巡检等进行可视化监管。包含场景展示、虚拟环境巡检、自动监控报警、数据采集、语音播报等功能模块。

图 10.32　三维看板系统总界面

图 10.33　三维看板系统——人员管理可视化

图 10.34 三维看板系统——施工现场可视化

（1）场景展示：三维看板系统需将运维中需要重点关注的数据以仪表盘等方式动态展示，实时观察设备运行参数、水流量、水压力、环境温度、湿度等上千种参数的数值变化。通过模型与施工进度的集成，展示项目的施工进度，为领导层决策提供依据。

（2）虚拟环境巡检：三维看板系统能实现虚拟环境巡检功能，可使用阿凡达模拟巡检人员在 PIM/BIM 模型内模拟真实的路线行走进行巡检。查看安防系统内的任意监控视频，在极其节约人力成本的情况下仍能保证对每个角落都做到及时监控。

（3）自动监控报警：将模型、运维系统和油气生产物联网系统（A11）集成，通过采集 A11 系统传递的报警信息，自动跳转到模型位置，并在运维系统中创建工单，推送给相应的工作人员去处理，加快问题解决速度。

（4）数据采集：采集协同系统、移交系统、运维系统和油气生产物联网系统（A11）的数据。

（5）语音播报：当出现报警信息时，可自动根据配置好的参数进行语音播报。

10.4.3.5 生产运维系统

生产运维系统应该包含台账管理、报事报修、工单管理、设备设施维保、巡检管理、动态驾驶舱、知识库管理、绩效管理、报表报告等功能模块。

（1）台账管理：新增、编辑和删除设备信息，也可以查看设备的预警列表，并可通过与数字化移交系统接口获取设备档案信息。

（2）报事报修：员工通过 APP 端和管理平台进行报事报修的处理。

（3）工单管理：提供计划工单和临时工单的管理，提供工单抢派、调度、执行和回访及统计功能。通过移动工单的形式，由员工 APP 进行工单的流转和执行，大幅提升管理效率和精准度，降低了作业人员工作总量。

（4）设备设施维保：针对设备设施的定期日常维保提供管理，制订维保计划、派发维保工单并记录执行结果。

（5）巡检管理：通过设备台账维护建立的设备设施信息建立巡检计划，并可根据系统中的巡检计划生成巡检任务，当巡检任务完成时会反馈巡检结果给后台，生成巡检记录。

（6）动态驾驶舱：实时收集动态数据，根据用户关注点呈现感兴趣的信息。

（7）知识库管理：管理例行作业标准，历次故障的现象、分析出来的原因，以及所做的处理办法。

（8）绩效管理：对员工的工作效率、休假、签到进行管理。

（9）报表报告：提供多种维度的明细表、统计分析报表。

参 考 文 献

［1］Schutter S R. Occurences of Hydrocarbons in and Around Igneous Rocks［J］. Geological Society London Special Publications, 2003, 214: 35-68.

［2］Zou C. N., Hou L. H., Tao S. Z., et al. Hydrocarbon Accumulation Mechanism and Structure of Large-scale Volcanic Weathering Crust of the Carboniferousin Northern Xinjiang, China. Sci China Earth Sci, 2012, 55: 221-235, doi: 10.1007/s11430-011-4297-8.

［3］冉启全, 任东, 王拥军, 等. 火山岩气田开发［M］. 北京: 石油工业出版社, 2016.

［4］钱根葆, 王延杰, 王彬, 等. 准噶尔盆地火山岩气藏描述: 以陆东地区火山岩气藏为例［M］. 北京: 科学出版社, 2016.

［5］张璐, 李剑, 宋永, 等. 准噶尔盆地石炭系火山岩天然气成藏特征及勘探潜力［J］. 中国石油勘探, 2021, 26（06）: 141-151.

［6］戴勇, 邱恩波, 石新朴, 等. 克拉美丽火山岩气田水侵机理及治理对策［J］. 新疆石油地质, 2014, 35（06）: 694-698.

［7］杨涛. 克拉美丽气田压裂工艺技术研究［D］. 北京: 中国石油大学（北京）, 2019.

［8］潘杰, 王武杰, 魏耀奇, 等. 考虑液滴形状影响的气井临界携液流速计算模型［J］. 天然气工业, 2018, 38（1）.

［9］杨晓华. 克拉美丽处理站天然气轻烃冷凝回收模拟与优化［D］. 北京: 中国石油大学（北京）, 2018.

［10］邵克拉. 克拉美丽气田不分输集气工艺技术研究［D］. 青岛: 中国石油大学（华东）, 2018.

［11］东静波. 克拉美丽气田开发中后期地面工艺调整改造探讨［J］. 油气田地面工程, 2017, 36（09）.

［12］张锋, 马赟, 陶小平. 新疆油田油气生产自动化技术创新及展望［J］. 信息系统工程, 2020（10）: 66-67.

［13］焦寰宇. 基于数字化油田生产中自动化仪表的选择应用分析［J］. 中国设备工程, 2021（11）: 193-194.

［14］赵春雪, 李兵元, 韩梦蝶, 等. 基于物联网及云平台的油气生产物联网监控系统设计［J］. 中国管理信息化, 2021, 24（08）: 128-130.

［15］白海明. 数字化油田建设中通信技术的应用［J］. 电子技术与软件工程, 2021（02）: 24-25.